"十四五"职业教育国家规划教材

IT技术基础

(第二版)

主　编　王华兵　邓文达　付朝晖

副主编　曾万里　程玉柱　易月娥

西安电子科技大学出版社

内 容 简 介

本书系统地介绍了 IT 技术基础知识，主要包括计算机基础，各硬件部件的工作原理、安装、测评、故障排除，操作系统的安装、基本配置，家庭网络、网络安全基础知识以及最新 IT 技术展望。本书将 IT 技术的基础理论知识与实际问题相结合，示例丰富，具有实用性与连贯性。书中附有一定数量的疑难解析和习题。

本书既可作为高职高专计算机各相关专业的基础教材，也可作为计算机系统运维人员的参考资料。

图书在版编目(CIP)数据

IT 技术基础 / 王华兵，邓文达，付朝晖主编. —2 版. —西安：西安电子科技大学出版社，2022.9(2023.8 重印)

ISBN 978-7-5606-6586-3

Ⅰ.①I…　Ⅱ.①王…　②邓…　③付…　Ⅲ.①电子计算机—高等职业教育—教材　Ⅳ.①TP3

中国版本图书馆 CIP 数据核字(2022)第 135358 号

策　　划　马乐惠
责任编辑　雷鸿俊
出版发行　西安电子科技大学出版社(西安市太白南路 2 号)
电　　话　(029)88202421　88201467　　　　邮　　编　710071
网　　址　www.xduph.com　　　　　　电子邮箱　xdupfxb001@163.com
经　　销　新华书店
印刷单位　咸阳华盛印务有限责任公司
版　　次　2022 年 9 月第 2 版　　2023 年 8 月第 2 次印刷
开　　本　787 毫米×1092 毫米　1/16　印　张　19
字　　数　449 千字
印　　数　3001～6000 册
定　　价　46.00 元

ISBN 978-7-5606-6586-3/TP
XDUP　6888002-2

如有印装问题可调换

前言

IT 技术基础是电子与信息大类各相关专业的一门专业（群）基础课程，在高职计算机人才培养体系中占有十分重要的地位。本书系统地介绍了计算机各硬件部件、软件系统、操作系统、家庭网络的工作原理、性能指标、测评方法、安装方法、故障排除以及网络安全基础和 IT 新技术方面的内容，结合详尽的项目演示为读者全面、直观地介绍了 IT 技术基础知识。

本书立足于"看得懂、学得会、用得上"，以 IT 技术基础核心知识为纲，以实际应用技术具体实现为主，以丰富的示例演示为线。全书共 10 章：第 1 章简要介绍了计算机发展历史和硬件、软件的基础知识；第 2 章介绍了计算机核心部件的相关内容，主要涉及 CPU、内存、总线系统和主板；第 3 章介绍了计算机存储和显示部件，包括外部存储器、显卡和显示器；第 4 章介绍了计算机外部部件的有关内容；第 5 章介绍了台式计算机和笔记本电脑组装及拆卸的知识；第 6 章介绍了操作系统安装和管理；第 7 章介绍了计算机日常维护的有关内容，讲述常见硬件、软件故障的定位和排除；第 8 章介绍了网络的基础知识；第 9 章介绍了网络安全的基础知识；第 10 章介绍了当前 IT 新技术的前沿内容。

本书第一版出版后得到了广大读者的认可，并在 2020 年 12 月获评"十三五"职业教育国家规划教材。第一版出版已近 4 年，而 IT 技术的发展日新月异，因此亟须对第一版教材进行适当更新。本次修订主要更新了第一版教材中技术偏旧的内容，增加了课程思政内容和微课视频(可登录出版社网站下载)，以增加本书的实用性，更便于教师授课和读者学习。特别在党的二十大召开后，编写团队对本书的课程思政内容也做了全面升级，将"完善科技创新体系""加快实施创新驱动发展战略""培育创新文化，弘扬科学家精神，涵养优良学风，营造创新氛围"等二十大报告精神有机融于课程内容。

本书主要由长沙民政职业技术学院王华兵、邓文达、付朝晖、曾万里、程玉柱、易月娥、王琳、黄华东等老师合作完成。邓文达负责全书的审阅和统稿，王华兵负责第 1～4 章的编写，易月娥负责第 5 章的编写，付朝晖负责第 6 章的编写，黄华东负责第 7 章的编写，王琳负责第 8 章的编写，程玉柱负责第 9 章的编写，曾万里负责第 10 章的编写；湖南索思科技开发技术有限公司技术经理王沅汉提供了技术支持，在此一并感谢各位的辛勤付出！

由于编者水平有限，书中难免存在一些不足之处，恳请广大读者批评指正。

编　者

2022 年 5 月

目 录 CONTENTS

第 1 章　计算机基础知识

计算机已经成为人们生活中的一个重要组成部分，上至耄耋老者下至三岁幼童都在享受着计算机带来的便利，而计算机的形式也越来越多样化，从传统的个人电脑，到平板电脑、可穿戴智能设备、智能手机、车载电脑、智能家居、云服务等无处不在。作为一个计算机从业人员，了解计算机的起源，掌握计算机的结构组成是非常有必要的。本章内容将从计算机的发展简史开始，详细介绍计算机的分类、组成部分、硬件结构、软件组成，让读者能够对计算机的发展有宏观认识，掌握计算机的基础知识。

报 国 之 心

党的二十大报告指出：社会主义核心价值观是凝聚人心、汇聚民力的强大力量。弘扬以伟大建党精神为源头的中国共产党人精神谱系，用好红色资源，深入开展社会主义核心价值观宣传教育，深化爱国主义、集体主义、社会主义教育，着力培养担当民族复兴大任的时代新人。钱学森 28 岁便成为世界知名的空气动力学家。年少成名的他在 1947 年就成了麻省理工学院的教授。可以说这样的人生开头足以让其他人羡慕，有着这样的人生开端也可以说明钱学森先生在科研领域拥有无比光明的前途。然而原本可以在美国享受优渥生活的钱学森先生却毅然选择了回到了当时一穷二白的祖国，尽管这样在现在看来一个要求并不高的请求，却是他历经多少艰辛才回到祖国的怀抱。选择这条道路意味着要扎根于西北荒漠，意味着要放弃很多出人头地的机会，过着隐姓埋名的生活。可是这些并不能阻挡中国这一批先行者的脚步，他们远离家乡，去到人迹罕至的地方，为建设更加强大的国家而努力着。正如钱先生所言："我是中国人，我到美国来是学习科学技术的。我的祖国需要我。因此，我总有一天要回到中国去。我从来没有打算在美国住一辈子。"

20 世纪 70 年代，中国为了进行石油勘探，特意花高价从美国采购了一台超级计算机，结果中国却没有完全的使用权，不仅超级计算机被放在玻璃房子内以供美方监督，同时机房钥匙、启动密码都由美国人掌控。"玻璃房子"的故事成为中国计算机人心中永远的痛。改革开放后我国决心追赶世界步伐，研制每秒亿次巨型机，命名为"银河"。该项目的负责人，第一代计算机专家慈云桂院士，当时虽年逾花甲，但难凉热血，当即立下军令状："宁可少活几年，也要把银河机拿下来！"5 年时间，慈云桂吃在工厂、睡在机房，当时加班费一晚上才两毛钱，但他和他的同事们却没有一个人来领，为的就是省下每一分钱，用在零件、设备的生产上，尽快造出中国的巨型机。

正是在一代代中国计算机人不断地付出下，如今中国不仅解决了超级计算机的"卡脖子"问题，还让我国在超级计算机领域位居世界一流。2010 年至 2018 年期间，由中国研发的"天河二号""神威·太湖"之光连续数年位居世界超算排行榜第一名，2017 年的排行榜上甚至出现了冠军与亚军分别被中国超算所占据的景象。在超算技术已经赶上世界先进水平后，中国目前还在努力实现新的技术突破，目前中国研发的超级计算机和九章量子超级计算机都分别代表了未来的超算技术。目前全世界有近 45%的超级计算机都是由中国生产的，在技术和所占份额逐创新高的情况下，中国未来很有可能会成为世界超算中心。

1.1 计算机的发展简史及方向

1.1.1 计算机的发展简史

人类自古以来就不断发明和改进计算工具，从古老的"结绳记事"，到算盘、计算尺、差分机、制表机，这些机械式计算机工具虽然在一定程度上有效地提升了人类的计算效率，但并没有从本质上改变计算方式。进入 20 世纪以后，诸如香农、图灵这样的科学家做了大量的研究，为电子计算机的诞生做了理论铺垫。尤其是由于二战的爆发，军事需求极大地催生了各种技术的应用，在战争背景下，像密码破译、弹道计算、工程设计这样的军事计算任务堆积如山，对高速计算工具有了迫切的需求。尽管依靠大量的计算工人使用简单的计算工具能够满足一些最紧急的计算需求，但在效率和运算量上却存在天然的缺陷，现代计算机的研制被提上了日程。

其实在当时，人们对于计算机应该采用什么结构，是采用机电结构还是纯电子计算机，继电器还是电子管，也面临着迷茫中的抉择。1943 年，当二战激战正酣时，美军迫切需要高速计算工具，以计算炮弹的弹道。计算速度成为第一诉求，继电器在收到信号后因为有百分之一秒延时而拖慢计算速度，注定要被抛弃。而真空三极管的诞生，让计算机可以快速地通过控制栅极电流来开启或关断电子管两端的电流，获得比继电器快上万倍的开关速度。这对于提升当时计算机的运算速度有极大的好处，正因为这样的优势，电子管击败继电器，成为早期计算机的核心运算部件。

1946 年，世界上第一台电子数字计算机埃尼阿克(ENIAC)在美国宾夕法尼亚大学诞生，如图 1.1.1.1 所示。这台计算机共用了 18 000 多个电子管，70 000 个电阻器，有 5000 万个焊接点，占地 170 m^2，总重量为 30t，耗电量为 140 kW，运算速度达到每秒能进行 5000 次加法和 300 次乘法。虽然它的功能还比不上今天最普通的一台微型计算机，但在当时，它已是运算速度的绝对冠军，并且其运算的精确度和准确度也是史无前例的。以圆周率的计算为例，中国古代的科学家祖冲之利用算筹，耗费 15 年心血，才把圆周率计算到小数点后 7 位数；一千多年后，英国人香克斯以毕生精力计算圆周率，才计算到小数点后 707 位；而使用 ENIAC 进行计算，仅用了 40 秒就达到了这个记录，还发现香克斯的计算中，第 528 位是错误的。

图 1.1.1.1　世界上第一台电子数字计算机 ENIAC

在 ENIAC 的基础上，美籍匈牙利数学家冯·诺依曼提出了理论创新，主要有三点：一是电子计算机应该以二进制为运算基础；二是电子计算机应采用存储程序方式工作；三是明确指出了整个计算机的结构应由五个部分组成，即运算器、控制器、存储器、输入装置和输出装置。冯·诺依曼这些理论的提出，解决了计算机的运算自动化问题和速度配合问题，对后来计算机的发展起到了决定性的作用。计算机经历了多次的更新换代，不管是最原始的还是最先进的计算机，直至今日，使用的仍然是冯·诺依曼最初设计的计算机体系结构。因此，冯·诺依曼被世界公认为"计算机之父"，他设计的计算机系统结构，称为"冯·诺依曼体系结构"。

随后短短的几十年间，随着人类电子工业水平的发展，计算机的发展突飞猛进。构成计算机的主要电子器件从电子管升级为晶体管，中、小规模集成电路，以及大规模、超大规模集成电路，每一次更新换代都使计算机的体积和耗电量大大减小，功能大大增强。简单来说，计算机的发展经历了以下四个阶段。

1．第一代计算机(1946—1958 年)

第一代计算机电子管为基本电子器件，它们体积较大，运算速度较低，存储容量不大，而且价格昂贵。为了解决一个问题，所编制的程序的复杂程度难以表述。这一代计算机主要用于科学计算，只在重要部门或科学研究部门使用。第一代计算机的一个特征是操作指令是为特定任务而编制的，每种机器有各自不同的机器语言，功能受到限制，速度也慢；另一个明显特征是使用真空电子管和磁鼓存储数据，运算速度仅几千次至几万次每秒。

ENIAC 的诞生，让科学家们享受了计算的畅快，但却必须痛苦地使用它。不仅因为它贵，更因为电子管实在太耗电，零件的寿命也太短。ENIAC 每次一开机，整个费城西区的电灯都为之黯然失色。而它的 18 000 个电子管，几乎每 15 分钟就可能烧掉一个，但操作人员可能要花 15 分钟以上的时间才能找出坏掉的管子，使用极不方便。曾有人调侃道："只要那部机器可以连续运转五天，而没有一只真空管烧掉，发明人就要拍手称快了。"

2．第二代计算机(1958—1964 年)

1948 年 7 月 1 日，美国《纽约时报》曾用 8 个句子的篇幅，简短地公布了贝尔实验室发明晶体管的消息。它就像一颗重磅炸弹，在计算机领域引来一场晶体管革命，电子计算机从此大步跨进了第二代的门槛。第二代计算机体积小，速度快，功耗低，性能更稳定，运算速度几万次至几十万次每秒。首先使用晶体管技术的是早期的超级计算机，主要用于原子科学的大量数据处理，这些机器价格昂贵，生产数量极少。

1960 年，出现了一些成功地用于商业领域、大学和政府部门的第二代计算机。第二代计算机用晶体管代替电子管，还有现代计算机的一些部件：打印机、磁带、磁盘、内存、操作系统等。计算机中储存的程序使得计算机有很好的适应性，可以更有效地用于商业领域。在这一时期出现了更高级的 COBOL 和 FORTRAN 等语言，以单词、语句和数学公式代替了含混的二进制机器码，使计算机编程更容易。新的职业(程序员、分析师和计算机系统专家)和软件产业由此诞生。第一台晶体管计算机 TRADIC 如图 1.1.1.2 所示。

图 1.1.1.2　贝尔实验室研制的世界上第一台晶体管计算机 TRADIC

3．第三代计算机(1964—1971 年)

虽然晶体管比起电子管是一个明显的进步，但晶体管在运行过程中还是会产生大量的热量，这会损害计算机内的敏感元器件。1958 年，德州仪器的工程师 Jack Kilby 发明了集成电路 IC，将三种电子元件结合到一片小小的硅片上。科学家使更多的元件集成到单一的半导体芯片上。于是，计算机可以变得更小，功耗更低，速度更快。

这一时期的主要特征是以中、小规模集成电路为电子器件，并且出现了操作系统，使计算机的功能越来越强，应用范围越来越广。此时的计算机不仅用于科学计算，还用于文字处理、企业管理、自动控制等领域，出现了计算机技术与通信技术相结合的信息管理系统，可用于生产管理、交通管理、情报检索等领域，运算速度达几十万次至几百万次每秒。此时计算机价格依然相当昂贵，但是仍然受到了研究机构、政府、大学、军队、大型企业的青睐。第一台集成电路计算机 IBM360 如图 1.1.1.3 所示。

图 1.1.1.3　IBM 生产的世界上第一台集成电路计算机 IBM360

4．第四代计算机(1971 年至今)

第四代计算机是指从 1971 年以后采用大规模集成电路(LSI)和甚大规模集成电路(VLSI)为主要电子器件制成的计算机。大规模集成电路可以在一个芯片上容纳几百个元件。到了 20 世纪 80 年代，甚大规模集成电路 VLSI 在芯片上容纳了几十万个元件，后来的超大规模集成电路 ULSI 将数字扩充到百万级。可以在硬币大小的芯片上容纳如此数量的元件使得计算机的体积和价格不断下降，而功能和可靠性不断增强。第四代计算机的另一个重要分支是以大规模、超大规模集成电路为基础发展起来的微处理器和微型计算机。

1981 年，IBM 推出个人计算机 PC，面向家庭、办公室和学校这样的普通人群。同时 IBM 开放了 PC 的制造标准，这使得计算机生产门槛大幅度降低，诞生了众多计算机配件生产厂商，PC 市场得到了爆发式的增长，PC 的价格也降低到了普通人能够承受的范围。微软、苹果相继推出界面美观、操作简便的产品，这些优秀产品的出现，使得人们很轻松地就能掌握计算机的使用，把高大上的计算机引入了寻常百姓家，普通百姓才渐渐认识到电脑给人们的生活带来的改变。第一台个人电脑 IBM5150 如图 1.1.1.4 所示。

图 1.1.1.4　IBM 生产的世界上第一台个人电脑 IBM5150

计算机发展的四个发展阶段总结对比如表 1.1.1.1 所示。

表 1.1.1.1　计算机发展阶段对比表

发展阶段	逻辑元件	主存储器	运算速度	软　件	应　用
第一代 (1946—1958 年)	电子管	电子射线管	几千次到几万次每秒	机器语言、汇编语言	军事研究、科学计算
第二代 (1958—1964 年)	晶体管	磁芯	几十万次每秒	监控程序、高级语言	数据处理、事务处理
第三代 (1964—1971 年)	中、小规模集成电路	半导体	几十万次到几百万次每秒	操作系统、编辑系统、应用程序	有较大发展，开始广泛应用
第四代 (1971 年至今)	大规模、超大规模集成电路	集成度更高的半导体	上千万次到上亿次每秒	操作系统不断完善，数据库系统不断发展，高级语言与应用程序发展百花齐放	全社会各个行业、各个领域

1.1.2 计算机的发展方向

时至今日，计算机还在持续不断地朝以下四个方向发展。

1. 巨型化

航天、军事、气象、天文等科研领域需要进行大量的科学计算，要求计算机有更高的运算速度、更大的存储量，这就需要研制功能更强的巨型计算机。现在世界上运算速度最快的计算机是我国的"神威·太湖之光"超级计算机，如图 1.1.2.1 所示。它安装了 40 960 个中国自主研发的神威 26010 众核处理器，该处理器采用 64 位自主神威指令系统，峰值性能为 12.5 亿亿次/秒，持续性能为 9.3 亿亿次/秒。根据 TOP500 在 2021 年 11 月公布的全球超级计算机 500 强榜单，我国自主研发的"神威·太湖之光""天河二号"超级计算机均名列前茅。

图 1.1.2.1 "神威·太湖之光"超级计算机

2. 微型化

计算机已经大量进入办公室和家庭，但人们需要体积更小、更轻便、易于携带的微型机，以便出门在外或在旅途中均可使用计算机。应运而生的便携式微型机正在不断推陈出新，以多样化的形式迅速普及，比如智能手机、平板电脑、智能手表等等。这些设备往往运算速度不是很高，但也具有完备的计算机体系结构，同时还附加了更多易用的功能，使得计算机微型化做得越来越好。

3. 网络化

将地理位置分散的计算机通过通信线路互相连接，就组成了计算机网络。网络可以使分散的各种资源得到共享，使计算机的实际效用提高了很多。计算机联网不再是可有可无的事，而是计算机应用中一个很重要的部分。人们常说的因特网(Internet)就是一个通过通信线路连接、覆盖全球的计算机网络。计算机网络的出现使得人们通过计算机和网络可以实现沟通互联，这极大地改变了社会的经济、生活、文化方式。将个人计算机通过网络连上云端，将本机的计算、存储任务交给云上的服务器来完成，这是最近的行业热潮。

4. 智能化

目前的计算机已能够部分地代替人的脑力劳动，因此也常称为电脑。但是人们希望计算机具有更多的类似人的智能，比如能听懂人类的语言，能识别图形，会自行学习、自行进行创造性工作等，这也是一个新的计算机热点——人工智能。

近年通过进一步的深入研究，发现由于电子电路的局限性，理论上电子计算机的发展也有一定的局限，因此科学家正在研制新一代的计算机，如生物计算机、量子计算机、光子计算机等。

1.2　计算机的分类

按照 1989 年由 IEEE 提出的运算速度分类法，计算机可分为巨型机、大型机、小型机、工作站、微型计算机和网络计算机。而在现实生活中，巨型机、大型机、小型机多用于航天、军工、气象等科学计算以及银行证券这样的大规模商业服务，一般人鲜有机会接触到。大多数人使用的计算机都是微型计算机。在本节中，主要介绍微型计算机的几种形式：台式机计算机、笔记本电脑、移动智能终端以及服务器。

1.2.1　台式计算机

台式计算机是人们身边最常见的一种计算机，如图 1.2.1.1 所示。这是一种显示器和主机箱独立、分离的计算机，其体积较大，主机箱、显示器等设备一般都是相对独立的，主要的配件都在主机箱内。因一般需要将其放置在电脑桌或者专门的工作台上，故命名为台式计算机。台式计算机的优点是耐用，性价比比较高，散热性较好，配件更换相对简单。

台式计算机还有其他分支，比如显示器和主机集成在一起的称为一体机，主机箱由非常紧凑的配件组成且尺寸仅有一本书大小的迷你主机、准系统，用来连接电视机使用的HTPC 等。一体机如图 1.2.1.2 所示。

图 1.2.1.1　台式计算机　　　　　　　　　　图 1.2.1.2　一体机

台式计算机适用于对性能要求较高的用户或者不需要移动计算机的场景，比如电子阅览室、机房、网吧、办公室等。

1.2.2　笔记本电脑

与台式计算机相比，笔记本电脑具有同样的内部组件(显示器、键盘/鼠标、CPU、内存和硬盘)，但其优势还是非常明显的，即体积小、重量轻、携带方便。但是也正因为考虑到便携性，大部分笔记本电脑都会牺牲一部分硬件性能，比如采用低压版配件，用于延长电池使用时间；采用迷你版配件，用于压缩空间和重量。

为了适用于不同应用场景，笔记本电脑有很多分支，产生了很多优秀的产品，比如用于野外恶劣环境使用的工业笔记本电脑，用于游戏爱好者的游戏本，戴尔外星人系列，适用于商务差旅使用的超轻超薄笔记本苹果 MacBook Air，支持屏幕触控的平板 PC 二合一微软 Surface 等。图 1.2.2.1 为某型号笔记本。

图 1.2.2.1　某型号笔记本

1.2.3　移动智能终端

移动智能终端内部具有计算机应有的核心组件，并根据移动智能终端的特点选择定制硬件，一般都具有接入互联网能力，配有电池，搭载各种操作系统，可根据用户需求定制各种功能，安装各种软件。生活中常见的移动智能终端包括平板电脑、智能手机、PDA、车载智能终端、可穿戴设备等。

平板电脑是一种小型、方便携带的个人电脑，以触摸屏作为基本的输入设备，允许用户通过手指或者触控笔来进行操作。平板电脑就是无须翻盖、没有键盘、小到可以放入女士手袋但功能完整的 PC。典型产品就是苹果的 iPad，如图 1.2.3.1 所示。

智能手机是指像个人电脑一样，具有独立的操作系统，可以由用户自行安装软件、游戏等第三方服务商提供的程序，通过此类程序来不断对手机的功能进行扩充，并可以通过移动通信网络来实现无线网络接入的这样一类手机的总称。手机已从简单的功能性手机发展到以 Android、iOS 系统为代表的智能手机时代。智能手机如图 1.2.3.2 所示。

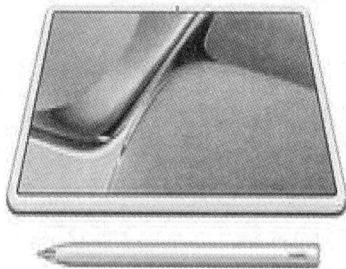

图 1.2.3.1　苹果 iPad

图 1.2.3.2　智能手机

PDA 又称为掌上电脑，如图 1.2.3.3 所示，按使用场景来分类，分为工业级 PDA 和消费品 PDA。工业级 PDA 主要应用在工业领域，常见的有条码扫描器、RFID 读写器、POS 机等。工业级 PDA 具备超级防水、防摔及抗压能力，广泛用于鞋服、快消、速递、零售连锁、仓储、移动医疗等多个行业的数据采集，支持各种无线网络通信。消费品 PDA 类似于智能手机，基本上已经被智能手机所取代。

车载智能终端具备 GPS 定位、车辆导航、车辆影音系统、采集和诊断故障信息等功能，在新一代汽车行业中得到了大量应用，能对车辆进行现代化管理，将在智能交通中发挥更大的作用。车载智能终端如图 1.2.3.4 所示。

图 1.2.3.3　PDA

图 1.2.3.4　车载智能终端

越来越多的科技公司开始大力开发智能眼镜、智能手表、智能手环、智能戒指等可穿戴设备产品。智能终端开始与时尚挂钩，人们的需求不再局限于可携带，更追求可穿戴，手表、衣服、手环、鞋子都有可能成为智能终端。这些可穿戴设备往往都配有传感器，用来采集佩戴人的健康数据，如心率、运动强度、睡眠时间等，再通过软件分析给佩戴人一些健康建议。图 1.2.3.5 为各种可穿戴设备。

图 1.2.3.5　各种可穿戴设备

1.2.4 服务器

服务器的硬件构成和 PC 架构类似，但是它由于需要面向网络提供高可靠的服务，在处理能力、稳定性、可靠性、安全性、可扩展性、可管理性等方面要求较高，所以服务器硬件往往备有大量冗余，针对网络的高并发特性做了优化处理。服务器主要分为以下两类：

（1）X86 服务器：即通常所讲的 PC 服务器。它是基于 PC 体系结构，使用 Intel 或其他兼容 X86 指令集的处理器芯片服务器。这类服务器价格便宜、兼容性好、稳定性较差、安全性不算太高，主要用在中小企业和非关键业务中。

（2）非 X86 服务器：包括大型机、中型机和小型机。它们使用专用处理器，并且采用专用操作系统，价格昂贵、体系封闭，但是稳定性好、性能强，主要用在金融、电信等大型企业的核心系统中。

服务器也可按照外观分成机架式服务器、刀片服务器、塔式机服务器、柜式服务器等。柜式服务器如图 1.2.4.1 所示。

图 1.2.4.1　柜式服务器

1.3　计算机硬件结构

1.3.1 计算机核心设备

计算机的核心设备主要是指中央处理器、主板和内部存储器。这三个设备是每台计算机(无论是大型机、中型机，还是智能终端、笔记本)的必备配置，往往统称三大件，三大件也是衡量计算机性能的决定性因素。

1．中央处理器

中央处理器(CPU)也称微处理器，是计算机的核心，包括运算器、控制器和寄存器等。计算机的运转是在 CPU 的指挥控制下实现的，所有的算术运算和逻辑运算都是由它完成的。CPU 的作用相当于人脑，因此 CPU 是决定计算机速度、处理能力和产品档次的关键部件。

2．主板

主板通常表现为固定在计算机机箱上的一块电路板。主板上装有大量的有源电子元件。其中主要组件有互补金属氧化物半导体(CMOS)、基本输入输出系统(BIOS)、高速缓冲存储器(Cache)、内存插槽、CPU 插槽、键盘鼠标接口、网卡接口、硬盘驱动器接口、总线扩展插槽(提供 ISA、PCI 等扩展槽)、串行接口(COM1、COM2)、并行接口(打印机接口 LPT1)、USB 接口等。主板是计算机各种部件相互连接的纽带和数据传输的桥梁。

3．内部存储器

存储器分为内部存储器和外部存储器，通常分别简称为内存和外存。

内存是计算机的主要工作存储器，是计算机用于直接存取程序和数据的地方。计算机在执行程序前必须将程序和数据装入内存中，这种装入信息的操作称为"写入"；所执行的指令及处理的数据也必须从内存取出，这种取出信息的操作称为"读出"。存储器读出信息后，原内容保持不变；向存储器写入信息，则原内容被新内容所代替。

由于内存是由半导体器件构成的，没有机械装置，所以内存的读写速度远远高于外存，但容量也相对较小，主要用来存放计算机正在使用的程序和数据。内存又分如下两种：

(1) 只读存储器。只读存储器(Read Only Memory，ROM)存储的内容由厂家一次性写入，并永久保存下来，用户只能从 ROM 读出原有内容，不能再向其写入新内容，因此称为只读存储器。它一般用来存储固定的系统软件和字库等内容，其中的信息不会因断电而消失。

(2) 随机存取存储器。随机存取存储器(Random Access Memory，RAM)可以进行任意的读或写操作。它主要用来存放操作系统、各种应用软件、输入数据、输出数据、中间计算结果以及与外存交换的信息等。由于 RAM 用半导体器件组成，一旦断电，其中信息就会丢失，不能永久保留。

内存容量是反映计算机性能的一个很重要的指标，一般个人计算机标配内存容量从 8 GB 到 16 GB 不等。

1.3.2　计算机输入/输出设备

计算机输入/输出设备用来交换外界信息与计算机内部信息，输入/输出设备也被称为 I/O(Input/Output)设备。

输入设备用来将外界声光电和人类指令转化成计算机内可以存储传输的信息。典型的输入设备有：数码相机、摄像头、键盘、鼠标、麦克风、扫描仪、游戏手柄、手写板等。

输出设备用来将计算机内的信息转化成可被人们接受的声光信号。典型的输出设备有：打印机、显示器、音箱等。

也有一些设备兼有输入和输出功能，如触控显示屏、网卡等。

图 1.3.2.1 为一些常见的输入/输出设备。

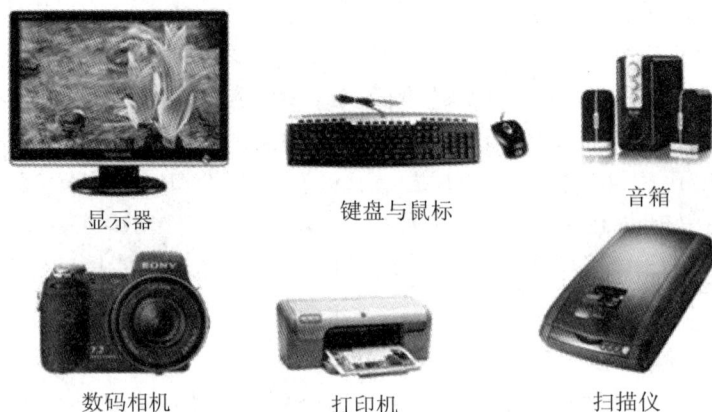

显示器　　　　　　键盘与鼠标　　　　　　音箱

数码相机　　　　　　打印机　　　　　　扫描仪

图 1.3.2.1　常见的输入/输出设备

1.3.3　计算机外部设备

计算机除了三大件、输入/输出设备以外，还有一些常用的外部设备，主要有用于永久存储数据的外部存储器(硬盘驱动器、U 盘、光盘驱动器)，用于处理图形图像显示的显卡，用于处理声音信号的声卡，以及电源、散热系统、机箱等。这些设备将在后面的章节里详细介绍，在此不再赘述。

1.4　计 算 机 软 件

软件系统是指为运行、管理和维护计算机而编制的各种程序、数据和文档的总称。程序是完成某一任务的指令或语句的有序集合；数据是程序处理的对象和处理的结果；文档是描述程序操作及使用的相关资料。如果说计算机硬件相当于人的身体，那么计算机软件就相当于人的思想。

1.4.1　系统软件

系统软件是指控制计算机的运行，管理计算机的各种资源，并为应用软件提供支持和服务的一类软件。其功能是方便用户，提高计算机使用效率，扩充系统的功能。系统软件具有两大特点：一是通用性，其算法和功能不依赖特定的用户，无论哪个应用领域都可以使用；二是基础性，其他软件都是在系统软件的支持下开发和运行的。

系统软件是构成计算机系统必备的软件，系统软件通常包括以下几种。

1．操作系统

操作系统(Operating System，OS)是管理计算机的各种资源、自动调度用户的各种作业程序、处理各种中断的软件。它是计算机硬件的第一级扩充，是用户与计算机之间的桥梁，是软件中最基础和最核心的部分。它的作用是管理计算机中的硬件、软件和数据信息，支持其他软件的开发和运行，使计算机能够自动、协调、高效地工作。操作系统多种多样，目前常用的操作系统有 UNIX、Linux、NetWare、Windows 系列、安卓、iOS 等。

2．程序设计语言

人们要使用计算机，就必须与计算机进行交流，要交流就必须使用计算机语言。目前，程序设计语言可分为四类：机器语言、汇编语言、高级语言及第四代高级语言。

机器语言(Machine Language)是计算机硬件系统能够直接识别且无须翻译的计算机语言。机器语言中的每一条语句实际上是一条二进制数形式的指令代码，由操作码和操作数组成。操作码指出进行什么操作；操作数指出参与操作的数或在内存中的地址。用机器语言编写程序时工作量大、难于使用，但执行速度快。它的指令二进制代码通常随 CPU 型号的不同而不同，不能通用，因而说它是面向机器的一种低级语言。通常不用机器语言直接编写程序。

汇编语言(Assembly Language)是为特定计算机或计算机系列设计的。汇编语言用助记符代替操作码，用地址符号代替操作数。由于这种"符号化"的做法，因而汇编语言也称为符号语言。用汇编语言编写的程序称为汇编语言程序。汇编语言程序比机器语言程序易读、易检查、易修改，同时又保持了机器语言执行速度快和占用存储空间少的优点。汇编语言也是面向机器的一种低级语言，不具备通用性和可移植性。

高级语言(High-level Programming Language)是由具有各种意义的词和数学公式按照一定的语法规则组成的，它更容易阅读、理解和修改，编程效率高。高级语言不是面向机器的，而是面向问题，与具体机器无关，具有很强的通用性和可移植性。高级语言的种类很多，有面向过程的语言，如 FORTRAN、BASIC、PASCAL、C 等；有面向对象的语言，如 C++、Visual Basic、Java、Python 等。

第四代高级语言(Fourth-Generation Language，4GL)以数据库管理系统所提供的功能为核心，构造了开发高层软件系统的开发环境，如报表生成、多窗口表格设计、菜单生成系统、图形图像处理系统和决策支持系统等。其提供了功能强大的非过程化问题定义手段，用户只需告知系统做什么，而无须说明怎么做，因此大大提高了软件开发效率。随着计算机软硬件技术的发展和应用水平的提高，大量基于数据库管理系统的 4 GL 商品化软件已在计算机应用开发领域中获得广泛应用，成为面向数据库应用开发的主流工具，如 Oracle 应用开发环境、Informix-4GL、SQL Windows、Power Builder 等。它们为缩短软件开发周期，提高软件质量发挥了巨大的作用，为软件开发注入了新的生机和活力。

不同的高级语言有不同的特点和应用范围。FORTRAN 语言是 1954 年提出的，是出现最早的一种高级语言，适用于科学和工程计算；BASIC 语言是初学者的语言，简单易学，人机对话功能强；PASCAL 语言是结构化程序语言，适用于教学、科学计算、数据处理和系统软件开发，目前逐步被 C 语言所取代；C 语言程序简练、功能强，适用于系统软件、数值计算和数据处理等，已成为目前高级语言中使用最多的语言之一；C++、Visual Basic 等面向对象的程序设计语言，给非计算机专业的用户在 Windows 环境下开发软件带来了方便；Java 语言是一种基于 C++的跨平台分布式程序设计语言。

3．语言处理程序

将计算机不能直接执行的非机器语言源程序，翻译成能直接执行的机器语言的语言翻译程序，称为语言处理程序。

各种高级语言和汇编语言均配有语言处理程序，它们将高级语言和汇编语言编写的程序(源程序)翻译为机器所能理解的机器语言程序(目标程序)。翻译的方法有两种：解释方式和编译方式。前者是对源程序的每个语句边解释边执行，这种方式灵活方便，但效率较低；后者则是把全部源程序一次性翻译处理后，产生一个等价的目标程序，然后再去执行，这种方式效率较高，但不够灵活。早期的高级语言要么是解释方式，要么是编译方式，近年来新发展的语言常常是一个集成环境，既有解释方式的灵活性，又有编译方式的高效性，如 Turbo 系列的 PASCAL、C、BASIC 和 Visual 系列的 C、BASIC、PASCAL、FoxPro 等。

4．数据库管理系统

利用数据库系统可以有效地保存和管理数据，并利用这些数据得到各种有用的信息。数据库系统主要包括数据库和数据库管理系统。数据库是按一定方式组织起来的数据集合。数据库管理系统具有建立、维护和使用数据库的功能，具有使用方便、高效的数据库编程语言的功能，能提供数据共享和安全性保障。数据库管理系统按数据模型的不同，分为层次型、网状型和关系型三种类型。其中关系型数据库使用最为广泛，例如，SQL Server、FoxPro、Oracle、Access、Sybase、MySQL 等都是常用的关系型数据库管理系统。

5．工具软件

工具软件又称为服务性程序，是在系统开发和系统维护时使用的工具，完成一些与管理计算机系统资源及文件有关的任务，包括编辑程序、链接程序、计算机测试和诊断程序等。这种程序需要操作系统的支持，而它们又支持软件的开发和维护。

1.4.2 应用软件

软件公司或用户为解决某类应用问题而专门研制的软件称为应用软件。它包括应用软件包和面向问题的应用软件。一些应用软件经过标准化、模块化，逐步形成了解决某些典型问题的应用程序组合，称为软件包(Package)。例如，AutoCAD 绘图软件包、通用财务管理软件包、Office 软件包等。

面向问题的应用软件是指计算机用户利用计算机的软硬件资源为某一专门的目的而开发的软件，例如科学计算、工程设计、数据处理及事务管理等方面的程序。随着计算机的广泛应用，应用软件的种类及数量将越来越多、越来越庞大。

常见的应用软件有文字处理软件、工程设计绘图软件、办公事务管理软件、图书情报检索软件、医用诊断软件、辅助教学软件、辅助设计软件、网络管理软件、实时控制软件、多媒体播放软件、游戏娱乐软件等。

1.5　信息在计算机中的表示

计算机的基本功能是对数进行加工和处理。数在计算机中是以器件的物理状态来表示的。一个器件的两种不同的稳定状态就可以分别用来表示一位二进制数。例如，用一个开关电路的闭合状态表示二进制数 1，用一个开关电路的断开状态表示二进制数 0。由于二进制数的表示简单可靠、不易出错，所以计算机中的数用二进制 0 和 1 表示。

1.5.1　进制转换

1．进位计数制

按进位的原则进行的计数方法称为进位计数制。

在采用进位计数的数字系统中，如果用 r 个基本符号(例如 0，1，2，$\cdots$，$r-1$)表示数值，则称其为基 r 数制(Radix-r Number System)，r 称为该数制的基(Radix)。如日常生活中常用的十进制数，就是 $r=10$，即基本符号为 0，1，2，$\cdots$，9。如取 $r=2$，即基本符号为 0、1，则为二进制数。

对于不同的数制，它们的共同特点是：

(1) 每一种数制都有固定的符号集，如十进制数制，其符号有 10 个：0，1，2，$\cdots$，9；二进制数制，其符号有两个：0 和 1。

(2) 都是用位置表示法，即处于不同位置的数符所代表的值不同，与所在位置的权值有关。

例如：十进制可表示为

$$5555.555 = 5\times10^3 + 5\times10^2 + 5\times10 + 5\times10^0 + 5\times10^{-1} + 5\times10^{-2} + 5\times10^{-3}$$

可以看出，各种进位计数制中的权的值恰好是基数的某次幂。因此，对任何一种进位计数制表示的数都可以写出按其权展开的多项式之和，任意一个 r 进制数 N 可表示为

$$N = d_{m-1}r^{m-1} + d_{m-2}r^{m-2} + \cdots + d_1 r + d_0 r^0 + d_{-1}r^{-1} + d_{-2}r^{-2} + \cdots + d_{k-1}r^{k-1} + d_k r^k$$

式中：d_i 为该数制采用的基本数符；r^i 是位权(权)；r 是基数，表示不同的进制数；m 为整数部分的位数；k 为小数部分的位数。

在十进位计数制中，是根据"逢十进一"的原则进行计数的。一般地，在基数为 r 的进位计数制中，是根据"逢 r 进一"的原则进行计数的。

在计算机中，常用的是二进制、八进制和十六进制，如表 1.5.1.1 所示。其中，二进制应用最为广泛。

表 1.5.1.1　计算机中常用的几种进制数的表示

进位制	二进制	八进制	十进制	十六进制
规则	逢二进一	逢八进一	逢十进一	逢十六进一
基数	$r=2$	$r=8$	$r=10$	$r=16$
符号	0, 1	0, 1, …, 7	0, 1, …, 9	0, 1, …, 9, A, …, F
位权	2^i	8^i	10^i	16^i
表示形式	B(Binary System)	O(Octal System)	D(Decimal System)	H(Hexadecimal System)

2．r 进制数转换为十进制数

r 进制数转换为十进制数只要将各位数码乘以各自的权值累加即可。例如：

$$(1100.11)_2 = 1\times 2^3 + 1\times 2^2 + 0\times 2^1 + 0\times 2^0 + 1\times 2^{-1} + 1\times 2^{-2}$$
$$= 8+4+0+0.5+0.25 = (12.75)_{10}$$
$$(50.6)_8 = 5\times 8^1 + 0\times 8^0 + 6\times 8^{-1} = (40.75)_{10}$$
$$(4B.A)_{16} = 4\times 16^1 + B\times 16^0 + A\times 16^{-1} = (75.625)_{10}$$

3．十进制数转换为 r 进制数

(1) 十进制整数转换为 r 进制整数——除 r 取余法。将十进制整数不断除以 r 取余数，直到商为 0，余数从右到左排列，首次取得的余数放在最右边。

(2) 十进制小数转换为 r 进制小数——乘 r 取整法。将十进制小数不断乘以 r 取整数，直到小数部分为 0 或达到所求的精度为止(小数部分可能永远不会得到 0)；所得整数从小数点自左向右排列，首次取得的整数在最左边。

(3) 如果一个数既有整数又有小数，可以分别转换后再合并。例如，把十进制数 101.6875 转换成二进制数：

整数部分：

101÷2 = 50　余数为 1
50÷2 = 25　余数为 0
25÷2 = 12　余数为 1
12÷2 = 6　余数为 0
6÷2 = 3　余数为 0
3÷2 = 1　余数为 1
1÷2 = 0　余数为 1

小数部分：

0.6875×2 = 1.3750　整数位为 1
0.3750×2 = 0.7500　整数位为 0
0.7500×2 = 1.5000　整数位为 1
0.5000×2 = 1.0000　整数位为 1

转换结果：

$$(101.6875)_{10} = (1100101.1011)_2$$

4．r 进制数之间的转换

由于二进制、八进制和十六进制之间存在特殊关系：一位八进制数相当于三位二进制数；一位十六进制数相当于四位二进制数，因此转换方法比较容易，如表 1.5.1.2 所示。

表 1.5.1.2　二进制与八进制、十六进制之间转换的关系

八进制	对应二进制	十六进制	对应二进制	十六进制	对应二进制
0	000	0	0000	8	1000
1	001	1	0001	9	1001
2	010	2	0010	A	1010
3	011	3	0011	B	1011
4	100	4	0100	C	1100
5	101	5	0101	D	1101
6	110	6	0110	E	1110
7	111	7	0111	F	1111

根据表中的关系，二进制转换为八进制时，以三位为一组，不足三位时补 0；二进制转换为十六进制时，以四位为一组，不足四位时补 0。反之，八进制或十六进制转换为二进制时只要一位扩展为三位或四位即可。

例如：

$$(10\ \ 101\ \ 111\ \ 000\ \ 011.010\ \ 110\ \ 1)_2 = (25703.264)_8$$

$$(B27A1C.4A)_{16} = (1011\ \ 0010\ \ 0111\ \ 1010\ \ 0001\ \ 1100.0100\ \ 1010)_2$$

1.5.2　数值的表示

在计算机内，数只有"0"和"1"两种形式，所以数的正负号也必须以"0"和"1"表示。

1．机器数

通常把一个数的最高位定义为符号位，用 0 表示正，1 表示负，称为数符，其余位表示数值。把在机器内部存放的正负号数码化的数称为机器数，把机器外部由正、负号表示的数称为真值数。

例如，在机器中用 8 位二进制表示 +90、-90，其格式为：

+90	0	1	0	1	1	0	1	0

↑ 符号位 0，表示正

-90	1	1	0	1	1	0	1	0

↑ 符号位 1，表示负

字长是寄存器的位数，也是 CPU 一次可以处理的二进制位数。字长一定，计算机所能表示的数的范围也就确定了。例如，使用 16 位字长的计算机，它所能表示的带符号整数范围为：-32 768～32 767；不带符号整数范围为：0～65 535。运算时，若数值超出机

器数所能表示的范围，就会停止运算和处理，这种现象称为溢出。

2．定点数和浮点数

计算机通常通过确定小数点位置来表示整数和小数，小数点位置有两种确定方式：一种是规定小数点的位置固定不变，这种机器数称为定点数；另一种是小数点的位置可以浮动，这种机器数称为浮点数。

(1) 定点整数：把小数点位置固定在数据字的最后，数据字表示一个纯整数。

(2) 定点小数：把小数点位置固定在符号位之后，数据字表示一个纯小数。

(3) 浮点数：与科学记数法相对应，可以表示包括整数和小数部分的实数。与定点表示法相比，浮点数表示的数的范围扩大了。

一个浮点数由两部分构成，即阶码和尾数。其存储格式为：

阶符	阶码	数符	尾数

阶符和数符各占一位，阶码给出的总是整数，尾数总是小于 1 的数字。阶符的正负决定小数点的位置，若阶符为正，则向右移动；若阶符为负，则向左移动。数符的正负决定浮点数的正负。阶码的位数随数值表示的范围而定，尾数的位数则依数的精度要求而定。

例如，$(-3.5)_{10} = (-11.1)_2 = -0.111 \times 2^{10}$，其二进制存储格式为：

0	0000010	1	0000111

通常规定，当浮点数的尾数为零或者阶码为最小值时把该数看作零，称为"机器零"。在浮点数表示中，当一个数的阶码大于机器所能表示的最大阶码时，产生"上溢"。上溢时机器一般不再继续运算而转入"溢出"处理。当一个数的阶码小于机器所能表示的最小阶码时，产生"下溢"，下溢时一般当作机器零来处理。

3．带符号数

机器数用符号位 0 和 1 表示正负。为了在计算中将数值和符号位同时进行运算，常对机器数采用原码、补码和反码表示法。

1) 原码

原码表示法是机器数的一种简单表示法。用 0 表示正号，用 1 表示负号，数值一般用二进制形式表示。数 X 的原码可记作[X]原。

例如：

$[+0.99]_原 = 0.1111111$ $[+127]_原 = 01111111$

$[-0.99]_原 = 1.1111111$ $[-127]_原 = 11111111$

在原码表示法中，对 0 有两种表示形式：

$[+0]_原 = 00000000$ $[-0]_原 = 10000000$

2) 反码

机器数 X 的反码表示规则为：

(1) 若 X 是正数，则反码与原码一样。

(2) 若 X 是负数，则反码由其原码(符号位除外)各位取反得到。

例如：

$$[+0.99]_反 = 0.1111111 \qquad\qquad [+127]_反 = 01111111$$
$$[-0.99]_反 = 1.0000000 \qquad\qquad [-127]_反 = 10000000$$

在反码表示法中，对 0 也有两种表示形式：

$$[+0]_反 = 00000000 \qquad\qquad [-0]_反 = 11111111$$

3) 补码

机器数 X 的补码表示规则为：

(1) 若机器数是正数，则补码与原码一样。

(2) 若机器数是负数，则补码为其原码(除符号外)各位取反，并在末位加 1。

例如：

$$[+0.99]_补 = 0.1111111 \qquad\qquad [+127]_补 = 01111111$$
$$[-0.99]_补 = 1.0000001 \qquad\qquad [-127]_补 = 10000001$$

在补码表示法中，对 0 有唯一的表示形式：

$$[+0]_补 = [-0]_补 = 00000000$$

使用补码的优点是：首先，使符号位能与有效值部分一起参加运算，从而简化运算规则；其次，使减法运算转换为加法运算，进一步简化计算机中运算器的线路设计，因此使用非常广泛。但是所有这些转换都是在计算机的最底层进行的，而在汇编、C 等其他高级语言中使用的都是原码。

1.5.3 字符的表示

由于计算机是以二进制的形式存储、运算、识别和处理数据的，因此，字母和各种字符也必须按特定的规则变为二进制编码才能输入计算机。字符编码实际上就是为每一个字符确定一个对应的整数值以及相对应的二进制编码。但是，由于字符(包括拉丁字母)与整数值之间没有什么必然的联系，某一个字符究竟对应哪个整数完全可以任意规定。为了信息交换中的统一性，人们已经建立了一些字符编码标准，常用的有 ASCII(American Standard Code for Information Interchange，美国标准信息交换代码)字符编码标准以及 IBM 公司提出的 EBCDIC 代码等。其中以 ASCII 码用的范围最广泛。国际标准化组织(ISO)和我国都颁布了与 ASCII 一致的编码标准(ISO-646 和 GB 1988—80)。

ASCII 编码标准用 7 位二进制数编码，用来表示 128 种不同的字符，如表 1.5.3.1 所示。其中的 95 个编码对应键盘上能敲入，并且可以显示和打印的 95 个字符。这 95 个字符可分为几大类：大写、小写各 26 个英文字母；0～9 共 10 个数字；通用的运算符和标点符号：+、−、×、/、>、=、! 等。另外的 33 个字符，其编码值为 0～31 和 127，即 0000000～0000001 和 1111111，不对应任何一个可显示或打印的实际字符，它们被用作控制码，控制计算机某些外围设备的工作特性和某些计算机软件的运行情况。例如，编码 0000010(码值为 10)表示"换行"。

由 7 位编码构成的 ASCII 码基本字符集能表示的字符只有 128 个，不能满足信息处理的需要，所以又对 ASCII 码字符集进行扩充，采用一个字节(8 位二进制位数)表示一个字符，编码范围：00000000～11111111，一共可表示 256 种字符和图形符号，成为扩充的 ASCII 码字符集。

表 1.5.3.1　ASCII 字符集

序号	二进制	000	001	010	011	100	101	110	111
0	0000	NUL	DLE	SP	0	@	P	`	p
1	0001	SOH	DC1	!	1	A	Q	a	q
2	0010	STX	DC2	"	2	B	R	b	r
3	0011	ETX	DC3	#	3	C	S	c	s
4	0100	EOT	DC4	$	4	D	T	d	t
5	0101	ENQ	NAK	%	5	E	U	e	u
6	0110	ACK	SYN	&	6	F	V	f	v
7	0111	BEL	ETB	'	7	G	W	g	w
8	1000	BS	CAN	(	8	H	X	h	x
9	1001	HT	EM	)	9	I	Y	i	y
10	1010	LF	SUB	*	:	J	Z	j	z
11	1011	VT	ESC	+	;	K	[	k	{
12	1100	FF	FS	,	<	L	\	l		
13	1101	CR	GS	−	=	M	]	m	}
14	1110	SO	RS	.	>	N	^	n	~
15	1111	SF	US	/	?	O	_	o	DEL

　　对计算机字符的处理实际上是对字符编码进行处理。例如：比较字符 A 和 E 的大小，实际上是对 A 和 E 的 ASCII 码 65 和 69 进行比较。字符输入时，按一下键，该键所对应的 ASCII 码即存入计算机。把一篇文章中的所有字符录入计算机，计算机里存放的实际上是一大串 ASCII 码。

1.5.4　汉字的表示

　　英文是字符文字，一个不超过 128 种字符的字符集，就可满足英文处理的需要。汉字是象形结构，字数多，字形复杂，计算机存储和处理都比较复杂。

　　用计算机处理汉字，首先要解决汉字编码问题。根据统计，在人们日常生活交往中经常使用的汉字约有四五千个。原则上，两个字节可以表示 $256 \times 256 = 65\,536$ 种不同的符号，作为汉字编码表示的基础是可行的。我国国家标准局采用了两字节的汉字编码方案，其中只用了两个字节的低 7 位。这个方案可以容纳 $128 \times 128 = 16\,384$ 种不同的汉字，但为了与标准 ASCII 码兼容，每个字节中都不能再用标准 ASCII 码中已经使用过的 32 个控制功能码和码值为 32 的空格及 127 的操作码。所以每个字节只能有 $128 - 32 - 1 - 1 = 94$ 个编码。

　　国家标准汉字字符集 GB 2312—80 共收集了 7445 个汉字和图形符号，其中汉字 6763

个，分为两级，一级汉字 3755 个，二级汉字 3008 个，另外还包括：

一般符号 202 个：包括间隔符、标点、运算符和制表符号；

序号 60 个：它们是 1～20(20 个)、(1)～(20)、①～⑩和(一)～(十)；

数字 22 个：0～9、Ⅰ～Ⅻ；

英文字母 52 个；日文假名 169 个(83, 86)；希腊字母 48 个；俄文字母 66 个；

汉语拼音符号 26 个；汉语注音字母 37 个。

每个汉字符号都对应一个国标码和一个区位码，国标码是一个四位十六进制数，区位码是一个四位十进制数。因为十六进制数很少用到，所以常用的是区位码，它的前两位叫做区码，后两位叫做位码，区的序号和位的序号都是 1～94。相应地，国标码的第一字节可视为存放位置的行号，为 21H～7EH，第二字节可视为存放位置的列号，也为 21H～7EH，如表 1.5.4.1 所示。

表 1.5.4.1　GB 2312—80 字符集结构

序　号		21H	22H	23H	24H	25H	26H …	7CH	7DH	7EH
00～20	位码 区码	1	2	3	4	5	6 …	92	93	94
21～2F	1～15	非汉字图形符号(常用符号、数字序号、俄、法、希腊字母、日文假名等)								
30～57	16～55	一级汉字(3755 个)								
58～77	56～87	二级汉字(3008 个)								
78～7E	88～94	空白区								

例如：

汉字	第一字节	第二字节	国标码	区位码
啊	00110000	00100001	3021	1601
水	01001011	00101110	432E	4314

在国标码中，一个汉字占两个字节，每个字节最高位为 0，为了在计算机中将 ASCII 码和国标码区分开，一般将国标码的最高位置为 1，变换后的国标码就叫做汉字机内码。

因为历史和地域原因，汉字有不少编码标准。最常见的是 GB2312 和 BIG5。在 Unicode(统一码)被完全接受前，它们将共存相当长的一段时间。

Unicode 码是由 Unicode 学术学会制定的字符编码系统，旨在支持多种语言书面文本的交换、处理和显示。Unicode 码 4.0 版本于 2003 年推出，该版本包括了中文简体字、日文平假名、片假名、泰文、韩文、阿拉伯文等世界主要语系的文字。

1.5.5　图形的表示

在计算机中，图形(Graphics)和图像(Image)是两个不同的概念，图形一般指使用绘画软件绘制出的由直线、曲线等组成的画面，图形文件中存放的是描述图形的指令，以矢量图形文件存储。图像则是由扫描仪、数码相机等输入的画面，数字化后以点阵(位图)形式存储。

1. 点阵表示法

一幅图像可以看作由排列成若干行、若干列的黑白或彩色的点组成，每个点叫做一个像素(Pixels)，从而形成一个像素点阵列。阵列中的像素总数决定了图像的精细程度。像素的数目越多，图像越精细，其细节的分辨程度也就越高，但同时也必然要占用更大的存储空间。对图像的点阵表示，其行列数的乘积称为图像的分辨率。例如，若一个图像的阵列共有 480 行，每行 640 个点，则该图像的分辨率为 640×480 像素。

在计算机中存储和处理图像同样要用二进制数字编码的形式。将每个像素点用若干个二进制位进行编码，以表示该像素点处图像颜色的过程就叫做图像数字化。描述图像的重要属性是图像分辨率和颜色深度，因此图像数字化编码可以分为以下几类。

1) 黑白色

如果一个像素点只有黑白两种颜色，那么只用一个二进制位就可以表示一个像素。这时，一个 640×480 的像素阵列需要 $640 \times 480/8 = 38400(B) = 37.5(KB)$。

2) 256色灰度

由黑白二色像素构成的图像也可以用像素的灰度来模拟彩色显示，一个像素的灰度就是像素的亮度，即介于纯黑和纯白之间的各种情况。计算机中采用分级方式表示灰度：例如分成 256 个不同的灰度级别(可以用 0 到 255 的数表示)，用 8 个二进制位就能表示一个像素的灰度。采用灰度方式，使图像的表现力增强了，但同时存储一幅图像所需要的存储量也增加了。例如采用上述 256 级灰度，与采用 256 种颜色一样，表示一幅 640×480 像素的图像就需要大约 30 万个字节(300 KB)。

3) 真彩色图像显示

由光学关于色彩的理论可知，任何颜色的光都可以由红绿蓝三种纯的基色(光)通过不同的强度混合而成。所谓"真彩色"的图像显示，就是用三个字节表示一个像素点的色彩，其中每个字节表示一种基色的强度，强度分成 256 个级别。由此可知，要表示一个 640×480 像素的"真彩色"的点阵图像，需要将近 1 MB 的存储空间。

由此可见，图像的点阵表示法的缺点是：保存一幅图像所需的存储空间很大。因此，后来又发展出了许多图像压缩格式来节省存储空间，常用的有 BMP、JPEG、GIF、MPEG 等。

2. 矢量表示法

矢量表示法的基本原理是用直线逼近曲线，用直线段两端点位置表示直线段。采用这类方法表示图形数据量非常少。矢量图形由矢量定义的直线和曲线组成，Adobe Illustrator、CorelDraw、CAD 等软件是以矢量图形为基础进行创作的。矢量图形根据轮廓的几何特性进行描述，图形的轮廓画出后，被放在特定位置并填充颜色，移动、缩放或更改颜色不会降低图形的品质。

矢量图形与分辨率无关，可以将它缩放到任意大小和以任意分辨率在输出设备上打印出来，都不会影响清晰度。

1.6　实训项目：识别计算机各硬件部件

1.6.1　项目背景

通过本项目认识计算机各个硬件部件，了解它们的作用，包括机箱、电源、CPU、主板、内存、硬盘、声卡、网卡、显卡、键盘、鼠标、音箱、打印机、扫描仪。

1.6.2　实施过程

(1) 机箱：由牢固的金属和塑料组成，用于放置计算机的大部分内部组件，如图 1.6.2.1 所示。

(2) 电源：是计算机的供电装置，它的作用是将 220 V 交流电转换为计算机内部使用的 5 V、12 V、3.3 V 直流电，其性能的好坏，直接影响到其他设备工作的稳定性，进而会影响整机的稳定性，如图 1.6.2.2 所示。

图 1.6.2.1　机箱　　　　　　　　　　　图 1.6.2.2　电源

(3) CPU：即中央处理器，如图 1.6.2.3 所示，其功能是执行算术运算、逻辑运算、数据处理，控制计算机各个组件和输入/输出，让各组件协调地完成各种操作。作为整个系统的核心，CPU 也是整个系统最高的执行单元，因此 CPU 已成为决定计算机性能的核心部件。

(4) 主板：是计算机中各个部件工作的一个平台，它把计算机的各个部件紧密连接在一起，各个部件通过主板进行数据传输，如图 1.6.2.4 所示。换而言之，计算机中重要的"交通枢纽"都在主板上，它工作的稳定性影响着整机工作的稳定性。

图 1.6.2.3　CPU　　　　　　　　　　　图 1.6.2.4　主板

（5）内存：又叫内部存储器，如图 1.6.2.5 所示，属于电子式存储设备，它由电路板和芯片组成，特点是体积小、速度快，有电可存，无电清空，即计算机在开机状态时内存中可存储数据，关机后将自动清空其中的所有数据。

（6）硬盘：属于外部存储器，由金属磁片制成，而磁片有数据存储功能，所以存储到磁片上的数据，不论在开机还是关机状态下，都不会丢失。硬盘如图 1.6.2.6 所示。

图 1.6.2.5　内存

图 1.6.2.6　硬盘

（7）声卡：是组成多媒体计算机必不可少的一个硬件设备，其作用是当发出播放命令后，声卡将计算机中的声音数字信号转换成模拟信号送到音箱上发出声音。声卡如图 1.6.2.7 所示。

（8）显卡：在工作时与显示器配合输出图形、文字，如图 1.6.2.8 所示，其作用是负责将 CPU 送来的数字信号转换成显示器可识别的模拟信号，传送到显示设备上显示出来。

图 1.6.2.7　声卡

图 1.6.2.8　显卡

（9）网卡：其作用是充当计算机与网络之间的桥梁，如图 1.6.2.9 所示，它是用来建立局域网的重要设备之一。

（10）光驱：是用来读取光盘中的数据或将数据写入光盘中，如图 1.6.2.10 所示。

图 1.6.2.9　网卡

图 1.6.2.10　光驱

(11) 显示器：其作用是把计算机处理完的结果显示出来。显示器有大有小，有薄有厚，品种多样，如图 1.6.2.11 所示。

(12) 键盘：是主要的输入设备，用于把文字，数字等指令输入计算机。键盘如图 1.6.2.12 所示。

图 1.6.2.11　显示器

图 1.6.2.12　键盘

(13) 鼠标：当人们移动鼠标时，计算机屏幕上就会有一个箭头指针跟着移动，并可以很准确地指到人们想指的位置，快速地在屏幕上定位，它是人们使用计算机不可缺少的部件之一。鼠标如图 1.6.2.13 所示。

(14) 音箱：通过它可以把计算机中的声音播放出来，如图 1.6.2.14 所示。

图 1.6.2.13　鼠标

图 1.6.2.14　音箱

(15) 打印机：通过它可以把计算机中的文档打印到纸上，它是常用的办公设备之一。打印机如图 1.6.2.15 所示。

(16) 扫描仪：通过它可以把文件转化成数字格式图片存储到计算机中。扫描仪如图 1.6.2.16 所示。

图 1.6.2.15　打印机

图 1.6.2.16　扫描仪

1.7　疑　难　解　析

1．为什么说操作系统是用户与计算机之间的桥梁？

解析：计算机的硬件有一套自己的"语言"，人类无法直接对硬件进行"对话"操作，操作系统提供简单易用的界面让人下达指令，然后操作系统将指令翻译成硬件能够听懂的"命令"分配给不同的硬件来完成任务。同时，操作系统还要负责为人维护各个软件系统。所以本质上来看，操作系统是人使用计算机的管家，是用户与计算机之间的桥梁。

2．为什么需要如此复杂的进制转化？计算机内为什么不直接使用人们都会的十进制？

解析：二进制单个位只有 2 个状态(0 或者 1)，而电子计算机的设计之初，利用电子管的开路、断路来表示 1 和 0 相对容易实现。但十进制的有 10 个状态(0~9)，如果使用一个元器件则很难稳定地表示 10 种状态。八进制和十六进制与二进制有天然的关联，也被广泛采用。

3．计算机是如何表示音频呢？

解析：把声音数字化首先要把声音信号通过麦克风转化成电信号(模拟信号)，然后计算机声卡对模拟信号进行采样，每隔一个很短的时间对模拟信号取一个样本，获取模拟声音信号在此时的电压。每一秒内采样的次数叫做采样频率，在国际单位制中它的单位是赫兹。一般要达到比较好的数字化效果，采样频率要在 44 000 赫兹以上。然后，再对每个采样样本进行数字化处理。一般比较常用的是 8 位、16 位量化精度。8 位量化是把声音的音量从最小值到最大值之间分成 2^8 个等级，用一个字节来表示，每个采样样本的音量对应 256 个等级中的一个。16 位量化把音量分为 2^{16} 个等级。立体声是双声道的，声音分成左右两个独立的声道分别进行处理。采样完成就通过声卡输出保存成计算机中的一个文件，这种原始文件比较大，不适合保存和传输，往往通过不同的压缩算法损失一部分的音质，但是将其进行压缩保存成更小更适合存储和传输的文件格式(如 mp3)。

1.8　本　章　习　题

1．在第一台电子数字计算机埃尼亚克(ENIAC)诞生之前，人类还做出过哪些探索？尝试检索、搜集、整理资料并做成 PPT 与同学们一起分享。

2．计算机可以没有输入输出设备吗，为什么？

3．小李新买了一部智能手机，配有 8 核 CPU、4 GB 内存。小李说："我家里的笔记本电脑是双核 CPU、2 GB 内存，这部手机性能比我的笔记本还要强大哦！"这种说法正确吗，为什么？

第 2 章　计算机核心部件

在第 1 章中介绍过计算机的主要组成部件，其中，中央处理器、内部存储器、总线系统被称为计算机的"三大件"，这三个硬件是每台计算机都必不可少的组成部分，也被称为核心部件。这三个硬件的优劣将直接决定一台计算机的性能。本章将重点介绍中央处理器、内部存储器和总线系统的工作原理、性能参数等内容。

科技自立自强

2019 年 5 月 17 日凌晨，针对美国商务部工业与安全局(BIS)将华为列入所谓"实体名单"，全面实施技术和产品封锁一事，华为海思总裁何庭波女士发公开信表示，华为长期研发的"备胎"芯片将"全部转正"，以确保公司大部分产品的战略安全和连续供应。华为将在极限施压下挺直脊梁，奋力前行。单方面切断华为的供应链，是美国政府出于政治目的持续打压华为的最新一步，也是特朗普在中美贸易谈判过程中极限施压的又一伎俩。华为是否也会因为"缺芯"而陷入"休克"状态？何庭波女士的回答铿锵有力，给惊诧于超级大国霸凌行径的人们带来了安慰。实际上，在美国把华为列入"实体清单"前，华为就已经计划提高旗下产品海思处理器的使用比例，削减高通等国外供应商的份额，其最终目标是，重要芯片可以做到自给自足，其自研芯片已经覆盖手机、AI、服务器、路由器、电视等多个领域。

华为海思能在企业最需要的时候站出来，一方面是华为掌舵人任正非高瞻远瞩的结果，15 年前就开始投入巨资研发芯片，而且不求短期效益，只要求做到"别人断了我们粮食的时候，备份系统要能用得上"。另一方面，应该归功于华为海思数千科研人员十多年如一日的奉献。他们克服了难以想象的困难，历经了悲壮的科技长征，才默默为公司的生存打造好"备胎"，真心值得大大点赞。这一科技创新成果落实了党的二十大报告提出的"加快实施创新驱动发展战略。坚持面向世界科技前沿、面向经济主战场、面向国家重大需求、面向人民生命健康，加快实现高水平科技自立自强。以国家战略需求为导向，集聚力量进行原创性引领性科技攻关，坚决打赢关键核心技术攻坚战"的精神。

尽管现实面临的形势要求我们必须防止别人卡我们的脖子，但"开放"和"自立"二者并不矛盾。华为强调未来新产品同步"科技自立"的方案最后也必将是融合全球资源的结果。我们必须正视中美间的科技差距，用爱国之心来包容可能的产品短缺或者性能下降等情况。只要每个人都用自己的实际行动来支持民族企业，任何阻力都挡不住中国发展的脚步。

2.1 中央处理器

2.1.1 CPU 简介

CPU(Central Processing Unit)也就是中央处理器。它负责进行整个计算机系统指令的执行、算术与逻辑运算、数据存储、传送及输入和输出控制，也是整个系统最高的执行单位。因此，日常选配计算机的首要问题就是选择 CPU。

CPU 主要由内核、基板、填充物以及散热器等部分组成。它的工作原理简单地说就是：从存储器或高速缓冲存储器中取出指令，放入指令寄存器，并对指令译码。它把指令分解成一系列的微操作，然后发出各种控制命令，执行微操作系列，从而完成一条指令的执行。CPU 外观一般是方形，正面是金属盖，背面是一些密密麻麻的针脚或触点。

2.1.2 CPU 性能参数

CPU 是整个计算机的硬件核心，CPU 的性能大致上可以反映出计算机的性能，因此其性能指标十分重要。由于生产 CPU 所需的技术水平要求非常高，目前市面上个人计算机上使用的主流 CPU 厂商有英特尔(Intel)和超微半导体公司(AMD)两家(其中 Intel 占大多数)，后文中所举例子基本都使用这两家厂商的产品。例如，目前 Intel 面向 PC 的 CPU 的产品有酷睿 i3、i5、i7、i9 系列，同时还有面向移动设备的凌动系列 CPU 和面向服务器的至强和安腾系列 CPU，每个系列内又细分了不同代次、型号。由于 Intel 和 AMD 产品线非常长，在此不再赘述。CPU 主要的性能指标有以下几点：

1．CPU 主频、外频、倍频

CPU 主频，就是 CPU 运算时的工作频率，它是决定 CPU 性能的最重要指标，一般以 MHz 和 GHz 为单位，如 AMD Phenom II X4 965 主频是 3.4 GHz。外频是 CPU 的基准频率，CPU 的外频决定着整个总线系统的运行速度。CPU 主频速度远远超出总线的速度，它们的关系是：主频 = 外频 × 倍频。而通常所说的超频，就是通过手动提高外频或倍频来提高主频。

2．核心数、线程数

虽然提高频率能有效提高 CPU 的性能，但受限于制作工艺等物理因素，早在 2004 年，通过提高频率来提高 CPU 性能的方法便遇到了瓶颈，于是 Intel/AMD 只能另辟蹊径，双核、多核 CPU 便应运而生。目前主流 CPU 有双核、三核、四核和八核。

增加核心数目就是为了增加线程数，因为操作系统是通过线程来执行任务的，一般情况下它们是 1：1 对应关系，也就是说四核 CPU 一般拥有四个线程。但 Intel 引入超线程技术后，使核心数与线程数形成 1：2 的关系，如四核酷睿 i7 支持八线程(或叫做八个逻辑核心)，大幅提升了其多任务、多线程性能。

3．缓存

缓存也是决定 CPU 性能的重要指标之一。由于内存和外部存储器(如硬盘)的运行速度相比 CPU 实在慢太多了，每执行一个指令后 CPU 都要等待内存和硬盘的写入，这会严重降低 CPU 的工作效率。

引入缓存技术便是为了解决此矛盾,缓存与 CPU 速度一致,CPU 从缓存读取数据比从内存上读取快得多,CPU 可以将计算完成而内存来不及接收的数据暂存在缓存,从而提升系统性能。当然,由于 CPU 芯片面积和成本等原因,缓存都很小。目前主流级 CPU 都有一级缓存(L1 Cache)和二级缓存(L2 Cache),高端 CPU 有三级缓存(L3 Cache)。

4．CPU 架构

CPU 架构,目前没有一个权威和准确的定义,简单来说就是 CPU 核心的设计方案。目前 CPU 大致可以分为 X86、IA64、RISC 等多种架构,而个人计算机上的 CPU 架构,其实都是基于 X86 架构设计的,称为 X86 下的微架构,常常被简称为 CPU 架构。

更新 CPU 架构能有效地提高 CPU 的执行效率,但也需要投入巨大的研发成本,因此 CPU 厂商一般每 2～3 年才更新一次架构。比较著名的 X86 微架构有 Intel 的 Netburst(Pentium 4/Pentium D 系列)、Core(Core 2 系列)、Nehalem(Core i7/i5/i3 系列)以及 AMD 的 K8(Athlon 64 系列)、K10(Phenom 系列)、K10.5(Athlon Ⅱ/Phenom Ⅱ系列)。

以 Intel 为例,自 2006 年以来 Intel 便以"Tick-Tock"钟摆模式更新 CPU,简单来说就是第一年改进 CPU 工艺,第二年更新 CPU 微架构,这样交替进行,目前最新版本为 2022 年 1 月发布的酷睿 12 代移动处理器。AMD 方面则没有一个固定的更新架构周期,从 K7 到 K8 再到 K10,大概是 3～4 年更新一次。

5．制作工艺

CPU 制作工艺是指生产 CPU 的技术水平。改进制作工艺,就是通过缩短 CPU 内部电路与电路之间的距离,使同一面积的晶圆上可实现更多功能或更强性能。制作工艺以纳米(nm)为单位,目前 CPU 主流的制作工艺已经达到了 14～32 nm。对于普通用户来说,更先进的制作工艺能带来更低的功耗和更大的超频潜力。

6．CPU 位宽

CPU 位宽是指 32 位 CPU 或者 64 位 CPU,更大的 CPU 位宽有两个好处:一次能处理更大范围的数据运算和支持更大容量的内存。对于前者,普通用户暂时没法体验到其优势,但对于后者,很多用户都碰到过,一般情况下 32 位 CPU 只支持 4 GB 以内的内存,更大容量的内存无法在系统识别(服务器级除外)。于是就有了 64 位 CPU,然后就有了 64 位操作系统与软件。目前所有主流 CPU 均支持 X86-64 技术,但要发挥其 64 位优势,必须搭配 64 位操作系统和 64 位软件。

7．接口类型

Intel 和 AMD 两大 CPU 厂商每隔几年都会升级 CPU 的架构,采用新的接口类型,主板厂商也需要同步升级主板 CPU 插槽类型。如图 2.1.2.1 所示,Intel 现在主要采用触点式接口,而 AMD 采用的是针脚式接口。

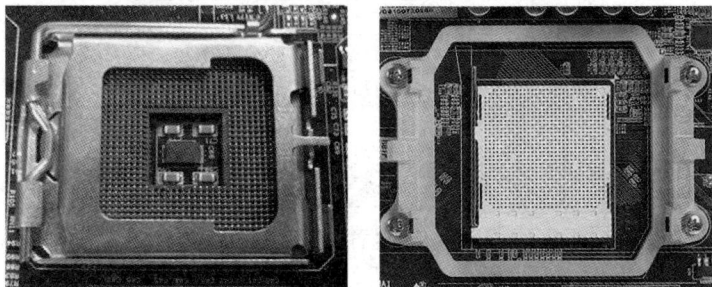

图 2.1.2.1　Intel 处理器接口(左)与 AMD 处理器接口(右)

Intel 的主要接口类型如表 2.1.2.1 所示。

表 2.1.2.1　Intel 的主要接口类型

接口类型	发布时间	支持处理器	封装形式	针脚数量
Slot 1	1999	Pentim 3/Celeron	Slot	242
Socket 370	2000	Pentim 3/Celeron	PGA	370
Socket 423	2000	Pentim 4		423
Socket 478	2000	Pentim 4/EE/M		478
LGA 775	2004	Pentim 4/P4D/C2D	LGA	775
LGA 1366	2008	Core i7 9XX		1366
LGA 1156	2009	Core i3/i5/i7(2 代)		1156
LGA 1155	2011	Core i3/i5/i7(3 代)		1155
LGA 2011-1	2011	Core i7 XE		2011
LGA 1150	2013	Core i3/i5/i7(4 代、5 代)		1150
LGA 2011-3	2014	Core i7 XE		2011
LGA 1151	2015	Core i3/i5/i7(6 代、7 代)		1151
LGA 2066	2017	Core i9		2066
LGA 1151	2017	Core i3/i5/i7(8 代)		1151
LGA1200	2020	Core i3/i5/i7(10 代)		1200

AMD 的主要接口类型如表 2.1.2.2 所示。

表 2.1.2.2　AMD 的主要接口类型

接口类型	发布时间	支持处理器	封装形式	针脚数量
Slot A	1999	Athlon	Slot	242
Socket 462	2000	Athlon/AthlonXP Duron/Sempron	PGA	462
Socket 754	2003	Athlon 64		754
Socket 940	2004	Athlon 64 FX		940
Socket 939	2004	Athlon 64/FX		939
SocketAM2	2006	Athlon 64/64 X2		940
Socket 1207FX	2006	Athlon 64 FX		1207
Socket AM2+	2007	Phenom/Phenom II		940
Socket AM3	2009	Phenom/Phenom II		940/941
Socket AM3+	2011	AMD FX		942
Socket FM1	2011	Liano		905
Socket FM2	2012	Trinity APU		904
Socket FM2+	2014	Kaveri APU		906
Socket AM4	2016	Ryzen 3/5/7		1331
Socket TR4	2017	Ryzen ThreadRipper		4094

8．其他参数

除了上述重要参数外，CPU 还有指令集、超线程、虚拟化、睿频、功耗、节能等许多参数和特性。在此不再赘述，有兴趣的读者可以从 Intel 和 AMD 的官方网站检索这些 CPU 参数。

2.1.3　CPU 测评

因为 CPU 的参数非常多，而不同厂商的参数又没有直接的可比性，所以如果想要了解 CPU 的性能，可以通过下列软件进行 CPU 性能测评。

(1) CPU-Z 是一款 CPU 检测软件，如图 2.1.3.1 所示，它可以将 CPU 的各种参数清晰明了地读取出来。它支持的 CPU 种类相当全面，软件的启动速度及检测速度都很快。

图 2.1.3.1　CPU-Z 检测软件

(2) Super π 是一款计算圆周率的软件，大小只有几百 KB，但是能力却非常强，一般选择计算小数点后一百万位来测试处理器的单核运算能力及稳定性，如图 2.1.3.2 所示，计算结果时间越短越好。

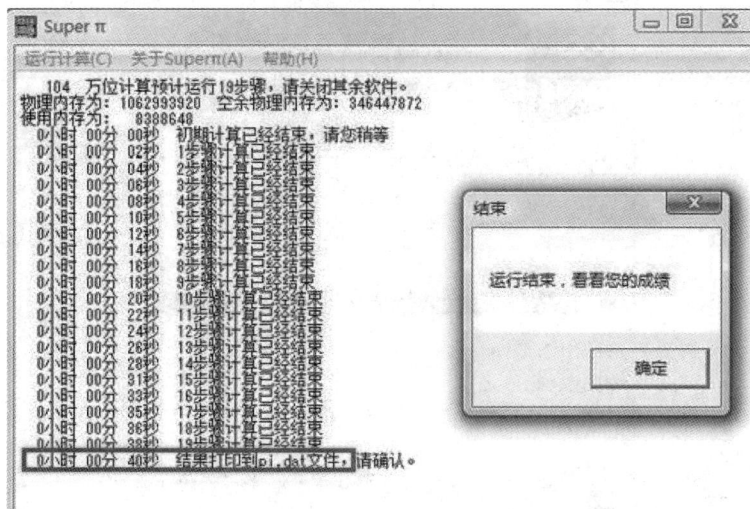

图 2.1.3.2　Super π 软件

（3）对于办公用户来说，压缩软件是工作中经常需要用到的。7-Zip 这款压缩软件得到了许多用户的认可，与 WinRAR 相比，7-Zip 具备了更高的压缩率，同时可以解压缩一些 WinRAR 无法打开的分卷压缩文件。而且，该软件具备了对处理器多线程的支持以及 CPU 测试打分功能，如图 2.1.3.3 所示，评分越高越优。

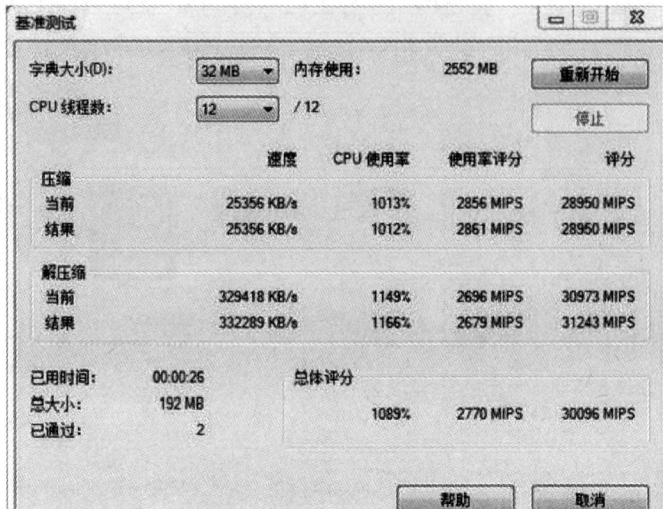

图 2.1.3.3　7-Zip 压缩软件

（4）Fritz Chess Benchmark 原本是国际象棋软件自带的计算机棋力测试程序，由于支持 CPU 多线程，而且它做的是大量科学计算，所以经常被用来测试 CPU 的科学运算能力，通过模拟 AI 思考国际象棋的算法来测试被测处理器的国际象棋运算能力，并以 P3 1.0 GHz 的 CPU 处理性能作为基准点来评价当前 CPU 的运算能力，如图 2.1.3.4 所示，数值越大越好。

图 2.1.3.4　Fritz Chess Benchmark 软件

2.2　内部存储器

2.2.1　内存简介

　　内部存储器(简称内存，也称主存储器)是计算机中重要的部件之一，英文简称 RAM(Random Access Memory，随机存储器)。内存工作有个特点：断电之后所存储的数据将全部清空，所以也被称为易失性存储器。

　　它是 CPU 与外部设备之间沟通的桥梁：计算机中所有程序的运行都是在内存中进行的，因此内存的性能对计算机的影响非常大。其作用是用于暂时存放 CPU 中的运算数据以及与硬盘等外部存储器交换的数据。因为计算机的 CPU 运算速度非常快，而大部分外部设备(如硬盘、光驱等)的运转速度要慢得多，通常情况下，CPU 会把需要运算的数据调到内存中进行临时性存储，运算完成后 CPU 再将结果传送出来，来不及传送给外部设备的数据也缓存在内存中。所以内存的大小及其时钟频率(内存在单位时间内处理指令的次数，单位是 MHz)的高低直接影响到计算机运行速度的快慢。即使计算机其他的部件配置都很高，但内存很小很慢，计算机的运行速度也快不了。

　　内存是由内存芯片(黑色方块)、电路板(绿色板子)、金手指(下端金色齿状金属条)等部分组成的，外观一般是长条形，如图 2.2.1.1 所示，也被形象地称为"内存条"。

图 2.2.1.1　内存条

　　CPU 的生产厂商主要只有两家，与此相比，内存的生产厂商可谓百花齐放，比较有名的有金士顿、威刚、海盗船、宇瞻、芝奇、十铨等。各个厂商生产的内存在型号参数上均可通用，所以本章只谈内存型号，均不涉及具体的内存品牌。

2.2.2　内存性能参数

1. 内存种类

　　根据内存的不同技术标准或称内存接口类型，可分为 SDRAM(已淘汰)、DDR 1(已淘汰)、DDR 2(在较老的机器上还偶有保留)、DDR 3、DDR 4、DDR 5 等。目前的主流内存类型仍然是 DDR 3 和 DDR 4。

　　这几种不同类型内存的性能参数汇总如表 2.2.2.1 所示，可以从表中的数据看出 DDR 的更新带来了工作电压(功耗)的降低，而传输带宽、时钟频率都有明显改进。

表 2.2.2.1　DDR 1、DDR 2、DDR 3、DDR 4 性能参数对比

内存类型	数据传输率/(MT/s)	总线时钟频率/(MHz)	传输带宽/(GB/s)	电压/V
DDR 1	266～400	133～200	2.1～3.2	2.5/2.6
DDR 2	533～800	266～400	4.2～6.4	1.8
DDR 3	1066～1600	533～800	8.5～14.9	1.35/1.5
DDR 4	2133～3200	1066～1600	17～21.3	1.2
DDR 5	3200～6400	3200		1.1

2. 时钟频率

类似于 CPU 的主频，内存的时钟频率通常表示运转速度，频率越高代表内存处理速度越快，单位为 MHz。例如，DDR 3 内存频率有：2400 MHz、2133 MHz、1600 MHz、1333 MHz。DDR 4 内存频率主要为 2800 MHz、2400 MHz、2133 MHz。

3. 容量

内存的容量不但是影响内存价格的主要因素，同时也是影响到整机系统性能的主要因素。以 64 位操作系统为例，没有 4 GB 以上的内存很难保证操作的流畅度。目前市面上单根内存的容量多为 4 GB、8 GB、16 GB。用户可以通过使用双通道(两根内存)或四通道(四根内存)，组建更大容量的内存容量。

4. CAS 延迟时间

CAS 延迟时间是指内存需要多少个时钟周期才能找到数据相应存储位置，其速度越快，性能也就越高，它是内存的重要参数之一。用 CAS 延迟时间来衡量这个指标，简称 CL。目前 DDR 内存主要有 2、2.5 和 3 这三种 CL 值的产品，同样频率的内存，CL 值越小越好。

5. SPD

SPD 是一个 8 针 EEPROM(电可擦写可编程只读存储器)芯片，一般位于内存条正面的右侧，里面记录了诸如内存的品牌、速度、容量、电压、行与列地址带宽等参数信息。这些信息都是厂商预先设置的，当开机的时候，主板会自动读取 SPD 中记录的信息。

6. 带宽

从功能上理解，可以将内存看做是主板与 CPU 之间的桥梁或仓库。显然，内存的容量决定"仓库"的大小，而内存的带宽决定"桥梁"的宽窄，两者缺一不可，这也就是常常说到的"内存容量"与"内存速度"。内存的带宽也叫数据传输率，是指每秒钟访问内存的最大字节数。带宽=最大时钟频率(MHz) × 总线位数(bit) × 每时钟数据段数据/8。

2.2.3 　内存测评

内存的型号常规参数可以通过 CPU-Z 来查看，如图 2.2.3.1 所示。

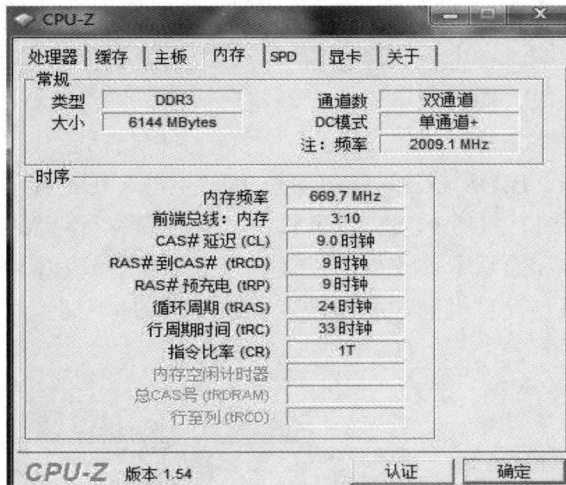

图 2.2.3.1 CPU-Z 内存查看

如果想要测评内存的动态读写性能则可以使用 AIDA64，它的前身是 EVEREST，一款久负盛名的硬件测试软件。它不仅支持内存的读写测试，也能够对计算机上其他硬件性能进行测试。如图 2.2.3.2 所示，AIDA64 通过模拟大规模的数据读写测试出当前计算机的内存的读、写、复制、延迟等重要性能参数。

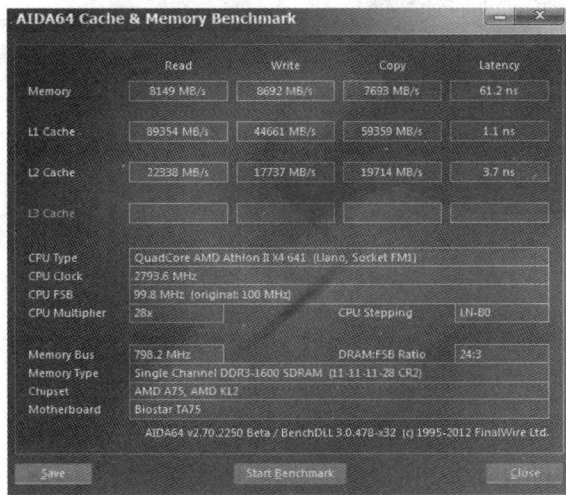

图 2.2.3.2 内存的动态读写性能

2.3 总 线 系 统

2.3.1 总线系统简介

如果把 CPU 比作计算机的"大脑"，总线系统便是计算机的"躯干"。几乎所有的计算机部件都是通过各种接口直接或间接连接到总线系统上的，总线系统性能对整机的速度和稳定性都有极大的影响。在个人计算机领域，总线系统又称主板、系统板、母版。

主板是计算机内部最大的一块电路板，是整台计算机的组织核心。主板上面集成安装了组成计算机的主要电路系统。如图 2.3.1.1 所示，主板包括芯片组、CPU 插座、系统扩展槽、内存插槽、晶振、BIOS 芯片、CMOS 芯片、电池、IDE 接口、FDD 接口、电源接口、键盘接口、PS/2 接口、USB 接口、串行口、并行口和机箱面板控制电路接口等，而有些主板也集成了声卡和显示卡。主板用于计算机的系统管理和协调各部件正常运行，因此，主板的性能将对整台计算机的速度和性能起决定性的作用。

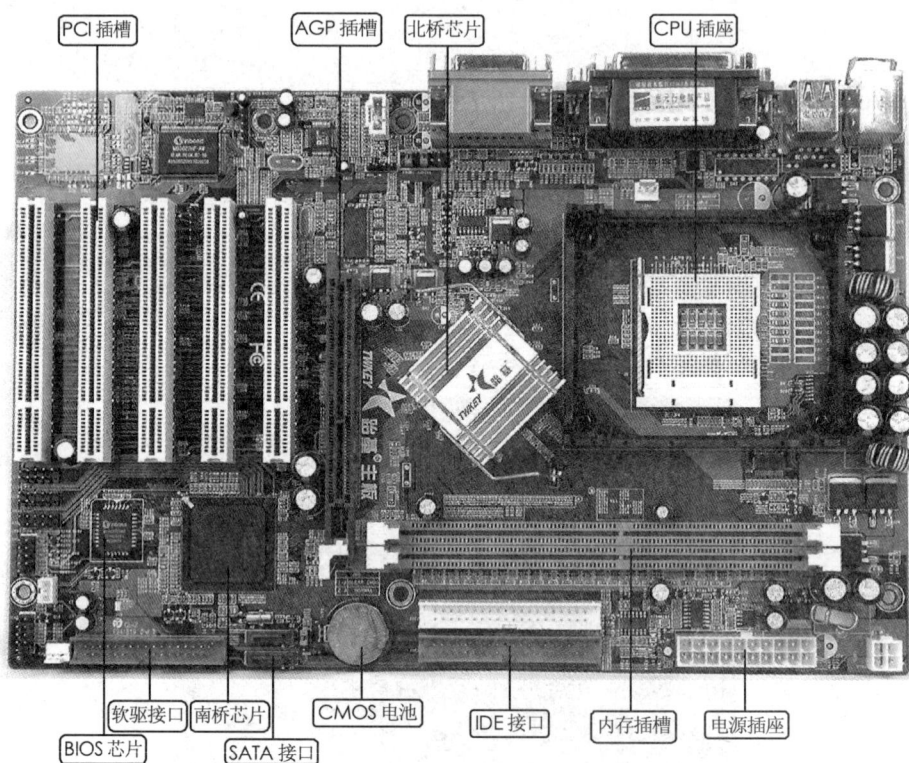

图 2.3.1.1　主板

主板是由几层树脂材料黏合在一起的，内部采用铜箔走线。一般的 PCB 线路板分有四层，最上和最下的两层是信号层，中间两层是接地层和电源层，将接地层和电源层放在中间。而一些要求较高的主板的线路板可达到 6～8 层或更多。例如六层板增加了辅助电源层和中信号层。六层 PCB 的主板抗电磁干扰能力更强，主板也更加稳定。在电路板上面，是错落有致的电路布线；再上面，则为棱角分明的各个部件：插槽、芯片、电阻、电容等。

主板的生产厂商非常多，例如华硕、微星、技嘉、翔升、威胜、丽台、映泰、升技、七彩虹、昂达、双敏、美达、奥美嘉、盈通等。其中，华硕是全球第一大主板制造商，也是公认的主板第一品牌，做工追求实而不华，高端主板尤其出色，同时其价格也是最贵的。

主板规格

目前市面上常见的 PC 机主板规格有 Extended ATX、ATX、Micro-ATX 和 Mini-ITX。其他规格由于已经被淘汰或者使用的人极少，这里不再展开论述。四种主板外观如图 2.3.2.1 所示。

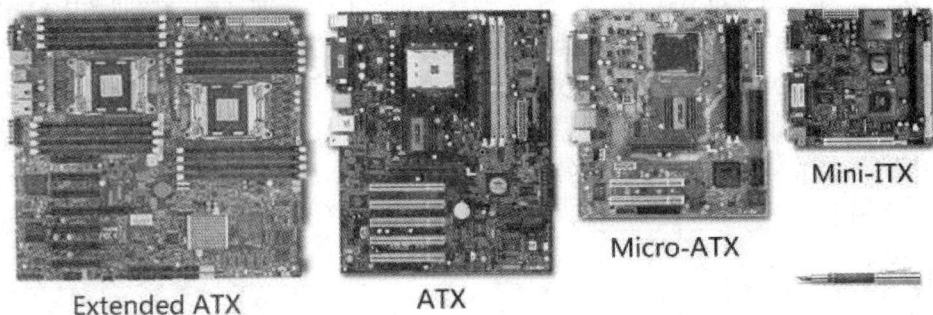

图 2.3.2.1　常见主板规格对比

ATX(Advanced Technology Extended)主板规格由 Intel 公司在 1995 年制定。这是多年来第一次计算机机箱与主板设计的重大改变。其他衍生的主板规格(包括 Micro-ATX、FlexATX 与 Mini-ITX)保留 ATX 基本的背板设置，但主板的面积减少，扩展槽的数量也有所删减。自 Intel 在 1995 年发表最初的 ATX 官方规格后，此规格经历多次变更；最新 2.3 版本规格于 2007 年发表。标准的 ATX 主板，长 12 英寸，宽 9.6 英寸(305 毫米×244 毫米)。这也容许标准的 ATX 机箱容纳较小的 Micro-ATX 主板。2003 年，英特尔发布全新的 BTX 主板规格，以其作为 ATX 的替代规格。但由于兼容性的问题，ATX 规格仍为组装计算机最流行的主板规格，只有大型厂商的零售计算机采用 BTX，因此英特尔于 2006 年放弃 BTX 的发展。现在高端主板大多是 ATX 规格，ATX 是比较受大众欢迎的规格之一。

Micro-ATX(μATX、mATX 或 uATX)主板标准于 1997 年 12 月发表，大小是 9.6 英寸×9.6 英寸(244 毫米×244 毫米)。它的长度比 ATX 短 20%，由于长度减少，扩展槽由 ATX 的最多 7 条减少到 4 条。mATX 的设计兼容于 ATX。两者的宽度和背板 I/O 大小均相同，安装接点(螺丝)也是 ATX 中的几点，因此 mATX 主板可安装在 ATX 机箱内。此外，大多数 mATX 主板也使用 ATX 的电源接口。截至 2021 年，mATX 是最受大众欢迎的规格。ATX 与 Micro-ATX 的比较如表 2.3.2.1 所示。

表 2.3.2.1　ATX 与 Micro-ATX 对比

参　数	ATX	Mircro-ATX
规格	305 mm × 244 mm	244 mm × 244 mm
最大扩展插槽数量	7	4
干涉现象	少	多
芯片组	偏高端	偏低端
机箱尺寸	大	小
销量	低	高

Extended ATX(E-ATX 或 EATX)主板标准于 1995 年发表，尺寸为 12 英寸 × 13 英寸 (305 毫米 × 330 毫米)，主要用于双路处理器平台，即一块主板有两个 CPU。现在一些生产商的 E-ATX 主板并不是长 13 英寸，这些主板宽度维持在 12 英寸，不同厂商生产的长度不一，通常是 10～11 英寸。这些主板通常是顶级的单路处理器平台，因为 ATX 太小无法放入所有组件，而改用 E-ATX。目前来看，E-ATX 的产品数量和销量都较少。

Mini-ITX 是由威胜电子在 2001 年主推的主板规格。Mini-ITX 主板能用于 mATX 或 ATX 机箱，尺寸为 6.7 英寸 × 6.7 英寸(17 厘米 × 17 厘米)，刚好能包括四颗固定螺丝和一条扩展插槽。由于扩展性不大，Mini-ITX 主要用于嵌入式系统、准系统及 HTPC 等而非普通主机。Mini-ITX 主机受到电脑 DIY 发烧友的欢迎，他们会搭建高性能的 Mini-ITX 主机，这样高性能且体积较小的主机被称为"小钢炮"。由于 Mini-ITX 主机的低性价比、可选配件少和散热等问题，导致其只在发烧友之间流行，对于普通用户而言，Mini-ITX 主机几乎无人问津。

2.3.3 主板芯片组

芯片组是主板的核心组成部分，如图 2.3.3.1 所示，主板将大量复杂的电子元器件最大限度地集成在一起，而芯片组的作用类似于交通枢纽。对于主板而言，芯片组几乎决定了这块主板的性能，进而影响到整个计算机系统性能的发挥，可以说它是主板的灵魂。

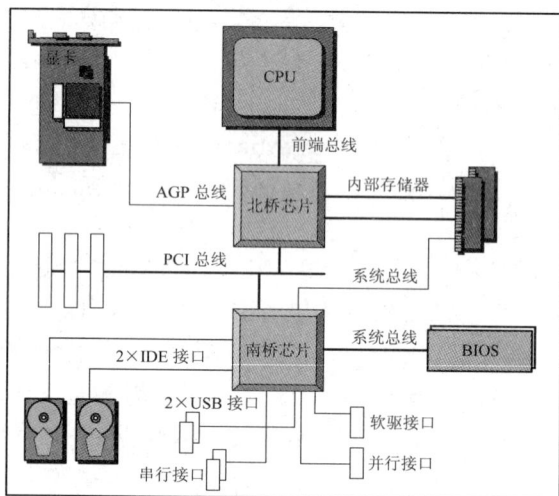

图 2.3.3.1 主板芯片组与其他部件关系

1. 北桥芯片

北桥芯片(North Bridge)是主板芯片组中起主导作用的最重要的组成部分，也称为主桥(Host Bridge)。一般来说，芯片组的名称就是以北桥芯片的名称来命名的，例如 Intel 845E 芯片组的北桥芯片是 82845E，875P 芯片组的北桥芯片是 82875P，等等。北桥芯片负责与 CPU 的联系并控制内存、AGP 数据在北桥内部传输，提供对 CPU 的类型和主频、系统的前端总线频率、内存的类型和最大容量、AGP 插槽、ECC 纠错等功能的支持，整合型芯片组的北桥芯片还集成了显示核心。北桥芯片如图 2.3.3.2 所示。

北桥芯片在主板上很好判断，它是主板上离 CPU 最近的芯片，这主要是考虑到北桥芯片与处理器之间的通信最密切，为了提高通信性能而缩短传输距离。因为北桥芯片负责 CPU 与内存之间的数据传输，数据处理量非常大，发热量也非常大，所以北桥芯片都覆盖着散热片用来加强散热，有些主板的北桥芯片还会配合风扇进行散热。因为北桥芯片的主要功能是控制

图 2.3.3.2　ATI 北桥芯片

内存，而内存标准与处理器一样变化比较频繁，所以不同芯片组中北桥芯片肯定是不同的，当然这并不是说所采用的内存技术就完全不一样，而是不同的芯片组的北桥芯片间存在差别。

随着 CPU 技术的提高，将内存控制器整合到 CPU 内部是今后的发展方向，而且其技术也会越来越完善。Intel 在酷睿 i5、酷睿 i7 系列 CPU 中，也引入了整合内存控制器的方案。AMD 在 K8 系列 CPU 及其之后的产品(包括 Socket 754/939/940 等接口的各种处理器)中，都整合了内存控制器。CPU 中集成内存控制器，是以后的发展趋势。CPU 与内存之间的数据交换过程就简化为"CPU—内存—CPU"三个步骤，省略了与北桥交换的两个步骤，与传统的内存控制器方案相比显然具有更低的数据延迟，这有助于提高计算机系统的整体性能。在现在新的主板上，已经很难看到北桥的踪影，北桥芯片已经成为历史。

2．南桥芯片

南桥芯片(South Bridge)是主板芯片组的重要组成部分，一般位于主板上离 CPU 插槽较远的下方，PCI 插槽的附近，这种布局是考虑到它所连接的 I/O 总线较多，离处理器远一点有利于布线。相对于北桥芯片来说，其数据处理量并不算大，所以南桥芯片一般都没有覆盖散热片。南桥芯片不与处理器直接相连，而是通过一定的方式与北桥芯片相连。南桥芯片如图 2.3.3.3 所示。

南桥芯片负责输入输出设备与总线之间的通信，如 PCI 总线、USB、LAN、ATA、SATA、音频控制器、键盘控制器、实时时钟控制器、高级电源管理等，这些技术一般相对来说比较稳定，所以不同芯片组中可能南桥芯片是一样的，不同

图 2.3.3.3　Intel 南桥芯片

的只是北桥芯片。因此现在主板芯片组中北桥芯片的数量要远远多于南桥芯片。南桥芯片的发展方向主要是集成更多的功能，例如网卡、Wi-Fi 无线网络等。

3．BIOS 与 CMOS

BIOS 是计算机的基本输入输出系统(Basic Input-Output System)，其内容集成在主板上的一个只读存储器(ROM)芯片上，主要保存着有关计算机系统最重要的基本输入输出程

序，系统信息设置、开机上电自检程序和系统启动自检程序等。管理员可以手动对 BIOS
信息进行修改。在个人计算机领域，BIOS 的主要厂商有 Award、AMI、Phoenix 这三家，
配置界面各不相同，但是功能都大同小异。图 2.3.3.4 就是一个典型的 PhoenixBIOS 配置
界面。

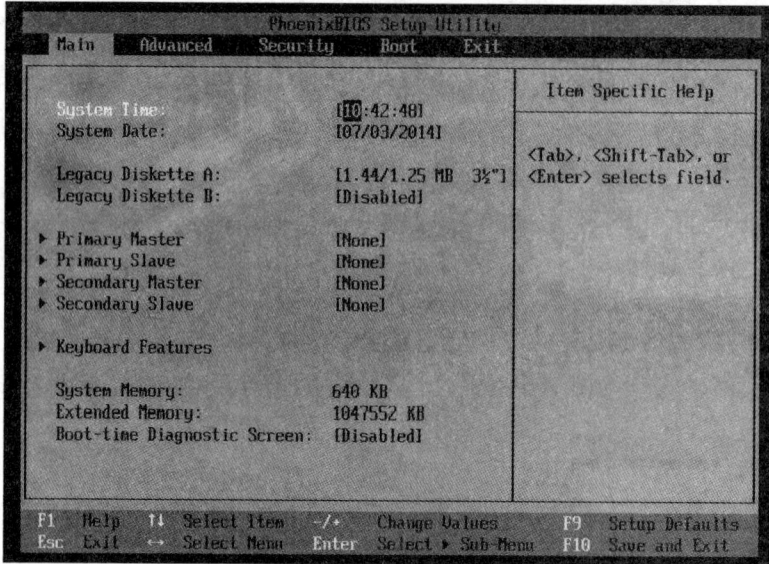

图 2.3.3.4　BIOS 配置界面

　　CMOS 是主板上一块可读写的随机存储器(RAM)芯片，用于保存当前系统的硬件配
置信息和用户设定的某些参数。CMOS RAM 由主板上的纽扣电池供电(见图 2.3.3.5)，即
使系统断电信息也不会丢失。对 CMOS 中各项参数的设定和更新可通过开机时特定的按
键实现(一般是 Del 键)。进入 BIOS 设置程序可对 CMOS 进行设置。一般 CMOS 设置习
惯上也被叫做 BIOS 设置。

图 2.3.3.5　CMOS 及其供电电池

　　CMOS 芯片只有保存数据的功能，而对 CMOS 中各项参数的修改要通过 BIOS 的设
定程序来实现。CMOS RAM 既是 BIOS 设定系统参数的存放场所，又是 BIOS 设定系统
参数的结果。因此，完整的说法应该是"通过 BIOS 设置程序对 CMOS 参数进行设置"。
由于 BIOS 和 CMOS 都跟系统设置密切相关，所以在实际使用过程中造成了 BIOS 设置和

CMOS 设置的说法，其实指的都是同一回事。随着技术的发展，BIOS 现在正在逐步被更安全，更简便的 UEFI 所取代。如图 2.3.3.6 所示，UEFI 配置界面直接使用鼠标点击操作，界面也更加美观清晰。

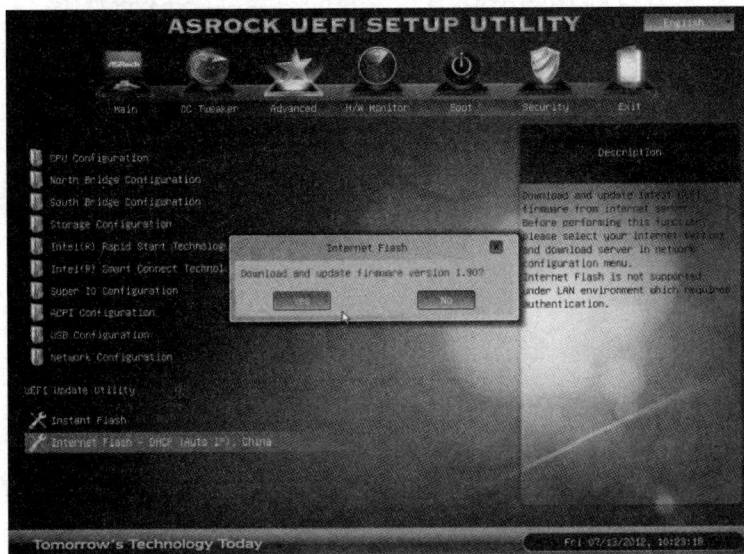

图 2.3.3.6　UEFI 配置界面

4．芯片组与处理器的搭配

目前主流的主板芯片分为 Intel 和 AMD 两个阵营，分别对应为两个品牌的 CPU 服务。而每个系列又按照芯片组的类型不同，分为很多子系列。以 Intel 系列主板为例，在市面上可以看到华硕、技嘉、七彩虹等近十个品牌的产品，不同品牌的主板在外观和技术上会有一些差别，但其使用的芯片组都是由 Intel 提供的。

即使是同属于 Intel 系列主板，根据处理器的不同，也需要搭配对应芯片组的主板才能成功组建出一台可以使用的主机。例如，目前 Intel 最新的十二代酷睿处理器只能搭配 Z690 芯片组的主板来使用。而 AMD 的 Ryzen 3/5/7 系列 CPU 和 APU 产品则可以搭配 X370、B350 和 A320 芯片组的主板。

有的时候，多个芯片组的主板虽然可以支持同一款处理器，但在主板的规格上还是有一定区别的。这些区别包括但不限于：原生 USB 及磁盘接口数量、是否支持 CPU 超频、是否支持多显卡互联等。这对于不太了解主板的用户来说确实很难选择，简单总结如下：

Intel 主板的 B 系列(如 B150、B250)属于入门级产品，不具备超频和多卡互联的功能，同时接口及插槽数量也相对要少一些。

H 系列(如 H170)比 B 系列略微高端一些，可以支持多卡互联，接口及插槽数量有所增长。

Z 系列(如 Z270、Z370)除了具备 H 系列的特点之外，还能够对 CPU 进行超频，并且接口和插槽数量也非常丰富。

X 系列(如 X99、X299)可支持 Intel 至尊系列高端处理器，同时具备 Z 系列的各项特点。同时，Intel 的 100 系列和 200 系列主板可以搭配 6 代及 7 代酷睿处理器，300 系列主板需要搭配 8 代酷睿处理器，X299 系列主板需要搭配 7 代至尊系列酷睿处理器。

2.4　实训项目：识别主板上的接口

2.4.1　项目背景

作为计算机内部的核心载体，主板需要与其他各硬件相连接。所以主板上有大量的接口，只有掌握了主板每个接口的作用，才能理解主板与各部件的关系。

2.4.2　实施过程

主板上各接口的识别过程如下：

(1) Socket A 接口识别。该接口用于 AMD CPU 插槽，采用零插拔力(ZIF)设计，安装 CPU 时需要将左侧拨杆拨到竖直位置，注意接口中四个不对称白点的位置，起到防呆的用途，对准 CPU 的插针的四个缺口方向后轻轻放下 CPU，使 CPU 的插针自然下落到插孔内，然后再将拨杆下压卡住。安装 CPU 时注意千万不可用力下压，否则会造成插针弯曲或折断而损坏 CPU。Socket A 接口如图 2.4.2.1 所示。

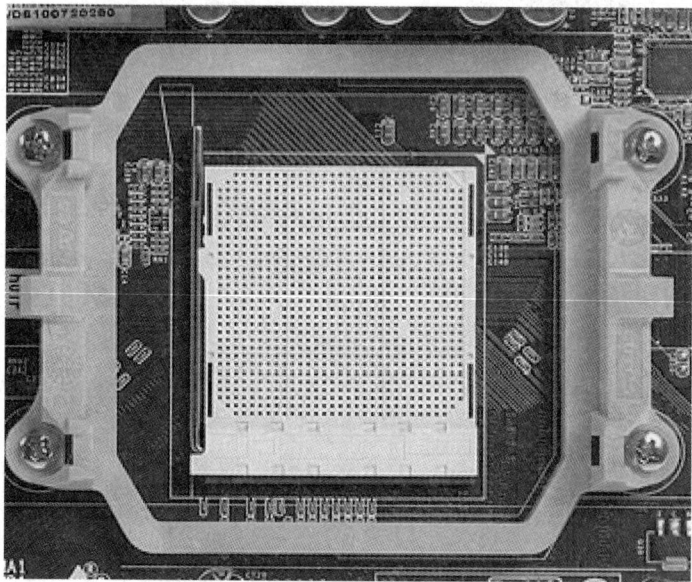

图 2.4.2.1　Socket A 接口

(2) LGA 接口识别。该接口用于 Intel CPU 插槽，在 Socket 接口基础上改进而来。它使用触点代替了 Socket 接口的插针，避免了插针弯曲或折断而造成 CPU 无法使用的现象出现。LGA 接口如图 2.4.2.2 所示。

图 2.4.2.2　LGA 接口

(3) DIMM 接口识别。该接口用于内存插槽，具有"防插反"设计。安装时，先将内存插槽两侧的卡子掰开，然后双手分别捏住内存条两侧，金手指方向向下，缺口处对准插槽中间的横档，两个大拇指放在内存条的上方同时用力垂直下压，至两端卡子自动卡在内存两侧的缺口时停止用力。大部分的主板都是将一对双通道的内存插槽设置成相同的颜色以便于用户区分，但一些主板却是不同颜色才能组成双通道的，因此组装双通道内存应以说明书为准。DIMM 接口如图 2.4.2.3 所示。

图 2.4.2.3　DIMM 接口

(4) SATA 接口识别。该接口主要用于连接硬盘和光驱。SATA 接口与老式 IDE 接口相比，具有连接简单、线缆较细(容易整理并不影响散热)、数据传输速率高(理论速率为600 MB/s)、支持热插拔以及即插即用等特点。SATA 接口如图 2.4.2.4 所示。

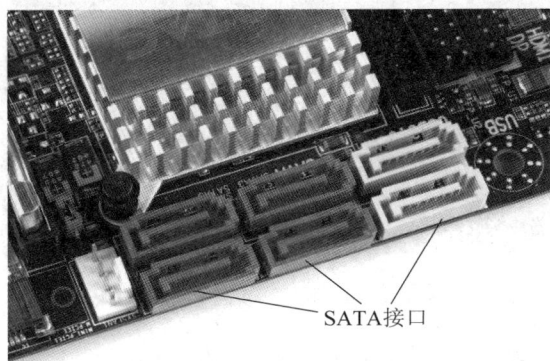

SATA接口

图 2.4.2.4　SATA 接口

(5) PATA 接口识别。该接口也叫 IDE 接口(40 针位)，可以插接老式 IDE 接口的硬盘与光驱。很多主板已经取消 IDE 接口。旁边的 34 针位的接口叫做 FDC 接口，用于连接软驱。由于软驱已经被淘汰，主板上已经取消了该插槽。IDE 与 FDC 接口如图 2.4.2.5 所示。

图 2.4.2.5   IDE 与 FDC 接口

(6) PCI 接口识别。该接口是目前个人电脑中使用最为广泛的接口，几乎所有的主板产品上都带有这种插槽；它也是主板带有最多数量的插槽类型。在目前流行的台式机主板上，ATX 结构的主板一般带有 5~6 个 PCI 插槽，而小一点的 mATX 主板也都带有 2~3 个 PCI 插槽，可见其应用的广泛性。大量的声卡、网卡、电视卡、视频捕捉卡、硬盘保护卡等扩展卡均采用 PCI 接口设计，现在新的主板都使用新的 PCI-E 接口取代了 PCI 接口。PCI-E 接口有 ×1、×4、×8 和 ×16 等 4 个标准，比较常见的是 ×1 和 ×16 两种。PCI-E ×16 接口目前主要用于插接显卡，PCI-E ×1 接口则用于连接其他扩展卡如网卡、声卡等。如图 2.4.2.6 所示，右边为 PCI-E ×16 接口，中间短的是 PCI-E ×1 接口，左边为 PCI 接口。

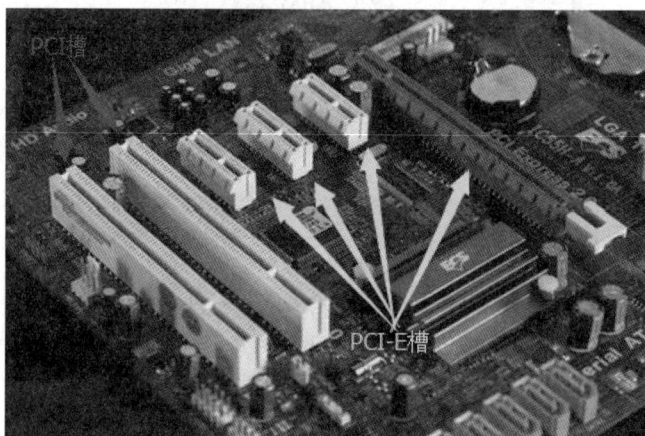

图 2.4.2.6   PCI 接口、PCI-E ×1 接口和 PCI-E ×16 接口

(7) 电源接口识别。图 2.4.2.7 为 CPU 供电电源接口，4 针，具有防呆设计(还有 6 针和 8 针两种，用于四核或大功耗 CPU)。图 2.4.2.8 为主板电源供电接口，24 针。

图 2.4.2.7　CPU 供电接口

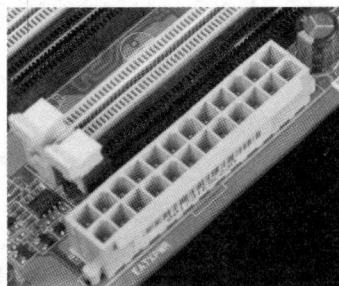

图 2.4.2.8　主板供电接口

(8) USB 接口识别。通用串行总线(Universal Serial Bus，USB)是连接计算机系统与外部设备的一种串口总线标准，也是一种输入/输出接口的技术规范，被广泛应用于 PC 和移动设备等信息通信产品，如鼠标、摄像头、各种转换头，并扩展至摄影器材、数字电视(机顶盒)、游戏机等其他相关领域。图 2.4.2.9 中有 4 个 USB 2.0 接口(黑色芯片)，2 个 USB 3.0 接口(蓝色芯片)。USB 3.0 最大传输带宽高达 625 MB/s，具有支持即插即用和热插拔、支持级联等优点，尤其它能够提供 5 V/500 MA 的供电，使得一些小型设备(如 U 盘等)无需另配电源，携带和使用十分方便。

图 2.4.2.9　USB 接口

(9) PS/2 接口识别。该接口主要用于连接鼠标(绿色的)和连接键盘(紫色的)，二者不通用。PS/2 接口不支持热插拔，也不支持即插即用，因此，在插拔 PS/2 接口键盘或鼠标时，应当先关机，否则可能造成硬件故障。另外，PS/2 接口的插针较软，插接时要注意方向，强行用力容易将针插弯曲损坏，如图 2.4.2.10 所示。

(10) COM 接口识别。该接口也称串口，主要连接调制解调器(俗称"猫")、电子仪器仪表等串口设备，很多主板已经淘汰此接口。COM 接口如图 2.4.2.11 所示。

(a) 用于连接鼠标　　(b) 用于连接键盘

图 2.4.2.10　PS/2 接口

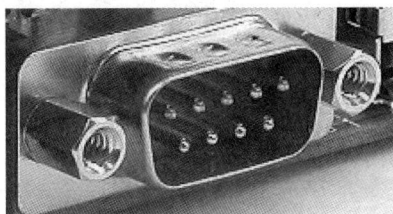

图 2.4.2.11　COM 接口

(11) LPT 接口识别。该接口也称并口，主要用于连接打印机、扫描仪等并口设备，已经被 USB 接口取代，如图 2.4.2.12 所示。

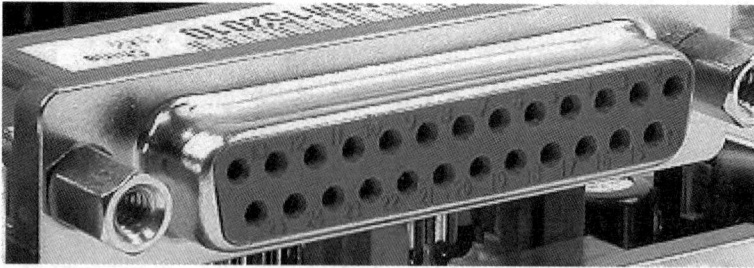

图 2.4.2.12　LPT 接口

主板各接口所连接外部设备与各总线以及与芯片组关系总结如图 2.4.2.13 所示。

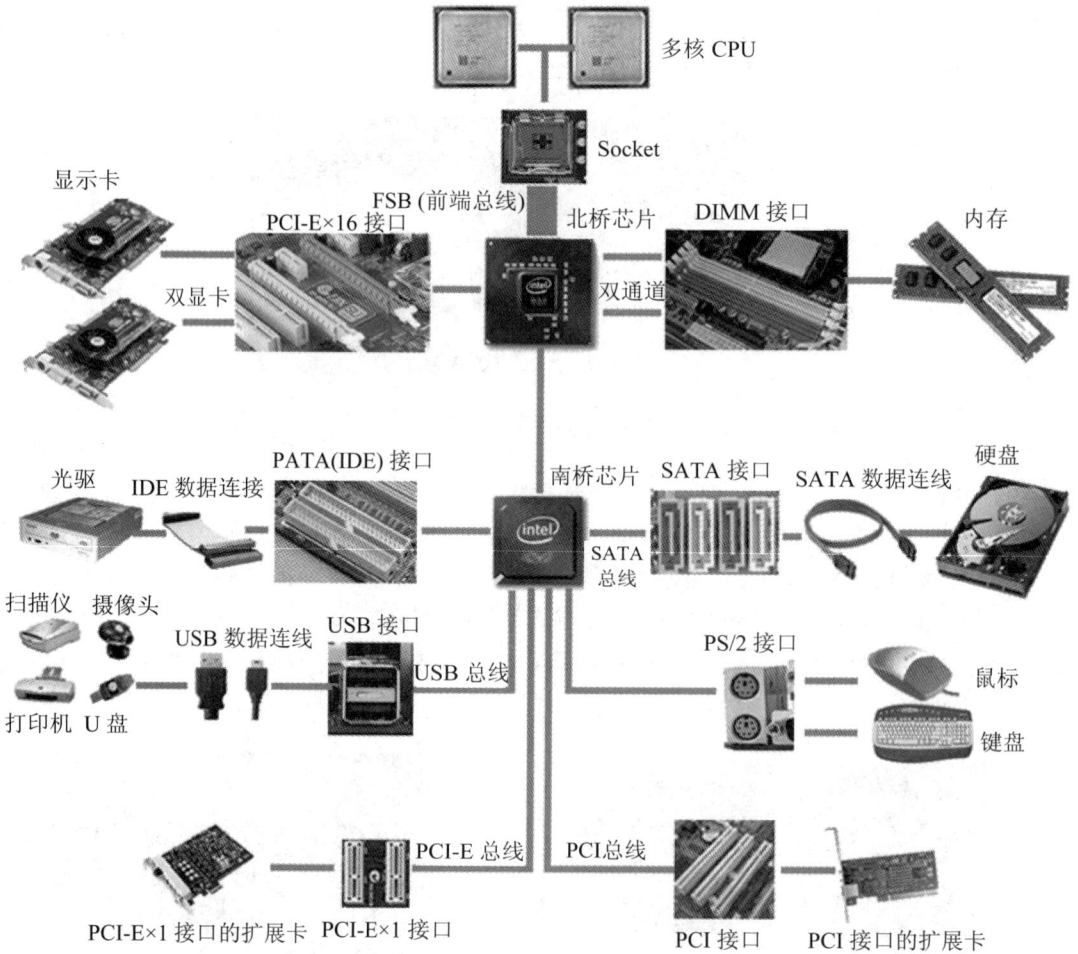

图 2.4.2.13　主板接口逻辑关系汇总

2.5　实训项目：设置 BIOS

2.5.1　项目背景

BIOS(基本输入/输出系统)是被固化在计算机 CMOS RAM 芯片中的一组程序，为计算机提供最初的、最直接的硬件参数控制，比如设置系统启动设备，设置开启硬件虚拟化等。作为计算机专业人士，掌握 BIOS 的设置很有必要。

2.5.2　实施过程

进入 BIOS 设置：在计算机刚启动，出现如图 2.5.2.1 所示画面时，迅速按下 Delete(或者 Del)键不要松开，直到进入 BIOS 设置界面。

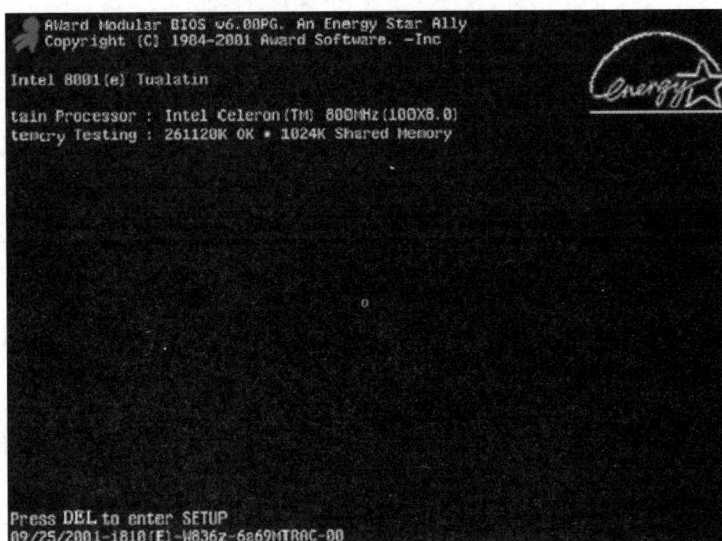

图 2.5.2.1　系统启动界面

图 2.5.2.2 是 Award BIOS 设置的主菜单。最顶一行标出了程序的类型是 Award Software。项目前面有三角形箭头的表示该项包含子菜单。

主菜单上共有 13 个项目，分别如下：

Standard CMOS Features(标准 CMOS 功能设定)：设定日期、时间、软硬盘规格及显示器种类。

Advanced BIOS Features(高级 BIOS 功能设定)：对系统的高级特性进行设定。

Advanced Chipset Features(高级芯片组功能设定)：设定主板所用芯片组的相关参数。

Integrated Peripherals(外部设备设定)：设定所有外围设备。如声卡、Modem、USB 键盘是否打开。

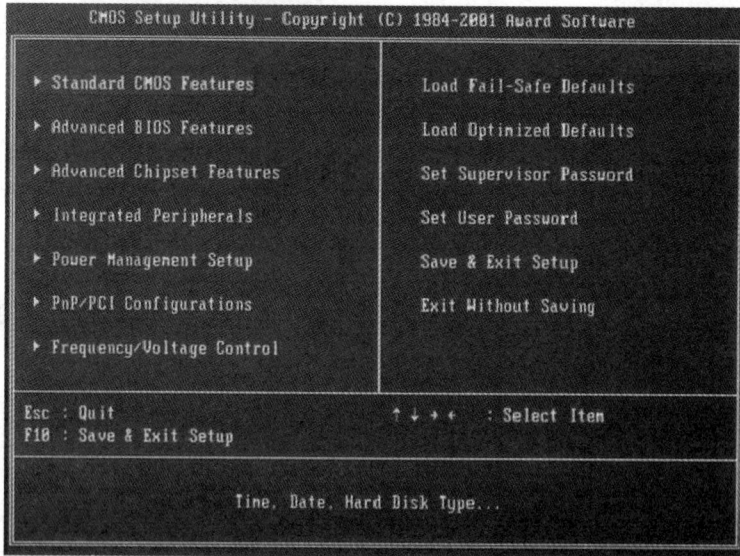

图 2.5.2.2　进入 BIOS 设置界面

Power Management Setup(电源管理设定)：设定 CPU、硬盘、显示器等设备的节电功能运行方式。

PnP/PCI Configurations(即插即用/PCI 参数设定)：设定 ISA 的 PnP 即插即用界面及 PCI 界面的参数，此项仅在系统支持 PnP/PCI 时才有效。

Frequency/Voltage Control(频率/电压控制)：设定 CPU 的倍频，设定是否自动侦测 CPU 频率等。

Load Fail-Safe Defaults(载入最安全的缺省值)：载入出厂默认配置。

Load Optimized Defaults(载入最优性能缺省值)：载入最优的性能但有可能影响稳定的默认配置。

Set Supervisor Password(设置超级用户密码)：设置 BIOS 超级用户的密码。

Set User Password(设置用户密码)：设置进入 BIOS 的密码。

Save & Exit Setup(保存后退出)：保存对 CMOS 的修改，然后退出设置程序。

Exit Without Saving(不保存退出)：放弃对 CMOS 的修改，然后退出设置程序。

Award BIOS 设置的操作方法如下：

按方向键"↑、↓、←、→"：移动到需要操作的项目上。

按"Enter"键：选定此选项。

按"Esc"键：子菜单回到上一级菜单或者跳到退出菜单。

按"+"或"PageUp"键：增加数值或改变选择项。

按"−"或"PageDown"键：减少数值或改变选择项。

按"F1"键：主题帮助，仅在状态显示菜单和选择设定菜单有效。

按"F5"键：从 CMOS 中恢复前次的 CMOS 设定值，仅在选择设定菜单有效。

按"F6"键：从故障保护缺省值表加载 CMOS 值，仅在选择设定菜单有效。

按"F7"键：加载优化缺省值。

按"F10"键：保存改变后的 CMOS 设定值并退出。

操作方法：在主菜单上用方向键选择要操作的项目，然后按"Enter"回车键进入该项子菜单；在子菜单中用方向键选择要操作的项目，然后按"Enter"回车键进入该子项；用方向键选择，完成后按回车键确认；最后按"F10"键保存改变后的 CMOS 设定值并退出(或按"Esc"键退回上一级菜单，退回主菜单后选"Save & Exit Setup"后回车，在弹出的确认窗口中输入"Y"后回车，即保存对 BIOS 的修改并退出 Setup 程序)。

在主菜单中用方向键选择"Advanced BIOS Features"项后回车，即进入了"Advanced BIOS Features"项菜单，如图 2.5.2.3 所示。

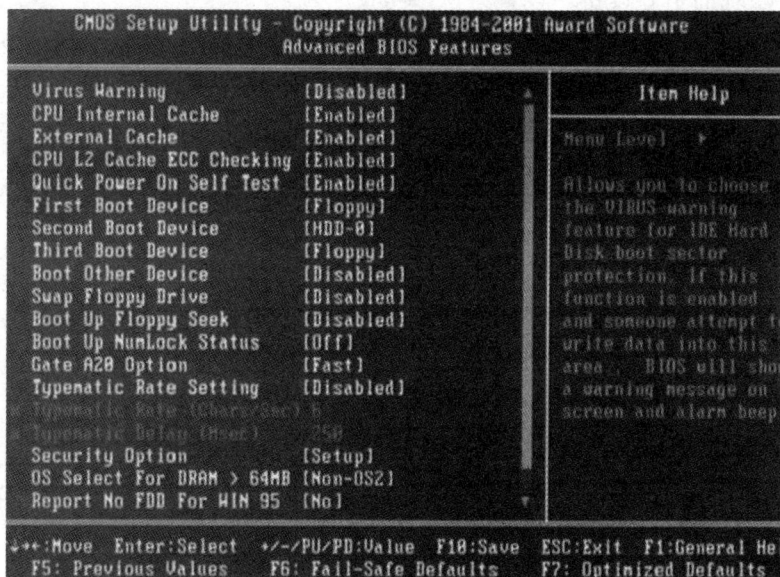

图 2.5.2.3　高级 BIOS 特征配置

"Advanced BIOS Features"项子菜单中共有 20 个子项，重点介绍以下菜单项：

Virus Warning (病毒报警)：在系统启动时或启动后，如果有程序企图修改系统引导扇区或硬盘分区表，BIOS 就会在屏幕上显示警告信息，并发出蜂鸣报警声，使系统暂停。选项有：Disabled (禁用)、Enabled(开启)。

CPU Internal Cache (CPU 内置高速缓存设定)：设置是否打开 CPU 内置高速缓存。默认设为打开。选项有：Disabled、Enabled。

External Cache (外部高速缓存设定)：设置是否打开外部高速缓存。默认设为打开。选项有：Disabled、Enabled。

CPU L2 Cache ECC Checking (CPU 二级高速缓存奇偶校验)：设置是否打开 CPU 二级高速缓存奇偶校验。默认设为打开。选项有：Disabled、Enabled。

Quick Power On Self Test (快速检测)：设定 BIOS 是否采用快速 POST 方式，也就是简化测试的方式与次数，让 POST 过程所需时间缩短。无论设成 Enabled 还是 Disabled，当 POST 进行时，仍可按 Esc 键跳过测试，直接进入引导程序。默认设为禁用。选项有：Disabled、Enabled。

First Boot Device (设置首选启动设备)：设定 BIOS 第一个搜索载入操作系统的引导设备。默认设为 Floppy(软盘驱动器)，安装系统正常使用后建议设为(HDD-0)。选项有：Floppy：系统首先尝试从软盘驱动器引导；LS120：系统首先尝试从 LS120 引导；HDD-0：系统首先尝试从第一硬盘引导；SCSI：系统首先尝试从 SCSI 引导；CDROM：系统首先尝试从 CD-ROM 驱动器引导；HDD-1：系统首先尝试从第二硬盘引导；HDD-2：系统首先尝试从第三硬盘引导；HDD-3：系统首先尝试从第四硬盘引导；ZIP：系统首先尝试从 ATAPI ZIP 引导；LAN：系统首先尝试从网络引导；Disabled：禁用首选启动设备。

Second Boot Device (设置第二启动盘)：设定 BIOS 在第一启动盘引导失败后，第二个搜索载入操作系统的引导设备。设置方法参考上一项。

Third Boot Device (设置第三启动盘)：设定 BIOS 在第二启动盘引导失败后，第三个搜索载入操作系统的引导设备。设置方法参考上一项。

Boot Other Device(其他设备引导)：将此项设置为 Enabled，允许系统在从第一/第二/第三设备引导失败后，尝试从其他设备引导。选项有：Disabled、Enabled。

Boot Up NumLock Status(初始数字小键盘的锁定状态)：此项是用来设定系统启动后，键盘右边小键盘是数字还是方向状态。当设定为 On 时，系统启动后将打开 Num Lock，小键盘数字键有效。当设定为 Off 时，系统启动后 Num Lock 关闭，小键盘方向键有效。选项有：On、Off。

Security Option(安全选项)：指定了使用的 BIOS 密码的保护类型。设置值为 System 时，无论是开机还是进入 CMOS SETUP 都要输入密码；设置值为 Setup 时，只有在进入 CMOS SETUP 时才要求输入密码。

Video BIOS Shadow (将 BIOS 复制到影像内存)：将 BIOS 复制到影像内存，可维持系统性能在最良好的状态。缺省值为 Enabled。选项有：Disabled、Enabled。

由于 BIOS 选项较多，在此不再一一讲述。

2.6 疑 难 解 析

1. 在选择 CPU 的时候，很多人都会因为参数太多看得眼花缭乱，不知该如何比较 CPU 的优劣，有的主频高，有的缓存大，有的工艺新，有没有简单比较 CPU 性能的方法？

解析：CPU 的性能不是由一两个参数决定的，而是一个综合判断的结果，最简单的方法就是在网络上检索下载最新的"CPU 天梯图"，图中按照 CPU 的性能依次排序，各种型号 CPU 的性能(包括已经被淘汰的型号)一目了然。同理，还有显卡天梯图、主板芯片组天梯图。

2. 计算机插单根 8 GB 的内存条和插两根 4 GB 的有区别吗？

解析：假设这里的内存都是同一型号，频率等参数均相同，只是容量不同。如果在主板上按照双通道内存的插法，其他硬件环境都一样的前提下，两根 4 GB 内存要比单根 8 GB 性能高。

对于普通使用电脑的人群与热衷于玩游戏的玩家来说，购买单通道 8 GB 就已足够，而且单通道 8 GB 的价格要低于双通道 8 GB，性价比更高；对于某些经常使用照片编辑、音视频软件的专业领域工作人员，还是要选择双通道 8 GB 的。

2.7　本章习题

1．小明有 5000 元预算，想要配置一台能够流畅玩大型 3D 游戏的电脑，你能帮他做出合适的配置吗？

2．笔记本电脑和普通的笔记本电脑在计算机的核心部件的配置上有什么差别？

第 3 章 计算机存储与显示部件

　　计算机的设计初衷是用于科学计算，但是对于普通人而言，使用计算机可能是为了存储文件、显示图片、播放视频、连接网络等。这些功能同样需要"三大件"的支持：CPU 的运算和指令，内存的数据缓存，总线的数据传输。但是计算机还需要一些额外的部件用来完成日常的使用：比如需要把文件永久性地存在计算机上就无法只靠内存来实现，必须使用外部存储器；需要显示图片、播放视频，仅仅只靠三大件是无法完成的，还必须使用显示、声音适配器和显示、音响设备。本章主要介绍外部存储器、显示适配器、显示器等内容。

法 律 意 识

　　《中华人民共和国网络安全法》于 2017 年 6 月 1 日起施行。其第四十二条规定：网络运营者不得泄露、篡改、毁损其收集的个人信息；未经被收集者同意，不得向他人提供个人信息。第四十四条规定：任何个人和组织不得窃取或者以其他非法方式获取个人信息，不得非法出售或者非法向他人提供个人信息。第四十五条规定：依法负有网络安全监督管理职责的部门及其工作人员，必须对在履行职责中知悉的个人信息、隐私和商业秘密严格保密，不得泄露、出售或者非法向他人提供。

　　对于很多企业来说，数据是核心机密，也是最宝贵的财富。2020 年 2 月 23 日，港股上市公司微盟集团一位系统运维员工贺某因生活不如意、无力偿还网贷等原因，在其个人住所通过电脑连接公司虚拟专用网络、登录公司服务器后执行删除任务，4 分钟便将微盟服务器内的数据全部删除。贺某的"删库"行为导致 300 余万用户无法正常使用微盟 SaaS 产品，故障时间长达 8 天 14 个小时。微盟"删库"事件发生后，次日开盘，公司市值蒸发超 6 亿港元。2020 年 9 月，贺某被判处有期徒刑 6 年，判决书中透露，贺某称是酒后因生活不如意、无力偿还网贷等个人原因导致做出"删库"行为。对于企业来说，程序员删库跑路带来的不只是经济上的损失，还有顾客信任度的丧失以及对企业形象的负面影响。因此，企业在平时就应完善相应的安全机制和管理制度，做好备份恢复机制和权限管理，防患于未然。而对于系统运维人员来说，通过删除数据宣泄情绪是极其错误的行为，不仅会对公司经营造成严重影响，更会因触犯法律而受到法律的惩处。

党的二十大报告提出：加快建设法治社会。法治社会是构筑法治国家的基础。弘扬社会主义法治精神，传承中华优秀传统法律文化，引导全体人民做社会主义法治的忠实崇尚者、自觉遵守者、坚定捍卫者。建设覆盖城乡的现代公共法律服务体系，深入开展法治宣传教育，增强全民法治观念。推进多层次多领域依法治理，提升社会治理法治化水平。发挥领导干部示范带头作用，努力使尊法学法守法用法在全社会蔚然成风。因此，当同学们走上系统运维岗位时要牢树法律意识、防范意识，紧绷自律之弦，时刻保持警惕；要筑牢思想防线，认真遵守《中华人民共和国网络安全法》相关条例，守住纪律底线，否则在面对诱惑时就有可能出问题，甚至跌进违法犯罪的深坑。

3.1 外部存储器

外部存储器是与内部存储器相对的，与内存的高速和易失性相比，这些存储器的读写速度一般较慢，但是普遍容量大，能够永久存储，价格便宜，是日常生活中人们使用计算机时操作系统、软件程序、图片、音乐、视频文件存放的位置。

3.1.1 硬盘驱动器

硬盘驱动器(Hard-Disk Drive)简称硬盘，是计算机主要的存储媒介，按照工作原理的不同，可以简单分为机械硬盘、固态硬盘、混合硬盘三种，按照尺寸不同可以分成台式计算机硬盘、笔记本硬盘、可移动硬盘等。

1．机械硬盘

机械硬盘的主体由一个或者多个铝制或者玻璃制的盘片组成。这些碟片外覆盖有铁磁性材料，被永久性地密封固定在金属壳中，外壳上有电源接口和数据接口，通过线缆连接到主板上对应接口。常见机械硬盘外观如图 3.1.1.1 所示。

机械硬盘内部结构如图 3.1.1.2 所示，由磁盘盘片、读写磁头、转动轴、传动手臂、控制电路等部分组成。

图 3.1.1.1 机械硬盘

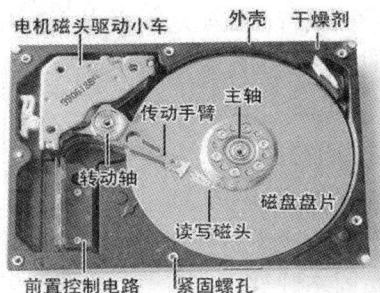

图 3.1.1.2 机械硬盘内部结构

　　磁头是硬盘关键的部分，是硬盘进行读写的"笔尖"，每一个盘片(若将磁头比喻作"笔"的话，那盘片即是"笔"下的"纸")都有自己的一个磁头。磁道是指磁盘旋转时由于磁头始终保持在一个位置上而在磁盘表面划出的圆形轨迹，这些磁道是肉眼看不到的，它们只是磁盘面上的一些磁化区，使信息沿这种轨道存放。扇区是指磁道被等分为的若干弧段，是磁盘驱动器向磁盘读写数据的基本单位，其中每个扇区可以存放 512 字节的信息。而柱面，顾名思义，为一个圆柱形面，由于磁盘是由一组重叠的盘片组成的，每个盘面都被划分为等量的磁道并由外到里依次编号，具有相同编号的磁道形成的便是柱面，因此磁盘的柱面数与其一盘面的磁道数是相等的。硬盘各区域如图 3.1.1.3 所示。

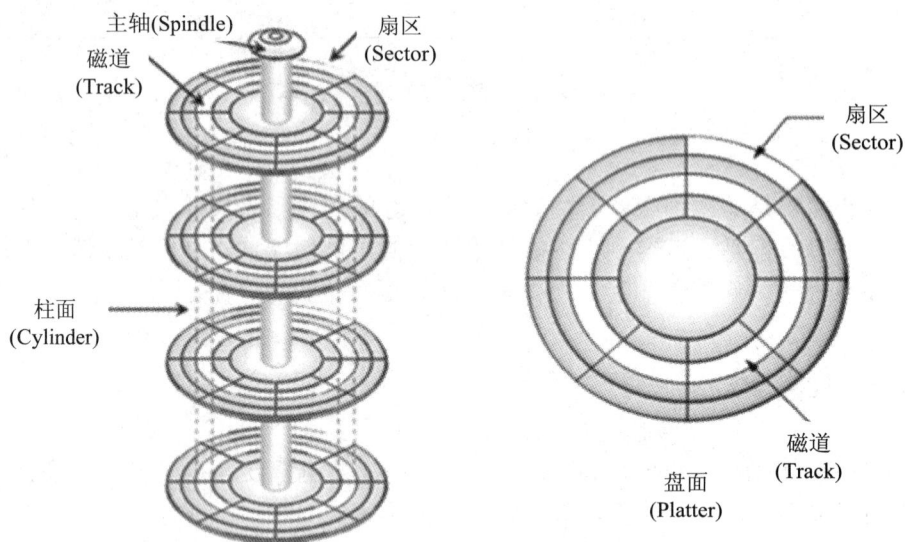

图 3.1.1.3　硬盘区域图

　　当硬盘读取数据时，盘面高速旋转，使得磁头处于"飞行状态"，并未与盘面发生接触，在这种状态下，磁头既不会与盘面发生摩擦，又可以达到读取数据的目的。由于盘体高速旋转，产生很明显的陀螺效应，因此硬盘在工作时不可震动，否则会加重轴承的工作负荷，而硬盘磁头的电机在高速调节下可以精确地跟踪磁道，因此在硬盘工作过程中不要有冲击碰撞，搬动时要小心轻放。

　　机械硬盘的特点是容量大，价格相对便宜。缺点也很明显，就是硬盘的输入输出速度受限于机械特性几乎趋于极限，很难再有提升，所以机械硬盘的发展日渐式微。目前机械硬盘的生产厂商主要有三个，即希捷、西部数据和东芝，三个品牌产品也非常接近，并无明显差别。

2. 固态硬盘

　　随着计算机技术的飞速发展，大量的数据读写成为计算机的普遍需求，机械硬盘较低的读写速度成为了整个计算机输入输出的瓶颈，一种新的高速硬盘逐渐受到人们的欢迎，这就是固态硬盘。

　　如图 3.1.1.4 所示，固态硬盘(Solid State Drive，SSD)是用固态电子存储芯片阵列制成的硬盘。机械硬盘运行主要是靠机械驱动头，包括马达、盘片、磁头摇臂等必需的机械部件，它必须在快速旋转的磁盘上移动至访问位置，至少 95%的时间都消耗在机械部件的动作上。SSD 却不同于机械构造，无需移动部件，主要由主控与闪存芯片组成的 SSD 可以以更快的速度和更高的准确性访问驱动器的任何位置。传统机械硬盘必须得依靠主轴主机、磁头和磁头臂来找到位置，而 SSD 用集成的电路代替了物理旋转磁盘，访问数据的时间及延迟远远低于机械硬盘。固态硬盘不用磁头，寻道时间几乎为 0，固态硬盘的读取速度普遍可以达到 500 MB/s，用在计算机开机和数据的载入中，速度得到了有效的提升，大幅度地提高了电脑的运行能力。写入速度也可以达到 130 MB/s 以上，在写入大数据时，更加高效的储存能力大大缩短了办公时间。其读写速度是普通机械硬盘的 3～5 倍，同时，固态硬盘还具有噪声低、防震抗摔性、低功耗等特性。由于生产厂商较多，竞争激烈，近年来固态硬盘价格逐年下降，逐渐成为市场上的宠儿，与机械硬盘市场日渐式微相比，固态硬盘逐渐成为个人计算机的标配。

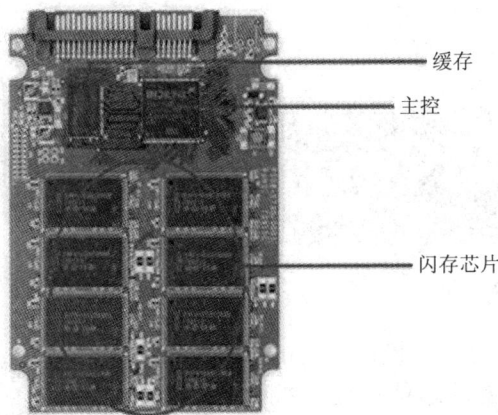

图 3.1.1.4　固态硬盘

3．混合硬盘

由于 SSD 价格要比机械硬盘贵得多，市面上还有一种混合硬盘，它采用双硬盘，一块小容量(大多数为 24 GB 或 32 GB 容量)的固态硬盘用于休眠和文件高级缓存，另外一块大容量的机械硬盘用于保存大量的数据。

4．常见硬盘接口

硬盘常见接口有 IDE、SATA、SCSI、SAS、光纤通道这五种。

(1) IDE：也称并口，老 PC 的硬盘多为这种接口。这种类型的接口随着接口技术的发展已经被淘汰了，而其后发展分支出更多类型的硬盘接口，比如 ATA、Ultra ATA、DMA、Ultra DMA 等接口都属于 IDE 硬盘。其特点为：价格低廉，兼容性强，性价比高，数据传输慢，不支持热插拔，等等。如图 3.1.1.5 所示，左边 40 芯的为 IDE 接口，中间是跳线接口，用于确定硬盘的主从关系，右边是硬盘的电源接口。

(2) SATA：也称串口，是目前主流的硬盘接口，速度要比 IDE 快。SATA 接口还分为 SATA、SATA Ⅱ、SATA Ⅲ，其中 SATA Ⅲ 理论传输速度可以达到 6 GB/s。如图 3.1.1.6 所示，右边 7 芯的为 SATA 接口。

图 3.1.1.5　IDE 接口

图 3.1.1.6　SATA 接口

(3) SCSI：一般不用在个人电脑上，通常用在小型机高端服务器上，特点是速度快、可热插拔。如图 3.1.1.7 所示，左边 50 芯的为 SCSI 接口。

(4) SAS：可以看作是 SCSI 的串口升级版，传输速度比 SATA 更快，稳定性、扩展性强，兼容性好，多用于企业级应用，很少用在个人电脑上。如图 3.1.1.8 所示，左边为 SAS 接口，注意与右边 SATA 接口的区别。

图 3.1.1.7　SCSI 接口

SAS 接口

SATA 接口

图 3.1.1.8　SAS 接口与 SATA 接口

(5) 光纤通道：也称为 FC 接口，它的出现大大提高了多硬盘系统的通信速度，拥有此接口的硬盘在使用光纤连接时具有热插拔性、高速带宽(4 Gb/s)、远程连接等特点。由于其价格昂贵，因此通常用于高端服务器领域。图 3.1.1.9 所示为光纤通道硬盘。

5．硬盘常用参数

除了接口类型，硬盘还有以下几个常用参数。

图 3.1.1.9　光纤通道硬盘

(1) 容量。作为计算机系统的主要数据存储器，容量是硬盘最主要的参数。硬盘的容量以 MB、GB、TB 为单位，与传统的计算公式 1 GB = 1024 MB 不同的是，硬盘厂商在标称硬盘容量时通常取 1 GB = 1000 MB，因此在 BIOS 中或在格式化硬盘时看到的容量会比厂家的标称值要小。对于用户而言，硬盘的容量就像内存一样，永远只会嫌少不会嫌多。操作系统、应用程序的升级带给人们的除了更为简便的操作外，还带来了文件大小与数量的日益膨胀，一些应用程序(如 3D 游戏、高清电影)动辄就要占用几十吉字节的硬盘空间，而且还有不断增大的趋势。因此，在选购硬盘时适当的超前是明智的。目前主流台式计算机的硬盘容量是 1 TB(1000 GB)及以上。

(2) 转速。转速是硬盘内电机主轴的旋转速度，也就是硬盘盘片在一分钟内所能完成的最大转数。转速的快慢是表示硬盘档次的重要参数之一，它是决定硬盘内部传输率的关键因素之一，在很大程度上直接影响到硬盘的速度。硬盘的转速越快，硬盘寻找文件的速度也就越快，硬盘的传输速度也就得到了提高。硬盘转速以每分钟多少转来表示，单位表示为 r/min(转/每分钟)。转速越大，内部传输率就越快，访问时间就越短，硬盘的整体性能也就越好。硬盘的主轴马达带动盘片高速旋转，产生浮力使磁头飘浮在盘片上方。要将所要存取资料的扇区带到磁头下方，转速越快，则等待时间也就越短。因此，转速在很大程度上决定了硬盘的速度。家用的普通硬盘的转速一般有 5400 r/min、7200 r/min 几种，高转速硬盘也是现在台式机用户的首选，较高的转速可缩短硬盘的平均寻道时间和实际读写时间，但随着硬盘转速的不断提高也带来了温度升高、电机主轴磨损加大、工作噪声增大等负面影响。

(3) 平均访问时间(Average Access Time)。平均访问时间是指磁头从起始位置到达目标磁道位置，并且从目标磁道上找到要读写的数据扇区所需的时间。平均访问时间体现了硬盘的读写速度，它包括了硬盘的寻道时间和等待时间，即：平均访问时间=平均寻道时间+平均等待时间。硬盘的平均寻道时间(Average Seek Time)是指硬盘的磁头移动到盘面指定磁道所需的时间。这个时间当然越短越好，目前硬盘的平均寻道时间通常在 4 ms 到 8 ms 之间。硬盘的等待时间，又叫潜伏期(Latency)，是指磁头已处于要访问的磁道，等待所要访问的扇区旋转至磁头下方的时间。平均等待时间为盘片旋转一周所需的时间的一半，一般应在 4 ms 以下。

(4) 数据传输率(Data Transfer Rate)。数据传输率是指硬盘读写数据的速度，单位为兆字节每秒(MB/s)。硬盘数据传输率又包括了内部传输率和外部传输率。内部传输率(Internal Transfer Rate) 也称为持续传输率(Sustained Transfer Rate)，它反映了硬盘缓冲区未用时的性能。内部传输率主要依赖于硬盘的旋转速度。外部传输率(External Transfer Rate)也称为突发数据传输率(Burst Data Transfer Rate)或接口传输率，它标称的是系统总线与硬盘缓冲区之间的数据传输率，外部数据传输率与硬盘接口类型和硬盘缓存的大小有关。

(5) 缓存(Cache Memory)。缓存是硬盘控制器上的一块内存芯片，具有极快的存取速度，它是硬盘内部存储和外界接口之间的缓冲器。由于硬盘的内部数据传输速度和外界界面传输速度不同，缓存在其中起到一个缓冲的作用。缓存的大小与速度是直接关系到硬盘的传输速度的重要因素，能够大幅度地提高硬盘整体性能。当硬盘存取零碎数据时需要不断地在硬盘与内存之间交换数据，有大缓存，则可以将那些零碎数据暂存在缓存中，减小外系统的负荷，也提高了数据的传输速度。现在主流硬盘的缓存都在 32 MB 以上。

(6) 尺寸。硬盘的主要尺寸有以下几种：

3.5 寸台式机硬盘：风头正劲，广泛用于各式电脑。

2.5 寸笔记本硬盘：广泛用于笔记本电脑、桌面一体机、移动硬盘及便携式硬盘播放器。

1.8 寸微型硬盘：广泛用于超薄笔记本电脑、移动硬盘、移动智能终端。

1.3 寸微型硬盘：产品单一，三星独有技术，仅用于三星的移动硬盘。

1.0 寸微型硬盘：最早由 IBM 公司开发，又称 MicroDrive 微硬盘(简称 MD)。因符合 CFII 标准，所以广泛用于单反数码相机。

0.85 寸微型硬盘：产品单一，日立独有技术，已知仅用于日立的一款硬盘手机。

3.1.2 光盘驱动器

光驱(也称光盘存储器)是一种存放数据的存储装置，具有容量大、可靠性好、存储成本低廉等特点。常见的光驱外观如图 3.1.2.1 所示。

光驱是一个结合光学、机械及电子技术的产品。光驱的工作原理如图 3.1.2.2 所示：在光学和电子结合方面，激光光源来自一个激光二极管，它可以产生波长为 0.54～0.68 微米的光束，经过处理后光束更集

图 3.1.2.1　光驱

中且能精确控制，光束首先打在光盘上，再由光盘反射回来，经过光检测器捕获信号。光盘上有两种状态，即凹点和空白，它们的反射信号相反，很容易经过光检测器识别。检测器所得到的信息只是光盘上凹凸点的排列方式，驱动器中有专门的部件把它转换并进行校验，然后人们才能得到实际数据。光盘在光驱中高速地转动，激光头在电机的控制下前后移动读取数据。

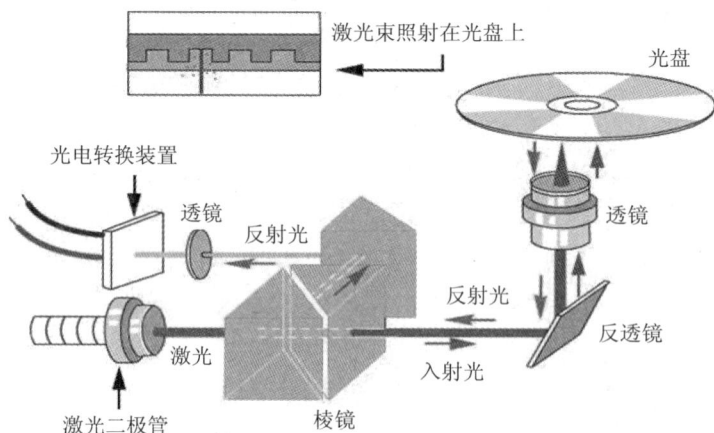

图 3.1.2.2　光驱的工作原理

光驱的种类繁多，按照读取光盘的种类及性能来分，可分为 CD-ROM、CD-R/CD-RW、DVD-ROM、DVD-RAM 等几大类。ROM 代表只读，R 代表读，W 代表可写，RAM 代表可反复擦写。

CD 代表小型激光盘，是一个用于所有 CD 媒体格式的一般术语。一般容量是 700 MB。DVD 不同于 CD，DVD 是可以有多个层面的。DVD-5 是指单面单层的 DVD，也是最常见的 DVD。它的容量大约是 4.7 GB，接近于 5 GB，所以就叫做 DVD-5。DVD-9 是指单面双层 DVD，在一面 DVD 中包含两个信息层，两层的容量合计约 8.5 GB。DVD-9 的好处就是可以用一张碟片存储一部 120 分钟的高质量电影，而不需要中途手动换碟。不过，有些早期的 DVD 播放器和光驱并不支持 DVD-9。DVD-10 是一种双面 DVD，一般称其为双面单层，说得通俗一点，就是将两片 DVD-5 背对背地粘在一起，实现了最大 9.4 GB 的容

量。不过 DVD-10 的缺点就是需要手动换面，目前还没有任何一种播放器支持自动换面。DVD-18 是双面双层碟片的简称，如同 DVD-10 是两片 DVD-5 制成的一样，DVD-18 就是两片 DVD-9 制成的，最高容量 17 GB 左右，是目前最大的 DVD 光盘，市面上很少见。BD 是近年来兴起的一种光盘，俗称蓝光光盘。BD 单层容量为 25 GB 或是 27 GB，双层 46 GB 或 54 GB。

与硬盘类似，光驱通过 IDE、SATA 等接口接入主板，现在主流的光驱都采用 SATA 接口，较旧的光驱采用的是 IDE 接口。

由于光驱速度慢，耗材(光盘成本较高)，现在光盘的使用场景已经很有限，包括：出版物(外语教材、辅导书和一些附带光盘的书籍，游戏和电影等)、提交工作成果(论文、影视作品)、重装系统、硬件驱动等。对于大多数人来说，其实以上所有场景都不常用，这也解释了为什么使用光驱的人越来越少。事实上，由于光驱使用场景很少，现在人们在选购台式机时很少再选配光驱，笔记本电脑也越来越少选配光驱。如果需要使用光驱，人们往往使用外置 USB 光驱，如图 3.1.2.3 所示。

图 3.1.2.3　USB 光驱

3.1.3　USB 驱动器

USB，是英文 Universal Serial Bus(通用串行总线)的缩写，USB 是在 1994 年年底由 Intel、康柏、IBM、Microsoft 等多家公司联合提出的一个外部总线标准，用于规范电脑与外部设备的连接和通信。USB 是目前应用在计算机领域最广泛的接口技术，可以说是每台计算机的标配接口。由于 USB 接口支持设备的即插即用和热插拔功能，使得它的应用范围越来越广，如数码相机、摄像头、扫描仪、游戏杆、打印机、键盘、鼠标、移动硬盘、移动光驱、U 盘等都通过 USB 接口接入计算机，而且大部分计算机老式的外部接口如串口、并口、PS/2、LPT 接口都可以被 USB 接口所取代。

USB 接口自 1996 年被提出后，经过多年的发展，产生了 USB 1.0、USB 1.1、USB 2.0、USB 3.0、USB 3.1 等不同类型的标准，USB 1.0 和 USB 1.1 现在基本已经淘汰，目前计算机上主要以 USB 2.0 和 USB 3.0 为主，最新一代是 USB 3.1。这几种接口可以向下兼容，那么如何区分这三种 USB 接口呢？最简单的办法就是通过颜色，如图 3.1.3.1 所示，在主板上从左到右三个接口分别是 USB 2.0(黑色)、USB 3.1(浅蓝色)、USB 3.0(蓝色)接口。

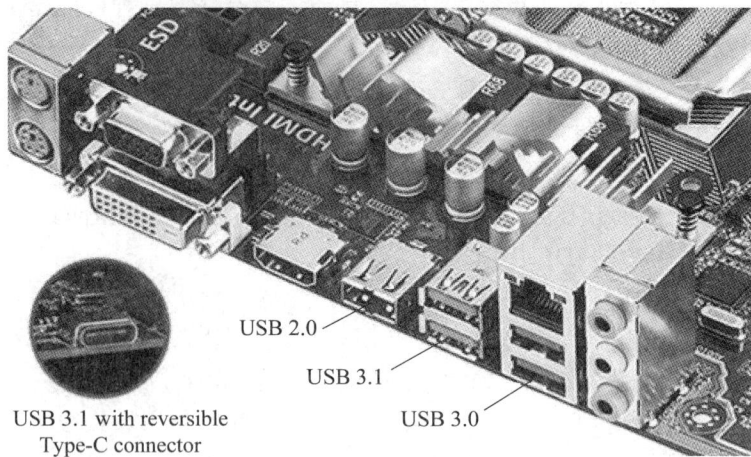

USB 2.0

USB 3.1

USB 3.0

USB 3.1 with reversible
Type-C connector

图 3.1.3.1　三种 USB 接口

也有些计算机主板没有通过颜色区分，而是在 USB 3.0 接口上加上了 SS 字样，代表 Super Speed(超高速)，如图 3.1.3.2 所示。

USB 2.0　　　　USB 3.0

图 3.1.3.2　USB 2.0 接口与 USB 3.0 接口

USB 各版本接口的具体参数区别如表 3.1.3.1 所示。

表 3.1.3.1　USB 各版本接口的具体参数表

USB 版本	理论最大传输速率	最大输出电流	推出时间
USB 1.0	1.5 Mb/s(0.1875 MB/s)	5 V/500 mA	1996 年 1 月
USB 1.1	12 Mb/s(1.5 MB/s)	5 V/500 mA	1998 年 9 月
USB 2.0	480 Mb/s(60 MB/s)	5 V/500 mA	2000 年 4 月
USB 3.0	5 Gb/s(500 MB/s)	5 V/900 mA	2008 年 12 月
USB 3.1 Gen 2	10 Gb/s(1280 MB/s)	20 V/5 A	2013 年 12 月

除了技术参数上的区别外，USB 接口还有三种不同外观的接口，即 Type-A、Type-B、Type-C，如图 3.1.3.3 所示。Type-A 是电脑、电子配件中最广泛的接口标准，鼠标、U 盘、数据线上大多是此接口，体积也最大。Type-B 一般用于打印机、扫描仪、USB HUB 等外部 USB 设备。Type-C 拥有比 Type-A 及 Type-B 均小得多的体积，是最新的 USB 接口外形标准，这种接口没有正反方向区别，可以随意插拔。另外，Type-C 是一种既可以

应用于 PC(主设备)又可以应用于外部设备(从设备，如手机)的接口类型，这是划时代的。

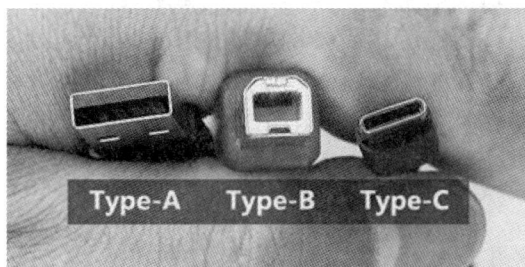

图 3.1.3.3　Type-A、Type-B、Type-C USB 接口

在我们身边还能看到用在移动设备如数码相机、数码摄像机、测量仪器、移动硬盘、手机的 Mini USB 接口和 Micro USB 接口。如图 3.1.3.4 所示，Mini USB 接口用于一些老式设备的数据传输和充电线上，Micro USB 接口普遍用于手机、移动硬盘的数据传输和充电线上，是非常常见的接口。

迷你 USB(Mini USB)接口　　　微型 USB(Micro USB)接口

图 3.1.3.4　Mini USB 接口和 Micro USB 接口

3.1.4　磁盘阵列

硬盘已经成为人们生活中存储数据最常用的设备，但是无论什么硬盘都存在一定的损坏概率，如果发生损坏而数据没有备份将给人们带来巨大的损失，所以现实生活中如果计算机存储了非常重要的数据往往采用磁盘阵列来进行备份。

磁盘阵列又称为 RAID，是英文 Redundant Array of Independent Disks 的缩写，中文简称为独立冗余磁盘阵列。简单地说，RAID 是一种把多块独立的硬盘(物理硬盘)按不同的方式组合起来形成一个硬盘组(逻辑硬盘)，从而提供比单个硬盘更高的存储性能和提供数据备份技术。组成磁盘阵列的不同方式称为 RAID 级别(RAID Level)。在用户看起来，组成的磁盘组就像是一个硬盘，用户可以对它进行分区、格式化等。对磁盘阵列的操作与单个硬盘一模一样。不同的是，磁盘阵列的存储速度要比单个硬盘高很多，而且可以提供自动数据备份。数据备份的功能是在用户数据一旦发生损坏后，利用备份信息可以使损坏数据得以恢复，从而保障了用户数据的安全性。

最初人们开发 RAID 的主要目的是节省成本，当时几块小容量硬盘的价格总和要低于大容量的硬盘。目前来看，RAID 在节省成本方面的作用并不明显，但是 RAID 可以充分发挥多块硬盘的优势，实现远远超出任何一块单独硬盘的速度和吞吐量。除了性能上的提高之外，RAID 还可以提供良好的容错能力，在任何一块硬盘出现问题的情况下都可以继续工作，不会受到损坏硬盘的影响。

RAID 技术分为几种不同的等级，分别可以提供不同的速度、安全性和性价比。根据实际情况选择适当的 RAID 级别可以满足用户对存储系统可用性、性能和容量的要求。常用的 RAID 级别有以下几种：RAID 0、RAID 1、RAID 1+0、RAID 3、RAID 5、RAID 6等，目前经常使用的是 RAID 5 和 RAID 1+0。

1. RAID 0

RAID 0 亦称为带区集，它是将多个磁盘并列起来，成为一个大磁盘。在存放数据时，其将数据按磁盘的个数来进行分段，然后同时将这些数据写进这些盘中，所以在所有的级别中，RAID 0 的速度是最快的。但是 RAID 0 没有冗余功能，如果一个磁盘(物理)损坏，则所有的数据都会丢失。如图 3.1.4.1 所示，RAID 0 至少由两块磁盘组成，数据均匀地写入两块磁盘，这样读写速度就是单块磁盘的 2 倍，但任意一块磁盘发生损坏后数据将全部丢失，所以也大大提升了数据丢失的风险。

2. RAID 1

RAID 1 也被称为镜像，至少由两块磁盘组成，其原理为在主硬盘上存放数据的同时也在镜像硬盘上写一样的数据。当主硬盘(物理)损坏时，镜像硬盘则代替主硬盘的工作。因为有镜像硬盘做数据备份，所以 RAID 1 的数据安全性在所有的 RAID 级别上来说是最好的。但无论用多少磁盘做 RAID 1，仅算一个磁盘的容量，是所有 RAID 中磁盘利用率最低的一个级别。RAID 1 如图 3.1.4.2 所示。

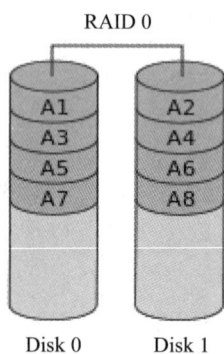

图 3.1.4.1　RAID 0

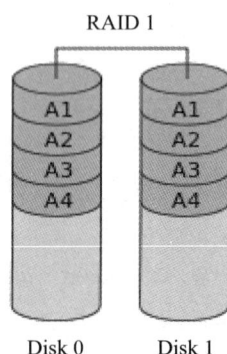

图 3.1.4.2　RAID 1

3. RAID 5

RAID 5 是一种储存性能、数据安全和存储成本兼顾的存储解决方案。它使用的是 Disk Striping(硬盘分割)技术。RAID 5 至少需要三块硬盘，RAID 5 不是对存储的数据进行备份，而是把数据和相对应的奇偶校验信息存储到组成 RAID 5 的各个磁盘上，并且奇偶校验信息和相对应的数据分别存储于不同的磁盘上。当 RAID 5 的一个磁盘数据发生损坏时，可以利用剩下的数据和相应的奇偶校验信息去恢复被损坏的数据。RAID 5 可以理解为是 RAID 0 和 RAID 1 的折中方案。RAID 5 可以为系统提供数据安全保障，但保障程度要比镜像低而磁盘空间利用率要比镜像高。如图 3.1.4.3 所示，RAID 5 具有和 RAID 0 相近似的数据读取速度，只是因为多了一个奇偶校验信息，写入数据的速度相对于单独写入一块硬盘的速度略慢，若使用"回写快取"可以让效能改善不少。同时由于多个数据对应一个奇偶校验信息，RAID 5 的磁盘空间利用率要比 RAID 1 高，存储成本相对较低。

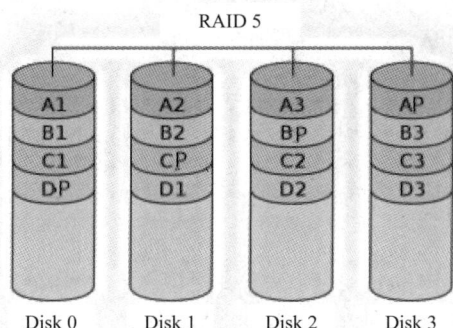

图 3.1.4.3　RAID 5

4. RAID 1+0/0+1

如图 3.1.4.4 所示，RAID 1+0 是先镜射再分割资料，再将所有硬盘分为两组，可以看做是 RAID 0 的最低组合，然后将这两组各自视为 RAID 1 运作。

RAID 0+1 则是跟 RAID 1+0 的程序相反，是先分割再将资料镜射到两组硬盘。它将所有的硬盘分为两组，变成 RAID 1 的最低组合，而将两组硬盘各自视为 RAID 0 运作，原理如图 3.1.4.5 所示。

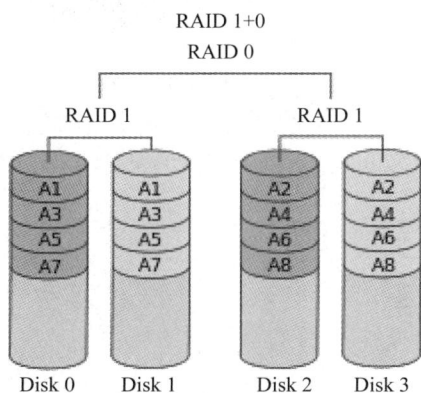

图 3.1.4.4　RAID 1+0

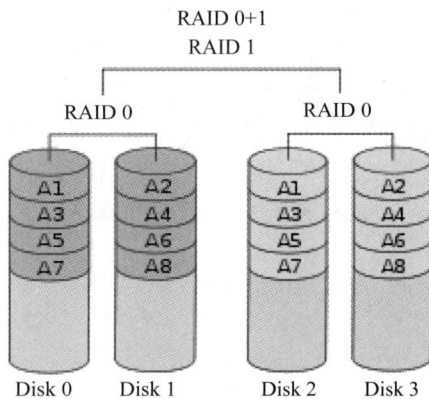

图 3.1.4.5　RAID 0+1

当 RAID 1+0 有一个硬盘受损时，其余硬盘会继续运作。RAID 0+1 只要有一个硬盘受损，同组 RAID 0 的所有硬盘都会停止运作，只剩下其他组的硬盘运作，可靠性较低。如果以六个硬盘建 RAID 0+1，镜射再用三个建 RAID 0，那么坏一个硬盘便会有三个硬盘离线。因此 RAID 1+0 远较 RAID 0+1 常用，现实生活中绝大部分情况下都使用 RAID 0/1/5/10，很少使用 RAID 0+1。

RAID 技术有两大特点：一是速度快，二是安全。由于这两项优点，RAID 技术早期被应用于高级服务器中的 SCSI 接口的硬盘系统中，随着近年计算机技术的发展，RAID 技术也逐渐用在高档个人计算机上。RAID 通常是由在服务器中的 RAID 控制器或个人计算机中的 RAID 卡来实现的。如图 3.1.4.6 所示，这块 RAID 卡上带有 4 个 SATA 接口，最多可以接入 4 块 SATA 接口硬盘。

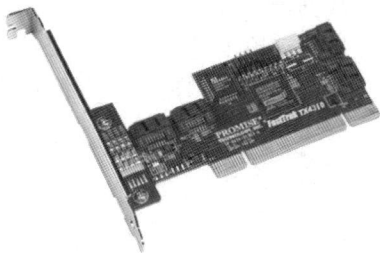

图 3.1.4.6 RAID

3.1.5 网络附属存储器

由于硬盘理论上都有一定的损坏率，无法保证其 100%可靠，所以在本机存储文件具有一定的安全风险，而且想要实现在本机硬盘保存的数据被远程调用也不是一件令人放心的事，现在越来越多的家庭采用 NAS 来保存和远程访问自己的文件。

NAS(Network Attached Storage，网络附属存储)按字面意思简单说就是连接在网络上，具备资料存储功能的装置，因此也称为"网络存储器"。它是一种专用数据存储服务器。它以数据为中心，将存储设备与服务器彻底分离，集中管理数据。通俗地说，NAS 就是一台精简版的台式主机，安装了多块硬盘，它很省电，发热量小，就可以很方便地通过网络连到这台主机里面，把照片、电影、视频、文件等资料储存进去，通过网络随时可以把需要的资料拿出来使用，如果需要增加储存容量只要购买硬盘加上去。如图 3.1.5.1 所示，NAS 的每格硬盘位都可以安装一块硬盘。

图 3.1.5.1 NAS

NAS 原来是 20 世纪 90 年代为服务器开发出来的一种存储技术，现在逐渐被用于普通家庭的照片、视频、文件存储和备份，目前越来越多的家庭开始使用 NAS 保存文件，甚至用 NAS 来组建自己的私有云。

3.2 显 卡

3.2.1 显卡简介

显卡全称显示接口卡，也叫显示适配器、显示加速卡、图形适配器，承担输出显示图形图像的任务，用途是将计算机系统所需要的显示信息进行转换驱动，并向显示器提供信号，控制显示器的正确显示。没有显卡，图像就无法被计算机处理，更无法在显示器上输出。在现在的个人计算机中，显卡的好坏直接影响到计算机的整体性能。常见显卡外观如图 3.2.1.1 所示。

像主板一样，显卡也是装有处理器和 RAM 的印刷电路板。此外，它还具有输入/输出系统(BIOS)芯片，该芯片用于存储显卡的设置以及在启动时对内存、输入和输出执行诊断。显卡的处理器称为图形处理单元(GPU)，它与计算机的 CPU 类似，GPU 会产生大量热量，所以它的上方通常安装有散热器或风扇。GPU 是专为执行复杂的图形图像计算而设计且优化过的，这些计算是图形渲染所必需的，某些高端的 GPU 所具有的晶体管数远远超过了普通 CPU，计算能力远胜于 CPU，诸如大数据处理、人工智能、并行计算、"区块链挖矿"等需要超大量计算工作的场景下都选择使用 GPU 进行运算工作。

除了其处理能力以外，GPU 还使用特殊的程序设计来帮助自己分析和使用数据。市场上的绝大多数个人计算机的 GPU 都是 AMD(超微半导体)和 NVIDIA(英伟达)生产的，并且这两家公司都开发出了自己的 GPU 性能增强功能。为了提高图像质量，这些处理器使用全景抗锯齿技术，它能让三维物体的边缘变得平滑，以及各向异性过滤，它能使图像看上去更加鲜明。NVIDIA GPU 外观如图 3.2.1.2 所示。

图 3.2.1.1　显卡　　　　　　　　图 3.2.1.2　NVIDIA GPU

GPU 在生成图像时，需要有个地方能存放信息和已完成的图像。这正是显卡 RAM 用途所在，RAM 也称显存，类似于计算机的内存，它用于临时存储有关每个像素的数据、每个像素的颜色及其在屏幕上的位置。有一部分 RAM 还可以起到帧缓冲器的作用，这意味着它将保存已完成的图像，直到显示它们。通常，显卡 RAM 以非常高的速度运行，且采取双端口设计，这意味着系统可以同时对其进行读取和写入操作。

RAMDAC (Random Access Memory Digital-to-Analog Converter，随机数模转换记忆体)，中文名是数模转换器。RAMDAC 的作用是把数字图像数据转换成计算机显示需要的模拟数据。显示器收到的是 RAMDAC 处理过的模拟信号。由于 RAMDAC 是一块单向不可逆电路，故经过 RAMDAC 处理过的模拟信号不可能再被转换成数字信号。RAMDAC 是影响显卡性能的重要器件，其决定了在足够显存下，显卡能支持的最高分辨率和刷新频率。RAMDAC 的作用很明显，在实际使用中，显卡都标记有 RAMDAC 的频率有多少赫兹(Hz)。RAMDAC 的时钟快则表明其可以处理更高的刷新率。刷新率就是指每秒重绘屏幕的次数，人的眼睛在低于 75 的刷新率时会感到闪烁，从而影响正常的使用。显卡不仅要保证颜色数极高，也要保证有较高的刷新率。所以采用性能越好的 RAMDAC，显卡就可以提供越高的分辨率、颜色深度及刷新率，显卡的性能也就越好。这就是为什么如今的显卡 RAMDAM 的时钟越来越快的原因。现在的显卡生产工艺越来越好，RAMDAC 都已经整合到显卡芯片之中了，所以我们见到的显卡多数都只有显存和一块主芯片，而看不到 RAMDAC 的芯片。不过也有一些例外，例如专业级的绘图卡。因为本身设计的原因，

RAMDAC 还是一个独立的芯片。

如图 3.2.1.3 所示，CPU 处理后的图像数据必须经历以下 4 个步骤，才会到达显示器。

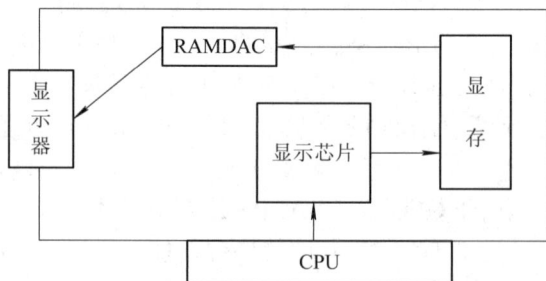

图 3.2.1.3　CPU 处理图像数据的步骤

（1）从总线进入 GPU：将 CPU 送来的数据送到北桥(主桥)，再送到 GPU(图形处理器)里面进行处理。

(2) 从显卡芯片组进入显存：将芯片处理完的数据送到显存。

(3) 从显存进入 RAMDAC：从显存读取出数据再送到 RAMDAC 进行数据转换的工作(数字信号转模拟信号)。

(4) 从 RAMDAC 进入显示器：将转换完的模拟信号送到显示器。

显卡产品主要分为如下三类：

(1) 集成显卡：指将显示芯片、显存及其相关电路都集成在主板上，与主板成为一体。集成显卡的显示芯片大部分都集成在主板的北桥芯片中；一些主板集成的显卡也在主板上单独安装了显存，但其容量较小，集成显卡的显示效果与处理性能相对较弱。集成显卡存在明显的缺点：性能相对略低，且固化在主板上，本身无法更换；如果必须换，就只能将主板一起更换。大部分集成显卡会占用计算机的内存来做显存，会降低计算机系统整体性能，主板集成显卡至今已经终结了，除了老平台外，已经不会再有主板集成显卡的新品出现了。

(2) 核芯显卡：指集成在 CPU 内部的显卡，通常称为核芯显卡，如 Intel 酷睿 i3/i5/i7 系列处理器以及 AMD APU 系列处理器中多数都集成了显卡。和以往的显卡设计不同，AMD 和 Intel 凭借其在处理器制造方面的先进工艺以及新的架构设计，将图形核心与处理核心整合在同一块基板上，构成一个完整的处理器。智能处理器架构这种设计上的整合大大缩减了处理核心、图形核心、内存及内存控制器间的数据周转时间，有效提升处理效能并大幅降低芯片组整体功耗，有助于缩小核心组件的尺寸，为笔记本、一体机等产品的设计提供了更大选择空间。

需要注意的是，核芯显卡和传统意义上的集成显卡并不相同。集成显卡将图形核心以单独芯片的方式集成在主板上，并且动态共享部分系统内存作为显存使用，因此能够提供简单的图形处理能力。核芯显卡则将图形核心整合在处理器当中，进一步提高了图形处理的效率。

(3) 独立显卡：指将显示芯片、显存及其相关电路单独做在一块电路板上，自成一体而作为一块独立的板卡存在，它需占用主板的扩展插槽。独立显卡单独安装有显存，一般不占用系统内存，在技术上也较集成显卡和核芯显卡先进得多，它们能够得到更好的显示效果和性能，容易进行显卡的硬件升级。但是独立显卡会使系统功耗有所加大，发热量也较大，同时(特别是对笔记本电脑)占用更多空间。独立显卡的结构如图 3.2.1.4 所示。

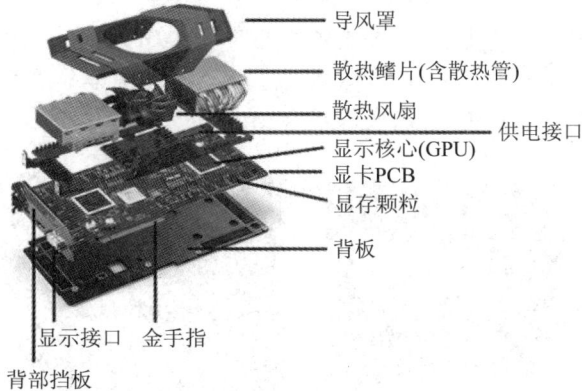

图 3.2.1.4　独立显卡结构图

独立显卡散热装置的散热性能直接影响显卡的运行稳定性。显卡上都会带有散热器，常见的散热装置为风冷散热和被动式散热。风冷散热是在散热片上加装了风扇，提高散热效能，是目前采用最多的散热方式。被动式散热是在显卡核心上安装铝合金或铜合金散热片，这种散热装置不发出噪声。而高端的显卡大多采用了涡轮式风冷散热系统，配合热管或铜底来进行散热。

时下中档以上性能笔记本大多都配置了独立显卡和核芯显卡双显卡，并且支持相互切换。比如，在断电使用等低功耗场景下将使用核芯显卡，延迟笔记本电池的待机时间；如果在玩 3D 游戏这样的高功耗场景下将切换到独立显卡，保障计算机的高性能。笔记本上切换显卡方法如图 3.2.1.5 所示。

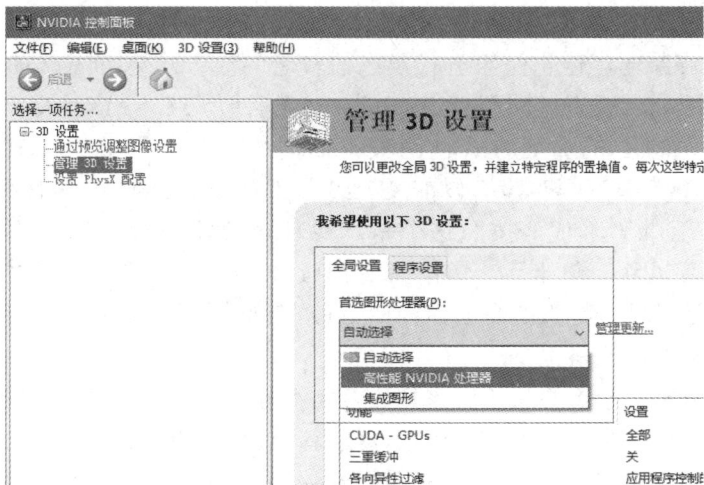

图 3.2.1.5　笔记本上切换显卡方法

显卡性能参数

1. 显示芯片

独立显卡的芯片生产厂商主要有 AMD(原 ATI)和 NVIDIA(英伟达)这两家。如图 3.2.2.1 所示，左边是 AMD 显卡标志，一般简称 A 卡，AMD 的主要品牌为 Radeon(镭龙)系列；右边是 NVIDIA 显卡标志，一般简称 N 卡，NVIDIA 的主要品牌为 GeForce(精视)系列。

图 3.2.2.1　AMD 显卡和 NVIDIA 显卡

显卡的芯片决定了显卡的性能高低，一般来说，NVIDIA 公司显卡命名方式还是比较简单的，名字构成是：前缀(GT/GTX) + 第几代 + 市场定位 + 后缀。以 GTX1050Ti 为例，它的含义中 GTX 代表极致，所以这是一块专业显卡。前缀一共有 GTX、GTS、GT、GF 四种，性能由高到低排列，因此如果要购买一块高端显卡，请认准 GTX，少个 X 的 GT 则为入门级，一般性能较差，GTS 和 GF 在近几代显卡中不多见，基本上是入门级，性能也会比较弱。第二位的 10 代表产品是第十代，而第十代之前的显卡这个数字会变成一位，例如 GTX960，就是第九代显卡。由于新的显卡上制程和架构的改进，同样定位的显卡性能会优于上一代，功耗也会比上一代同性能卡小，所以推荐购买新显卡。第三位的 50 代表它是一块中端显卡，一般来说同代显卡这个数字越大性能就越强，例如 GTX1060 就要比 GTX1050Ti 强很多，当然这个数字仅能在同代显卡中作参照。最后的后缀有 Ti、SE、M、MX，其中 Ti 为加强版，比不加 Ti 的版本价格更高，性能也更强；SE 为阉割版，性能会有少许减弱，但也是第五代及之前较老的显卡才会有的；M 和 MX 分别为移动版和移动加强版。一般来说同型号 Ti(Boost) >无后缀> SE > MX > M。不过到了第十代显卡之后，M 和 MX 的命名方式也消失了，例如，笔记本上的 GTX1060 与桌面版 GTX1060 性能非常接近，再也没有以前 GTX970M 和 GTX960 不相上下的情况了，因此笔记本显卡也请认准第十代。按照这个基本原理，就能分析很多显卡的定位了，例如 GTX1050Ti 就是游戏级，第十代，定位高端卡(GTX1050)的加强版。除了以上这些基本的命名方式之外，还有一些特殊的命名，例如 GTX Titan 系列，它们一般是同代显卡中的旗舰，性能也是顶尖的，价格也是最高的。

显卡的品牌非常多，价格从几百元到几万元不等。以下是一些常见的显卡品牌：蓝宝石、华硕、迪兰恒进、丽台、索泰、讯景、技嘉、映众、微星、艾尔莎、富士康、捷波、磐正、映泰、耕升、旌宇、影驰、铭瑄、翔升、盈通、祺祥、七彩虹、斯巴达克、双敏、精雷、昂达、金辰光、影驰、小影霸等。比如，其中蓝宝石、华硕是在自主研发方面做得不错的品牌，蓝宝石只做 A 卡，华硕的 A 卡和 N 卡都是核心合作伙伴，相对于七彩虹这类的通路品牌来说，拥有自主研发的厂商在做工方面和特色技术上会更出色一些，而其他厂商的价格则要便宜一些(例如七彩虹、双敏、盈通、铭瑄和昂达都由同一个厂家代工，所以差别只在显卡贴纸和包装而已，选购时需要注意)。

2. 显存容量

显存容量是显卡上本地显存的容量数，这是选择显卡的关键参数之一。显存容量的大小决定着显存临时存储数据的能力，在一定程度上也会影响显卡的性能。显存容量也是随着显卡的发展而逐步增大的，并且有越来越增大的趋势。显存容量从早期的 512 KB、1 MB、2 MB 等极小容量，发展到 8 MB、12 MB、16 MB、32 MB、64 MB，一直到目前主流的 4 GB、6 GB、8 GB，某些专业显卡甚至已经具有 32 GB 的显存了。

值得注意的是，显存容量越大并不一定意味着显卡的性能就越高，因为决定显卡性能的三要素首先是其所采用的显示芯片，其次是显存带宽(这取决于显存位宽和显存频率)，最后才是显存容量。一款显卡究竟应该配备多大的显存容量才合适是由其所采用的显示芯片所决定的，也就是说显存容量应该与显示核心的性能相匹配才合理。显示芯片性能越高，由于其处理能力越高，所配备的显存容量相应也应该越大，而低性能的显示芯片配备大容量显存对其性能是没有任何帮助的。

3. 核心频率

显卡的核心频率是指显示核心的工作频率，其工作频率在一定程度上可以反映出显示核心的性能，但显卡的性能是由核心频率、显存、像素管线、像素填充率等多方面的情况所决定的，因此在显示核心不同的情况下，核心频率高并不代表此显卡性能强劲。比如 9600PRO 的核心频率达到了 400 MHz，要比 9800PRO 的 380 MHz 高，但在性能上 9800PRO 绝对要强于 9600PRO。在同样级别的芯片中，核心频率高的则性能要强一些，提高核心频率就是显卡超频的方法之一。显示芯片主流的厂商只有 ATI 和 NVIDIA 两家，两家都提供显示核心给第三方的厂商，在同样的显示核心下，部分厂商会适当提高其产品的显示核心频率，使其工作在高于显示核心固定的频率上以达到更高的性能。

4. 显存频率

显存频率是指默认情况下，该显存在显卡上工作时的频率，以 MHz(兆赫兹)为单位。显存频率一定程度上反映着该显存的速度。显存频率随着显存的类型、性能的不同而不同，SDRAM 显存一般都工作在较低的频率上，一般就是 133 MHz 和 166 MHz，此种频率早已无法满足现在显卡的需求。DDR SDRAM 显存则能提供较高的显存频率，主要在中低端显卡上使用。DDR 2 显存由于成本高并且性能一般，因此使用量不大。DDR 3 显存是目前高端显卡采用最为广泛的显存类型。不同显存能提供的显存频率也差异很大，主要有 400 MHz、500 MHz、600 MHz、650 MHz 等，高端产品中还有 800 MHz、1200 MHz、1600 MHz，甚至更高。显存频率与显存时钟周期是相关的，二者成倒数关系，也就是显存频率 = 1/显存时钟周期。如果是 SDRAM 显存，其时钟周期为 6 ns，那么它的显存频率就为 $1/(6 \text{ ns}) \approx 167$ MHz。而对于 DDR SDRAM 或者 DDR 2、DDR 3，尽管其时钟周期也为 6 ns，但是 DDR 在时钟上升期和下降期都进行数据传输，其一个周期传输两次数据，相当于 SDRAM 频率的二倍，因此 6 ns 的 DDR 显存，其实际显存频率为 $1/(6 \text{ ns}) \times 2 \approx$

333 MHz。具体情况可以看下面关于各种显存的介绍。但要明白的是显卡制造时，厂商设定了显存实际工作频率，而实际工作频率不一定等于显存最大频率。此类情况现在较为常见，如显存最大能工作在 650 MHz，而制造时显卡工作频率被设定为 550 MHz，此时显存就存在一定的超频空间。这也就是目前厂商惯用的方法，显卡以超频为卖点。用于显卡的显存，虽然和内存型号类似，但除了容量以外，其他参数差异较大，不能通用，因此显存型号称为 GDDR、GDDR 2、GDDR 3 等。目前，主流显卡的显存配置都在 GDDR 5 4 GB 以上。

5．显存类型

显存是显卡上的关键核心部件之一，它的优劣和容量大小会直接关系到显卡的最终性能表现。可以说显示芯片决定了显卡所能提供的功能和其基本性能，而显卡性能的发挥则很大程度上取决于显存。无论显示芯片的性能如何出众，最终其性能都要通过配套的显存来发挥。显存，也被叫做帧缓存，它的作用是用来存储显卡芯片处理过或者即将提取的渲染数据。如同计算机的内存一样，显存是用来存储要处理的图形信息的部件。我们在显示屏上看到的画面是由一个个的像素点构成的，而每个像素点都以 4 至 32 甚至 64 位的数据来控制它的亮度和色彩，这些数据必须通过显存来保存，再交由显示芯片和 CPU 调配，最后把运算结果转化为图形输出到显示器上。目前市场上主要以 DDR 3 为主。而新一代的芯片则支持 DDR 5 显存。

6．显存位宽

显存位宽是显存在一个时钟周期内所能传送数据的位数，位数越大则瞬间所能传输的数据量越大，这是显存的重要参数之一。目前市场上的显存位宽有 128 位、256 位、512 位三种，人们习惯上叫的 64 位显卡、128 位显卡和 256 位显卡就是指其相应的显存位宽。显存位宽越高性能越好，价格也就越高，因此 256 位宽的显存更多应用于高端显卡，而主流显卡基本都采用 128 位显存。显存带宽 = 显存频率 × 显存位宽/8，那么在显存频率相当的情况下，显存位宽将决定显存带宽的大小。比如，同样显存频率为 500 MHz 的 128 位和 256 位显存，那么其显存带宽分别为：128 位显存带宽 = 500 MHz × 128 / 8 = 8 GB/s，而 256 位显存带宽 = 500 MHz × 256 / 8 = 16 GB/s，是 128 位的 2 倍，可见显存位宽在显存数据中的重要性。显卡的显存是由一块块的显存芯片构成的，显存总位宽同样也是由显存颗粒的位宽组成的。显存位宽 = 显存颗粒位宽 × 显存颗粒数。显存颗粒上都带有相关厂家的内存编号，可以去网上查找其编号，就能了解其位宽，再乘以显存颗粒数，就能得到显存的位宽，这是最为准确的方法，但施行起来较为麻烦。

3.2.3　显卡接口的分类

显卡是主机与显示器的桥梁，当显卡将显示信号处理完毕时，必然需要相应的接口将信号传送给显示器，显卡信号输入输出接口担负着显卡输出的任务。显卡接口近年来发展非常迅猛，从最初的 D-SUB、S-Video 到 DVI、HDMI 以及 DisplayPort 也不外是短短的几年。目前，显卡与显示器之间的主流接口类型有：VGA、DVI、HDMI、DP。四种接口如图 3.2.3.1 所示。

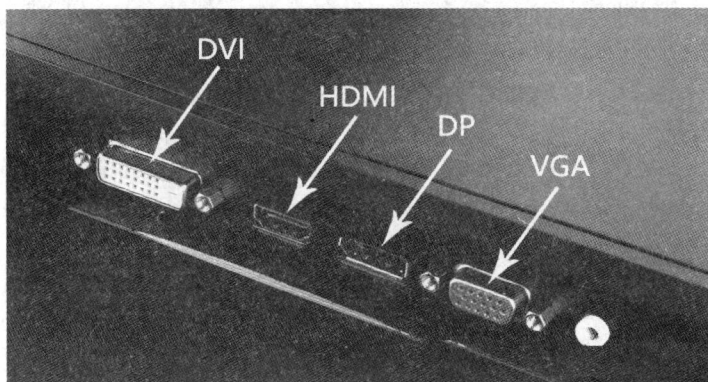

图 3.2.3.1　VGA、DVI、HDMI、DP 接口

1. VGA 接口

VGA(Video Graphics Array)是 IBM 在 1987 年随 PS/2 机一起推出的一种视频传输标准，具有分辨率高、显示速率快、颜色丰富等优点，在彩色显示器领域得到了广泛的应用。但不支持热插拔，不支持音频传输。因 VGA 出现较早，后期随着显示技术的不断升级，出现了很多的标准，最新的 WUXGA(宽屏极速视频图形阵列)最大支持 1920×1200 的分辨率。VGA 接口是一个有 15 个插孔的 D 形插座(称为 D-SUB 模拟接口)，VGA 接口和线缆如图 3.2.3.2 所示。

图 3.2.3.2　VGA 接口和线缆

VGA 插座的插孔分为 3 排，每排 5 个孔。VGA 插座是显卡的输出接口，与显示器的 D 形插头相连，用于模拟信号的输出。因其发展的局限性和无法进行音频传播等缺陷，目前中高端的显卡和显示器都不再支持 VGA 接口。只有老式 CRT 显示器和老式投影仪还在继续使用 VGA 接口。

2. DVI 接口

DVI(Digital Visual Interface，数字视频接口)是 1999 年由 Silicon Image、Intel(英特尔)、Compaq(康柏)、IBM、HP(惠普)、NEC、Fujitsu(富士通)等公司共同组成的 DDWG(Digital Display Working Group，数字显示工作组)推出的接口标准。它是以 Silicon Image 公司的 PanalLink 接口技术为基础，基于 TMDS(Transition Minimized Differential Signaling，最小化传输差分信号)电子协议作为基本电气连接。DVI 接口使用 3 行 8 列共 24 个引脚，用于连接 LCD 等数字显示器。

目前主流的 DVI 接口分两种，即 DVI-D 接口和 DVI-I 接口，如图 3.2.3.3 所示。

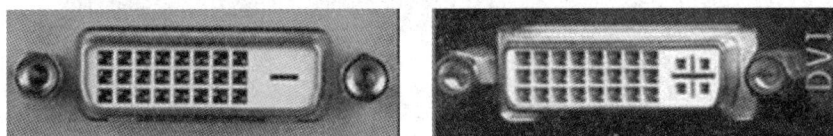

图 3.2.3.3　DVI-D 接口(左)和 DVI-I 接口(右)

DVI-D 接口只能接收数字信号，接口上只有 3 排 8 列共 24 个针脚，其中右上角的一个针脚为空。不兼容模拟信号。DVI-I 接口可同时兼容模拟和数字信号。兼容模拟信号并不意味着模拟信号的接口 D-Sub 接口可以连接在 DVI-I 接口上，而是必须通过一个转换接头才能使用，一般采用这种接口的显卡都会带有相关的转换接头。考虑到兼容性问题，目前显卡一般会采用 DVI-I 接口，这样可以通过转换接头连接到普通的 VGA 接口。而带有 DVI 接口的显示器一般使用 DVI-D 接口，因为这样的显示器一般也带有 VGA 接口，因此不需要带有模拟信号的 DVI-I 接口。DVI 接口有三大优点：一是速度快，二是画面清晰，三是支持 HDCP 协议。

3. HDMI 接口

HDMI(高清晰数字多媒体接口)是 2002 年 4 月由索尼、日立、松下、飞利浦、东芝等 7 家公司制定的专用于数字视频和音频的传输标准，其目的是为了取代传统的 DVD 碟机、电视及其他视频输出设备的已有接口，统一并简化用户终端接线，提供更高带宽的数据传输速度和数字化无损传送音视频信号。目前已经成为显卡、显示器、家用电视的标配接口。HDMI 是基于 DVI 制定的，可以看做是 DVI 的强化与延伸。HDMI 在保证高品质的情况下能够以数码形式传输未经压缩的高分辨率视频和多声道音频数据。HDMI 可以支持所有的 ATSC HDTV 标准，不仅能够满足高清电影 1080 p 的分辨率，还可以支持 DVD Audio 等先进的数字音频格式，支持八声道 96 kHz 或立体声 192 kHz 数码音频传递，而且只用一条 HDMI 线连接，可以用于免除数码音频接线。与此同时，HDMI 标准具备额外扩展空间，它允许应用在日后升级的音频或视频的格式中。与 DVI 相比，HDMI 接口的体积更小，而且支持同时传输音频及视频信号。与现有同属数字接口的 DVI 相比，HDMI 最大的改变在于集成了视频和音频传输，并且接口体积小，其灵活性和方便性较有优势，只需要一条 HDMI 线，便可以同时传送影音信号，大大简化了家庭影院系统的安装。HDMI 接口线缆如图 3.2.3.4 所示。

图 3.2.3.4　HDMI 接口线缆

HDMI 有三种口径的接口(如图 3.2.3.5 所示)：标准 HDMI、Mini HDMI、Micro HDMI(具体尺寸见图中说明)。台式机电脑、游戏笔记本一般使用的是标准 HDMI，而超薄笔记本或平板电脑通常使用的是后两者。

图 3.2.3.5　HDMI 的三种口径

4. DP 接口

现在还有一种功能更强、带宽更大的新型接口 DP(DisplayPort)正在同 HDMI 竞争。

DP 是一种高清数字显示接口标准，可以连接电脑和显示器，可以连接电脑和家庭影院。DP 将在传输视频信号的同时加入对高清音频信号传输的支持，同时支持更高的分辨率和刷新率。当前最新版本为 DP 2.0，相比 HDMI 的一个突出优势是这个接口不需要专利费。此外，DP 接口具有高带宽、整合周边设备、兼容内外接口、简化相关产品的设计、高可扩展性、内容保护可靠性等显著优点。DisplayPort 与 HDMI 的定位不太一样，HDMI 起初是定位于家电领域的，后来开始支持 IT 领域，而 DisplayPort 一开始就是定位在 IT 领域，对于高清的支持从理论上会更好一点。也就是说，HDMI 的出现取代了模拟信号视频，而 DisplayPort 的出现则取代的是 DVI 和 VGA 接口。目前看来，性能上 HDMI 与 DP 差距不大，但是 HDMI 占据着市场，坐拥成熟的产业链，而 DP 只是成本上有优势(无需授权费用)，高端显卡普遍更倾向于支持 DP 接口。DP 接口的外观如图 3.2.3.6 所示。图中的 Thunderbolt 是一种复合型接口，称为雷电接口，常见于苹果的笔记本，可以把它理解成带外置 PCI 功能的 DP 接口。DP 只支持显示，而雷电口支持数据传输，可以外接 PCI 硬盘。

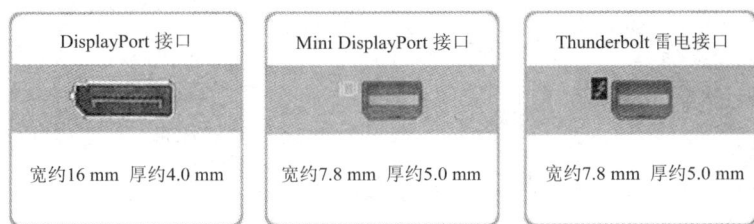

DisplayPort 接口	Mini DisplayPort 接口	Thunderbolt 雷电接口
宽约16 mm　厚约4.0 mm	宽约7.8 mm　厚约5.0 mm	宽约7.8 mm　厚约5.0 mm

图 3.2.3.6　DP 接口

3.2.4　显卡测评

　　拿到一张新显卡后，一般都需要查看显卡的参数，查看显卡参数通常使用 GPU-Z。使用 GPU-Z 查看显卡参数如图 3.2.4.1 所示。

图 3.2.4.1　GPU-Z 查看显卡参数图

如果显卡参数没有问题，则需要对显卡的性能进行测评。最常用的测评工具是 Mark 系列软件，这是由 Futuremark 公司开发的一款专业评测显卡性能的软件。3DMark 系列软件测试了几个游戏场景(每一代微软主推的 DirectX 标准游戏)和一些 GPU 底层性能测试(如纹理填充率、像素填充率)等，同时包括专门的 CPU 性能测试，可以测试出显卡图形计算中 CPU 的压力。最新的 3DMark 11 还加入了 CPU 和 GPU 混合的物理测试，显卡性能基准测试正在趋近于真实游戏的效果。运行 3DMark 进行显卡测评得分如图 3.2.4.2 所示。

图 3.2.4.2　3DMark 显卡测评图

一般通过负载较大的游戏，让显卡达到满负荷运行状态，然后在电源上接入功耗仪，就可以得到整机最大功耗，减去周边设备，就可以得到显卡功耗。这一过程同时还可以测试显卡最高温度，这是一个在合理 3D 模式下的温度，它趋近于用户的实际使用环境。在测试软件方面，除了运行游戏之外，还可以通过 Furmark 软件，开启"极端折磨模式"，调整合理的分辨率和较低的 AA(高 AA 会降低显卡流处理器负载)。

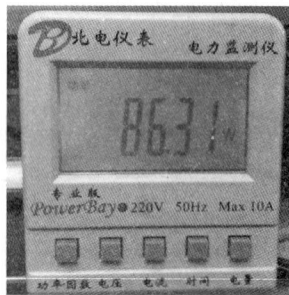

图 3.2.4.3　使用功耗仪测试功耗

在 Furmark 软件运行的时候，就可以测试获得显卡的最高功耗和最高温度，温度由软件界面进行记录，功耗则可以通过功耗仪进行记录。使用功耗仪测试功耗如图 3.2.4.3 所示。

随着 GPU 核心中 Shader 单元的编程自由度越来越高，GPU 也能执行更多的并行计算任务，并且精度逐渐提升，所以近几年的显卡测试越来越多地加入了并行计算加速测试。这方面可以借助 GPC Benchmark、DX11 SDK Computer Shader 等软件实现，它们可以测试得到显卡的并行计算基准与实际计算性能。在显卡多功能化的今天，针对显卡的测试方法越来越多，还有诸如颜色测试，HD 编解码能力测试，等等。

3.3　显　示　器

因为绝大多数人从计算机获取信息的主要方式是通过视觉，而显示器是视觉接触计算机的主要媒介，即便在这个计算机越来越轻薄的年代，显示器仍然凭借着它不可替代的可视面积，被广泛地应用在家用、娱乐、办公各个领域。

3.3.1　显示器的分类

显示器一般分为两类：CRT 显示器(阴极射线管显示器，即传统体型较为庞大的显示器)与 LCD 显示器(液晶显示器)。现在还可以看到 LED 显示器，往往指的是 LED 背光，实际上其面板仍然使用的是 LCD 技术，因此在分类上仍归为 LCD。不过，真正的 LED 显示器也的确存在，比如在移动设备上很常见的 OLED(有机发光二极管)，有一些高端的显示器也在使用，是显示器未来发展的一个趋势，但目前在市场上仍不是主流，售价也比较昂贵。此外，还有 PDP(等离子)显示器，主要集中在超大尺寸的领域，价格也非常昂贵，离日常工作与生活的使用较远，因此也不多作介绍。CRT 显示器如图 3.3.1.1 所示，液晶显示器如图 3.3.1.2 所示。

图 3.3.1.1　CRT 显示器　　　图 3.3.1.2　使用触控液晶显示屏的笔记本

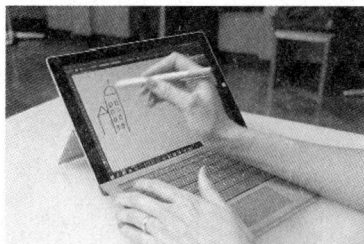

CRT 显示器目前正逐步被淘汰，仅作为专业显示器，在图像处理领域仍有一席之地，因为它可视角度大、色彩准确均匀、响应时间极短。不过随着 LCD 的技术越来越成熟，CRT 在专业领域内的这几个优势也已经基本被取代。因此后续的介绍将主要围绕着目前使用最为广泛的 LCD 显示器进行。

3.3.2　显示器面板类型

液晶面板是除了具体设计做工以外最直接影响画质的硬件因素。目前，主流液晶面板类型有 TN、VA、IPS、PLS、OLED 这五种。具体对比如表 3.3.2.1 所示。

表 3.3.2.1　主流面板类型对比表

面板类型	厂　家	优　点	缺　点
TN	众多	低功耗、低成本、低响应时间	除了偏色，几乎所有色彩参数表现都一般，可视角度差
VA	三星、夏普、明基	对比度超大的暗部细节，文本锐利，色域更广，亮度均匀性不错	响应时间较长，由于色温的一致性不好会容易偏色，灰阶虽然效果好但不够连贯，容易产生色块；颜色偏暖、有失真

面板类型	厂　家	优　点	缺　点
IPS	日立、LG、飞利浦	色彩真实、准确，可视角度大，画面出色，通透性和亮度强	漏光控制不佳、对比度不好、容易造成暗部细节不佳；色域过渡能力虽然不错，但是色彩饱和度对比 VA 有些不足，易造成颜色不太容易区分，视觉冲击不够；高端的 H-IPS 价格昂贵，低端的 E-IPS 表现一般
PLS	三星	响应时间短，亮度和色域也不错，视觉舒适度高，适合作为不需要太好色彩还原的显示屏	色彩还原相对其他低端面板来说有一些提高，但这种色彩还原比起 IPS 来还是相对差一些；颜色均衡性很差，尤其是黑色；色温和伽马曲线一般，对比度明显偏低；价格昂贵，性价比低
OLED	三星、京东方 LG、	对比度大，具有极广的色域；响应时间非常短，用于播放视频非常好；色彩均匀度也极好，白平衡也做得非常好；分辨率很容易提升；轻薄、制造低廉、低能耗；韧性高，不容易损坏	虽然对比度很好，但是灰阶不好；色彩过于饱满，造成颜色均衡性差；色温造成了强烈的失真

3.3.3 显示器参数

在横向比较选择显示器时，一般需要重点关注的参数有如下几个：面板质量、屏幕尺寸、比例、分辨率、接口、响应时间、刷新率、对比度与亮度、3D 概念以及一些附加功能。

1．面板质量

面板的质量通常用等级来表示，通常最直观的区分方式就是坏点的个数，坏点主要包括亮点与暗点。亮点是当设定屏幕显示的画面全黑时屏幕上所显示的红、绿、蓝光点；暗点是当设定屏幕显示的画面全白或为同一颜色时屏幕上不显示颜色的点。除坏点外，色纯度、可视角度等指标也是面板分级的标准。国内的业界规定，坏点数超过 3 个(不含 3 个)即可视为质量问题，7 天内必须可以退换。

2．尺寸/分辨率/比例

目前无论是工作使用还是家用，显示器的主流尺寸都早已经在 20 寸以上了，外观也主要以宽屏(16∶9、16∶10)为主。比较主流的几种尺寸为 22、23、24、27 寸。此处的尺寸数指的是屏幕对角线的长度，单位是英寸，而屏幕的面积是与对角线的平方成正比的(在比例相等的情况下)。因此，一个 27 寸屏幕的面积应该是一个 22 寸屏幕的 1.5 倍。

分辨率指的是屏幕上的像素点的个数,一般表示为横向像素点数×纵向像素点数。目前对于 22～24 寸的显示器来讲,主流的配置横向(宽)都是 1920 像素,纵向(高)则与其外观比例相关,16∶9 的显示器的分辨率一般为 1920 像素 × 1080 像素,16∶10 的显示器一般为 1920 像素 × 1200 像素。20～22 寸 16∶9 的显示器的分辨率一般为 1600 像素 × 900 像素,16∶10 的显示器一般为 1680 像素 × 1050 像素。随着近年来苹果引领的 Retina 风潮,很多厂商甚至在 15 寸的小屏幕上就设置了 1080 像素(横向为 1920 像素)。虽然精细的显示效果会在看图片和视频时给人视觉上的享受,但在进行文字浏览与处理时在视觉上反而容易疲劳。另外,在 20～24 寸之间,人们经常会看到一些并非整数的尺寸,常见的有 21.5 寸和 23.6 寸等。其实这是一种更准确的描述方式,从尺寸本身就能看出其比例的端倪,一个比较实用的规律为:标为 20 寸、21.5 寸、23 寸、23.6 寸的往往是 16∶9,标为 22 寸的往往是 16∶10,而标为 24 寸的则两种比例都可能。由于 16∶10 的比例在切割技术上更加浪费材料,因此现在市面上主要的显示器反而以 16∶9 的居多。

3. 接口类型

显示器的接口类型与显卡接口类型是一致的,现在主流接口为 HDMI 和 DP 接口。可以参见显卡接口相关章节的详细描述。

4. 响应时间

响应时间通常以毫秒(ms)为单位,指的是液晶显示器对输入信号的反应速度,即液晶颗粒由暗转亮或由亮转暗的时间。目前市场上的主流 LCD 响应时间都已经达到 8 ms 以下,5 ms、4 ms、2 ms、1 ms 的显示器也已经常见,对于一般的用户来说,只要购买 8 ms 的产品就已经足以满足日常应用的要求。

5. 刷新率

刷新率指的是显卡每秒刷新多少次显示屏。CRT 显示器上一般需要设置为 85 Hz 以上的刷新率才不会看到屏幕的闪烁。但对于液晶显示器来讲,刷新率的概念略有不同。液晶显示是依靠加压偏置使液晶分子产生扭转,从而对背光产生折射(或透射)效应实现图像显示,对静态图像而言,理论上不需要刷新,一次点亮后状态会持续保持直至掉电。通常见到的液晶显示器的刷新率往往都为 60 Hz、40 Hz、59 Hz、75 Hz,但无论哪种都基本不会存在类似 CRT 显示器的闪烁问题。对于普通用户,日常工作、浏览网站甚至做平面设计,经常面对的是变化不大的图像,对刷新率要求不需要很高,几乎任何市面上的显示器都可以满足需求。但与响应时间一样,如果用来玩大型游戏,最好能够选择刷新率更高一些的显示器(以至少能够支持 75 Hz 为佳)。目前比较受关注的 3D 显示器,由于成像的要求更高,所以刷新率往往都在 120 Hz 以上。

6. 对比度与亮度

对比度是屏幕上同一点最亮时(白色)与最暗时(黑色)的亮度比值,高的对比度意味着相对较高的亮度和呈现颜色的艳丽程度。过高的亮度显然对眼睛会有伤害,所以对显示器的亮度没必要追求过高,人眼最适合的亮度为 120 cd/m^2 到 150 cd/m^2,几乎所有的显示器都能够完成这个任务,所以对亮度不用过多地考虑。

7．3D 显示器

通俗地说，要达到 3D 效果，一个必须满足的条件即为左右眼看到的内容是不同的。为了达到这个效果，各厂商提供了多种解决方案，目前在市面上能够见到的主要为快门式与不闪式(也叫偏光式)显示器，此外还有裸眼 3D，但目前被认为仍然不够成熟，价格昂贵而且很难买到。

快门式 3D 显示器对显示器的要求只有一点，即刷新率能够达到 120 Hz 或以上。其 3D 的效果主要靠特殊的 3D 眼镜来实现，眼镜还需要有电池供电。显示器图像以帧序列的格式实现左右帧交替产生，通过红外发射器将这些帧信号传输至眼镜，眼镜在刷新同步实现左右眼观看对应的图像，并且保持与 2D 视像相同的帧数，所以左右眼能够看到快速切换的不同画面，然后在大脑中产生错觉，从而观看到立体影像。快门式 3D 显示器存在一些固有的缺点。首先，眼镜需要电池供电，因此较为笨重；其次，3D 眼镜的两个镜片每秒各要开合 50/60 次，眼睛能够感受到，因此会有"闪烁"的感觉，长时间观看也会增加眼球的负担；此外，通过此种眼镜看到的画面，亮度只是原屏幕的一半，也是快门式的弊病之一。

不闪式(偏光式)3D 显示器与快门式相比，最大的优点在于人眼看不到明显的闪烁，这也正是"不闪式"得名的原因。由于是采用偏振光的原理来实现，因此眼镜就是轻便的偏振片，不再需要电池供电，因此更加轻巧，戴眼镜的人士也可以在眼镜外再加上一层 3D 镜片，非常方便。另外，其观看的视角也比快门式的更大一些。偏光式 3D 技术是目前的主流 3D 技术，毕竟带电源供电的快门式 3D 眼镜有一些辐射的健康隐患(虽然尚无确切数据表明此点，但已经引发部分人士的担心)，同时镜片佩戴的舒适程度也是用户体验方面非常重要的一点。

8．附加功能

可旋转功能是指屏幕可以纵向旋转 90 度，宽屏的显示器就可以变为长屏。对于需要看纵向信息的用户非常有帮助，最典型的群体就是程序员，一眼扫过屏幕可以看到非常多行的信息，体验很好。同时，一般能够旋转的显示器往往也都支持屏幕的高度调整，这对于使用的舒适程度也非常有帮助。

内置音箱也是一部分显示器的卖点之一，一般定位在家庭娱乐的显示器多见此功能。

3.4　实训项目：硬盘性能测评

3.4.1　项目背景

虽然硬盘对于计算机的整机性能来说不是最重要的，但是当计算机其他部件性能都有"富余"时，硬盘的性能对于计算机的整机性能影响会体现得很明显。本项目通过使用不同测评软件对一块 120 GB 的 SSD 进行性能测评。需要注意的是，为了保证测评数据的准确性，测试软件工作时需要尽量将其他无关软件关闭，同时，由于测试软件工作时会大规模对硬盘进行读写操作，所以在测试时尽量不要移动硬盘，以免造成硬盘损伤。

3.4.2　实施过程

HD Tune Pro 是一款经典且小巧易用的磁盘测试工具软件，其主要功能有硬盘传输速率检测，健康状态检测，温度检测及磁盘表面扫描等。另外，还能检测出硬盘的固件版本、序列号、容量、缓存、大小以及当前的 Ultra DMA 模式等。虽然这些功能其他软件也有，但难能可贵的是此软件把所有这些功能集于一身，而且非常小巧，速度又快，更重要的是它是免费软件，可自由使用。HD Tune Pro 广泛用于机械硬盘、SSD、U 盘、储存卡、移动硬盘的性能测试中。HD Tune Pro 的测试情况如图 3.4.2.1、图 3.4.2.2 所示。

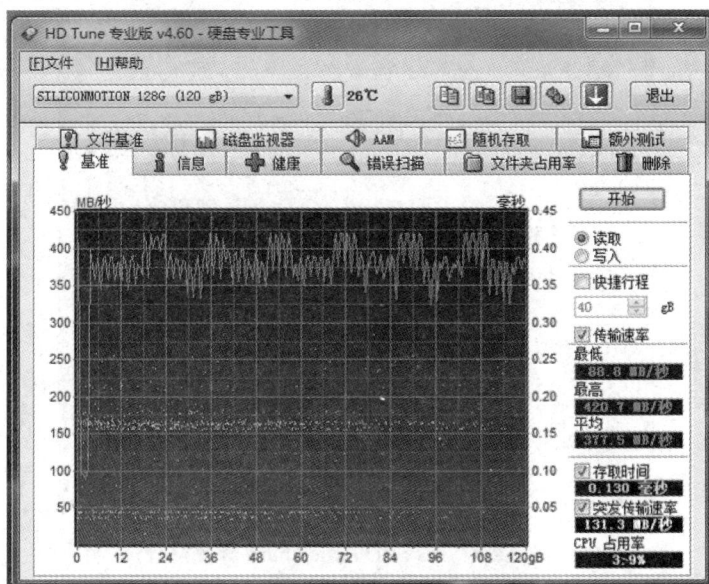

图 3.4.2.1　HD Tune Pro 数据读取性能测评

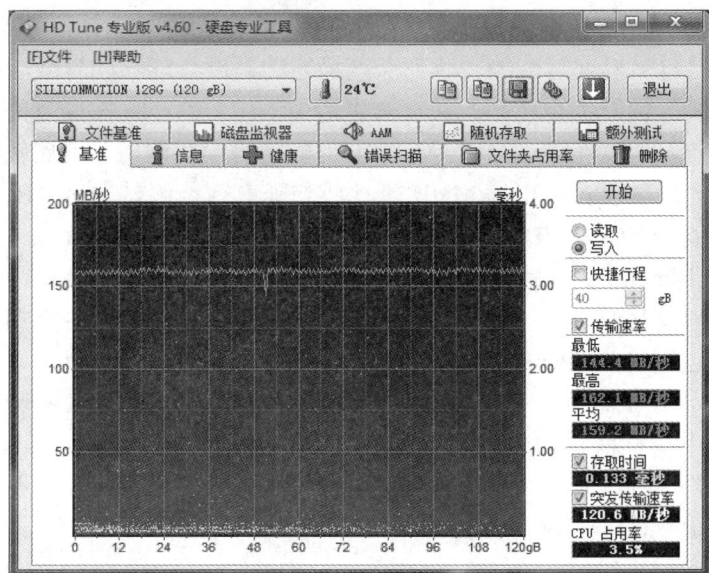

图 3.4.2.2　HD Tune Pro 数据写入性能测评

AS SSD Benchmark 是一个专门为 SSD 测试而设计的标准检测程序，因为它提供了很大的可定制性。此款软件可以测试多种固态硬盘特有的关键核心性能，如 4K-64Thrd 多任务随机读写、4 KB 随机读写性能。在很多测评中都可以见到此款软件的身影，特别是它的测试成绩单位表现形式"IOPS"，所谓"IOPS"就是指固态硬盘每秒进行读写(I/O 接口)操作的次数，此项数值越高，则意味着该固态硬盘在小文件随机读写速度上越快，在实际表现中性能就越好。AS SSD Benchmark 的测试情况如图 3.4.2.3 所示。

图 3.4.2.3　AS SSD Benchmark 测评得分

CrystalDiskMark 是一款简单易用的硬盘性能测试软件，但测试项目非常全面，涵盖连续读写、512 KB 和 4 KB 数据包随机读写性能，以及队列深度(Queue Depth)为 32 的情况下的 4 KB 数据包随机读写性能。队列深度描述的是硬盘能够同时激活的最大 I/O 值，队列深度越大，实际性能也会越高。在日常生活中，用户对于固态硬盘的使用大多是零碎文件的读取和写入，所以在测试当中对于小文件的随机读写测试，就比较能真实反映固态硬盘的性能了。而此款 CrystalDiskMark 能比较快速有效地测试出 4 KB 小文件的随机读写性能，实用价值高。CrystalDiskMark 的测试情况如图 3.4.2.4 所示。

ATTO Disk Benchmark 是一款简单易用的磁盘传输速率检测软件，可以用来检测硬盘、U 盘、存储卡及其他可移动磁盘的读取及写入速率。由于该软件使用了不同大小的数据测试包，数据包从 0.5 KB、1.0 KB、2.0 KB 直到 8192.0 KB 进行分别读写测试，能够真实模拟固态硬盘等存储工具在日常生活中的工作模式，因而能够客观真实地反映固态硬盘在实际生活中的性能，对于普通用户有一定的参考价值和意义。此款软件还有个创新之处，每一项数据测试完成后系统会用柱状图的形式表达出来，简洁明了展现出大小比例不同的文件对于磁盘读写速度的影响。ATTO Disk Benchmark 的测试情况如图 3.4.2.5 所示。

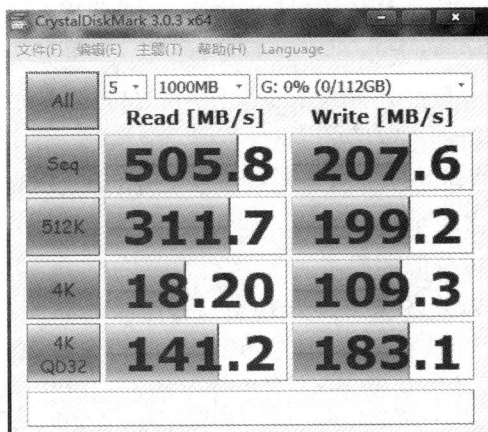

图 3.4.2.4　CrystalDiskMark 测评得分

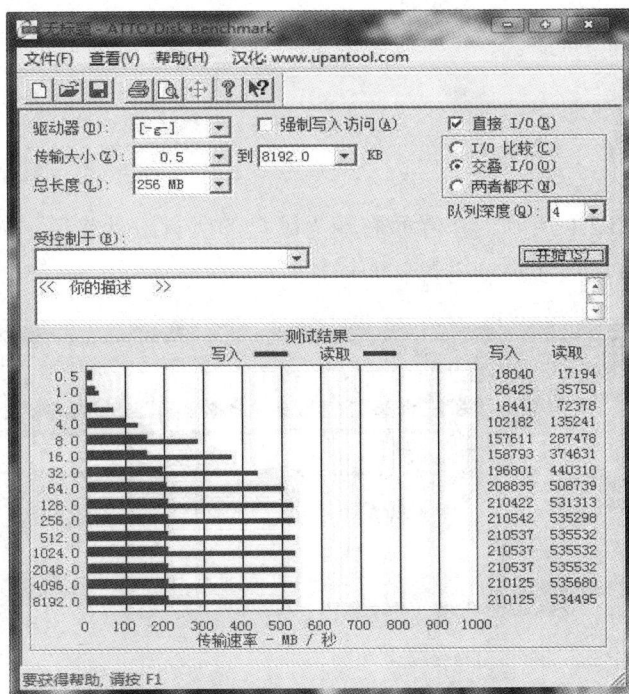

图 3.4.2.5　ATTO Disk Benchmark 测评得分

3.5　实训项目：调整分区大小

3.5.1　项目背景

现实生活中，在购买装机时，磁盘分区与设置分区大小的问题一般都是由装机人员设定的，这点并没有引起太多购买者的注意。一般情况下在装机时都将一个磁盘分成 4 个分区，往往会出现系统分区 C 盘太小，数据盘太大，或 C 盘太大，其他数据盘太小，甚至还有的将一个硬盘的所有容量都划分给系统盘使用。总之就是磁盘分区可能不合理，该怎么解决呢？这时就需要重新调整分区的大小。

本项目任务在如下磁盘环境中完成调整：C 盘 7.32 GB，D 盘 14.6 GB，E 盘 51.8 GB。想要保持 C 盘不变，E 盘减小为 30 GB，减小的空间分配给 D 盘。在本项目中，使用 PQmagic 来完成磁盘分区大小的调整。

PQmagic：中文名称为分区魔术师，简称 PQ，是一款非常优秀的磁盘分区管理软件。它支持大容量硬盘，可以非常方便地实现分区的拆分、删除、修改，轻松实现 FAT 和 NTFS 分区相互转换，还能实现多 C 盘引导功能，能够优化磁盘，使系统速度变得更快。它能够在不损失磁盘数据下调整分区大小，对磁盘进行分区，并可以在不同的分区以及分区之间进行大小调整、移动、隐藏、合并、删除、格式化、搬移分区等操作，可复制整个硬盘资料到分区，恢复丢失或者删除的分区和数据，无须恢复受到破坏的系统就可使磁盘数据恢复或拷贝到其他磁盘。能够管理安装多操作系统，方便地转换系统分区格式，也有备份数据的功能。

3.5.2　实施过程

PQ 界面如图 3.5.2.1 所示，在界面右端为硬盘的所有磁盘路径，标识了各个分区的容量、文件系统类型等，左面是可以执行的操作。

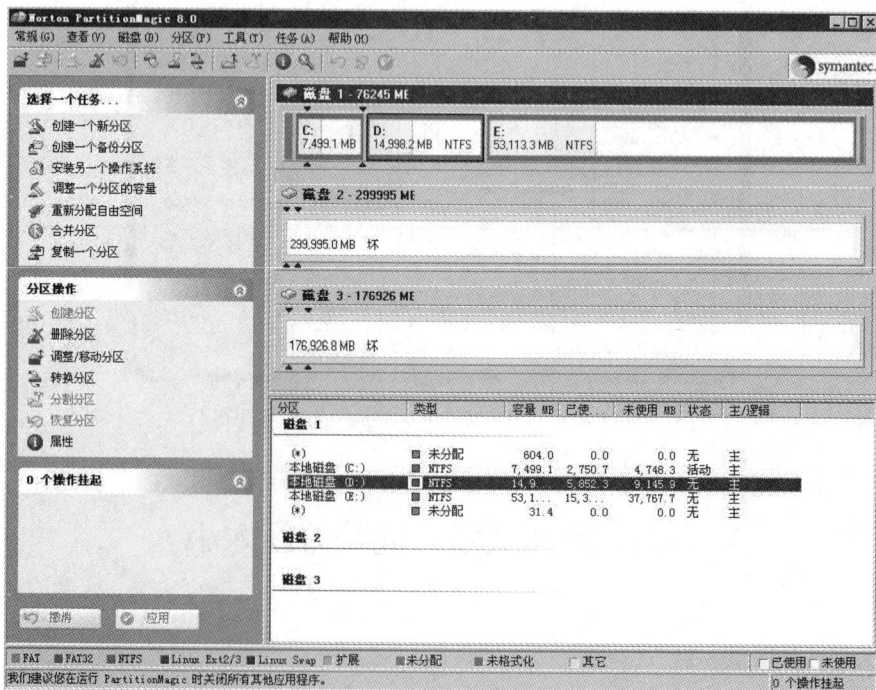

图 3.5.2.1　PQ 界面

　　硬盘从逻辑上看做是线性的，就像紧挨着的 3 块地盘 C、D、E，想要把 E 分一块地盘给 D，这个操作比较简单，因为 D、E 相邻，只要把 E 的一块地盘拿出来给 D 就好了。但是硬盘还有一点比较特殊，就是 D 和 E 的地盘必须在一起，要分 E 就必须把和 D 相邻的地方给 D，如果是 E 的其他地方空闲，那就必须把 E 上的东西整体移动，使和 D 相邻的那块地方空闲，然后给 D。如图 3.5.2.2 所示，黄色是已经存放数据的区域，白色是未使用区域。

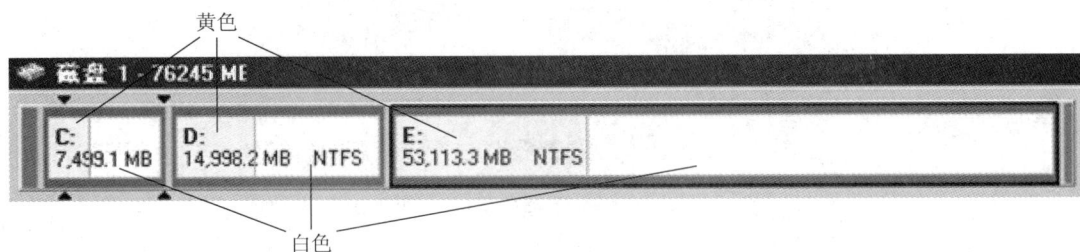

图 3.5.2.2　使用区域和未使用区域分区图

　　把 E 盘的空间分给 D 盘，实际是将 E 盘白色的部分给 D 盘。这样实际的操作是把 D 盘白色的区域增大，E 盘白色的区域减小，E 盘黄色的区域向右移动。操作如下：点击选中 E 盘，按右键，选择"调整容量/移动"。如图 3.5.2.3 所示，深紫红色表示已经存放数据的区域，浅紫红色表示未使用区域，灰色表示空闲区域。最小容量就是深紫红色区域，新分区必须能容纳这个区域。最大容量是该分区和它周围的所有灰色区域的大小，是新分区最大的容量。

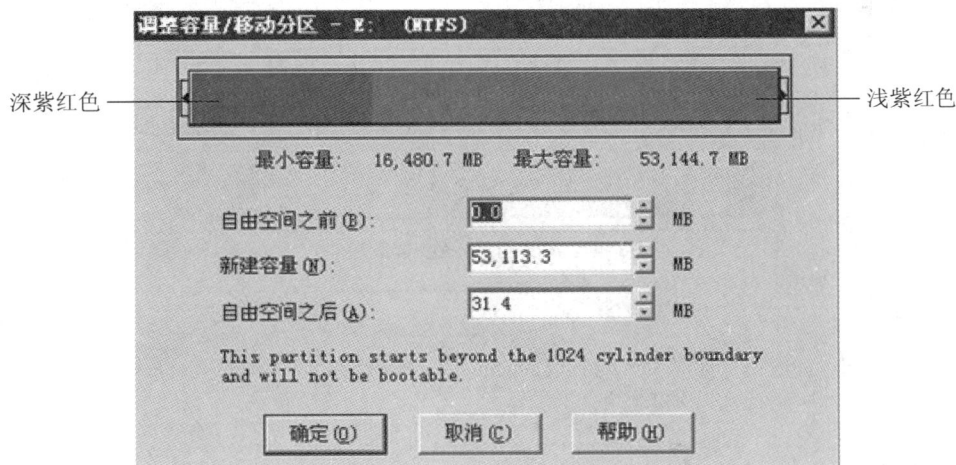

图 3.5.2.3　分区后的显示图

　　拖动紫红色区域两侧的箭头调整大小。把鼠标放在紫红色区域会出现十字箭头，这样就能调整 E 盘在硬盘中的位置。也可以在新建容量上输入 30 835.7，然后把 E 盘向右拖动 (如图 3.5.2.4 所示)，使空闲区域在 E 盘左侧，这样空闲区域就直接可以分配给 D 盘。

灰色　　　　　　　　深紫红色　　　　　　浅紫红色

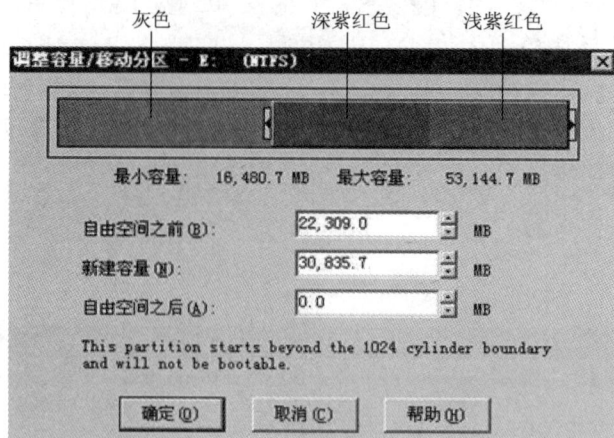

图 3.5.2.4　空闲区域直接可以分配给 D 盘

点击"确定"后磁盘逻辑图会发生如图 3.5.2.5 所示的变化。

黄色　　黄色　　　　　　　　　黄色

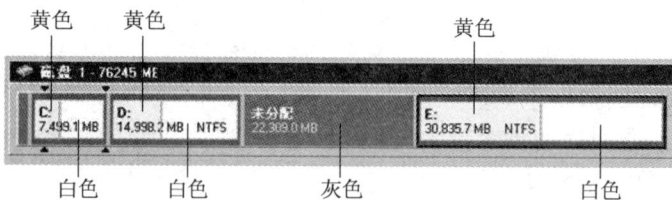

白色　　　白色　　　　灰色　　　　白色

图 3.5.2.5　分区后的磁盘变化

如果只输入 30 835.7，不移动，则会出现如图 3.5.2.6 所示的结果。

深紫红色　　　　浅紫红色　　　　　灰色

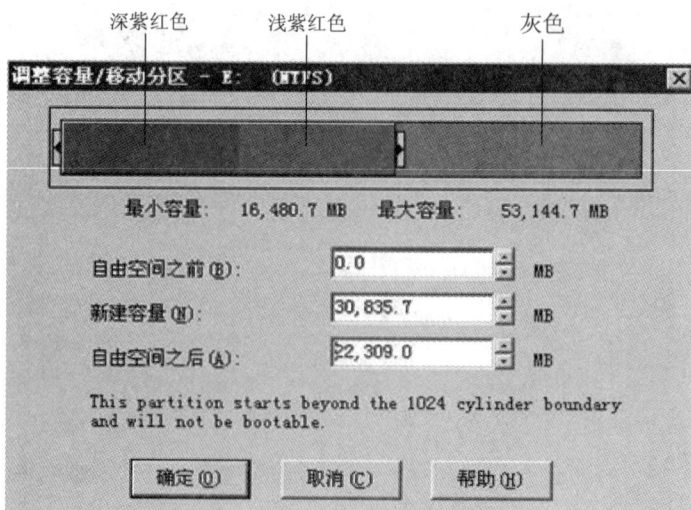

图 3.5.2.6　不移动效果图

这样灰色区域不能直接分给 D 盘，如图 3.5.2.7 所示。

黄色　　黄色　　　　黄色

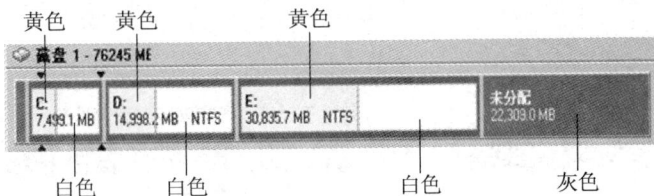

白色　　　白色　　　　　　白色　　　　灰色

图 3.5.2.7　磁盘空间分配图

接下来点击选中 D 盘，按右键选择"调整容量/移动"，在新建容量中输入最大容量即可，也可以拖动紫红色区域右侧的箭头，拖到最右侧，完成配置。

3.6　疑难解析

1．小李购买了一块容量为 1 TB 的硬盘，安装到自己的计算机后在"我的电脑"里查看，这块新硬盘的大小只有 931 GB，这是为什么呢？

解析：按照理论上来说 1 TB = 1024 GB(也就是 2 的 10 次方)，但硬盘厂商往往制造出来的 1 TB 硬盘容量只有 1000 GB，这是因为 1 TB = 1000 GB = 1 000 000 MB =1 000 000 000 KB 是硬盘厂家换算标准，几乎可以说是"行业标准"了，有的硬盘或者计算机在包装或说明上会说明这一点。

硬盘厂商的标准：1 GB = 1000 MB　1 MB = 1000 KB　1 KB = 1000 B。

操作系统的算法：1 GB = 1024 MB　1 MB = 1024 KB　1 KB = 1024 B。

硬盘厂商的 1 TB = [1000 × 1000 × 1000 × 1000/(1024 × 1024 × 1024)] GB ≈ 操作系统中的 931.3 GB。因此 1 TB 硬盘换算下来为 931 GB 是正常的。

2．小张的笔记本只有一个 HDMI 接口，现在需要将笔记本外接一个 VGA 接口的投影仪来做展示，该怎么解决？

解析：购买一根 HDMI 转 VGA 接口的线缆即可，这种转换线缆往往还带有音响接口，可以将 HDMI 的声音信号单独转换到音响接口，外接音响就可以把 HDMI 的声音信号也传输出来。

3.7　本章习题

1．使用三块硬盘分别组成了三种磁盘阵列，即 RAID 0、RAID 1、RAID 5，硬盘容量都是 1 TB，读取速度是 500 MB/s，硬盘的损坏概率是万分之一，请计算这三种磁盘阵列的可用容量、读取速度、损坏概率。

2．一台个人计算机可以同时安装多个 CPU、多个内存、多个硬盘、多个显卡吗？

第4章 计算机外部部件

在个人计算机中，除了之前章节介绍的重要部件之外，还有一些部件，它们虽然不会直接影响计算机的性能，但是也扮演着至关重要的角色，如：机箱为计算机的内部各部件提供了一个可靠的容器环境，电源保障着各部件的稳定电力供应，鼠标、键盘直接为用户带来畅快淋漓的使用体验，声卡、音箱、摄像头丰富了计算机的多媒体功能，打印机、扫描仪、投影仪提供了办公处理能力。本章将详细讲解这些部件的分类、工作原理、安装和选购方法。

工 匠 精 神

一把焊枪，能在眼镜架上"引线绣花"，能在紫铜锅炉里"修补缝纫"，也能给大型装备"把脉问诊"。在"七一勋章"获得者、湖南华菱湘潭钢铁有限公司焊接顾问艾爱国的眼里，不管什么材质的焊接件，多么复杂的工艺，基本没有拿不下的活儿。在所有焊接中，大型铜构件难度最大，因为需要在超过 700℃ 高温下，在几分钟内精准找到点位连续施焊，稍不留神就会前功尽弃。面对技术、意志力的多重考验，艾爱国将旁人望而却步的事情变成了自己的绝活。工匠以工艺专长造物，在专业的不断精进与突破中演绎着"能人所不能"的精湛技艺，凭借的是精益求精的追求。正是一代代中国人对工匠精神的继承与发扬，使得我国从一个基础薄弱、工业水平落后的国家，成长为世界制造大国。不论是传统制造业还是 IT 产业，工业经济还是数字经济，工匠始终是产业发展的重要力量，工匠精神始终是创新创业的重要精神源泉。

衡量一个计算机系统的可靠性国际上有通用的标准，简称为 X 个 9。这个 X 代表数字 3 ~ 5。例如，5 个 9 代表(1-99.999%) × 365 × 24 × 60=5.26 分钟，表示该系统在连续运行 1 年时间里最多可能的业务中断时间是 5.26 分钟。从 1 个 9 到 5 个 9，是每个计算机系统运维人员孜孜不倦努力的方向，这正是 IT 行业工匠精神的体现。

党的二十大报告指出：要努力培养造就更多大师、战略科学家、一流科技领军人才和创新团队、青年科技人才、卓越工程师、大国工匠、高技能人才。二十大报告还指出，要在全社会弘扬劳动精神、奋斗精神、奉献精神、创造精神、勤俭节约精神，培育时代新风新貌。在全国劳动模范和先进工作者表彰大会上，习近平总书记高度概括了工匠精神的深刻内涵，强调劳模精神、劳动精神、工匠精神是以爱国主义为核心的民族精神和以改革创新为核心的时代精神的生动体现，是鼓舞全党全国各族人民风雨无阻、勇敢前进的强大精神动力。我国自古以来就有尊崇和弘扬工匠精神的优良传统，执着专注、精益求精、一丝不苟、追求卓越的工匠精神，既是中华民族工匠技艺世代传承的价值理念，也是我们立足新发展阶段、贯彻新发展理念、构建新发展格局、推动高质量发展的时代需要。我们青年一代应担起肩上的责任，继承并发扬工匠精神，在各自的工作岗位上践行工匠精神，为中华民族伟大崛起而不懈奋斗。

4.1　机箱与电源

4.1.1　机箱

从表面上看，机箱只是计算机主机的外壳，但机箱所起的作用不容小觑。可以说机箱是计算机主机的骨架，它支撑并固定组成主机的各种板卡、线缆插口、数据存储设备以及电源等零配件。机箱的作用体现在以下 3 个方面：

(1) 机箱提供空间给电源、主板、显卡、网卡、声卡、各种外部接口、光盘驱动器、硬盘驱动器等设备，并通过机箱内部的结构支撑、支架、各种螺丝或卡子夹子等连接部件将这些零配件牢固地固定在机箱内部，形成一个集约型的整体。

(2) 机箱坚实的外壳保护着板卡、电源及存储设备，能防压、防冲击、防尘，并且它还能抗电磁干扰、防辐射，即起屏蔽电磁辐射的作用。

(3) 机箱还提供了许多便于使用的面板开关指示灯等，让操作者更方便地操纵计算机或观察计算机的运行情况。

机箱的结构一般包括外壳、支架、前面板上的各种开关、指示灯、后面板上的各种接口等。外壳用钢板或塑料制成，硬度高，主要起保护机箱内部部件的作用；支架主要用于固定安装主板、电源和各种驱动器。机箱的内部结构如图 4.1.1.1 所示。

图 4.1.1.1　机箱的内部结构

1. 机箱的分类

按机箱的外形样式分类，可以把机箱分为立式机箱和卧式机箱两种。按机箱的外观尺寸分类可以分为全高机箱、3/4 高机箱、半高机箱和超薄机箱等几种。按机箱支持的主板结构分类，可以把机箱分为 AT 机箱、ATX 机箱、Micro ATX 机箱、Flex ATX 机箱、NLX 机箱、WTX 机箱、Mini ATX 机箱及 HTPC 机箱等几种类型。在购买机箱的时候主要是按照结构分类来进行选择。几种常见机箱结构外观对比如图 4.1.1.2 所示。

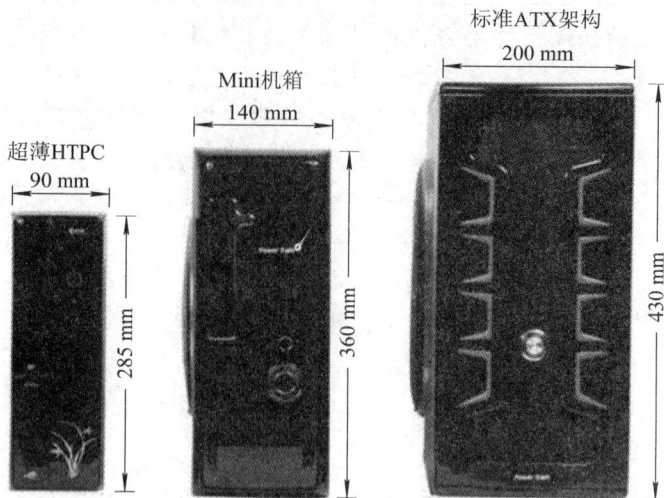

图 4.1.1.2　几种常用机箱

ATX 是 Advanced Technology Extended 的缩写，直译为先进技术扩展。ATX 主板的尺寸为 305 mm × 244 mm，衍生的主板规格还包括 Micro ATX(244 mm × 244 mm)，Flex ATX(229 mm × 191 mm)、NLX、WTX 及 Mini ATX 等。ATX 规范是 1995 年 Intel 公司制定的主板及电源结构标准，ATX 标准是扩展型 AT 结构，用于规范台式电脑内部配件的布局。即使是不同品牌的主板、显卡、散热器、硬盘等，也会将自身的尺寸限定在一个范围之内从而兼容所有的机箱。目前，ATX 已经成为机箱的默认规格。在这个日新月异的 IT 时代，一个标准能够维持二十多年的生命，并且依葆青春，实属罕见。ATX 机箱的布局是 CPU 位于主板上方，显卡位于下方，硬盘前置，电源上置。经过多年的发展，电源的位置从上置变更成下置的设计(如图 4.1.1.3 所示)，避免因电源过重而导致机

图 4.1.1.3　ATX 机箱内部布局

箱变形，并且加入了背部走线功能，提供更加整洁的内部空间。

各个类型的机箱只能安装其支持的类型的主板，一般是不能混用的，而且电源也有所差别。

2. 机箱的选购要点

机箱的选购，应该主要从以下几个要点着手。

1) 质量及工艺

机箱需要具有良好硬度，能承受一定的负荷而不变形，否则在运输和使用过程中容易变形，造成主板和插件之间的接触不良。

首先掂掂重量，好的机箱由于使用了足够厚的板材，其重量必然不会轻，不算电源的话，比较好的机箱应该在 8 kg 左右或更重，而劣质机箱不到 5 kg。再看看板材是否厚重，用手试试能不能将其弄变形，好机箱应该十分坚固。用手指弹弹机箱的外壳。如果能

听到清脆的敲击声就证明该机箱的钢板比较薄而脆，如果听到的是比较沉闷厚重的声音那该机箱的选料一定不错。

然后看一看机箱板材的边缘是否光滑，有无锐口、毛刺等，一个好机箱不会出现机箱毛边、锐口、毛刺等现象。好机箱一般在出厂前，都要经过相应的磨边处理。把一些钢板的边沿毛刺都磨平，棱角之处也打圆，会相应地折起一些边角。安装这样的机箱时，就不用担心安全问题。好机箱背后的挡板也比较结实，需要动手多弯折几次才可卸掉，不像劣质机箱后边的挡板拿手一抠就掉。此外，机箱的驱动槽和插卡位要定位准确，不要出现偏差或装不进去的现象。

2) 功能

好的机箱，一般都具有防辐射、防静电功能，而且无论是在结构还是取材上，它都很讲究。它们的钢板就大多较厚实，掂起来很有分量。很多机箱为了拆卸方便，都设计成无须工具安装型，操作起来简单方便。有些机箱的 RESET 键做得太过突出，稍微不留神就会碰到，也有的机箱把 RESET 键做得非常小非常不好按，所以面板开关、按钮、指示灯布局是否合理，标志是否清晰，这些都要注意。

3) 散热

现在计算机的速度越来越快，其发热量也越来越大，所以散热工作尤其重要。购买机箱时要注意看看有无预留的机箱风扇位置，最好前后都有。再看看内部空间的大小以及有没有散热孔，这些方面对散热起着至关重要的作用。

4) 电磁屏蔽

严格按照电磁兼容标准制造的机箱面板后面有薄钢板防止电磁外泄。再有，机箱前面板的指示灯、开关连线套有一个磁环，同样能提高电磁兼容性。

5) 品牌

目前，市面上口碑较好的机箱品牌有：世纪之星、金河田、爱国者、大水牛等。

4.1.2 电源

电源作为计算机的动力之源，它的性能优劣直接关系到整台电脑能否正常工作。尤其在今天随着 CPU 的运算速度不断加快，以及其他高功耗设备的不断更新，对电源的品质和承载能力提出了更为严格的要求。

1. 电源的分类

目前市面上的电源主要分为 ATX 电源和 BTX 电源两种规格，ATX 电源是与 ATX 机箱对应的，有 4 路(±5 V，±12 V)供电输出和 ±3.3 V、$+5$ V 两路输出插头以及一个 PS-ON 信号插头，并将电源输出线改为一个 20 针电源线为主板供电，如图 4.1.2.1 所示。ATX 电源可由 BIOS 和操作系统进行管理，并达到软关机目的。ATX 也是目前主流的电源类型。

BTX 电源主要应用在 BTX 机箱内，包含 ATX12V、SFX12V、CFX12V 和 LFX12V 等 4 种电源类型。其中，ATX12V 针对的是标准 BTX 结构的全尺寸塔式机箱，可为用户进行计算机升级提供方便，如图 4.1.2.2 所示。

图 4.1.2.1　ATX 电源

图 4.1.2.2　BTX 电源

2. 电源的结构

以 ATX 电源为例，电源的结构主要包括以下部分：

(1) 电源插座：通过电源线将市电与主机相连。

(2) 显示器电源插座：用于连接显示器与电源。

(3) 主板电源插头：用于将电源与主板相连接。ATX 电源的主板电源插头为 20 针，具有防反插的功能。

(4) 其他外设电源插头：主要有三类外设电源插头。一类是"D"型插头，用来连接硬盘、光驱等设备，为它们提供电力支持。此类插头一般有 4～5 个。另一类是专用于连接 3.5 英寸软驱的电源插头，一般只有 1 个。第三类是部分电源提供的专为 CPU 供电的 4 芯插头。

(5) 电源散热风扇：主要用于散去电源工作时产生的热量。

3. 电源的性能指标

电源的性能指标如下：

(1) 输出功率：输出功率是指电源所能达到的最大负荷，单位为 W(瓦)。300～400 W 左右的电源可满足普通用户的需求，若计算机内连接附加部件，如双硬盘和电视卡等，则需要更大功率的电源。

(2) 效率：效率是指电源的输出功率与输入功率的百分比。测量条件一般都是满负载，输入交流电压为标准值。电源的效率一般都在 80%以上。

(3) 过压保护：过压保护是当输出电压超过额定值时，电源会迅速自动关闭停止输出，以防止损坏甚至烧毁计算机部件。过载或过流保护是防止因输出的电流超过原设计的额定值而造成的电源损坏。

(4) 噪声和波纹：噪声和纹波分别是附加在直流输出电压上的交流电压和高频尖峰信号的峰值，通常以 MV 为度量，其值越小越好。结构坚固、风扇运转稳定的电源工作时不发出噪声。多数噪声较大的电源是由于构件震动、风扇的扇叶不平衡、转轴偏心等原因造成。

除了前面讲的性能指标，电源还有其他一些特性。

(1) 保护性：当直流电过大、电压过大、空载或负载发生短路时，能够自动切断电源，保持截流状态，在故障消失后，还能自动恢复正常供电功能，具有良好的保护性。

(2) 散热性：如果某个电源能充分扩散电源内的大量热量，就可以延长电源的寿命。

(3) 稳定性：要求输出的直流电稳定，基本上无波动。通常有 +12 V、–12 V、+5 V 和 –5 V 等几组电源电压。

4.2　多媒体设备

4.2.1　声卡

声卡(Sound Card)也叫音频卡，是多媒体技术中最基本的组成部分，是实现声波/数字信号相互转换的一种硬件。声卡的基本功能是把来自话筒、磁带、光盘的原始声音信号加以转换，输出到耳机、扬声器、扩音机、录音机等声响设备，或通过音乐设备数字接口(MIDI)使电子乐器发出美妙的声音。

1．声卡的分类

目前常见到的声卡大致可以分成两类：采用扩展卡式的独立声卡与集成在主板上的集成声卡。

PCI 接口独立声卡接口如图 4.2.1.1 所示。

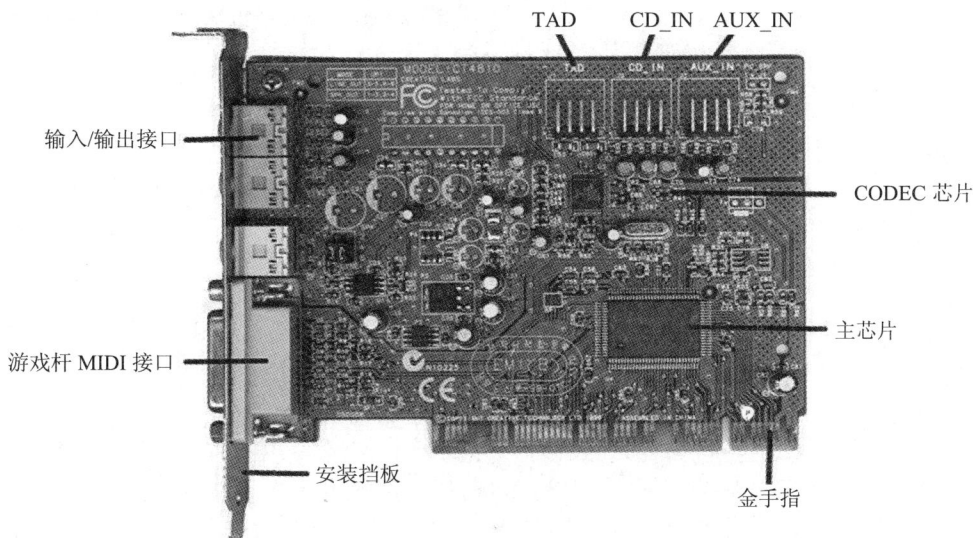

图 4.2.1.1　PCI 接口独立声卡接口

为了降低声卡的成本，主板厂商们纷纷在主板上集成了音效芯片，集成声卡又分成"集成软声卡"与"集成硬声卡"两大类。

(1) 集成软声卡。在一些主板南桥芯片上有着部分声卡的功能，通过 CPU 的参与和软件的合成，代替声卡芯片完成工作；音频输出等工作由"Audio Codec"芯片完成，实现声卡的功能。集成软声卡没有独立的声卡芯片，采用软件模拟，所以 CPU 占用率比一般声卡高。如果 CPU 速度达不到要求或驱动软件有问题，就很容易产生爆音等问题。

(2) 集成硬声卡。由于软声卡的诸多缺点，一些主板将普通的声卡芯片集成到主板上。这种"集成声卡"就是传统意义上的声卡，只不过是把它的芯片及辅助电路都集成到主板上而已。集成硬声卡如图 4.2.1.2 所示。

图 4.2.1.2　集成硬声卡

2. 声卡技术指标

声卡的技术指标体现着声卡的总体音响特征，直接影响着最终的播放效果，其中，影响主观听感的性能指标主要有以下几项。

1) 信噪比

信噪比是声卡抑制噪声的能力，单位是分贝(dB)；是指有用信号的功率和噪声信号功率的比值。信噪比的值越高说明声卡的滤波性能越好，一般的 PCI 声卡信噪比都在 90 dB 以上，高档的甚至可以达到 120 dB。更高的信噪比可以将噪声减少到最低限度，保证音色的纯正优美。

2) 频率响应

频率响应是对声卡 D/A 与 A/D 转换器频率响应能力的评价。人耳的听觉范围是在 20 Hz 到 20 kHz 之间，声卡就应该对这个范围内的音频信号响应良好，最大限度地重现播放的声音信号。

3) 总谐波失真

总谐波失真是声卡的保真度，也就是声卡的输入信号和输出信号的波形吻合程度。完全吻合当然就是不失真，100%地重现了声音(理想状态)；但实际上输入的信号经过了 D/A(数、模转换)和非线性放大器之后，就会出现不同程度的失真，这主要是由于产生了谐波。总谐波失真就是代表失真的程度，并且把噪声计算在内，单位也是分贝，数值越低就说明声卡的失真越小，性能也就越高。

4) 复音数量

复音数量代表了声卡能够同时发出多少种声音。复音数量越大，音色就越好，播放 MIDI 时可以听到的声部就越多、越细腻。目前声卡的硬件复音数不超过 128 位，但其软件复音数量可以很大，有的甚至达到 1024 位，不过都是以牺牲部分系统性能和工作效率为代价的。

5) 采样位数

声卡的采样位数指的就是声卡在采集与播放声音文件时所使用数字信号的二进制的位数，该值反映了数字声音信号对输入的模拟信号描述的准确程度。目前有 8 位、12 位和 16 位三种，位数越多，采样就越精确，还原质量就越高。通常所讲的 64 位声卡、128 位声卡并不是指其采样位数为 64 位或 128 位，而是指复音数量。

6) 采样频率

声卡的采样频率是指计算机每秒采集声音样本的数量。标准的采样频率有三种，即

11.025 kHz (语音)、22.05 kHz(音乐)和 44.1 kHz(高保真)，有些高档次声卡能提供 5～48 kHz 的连续采样频率。采样频率越高，记录声音的波形就越准确，保真度就越高，但采样产生的数据量也越大，要求的存储空间也就越多。44.1 kHz 是理论上的 CD 音质界限，但 48 kHz 则更准确一些。

7) 多声道输出

早期的声卡只有单声道输出，后来发展到左右声道分离的立体声输出。近来随着 3D 环绕声效技术的不断发展和成熟，又出现了多声道输出声卡，高档声卡如 SB Live、低档声卡如 SB PCI 64/128，典型的产品提供两对音箱接口、四声道输出，有的高档声卡甚至可以提供 5.1 声道数码同轴/光纤输出功能。

8) 声卡接口

声卡的常见接口如图 4.2.1.3 所示。线性输入接口，标记为"LINE INPUT"。LINE INPUT 端口将品质较好的声音、音乐信号输入，通过计算机的控制将该信号录制成一个文件。通常该端口用于外接辅助音源，如影碟机、收音机、录像机回放卡的音频输出。线性输出端口，标记为"LINE OUTPUT"。它用于外接音箱功放或带功放的音箱。左起第二个线性输出端口，一般用于连接四声道以上的后端音箱。话筒输入端口，标记为"MICROPHONE"。它用于连接麦克风(话筒)，可以将自己的歌声录下来实现基本的"卡拉 OK 功能"。耳机输出端口，标记为"HEADPHONE"，它用于插接耳机。

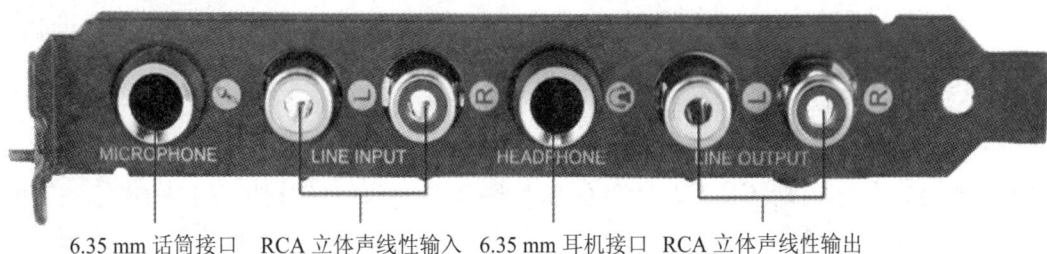

6.35 mm 话筒接口　RCA 立体声线性输入　6.35 mm 耳机接口　RCA 立体声线性输出

图 4.2.1.3　声卡接口

3．声卡的选购

当前可以选择的声卡基本上可以分为三类：主板内置 AC97 软声卡、主板内置硬声卡和 PCI 声卡。

主板内置声卡，大多数是 AC97 软声卡，它增加不了多少主板的制造成本，却可以使主板增加一项有用的功能，所以主板厂家乐于采用。但 AC97 软声卡的声音品质较差、CPU 占用率较高，它适合对声音品质要求较低的计算机。主板内置的硬声卡是集成声卡里的贵族，主板厂商们一般采用 CT5880 和 CMI8738 这两款音频芯片，可提供比 AC97 软声卡好得多的声音品质，CPU 占用率和采用相同芯片的 PCI 声卡几乎一样，且成本上升不多，高端主板产品大多采用这种声卡。

PCI 声卡中，最主要的品牌是创新。如果集成声卡不能满足需求，可以选择的就是创新的高中低档声卡产品，低档的 V128 和 PCI128D，中档的 LIVE 系列，高档的 AUDIGY 系列覆盖了近乎全部的市场空间。有不少用户对声卡要求仅仅是"出声就行"，这一类的用户选音箱时可以选择比较便宜的产品，任何主板集成声卡都可满足需要。有些用户对于音质的要求会很高，这一类的用户听音乐的时候追求品质，看影碟的时候追求震撼，玩游戏的时候追求环境效果。如果资金充裕，可以购买 AUDIGY 声卡和最好的音箱，即使资金紧张，也至少会买一块 LIVE 声卡回去。所以，对于这一类的用户，最起码要一块中档的 LIVE 声卡才可以满足要求。还有一些专业人士对声音的要求更高，可选购专业声卡，但目前计算机多媒体音频技术距离高保真 Hi-Fi 音质还有很大的差距，所以还不能对计算机音频抱太高期望，需要购买专业音频设备。

4.2.2　音箱

简单的音响系统包括音源、功率放大器和音箱。音箱分为有源音箱和无源音箱；有源音箱就是与放大器组装在一起的音箱，需要额外的电源供应；无源音箱的放大器独立于音箱外，不需要独立电源供应。

1．音箱的结构

(1) 扬声器：是整个音响系统的最终发声器件。有源音箱上所用到的扬声器按用途主要分为四大类：高音扬声器、中音扬声器、低音扬声器和全频带扬声器。按结构可分为锥盆扬声器和球顶扬声器。

(2) 功率放大器(功放)：有源音箱的功放一般都放在低音炮中(低音炮的体积大，便于安装)，主要由功放电路和电源变压器组成。功放电路用来对音乐信号进行放大并实现各种操作功能，而电源变压器则为功放组件提供电能。

(3) 分频器：其作用是根据频率将音乐信号分别分配给高音、中音、低音扬声器，高档的分频器还能对声音的音色进行调整。

(4) 箱体：其作用是防止发生"声短路"现象。"声短路"现象是指扬声器的正面和背面所发出的声波因相位相仿而抵消，主要发生在低频段。扬声器如果不装在音箱上是没有低音的，对箱体而言，除了外观漂亮外，一般其材料越厚、越重就越好。

根据基本结构的不同，有源音箱又分为书架式、2.0、2.1、4.1、5.1 等，如图 4.2.2.1 所示，自左向右分别是 2.0、2.1、4.1 音箱。

图 4.2.2.1　2.0、2.1、4.1 音箱

2．音箱的性能指标

(1) 功率：决定了音箱所能发出的最大声音强度。目前音箱功率的标注方式有两种：额定功率和峰值功率。前者是指能够长时间正常工作的功率值；而后者则是指在瞬间能达

到的最大值，虽说功率是越大越好，但也要根据房间的大小来选购，如 20 m^2 的房间，2 × 30 W 功率的音箱也就足够了。

(2) 失真度：在音箱的选购中是十分重要的一个指标，一般用百分数表示，越小越好。它直接影响到音质音色的还原程度。

(3) 频率范围：指音箱最低有效回放频率与最高有效回放频率之间的范围，单位是赫兹(Hz)，一般来说目前的音箱高频部分较高，低频则略逊一筹，如果对低音的要求比较高，建议配上低音炮。

(4) 频率响应：简称频响，是指音箱产生的声压和相位与频率的相关联系变化，单位是分贝(dB)。分贝值越小说明失真越小，性能越高。

(5) 信噪比：音箱的选购中信噪比也是一个非常重要的指标，信噪比过低噪音严重，会严重影响音质。一般来说，音箱的信噪比不能低于 80 dB，低音炮的信噪比不能低于 70 分贝。

3. 音箱的选购和测试

选购和测试音箱比较简单，一般观察扬声器单元口径：口径越大灵敏度越高，低频响应效果越好。声卡和音箱是两个部件一个整体，选购时一定要同时注意声卡的输出接口和音箱输入接口的搭配。目前市面上的主流音箱品牌有创新、JBL、漫步者、轻骑兵、爵士、麦蓝、惠威等。

音箱的使用虽然简单，但有些方面问题还要注意。一般声卡输出通过跳线可设为线路输出和放大输出两种方式。使用有源音箱时应设置为线路输出，以免烧毁有源音箱放大电路。保证计算机各接插件的接触良好，以免产生打火，防止瞬间大电流烧坏音箱电路或喇叭。在开机、关机、重启等操作时，应将音箱音量关至最小或将电源关闭，防止大电流对音箱造成损害。注意音箱功率，使用时，不要长时间大音量工作，以免烧毁电源及放大电路。

注意音箱的摆放应以显示器为中心，左右对称摆放，并保证音箱喇叭正对使用者。由于低音炮方向性不强，位置可灵活一些。经常大音量使用的音箱，应使用落地支架，不要将音箱直接放在计算机桌上，以免与办公桌产生共振造成失真，同时较大的振动对高速运转的硬盘、光驱等也是非常有害的。以 5.1 音箱为例，摆放可以参考图 4.2.2.2 所示。

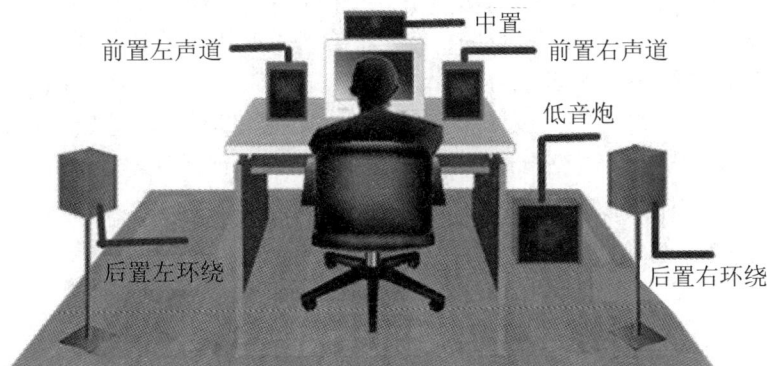

图 4.2.2.2　5.1 音箱摆放图

4.2.3　摄像头

摄像头是人们在使用计算机时一种常见的图形采集部件，用于视频电话、自拍等场景。常见于个人计算机上使用的 USB 接口摄像头、笔记本、智能终端的内置摄像头，尽管外观有别，但是其原理和部件都是一样的。常见的 USB 摄像头如图 4.2.3.1 所示。

摄像头的工作原理大致为：景物通过镜头(LENS)生成的光学图像投射到图像传感器 (SENSOR)表面上，然后转为电信号，经过 A/D(模/数)转换后变为数字图像信号，送到数字信号处理芯片(DSP)中加工处理，再通过 USB 接口传输到电脑中处理，通过显示器就可以看到图像了。

摄像头的主要部件有三个：镜头、图像传感器(感光芯片)、数字信号处理芯片。这三个部件的优劣直接决定了摄像头的成像质量。

其中最重要的就是图像传感器。感光器对成像质量起着决定性的作用，如果图像传感器效果不好，无论后端的 DSP 和电脑端应用软件多么强大，也不可能让图像效果有大的提升，而一个效果好的图像传感器采集到的图像甚至可以不需要后端处理。图像传感器如图 4.2.3.2 所示。

图 4.2.3.1　USB 摄像头　　　　　　　　图 4.2.3.2　图像传感器

图像传感器可以分为两类：CCD(Charge Couple Device)：电荷耦合器件；CMOS (Complementary Metal Oxide Semiconductor)：互补金属氧化物半导体。

CCD 的价格比较高，多用在网络摄像头、车载摄像头等监控设备上，还有就是数码相机，而 CMOS 摄像头则是非常主流(性能，包括价格)的大众级产品。从理论上说，CCD 传感器在灵敏度、分辨率、噪声控制等方面都优于 CMOS 传感器，而 CMOS 传感器则具有低成本、低功耗以及高整合度的特点。简单地讲，就是 CCD 摄像头成像质量会更好，图像明锐通透、细节丰富，色彩还原度好，曝光准确。

数字信号处理芯片 DSP 最主要的功能是：初始化感光芯片，并将感光芯片获取的数据通过 USB 接口及时快速地传到电脑。DSP 直接决定感光芯片输出画面的品质(比如色彩饱和度、清晰度)与流畅度，如果 DSP 控制得好，那么感光芯片将会输出它所能输出的最高画质，反之，感光芯片的画质就要打折了。数字信号处理芯片如图 4.2.3.3 所示。

镜头对画质的影响仅次于 CMOS 芯片，它由几片透镜组成，一般可分为塑胶镜片 (Plastic)或玻璃镜片(Glass)。塑胶镜片的透光率要低于玻璃镜片的，它的优点是价格便宜，并且尺寸可以做得很小，像手机和平板电脑里的镜头都是塑胶镜片，而玻璃镜片的价格和体积通常会高出同规格塑胶镜片好多倍，但同时也会带来更好的清晰度和低照度。镜头如图 4.2.3.4 所示。

图 4.2.3.3 数字信号处理芯片

图 4.2.3.4 镜头

通常摄像头用的镜头构造有：1P、2P、3P、4P、5P、1G1P、1G2P、2G2P、2G3P、4G、5G 等。G 代表玻璃材质，效果很好，价格较高；P 代表塑料材质，效果一般，价格便宜。镜片越多，相对成像效果会更出色，成本也会越高。因此一个品质好的摄像头应该采用多层玻璃镜头。现在市场上的多数摄像头产品为了降低成本，一般会采用廉价的塑胶镜头或玻塑镜头(即：1P、2P、1G1P、1G2P 等)。如果要追求效果好，一般应该采用 4P 或者 5G。而 3P 镜头一般用于 2M 的摄像头，2P 和 1P 一般用于 0.3M 的摄像头。

4.3 键盘和鼠标

4.3.1 键盘

键盘是用户和计算机之间主要的沟通渠道之一，它的内部结构主要包括控制电路板、按键、底板和面板等。电路板是整个键盘的控制核心，位于键盘的内部，主要承担按键扫描识别、编码和传输接口工作；它将各个键所表示的数字或字母转换成计算机可以识别的信号。标准键盘如图 4.3.1.1 所示。

图 4.3.1.1 标准键盘

键盘主要由键开关矩阵、单片机和译码器三大部分组成。键开关矩阵即键盘按键由一组排列成矩阵的按键开关组成，所输入的信号由按键所在的位置决定。单片机即键盘内部采用的 Intel 8048 单片机微处理器，这是一个 40 引脚的芯片，内部集成了 8 位 CPU、1024×8 位的 ROM、64×8 位的 RAM 以及 8 位的定时器/计数器等。译码器即信号编码转译装置，把键盘的字符信号通过编码翻译转换成相应的二进制码。由于键盘排列成矩阵格式，键盘内部的单片机通过译码器来识别被按键的行列位置所产生的扫描码。根据键盘向主机送入的二进制代码类型，可把键盘分为编码键盘和非编码键盘两种。IBM PC 机的键盘属于非编码键盘，其特点是不直接提供所按键的编码信息，而是用较为简单的硬件和一套专用程序来识别所按键的位置，并提供与所按键相对应的中间代码，然后再把中间代码转换成要对应的编码。这样，非编码键盘就为系统软件在定义键盘的某些操作功能上提供了更大的灵活性。键盘内部构造如图 4.3.1.2 所示。

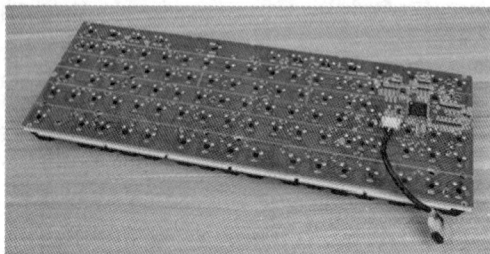

图 4.3.1.2　键盘内部构造

计算机键盘通常采用行列扫描法来确定按下键所在的行列位置。所谓行列扫描法是指，把键盘按键排列成 n 行×m 列的行列点阵，把行、列线分别连接到两个并行接口双向传送的连接线上，点阵上的键一旦被按动，该键所在的行列点阵信号就被认为已接通。按键所排列成的矩阵，需要用硬件或软件的方法轮转顺序地对其行、列分别进行扫描，以查询和确认是否有键按动。如有键按动，键盘就会向主机发送被按键所在的行列点阵的位置编码，称为键扫描码。单片机通过周期性扫描行、列线，读回扫描信号结果，判断是否有键按下，并计算按键的位置以获得扫描码。键被按下时，单片机分两次将位置扫描码发送到键盘接口：按下一次，叫接通扫描码；按完释放一次，叫断开扫描码。这样，通过硬件或软件的方法对键盘分别进行行、列扫视，就可以确定按下键所在位置，获得并输出扫描位置码，然后转换为 ASCII 码，经过键盘 I/O 电路送入主机，并由显示器显示出来。

键盘按照构造不同可以分为以下几类：

(1) 机械键盘：采用类似金属接触式开关，工作原理是使触点导通或断开，具有工艺简单、噪声大、易维护、打字时节奏感强，长期使用手感不会改变等特点。从结构来说，机械键盘的每一颗按键都有一个单独的开关来控制闭合，这个开关也被称为"轴"，依照微动开关的分类，机械键盘可分为茶轴、青轴、白轴、黑轴以及红轴。正是由于每一个按键都由一个独立的微动组成，因此按键敲击反馈感较强，从而产生适于游戏娱乐的特殊手感，故而近年来受到年轻人的追捧。机械键盘如图 4.3.1.3 所示。

(2) 塑料薄膜式键盘：内部共分四层，实现了无机械磨损。其特点是低价格、低噪音和低成本，但是长期使用后由于材质问题手感会发生变化。由于其成本较低，被广泛用在中低档计算机中，已占领市场绝大部分份额。塑料薄膜式键盘如图 4.3.1.4 所示。

图 4.3.1.3　机械键盘

图 4.3.1.4　塑料薄膜式键盘

(3) 人体工程学键盘：是在标准键盘上将指法规定的左手键区和右手键区这两大板块左右分开，并形成一定角度，使操作者不必有意识地夹紧双臂，保持一种比较自然的形态，这种设计的键盘被微软公司命名为自然键盘，对于习惯盲打的用户可以有效地减少左右手键区的误击率，如字母"G"和"H"。有的人体工程学键盘还有意加大常用键如空格键和回车键的面积，在键盘的下部增加护手托板，给以前悬空的手腕以支持点，减少由于手腕长期悬空导致的疲劳，这些都可以视为人性化的设计。人体工程学键盘如图 4.3.1.5 所示。

图 4.3.1.5　人体工程学键盘

4.3.2　鼠标

鼠标是一种生活中最常见的输入设备，主要用于辅助定位。较之其他的同类定位输入设备(如跟踪球、数字化仪、光笔、触摸屏等)，它更为便宜和方便，所以鼠标在个人计算机上的应用相当普及。

当鼠标器在平面上移动时，随着移动的方向和快慢的变化，会产生两个在高低电平之间不断变化的脉冲信号，主机接收这两个脉冲信号，并对其计数。根据接收到的这两个脉冲信号的个数，来控制电脑屏幕上的鼠标器指针在横(X)轴、纵(Y)轴两个方向上移动距离的大小。按照该方式，即可以控制鼠标器指针在屏幕上随意地移动。脉冲信号是由鼠标器内的半导体光敏器件产生的。根据结构的不同，鼠标器主要可分为机电式鼠标和光电式鼠标。

机电式鼠标也称为滚珠式鼠标，它的底部有一个实心的橡胶球，内部有两个互相垂直的滚轴靠在橡胶球上。在两个滚轴的顶端，各装有一个开有径向槽(或开窗格)的光栅轮。光栅轮的两侧分别安装着由发光二极管和光敏三极管构成的光电检测电路。当移动鼠标器，橡胶球滚动时，带动滚轴及其上的光栅轮旋转。因为光栅轮开槽处透光，使得光敏三极管接收到由发光二极管发出的光线时断时续，从而产生不断变化的高低电平，形成脉冲电信号。互相垂直的两个轴对应着屏幕平面上的横(X)轴、纵(Y)轴两个方向。脉冲信号的数量对应着位移的大小。机电式鼠标一般用摩擦滚动球的方法来进行操作，所以使用极为方便，价格也便宜。但是，这类鼠标容易因轻微的振动，包括滚动球的跳动及滚动球与X、Y传感滚珠之间的相对位置的变化等因素而影响其精度，而且其重复定位精度也较差。由于有滚动球、传感滚珠、辅助滚珠等机械部件，故机电式鼠标器也容易因机械故障而失灵。现在机电式鼠标基本已经被淘汰。机电式鼠标底部如图 4.3.2.1 所示。

　　此外，还有一种称为轨迹球的鼠标器。它的工作原理与机电式鼠标器相同，内部结构也类似。差别是轨迹球鼠标器工作时球在上面，直接用手拨动，而球座固定不动。故轨迹球鼠标器占用的空间小，多用于便携笔记本上。轨迹球鼠标如图 4.3.2.2 所示。

图 4.3.2.1　机电式鼠标　　　　　　　　　　图 4.3.2.2　轨迹球鼠标

　　光电式鼠标器没有橡胶球和带光栅轮的滚轴。这类鼠标器内的两对光电检测器互相垂直，光敏三极管检测发光二极管照射到鼠标器下面垫板上产生的反射光来进行工作，因此，光电式鼠标器工作时需要上面画有黑白相间格子的专用垫板。若发光二极管发出的光线照到黑格上，则光线被吸收而无反射光；若光线照到白格上，则有反射光。光敏三极管据此而产生高低电平，形成脉冲信号。光电式鼠标没有机械部件，主要用光电位移传感器取代滚动球，所以不会出现机械故障。因为光电式鼠标器有一个专用的光电极(反射板)，所以它的定位精度较高，故障率很低。其主要缺点是使用要受制于光电板的位置的局限，如果光电式鼠标放置在反光物品上，将无法正常使用，所以一般都要配鼠标垫一起使用。光电式鼠标如图 4.3.2.3 所示。

　　鼠标器按与计算机连接的方式分为：通过 PS/2 接口与计算机建立连接的 PS/2 鼠标、通过 USB 接口与计算机建立连接的 USB 鼠标，以及通过蓝牙或者激光与计算机连接的无线鼠标。

图 4.3.2.3　光电式鼠标

　　鼠标的主要性能参数有采样率、回报率和刷新率三个。

　　关于鼠标的采样率，一向有 DPI 和 CPI 两种说法。更直观地说，它反映的是鼠标的灵敏度。DPI(Dots Per Inch)是每英寸的像素点数，而 CPI(Counts Per Inch)是每英寸测量数。理论上，后者才是衡量鼠标性能的指标，它指的是鼠标在平面上每移动 1 英寸向计算机发回的指令数。但是鼠标厂商对 DPI 的定义却不是经典定义，而是指"每次位移信号对应移动的点数"，也就是说鼠标厂家所说的 DPI 实际就等同于 CPI，所以可以把这两个英文缩写看做是异名同实。目前，DPI 越高，鼠标档次越高，价格越贵，但是高 DPI 的鼠标在低分辨率的显示器上几乎无法施展性能。以 1000 DPI 鼠标为例，鼠标在桌面上移动 1 英寸距离时(折合公制单位为 25.4 mm)，鼠标光标可以在屏幕上移动 1000 个像素点，用户显示器分辨率如果是 1920 × 1080，那么用户需要在桌面上移动 2 英寸的距离(约为 51 mm)，就可以将鼠标从屏幕的最左侧移动到最右侧。

　　回报率是鼠标 MCU(微型控制单元)将信号处理好后，再反馈给主机的数值，其单位是 Hz。例如，回报率为 125 Hz，则可以简单地认为 MCU 每 8 ms 向电脑发送一次数据；500 Hz 则是每 2 ms 发送一次。理论上，更高的回报率更能发挥鼠标的性能，对于游戏爱好者更具实际意义。

刷新率是鼠标的光学引擎反馈给鼠标 MCU 的参数值，其单位是帧/秒。从定义上来看，它指的是鼠标 CMOS 成像芯片每秒成像次数，通俗来讲就是鼠标光学引擎在一秒之内，对鼠标底部连接拍照的次数。比如说，传统的光电鼠标的刷新率可以达到 3000 帧/秒，也就是说它在一秒内能采样和处理 3000 张阴影图像。高刷新率的鼠标可以保障鼠标在高速运动情况下不丢帧。

4.4 常用办公设备

4.4.1 打印机

打印机是计算机重要的外部设备，是日常办公中常用的输出设备，利用打印机可打印出各种资料、文书、图形等。根据打印机的工作原理，打印机可分为针式打印机、激光打印机和喷墨打印机。根据接口类型可以分为并行接口、USB 接口、串行接口、以太网接口打印机。每种打印机都有自己的特点和优缺点，应用的范围也是不一样的。

1. 激光打印机

激光打印机是一种高速度、高精度的打印机，它是现代激光扫描技术与电子照相技术相结合的产物，如图 4.4.1.1 所示。

激光打印机由激光扫描系统、电子照相系统和控制系统三大部分组成。激光扫描系统主要包括激光器、偏转调制器、扫描器和光路系统。它的作用是利用激光束的扫描形成静电潜像。电子照相系统由光导鼓、高压发生器、显影定影装置和输纸机构组成。

图 4.4.1.1 激光打印机

激光打印机的印刷原理类似于静电复印，所不同的是静电复印是采用对原稿进行可见光扫描形成潜像，而激光打印机是用计算机输出的信息经调制后的激光束扫描形成潜像。激光打印机内部有一个叫光敏旋转硒鼓的关键部件，当激光照到光敏旋转硒鼓上时，被照到的区域(称为感光区域)能吸起碳粉等细小的物质。激光打印机的工作流程大致如下：

(1) 打印机以一定的方式驱动激光扫射光敏旋转硒鼓，硒鼓旋转一周，对应打印机打印一行。

(2) 硒鼓将碳粉吸附到感光区域上。

(3) 硒鼓与打印纸接触，将碳粉附在纸上。

(4) 利用加热部件，使碳粉熔固在打印纸上。

激光打印机具有以下的优缺点：

(1) 打印效果最好，几乎达到印刷品的水平，这是其最大的优点。

(2) 打印速度最快，打印声音很小。速度慢者，每分钟可以印出两张，速度快者，每分钟则可打印出 8 张以上。

(3) 耗材多，价格较贵。

(4) 不能用复写纸同时打印多份，且对纸张的要求相对来说较高。

激光打印机的接线方式与一般的点阵、喷墨打印机完全一样，分连接数据线电缆、连接电源线和安装打印机驱动程序三个步骤。几乎所有激光打印机都以并口为标准输出接口，并口打印机线缆的两端不相同，有插针且有两颗固定螺丝钉的一端接主机上的并口，有卡槽的另一端(俗称"扁口")接打印机，如图 4.4.1.2 所示。

图 4.4.1.2　并口接口线缆

连接打印机时应注意先关闭打印机和计算机的电源，否则将有可能导致打印接口烧坏。计算机并口和打印机端口都是梯形设计，所以打印机电缆反插时插不进去。拧紧计算机并口的两颗螺丝钉，然后用打印机上的卡子卡住打印机电缆卡槽。最后连接电源线，有些激光打印机没有电源开关，只需插入电源线即可。

2. 喷墨打印机

喷墨打印机与其他打印机相比，有着非常鲜明的特点：价格便宜，能输出彩色，体积小，更主要的特点是非常安静，喷墨打印机在图形输出方面使用得最广。喷墨打印机的外观如图 4.4.1.3 所示。

喷墨打印机按墨水性质可分为水性喷墨打印机和油性喷墨打印机，按墨水颜色可分为单色喷墨打印机和彩色喷墨打印机。单色喷墨打印机只能打印一种颜色，彩色喷墨打印机可以打印出多种颜色。

图 4.4.1.3　喷墨打印机

喷墨打印机有如下优点：喷墨打印机的价格适中，比激光打印机要便宜得多；打印质量接近激光打印机，比点阵打印机的打印效果好；打印速度比点阵打印机快许多，使用起来噪声小；与点阵打印机相比，喷墨打印机体积小、重量轻。但是也存在以下缺点：耗材费用较高，对纸张的要求较高，喷墨口不容易保养等。

3. 针式打印机

针式打印机又称点阵打印机，它是利用打印头内的点阵撞针撞击打印色带，在打印纸上产生打印效果。针式打印机如图 4.4.1.4 所示。其基本工作原理类似于用复写纸复写资料。针式打印机中的打印头由多支金属撞针组成，撞针排列成一直行，打印头在纸张和色带之上行走。当指定的撞针到达某个位置时，便会弹射出来，在色带上打击一下，让色素印在纸上形成其中一个色点，配合多个撞针的排列样式，便能在纸上形成文字或图画。如果是彩色的

图 4.4.1.4　针式打印机

针式打印机，色带还会分成四道色，打印头下带动色带的位置还会上下移动，将所需的颜色移至打印头之下。

针式打印机具有以下特点：

(1) 价格便宜。点阵打印机的工作原理比较简单，所以价格也比较便宜，对纸张质量的要求很低，耗材(如色带)很容易买到，价格也比较低廉，这可以说是针式打印机的最大

特点。

(2) 可以用 132 列的宽行纸，并且可以连续走纸，适合于打印较宽的表格等。

(3) 可以利用压感纸或复写纸，一次打印多份，还可以打印蜡纸，然后进行油印，这些都是喷墨、激光打印机不可能做到的。

(4) 点阵打印机的缺点是噪声大、速度慢、精度低，不适合打印图形，尤其是彩色图形。

4.4.2　扫描仪

扫描仪是一种常见的办公设备，它利用光电技术和数字处理技术，以扫描方式将图形或图像信息转换为数字信号。目前，市面上主流的扫描仪的种类分为手持式、平板(平台)式、滚筒(馈纸)式三大类。目前平板式扫描仪是市场主流，平板式扫描仪的扫描幅面主要为 A4 和 A3，分辨率通常为 300～2400 dpi，色彩位数可达 36 位。扫描时将图稿放在扫描仪玻璃板上，由软件控制整个扫描过程，扫描精度高。平板式扫描仪在办公自动化、平面设计、广告制作等许多领域都得到了广泛的应用。常见扫描仪如图 4.4.2.1 所示。

图 4.4.2.1　常见扫描仪

一般在购置扫描仪时需要考虑如下性能指标。

1．分辨率

扫描仪对图像细节的表现能力用分辨率来衡量。分辨率通常用每英寸扫描图像上所含有的像素点个数表示，记作 dpi(dot per inch，每英寸的点数)。分辨率有光学分辨率和插值分辨率的区别。

光学分辨率为 300×600 dpi 的扫描仪，适用于对图像扫描质量要求不高的场合，如普通家庭用户的图像扫描、办公室文档资料的扫描等。光学分辨率为 600×1200 dpi 的扫描仪，适用于有一定质量要求的专用图像处理。在使用高分辨率对图像进行扫描后，可保证图像被放大数倍后仍保持一定的图像分辨率以满足输出精度要求。光学分辨率在 1000×1200 dpi 以上的扫描仪属于专业扫描仪，价格比较昂贵。扫描精度提高后，不仅会大大降低扫描速度，而且还会使生成的图像文件变大，所以除非专业用途，一般不建议普通用户选用。

2．色彩位数

扫描仪的色彩位数表示彩色扫描仪所能产生的颜色范围，标志着扫描仪对色彩的识别能力。色彩的位数越高，对颜色的区分就越细腻，所表达的色彩种类就越丰富。色彩位数通常表示每个像素点上颜色的数据位数。

3．扫描幅面

扫描仪的扫描幅面通常有 A4、A4+、A3 等规格。对普通用途的扫描(照片、文档文件)而言，扫描幅面为 A4 和 A4+的扫描仪已经可以满足应用要求。对于幅面较大的原稿，可采用多次分区域扫描后再拼接的方法来实现扫描。

4．扫描仪接口

因为扫描仪在工作时会产生大量的数据文件，要把这些数据文件传输到电脑的硬盘里，就需要足够的接口带宽，所以接口方式也是扫描仪的一项重要参数。扫描仪的接口主要有 SCSI、EPP、USB 三种。

5．扫描速度

扫描仪在扫描一幅彩色图像时都需经过预热、采样、数据处理、传输、还原等步骤，其中每一个步骤都可能制约扫描速度。而且扫描速度与系统硬件配置、扫描分辨率设置和扫描图稿的尺寸等有密切关系，一般扫描黑白、灰度图像为 2～100 毫秒/线，扫描彩色图像为 5～200 毫秒/线。

6．OCR

OCR(Optical Character Recognition)是一种字符识别软件。它的功能是先通过扫描仪读取印刷品上的文字信息，然后通过分析文字的外形特征来识别不同的文字，并将其转化为文本文件。一般高端扫描仪都随机带有 OCR 软件，中文 OCR 软件通常仅适用于识别印刷体汉字，常见的中文 OCR 软件有清华紫光、尚书等。

4.4.3　投影仪

投影仪是一种利用投射光源，将图像投影到墙面或屏幕上的大屏幕显示设备，广泛应用于家庭、办公室、学校、会场和娱乐场所。只要连接计算机、视频播放机等视频设备，就可以显示各种画面，就像显示器或电视机一样。投影仪可以提供如同电影般的豪华视觉享受，透过投影仪，使用者可以同时和数百人分享屏幕，进行沟通。投影仪画面的尺寸比较灵活，只要调整投影距离，就可以改变画面大小。

1．投影仪的分类

从芯片的工作原理上对投影仪分类，可以分为 CRT、LCD、DLP、LED 这几种。

CRT 投影仪又名三枪投影仪，它主要由三个 CRT 管组成。CRT(Cathode Ray Tube)是阴极射线管，主要由电子枪、偏转线圈及管屏组成。为了使 CRT 管在屏幕上显示图像信息，CRT 投影仪把输入的信号源分解到 R(红)、G(绿)、B(蓝)三个 CRT 管的荧光屏上，荧光粉在高压作用下发光，经过光学系统放大和会聚，在大屏幕上显示出彩色图像。CRT 作为一种技术最成熟的产品，其宽广的色域是其他几种投影仪所无法媲美的，但其昂贵的价格、笨重的体积(许多 CRT 投影仪质量都在 50 kg 以上)、烦琐的调整使其逐渐远离普通人的视野。目前 CRT 投影仪仅在航空、航海等高端领域有少量应用。CRT 投影仪如图

4.4.3.1 所示。

LCD(Liquid Crystal Display)投影仪利用金属卤素灯或 UHP(冷光源)提供外光源，将液晶板作为光的控制层，通过控制系统产生的电信号控制相应像素的液晶，液晶透明度的变化控制了通过液晶的光的强度，产生具有不同灰度层次及颜色的信号，显示输出图像，属于被动式投影方式。LCD 投影仪如图 4.4.3.2 所示。

图 4.4.3.1　CRT 投影仪　　　　　　　　图 4.4.3.2　LCD 投影仪

目前市场上最常见的 LCD 投影仪有三片式投影仪、单片式投影仪，通常三片式投影仪是用红绿蓝三块液晶板分别作为红绿蓝三色光的控制层。光源发射出来的白色光经过镜头组会聚到达分色镜组，红色光首先被分离出来，投射到红色液晶板上，液晶板上相应的像素接收到来自信号源的电子信号，呈现为不同的透明度，以透明度表示的图像信息被投射，生成了图像中的红色光信息。绿色光被投射到绿色液晶板上，形成图像中的绿色光信息，同样蓝色光经蓝色液晶板生成图像中的蓝色光信息。三种单独颜色的光在棱镜中会聚，由投影镜头投射到投影幕上形成一幅全彩色图像。除了三片式 LCD 投影仪外，还有一种单片式投影仪。它是在一片液晶板上集成出红绿蓝三基色，然后在银幕上进行空间混色。这种单片式投影仪具有机体积小，重量轻，操作、携带极其方便，价格低廉等优点，但因其液晶单色开孔率低，混色原理为空间混色，颗粒感较明显等缺点，已经基本被淘汰，仅在低档投影仪中使用。目前来看，LCD 投影仪是应用范围最广的一种投影仪，广泛用在教室、会场等场景。

DLP(Digit Light Processing)投影仪技术专利为美国德州仪器(TI)公司拥有，目前 DMD(Digit Micromirror Device)芯片、DMD 控制器等核心部件还是由 TI 独家提供。DLP 技术的优点有：DLP 技术以反射式 DMD 为基础，是一种纯数字的显示方式，图像中的每一个像素点都由数字式控制的三原色生成，每种颜色有 8 位到 10 位的灰度等级，DLP 技术的这种数字特性可以获得精确数字灰度等级以及颜色再现。与透射式液晶显示 LCD 技术相比，采用 DLP 技术投射出来的画面更加细腻；不需要偏振光，在光效率的应用上较高；此外，DLP 技术投影产品投射影像的像素间距很小，形成几乎无缝的画面图像。正是基于以上原因，DLP 投影仪产品一般对比度都比较高，黑白图像清晰锐利，暗部层次丰富，细节表现丰富；在表现计算机信号黑白文本时画面精确，边缘轮廓清晰。DLP 投影仪相比于 LCD 投影仪效果更好，更加轻便。LCD 与 DLP 投影仪效果对比如图 4.4.3.3 所示。DLP 投影仪如图 4.4.3.4 所示。

单片LCD液晶机　　三片LCD液晶机　　单片DLP数码机

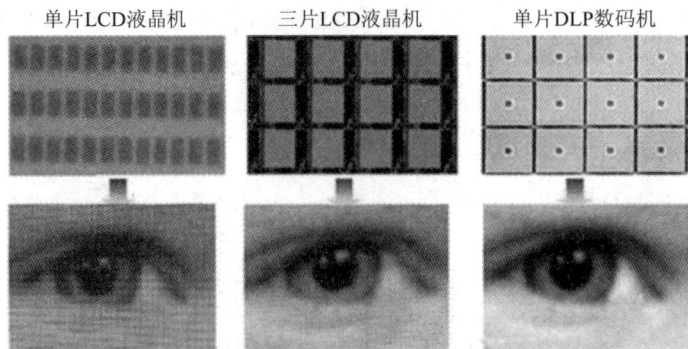

图 4.4.3.3　LCD 与 DLP 投影仪效果对比　　　　图 4.4.3.4　DLP 投影仪

LED(Light Emitting Diode)投影仪的成像技术类似于 LCD 投影仪，LED 投影仪最大的亮点还在于它的光源使用上，基本上所有产品都采用的是 LED 光源，寿命高达 20 000 小时以上，是传统投影仪寿命的 10 倍左右。目前虽然在亮度上与传统投影仪还有一定的差距，但 LED 投影仪产品可以满足一些中小型会议、培训的要求，而在家庭影院方面优势也很明显。最重要还是它的便携性和简单操作系统使它填补了传统投影仪无法做到的空缺。随便移动，随时带在身上外出办公，不用外接其他多媒体设备即可脱机投影。这些优势都是传统投影仪所不具备的。LED 投影仪如图 4.4.3.5 所示。

图 4.4.3.5　LED 投影仪

2. 投影仪的技术参数

投影仪主要有功率、光谱、寿命三个技术参数。功率决定了投影仪的亮度，投影仪习惯用流明来衡量亮度，相同条件下流明数值越大，光源功率发光能力越大，图像越亮。目前投影仪市场常用的有 ANSI 流明、ISO 流明。ANSI 流明值标准是通过在屏幕上取 9 个不同的点，取其平均亮度值而得出的，这是目前国内比较通用的标称，采用这一标称的不同品牌产品之间可以作亮度比较。从售价来看，5000 ANSI 流明基本成了区分商用与家庭应用的一个硬标准。对于工程投影仪，为了增加亮度，有的甚至采用了多 UHE 灯照明模式，或采用了 RGB 三激光光源。家用中端产品一般也在 2000～5000 ANSI 流明，这个价位的产品使用超高压汞灯、UHE 等光源较多。采用 LED 光源方案的大都在 2000 ANSI 流明以下。但需要注意的是国内一些品牌的便携投影仪采用所谓的 3600 亮度、4800 亮度来替代流明，这种测量方式其实不规范，目前各品牌也没有统一标准，所以只能作为一个品牌内部各产品亮度的区分，不能与其他品牌横向比较，而且所谓的 3600 亮度可能连 100 ANSI 流明都不到，所以选购这类产品如果有条件最好实际体验一下。

光谱决定色域，光谱是光源的波长的覆盖范围。从光的三基色的合成来看，光源色域从大到小的排序是：三色激光光源、LED 光源、UHE、UHP、金属卤素灯。激光光源由于其单色性，使得由红、绿、蓝三种激光合成的色域覆盖超过传统 NTSC 标准的 150%，色彩表现力是普通光源的两倍以上。

寿命决定使用方式，金属卤素灯的寿命一般在 1000 小时；UHE 的寿命在 3000 小时左右；UHP 的寿命可以到达 6000～10 000 小时；LED 光源、固体激光光源的寿命一般在 20 000 小时以上。寿命长，意味着维护周期长。比如 LED 光源、固体激光光源的投影仪以每天 10 小时播放时长来看，可以使用 5 年多；而同比之下如果用金属卤素灯(白炽灯)，半年就得换一次光源。

3．投影仪使用注意事项

在开启投影仪电源之前，需要确认连接投影仪的电缆一定是正常连接的。另外在开启之前还要看一下使用环境。一定要关掉正对投影屏幕的灯光；并且如果投影屏幕对着窗户，应该把窗帘拉上。因为屏幕通常是白色的，外部光线直接照射到屏幕上会造成观众视觉不适应。最关键的是，这会造成投影亮度相对不够，影像不清晰。投影仪在使用时，镜头的正前方千万不要放置障碍物，投影仪在工作中灯泡会产生大量热量，如果散热不充分，可能会烧坏灯泡。

投影仪开机时，机器有个预热的过程，大概有 10 s。在这期间，千万不要以为投影仪还没有工作而反复按压启动键，频繁开机产生的冲击电流会影响灯泡的使用寿命。如果需要用电脑通过投影仪投放，一定不要把投影仪与电脑的插头插在同一个电源插座上。这样可避免由于电脑信号源和投影仪电源不同接地造成的影像不稳定以及条纹现象。

投影仪镜头的干净与否，将直接影响投影屏幕上内容的清晰程度，遇到屏幕上出现各种圆圈或斑点时，多半是投影镜头上的灰尘"惹"的祸。同时，投影仪镜头非常娇贵，在不用的时候需要盖好镜头盖避免粘落灰尘。另外，清洁投影仪镜头的时候绝对不能使用普通的有机溶剂，它会对镜头产生腐蚀作用。一般情况下，用中性的清水就可以了。其次，擦拭的用具也最好用清洁光学用品专用的无尘布或者无尘纸。

投影仪连续使用时间不宜过长，一般控制在 4 小时以内，夏季高温环境中，使用时间应再短些。开机后，要注意切换画面以保护投影仪灯泡，不然会使 LCD 板或 DMD 板内部局部过热，造成永久性损坏。用遥控器关闭电源，按遥控器开关键后，等待数分钟，千万不要直接拔掉投影仪的电源插头，因为机器开动风扇，为灯泡散热，故最好在关机后一段时间后才切断电源。如果长期违规关机，将造成机器灯泡、主板等损坏(每次直接断电将减少 200 小时左右灯泡使用寿命，甚至直接烧坏灯泡)。

4.5　实训项目：安装配置打印机

4.5.1　项目背景

本项目以 EPSON LQ 690K 打印机为例，详细演示如何在个人计算机上安装配置打印机。

4.5.2　实施过程

(1) 首先通过 USB 线缆将打印机接到计算机的 USB 口上，打开打印机电源。在打印机驱动光盘找到相应的驱动安装文件，双击该图标，启动驱动安装程序。

（2）启动后，如图 4.5.2.1 所示，单击"下一步"。

图 4.5.2.1　安装打印机驱动

（3）在弹出的界面中选择"简易安装"，如图 4.5.2.2 所示。

（4）选择"安装"按钮，如图 4.5.2.3 所示。

图 4.5.2.2　简易安装

图 4.5.2.3　安装打印机驱动

（5）在弹出的安装协议对话框中，选择"同意"按钮，如图 4.5.2.4 所示，则系统开始安装打印机驱动程序，如图 4.5.2.5 所示。

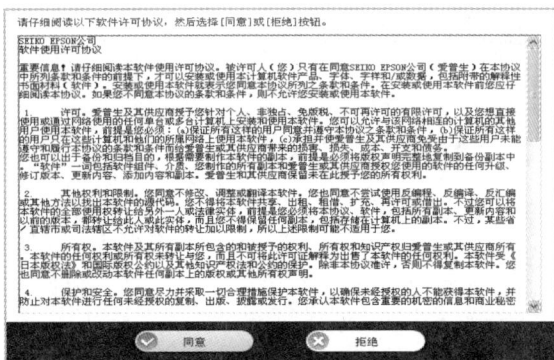

图 4.5.2.4　同意安装协议

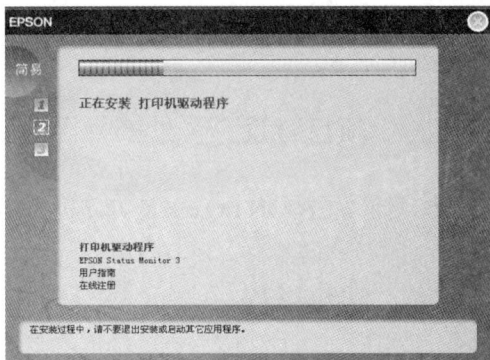

图 4.5.2.5　打印机驱动开始安装

(6) 在出现"选择打印端口时",选择"手动",如图 4.5.2.6 所示。

(7) 选择"USB001(Virtual printer port for USB)",点击"确定"按钮,如图 4.5.2.7 所示。

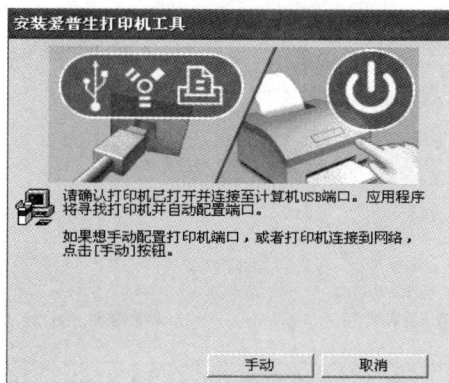

图 4.5.2.6　选择打印端口

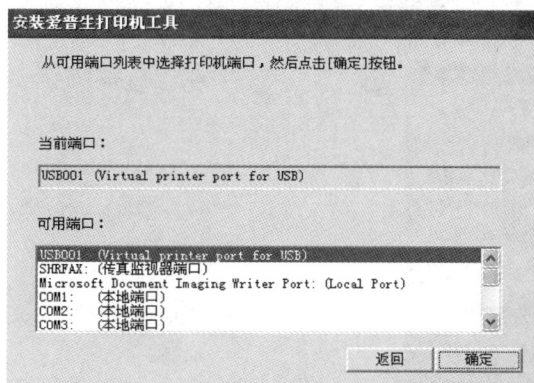

图 4.5.2.7　选择打印端口

(8) 直到出现如图 4.5.2.8 所示提示框时,表示打印机驱动安装完毕,点击"退出"按钮即可。

(9) 在打印机驱动安装完毕后,需要设置相对应的参数后,方能正常工作。在电脑左下角点击"开始→设置→打印机和传真",如图 4.5.2.9 所示,进入打印机属性设置界面。

图 4.5.2.8　完成安装

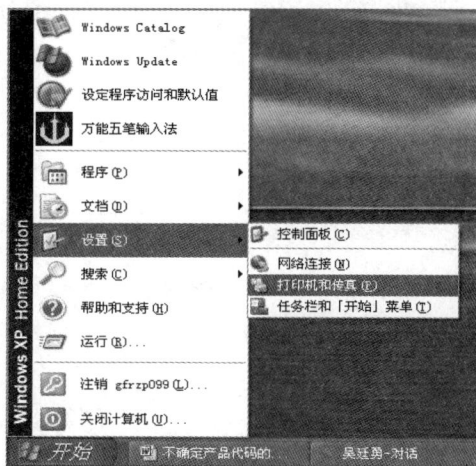

图 4.5.2.9　打印机属性设置

(10) 在界面空白处右击鼠标,在弹出的对话框中选择"服务器属性",如图 4.5.2.10 所示。

(11) 在"打印服务器属性"界面中,新建一个"表格名",如"ERP",在格式描述(尺寸)中,单位选择"公制",设置一下纸张大小(如果所要打印的三联或五联纸为 10 cm × 12.5 cm,以纸的撕裂线为准,点击"确定",就完成了打印纸参数的设置),如图 4.5.2.11 所示。

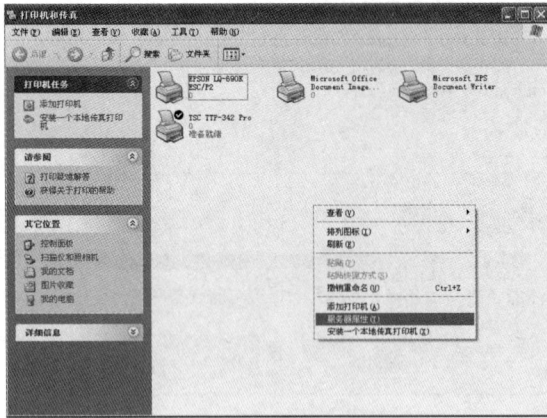

图 4.5.2.10　选择服务器属性　　　　　　　图 4.5.2.11　打印纸格式设置

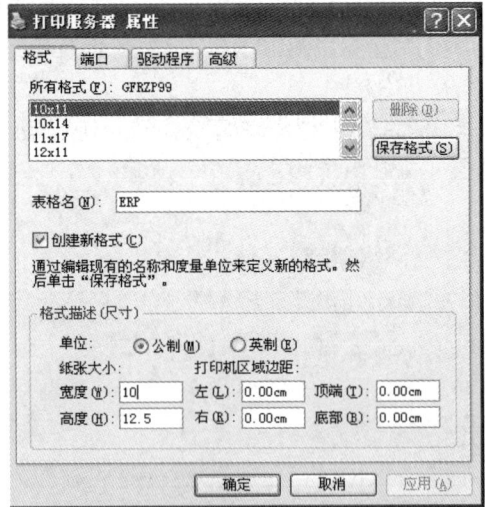

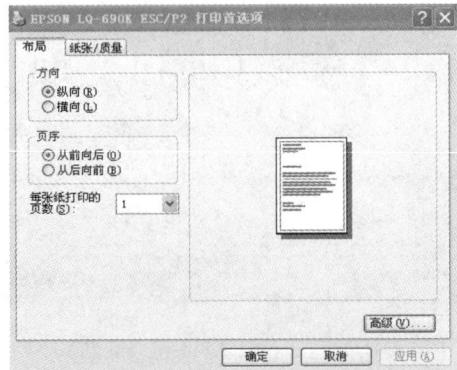

(12) 右击打印机→选择属性，在常规选项卡中点击"打印机首选项"，如图 4.5.2.12 所示。

(13) 在弹出的对话框中点击"高级"按钮，如图 4.5.2.13 所示。

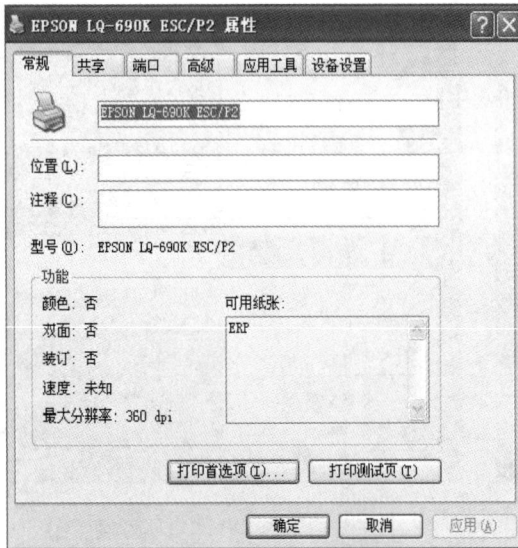

图 4.5.2.12　打印机设置　　　　　　　　　图 4.5.2.13　打印纸方向设置

(14) 在高级选项卡中选择所设置的打印纸的尺寸名称，如 ERP，点击"确定"即可，如图 4.5.2.14 所示。

(15) 在打印机属性中选择"设备设置"选项卡，在对话框中"手动进纸"项中选择"ERP"，点击"确定"即可，如图 4.5.2.15 所示。

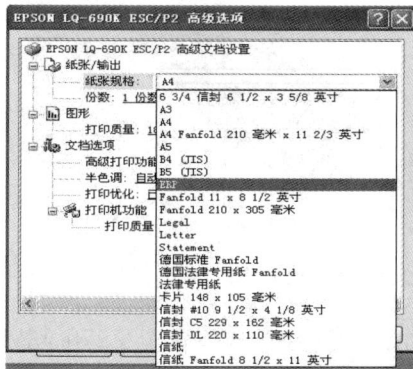

图 4.5.2.14　打印纸规格设置

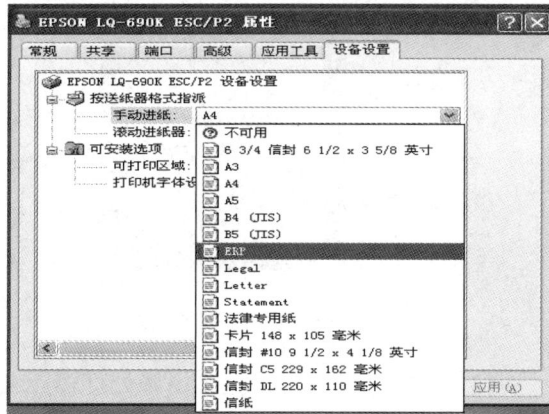

图 4.5.2.15　打印纸进纸设置

至此，打印机安装配置完毕，可以开始正常使用了。

4.6　实训项目：设计装机方案

4.6.1　项目背景

小张是一名设计师，日常工作的一个重要组成部分就是进行图像处理。随着系统和软件的升级，公司给他配发的笔记本电脑在工作中时常卡顿，其性能无法正常工作，他想要配置一台用于提高工作效率的高档台式计算机，预算为 15 000 元左右。本项目从小张的工作需求出发，为他设计一个合适的装机方案。

4.6.2　实施过程

(1) CPU 选择。专业制图、建模渲染软件对处理器要求很高，这类用户都需要选用中高端处理器。本项目选择 Intel 酷睿七代 i7-7700K 处理器。i7-7700K 定位于高端处理器，采用更先进的 14 nm 工艺，四核八线程，默认主频 4.2 GHz，最大睿频 4.5 GHz，并支持超频。此外，i7-7700K 还升级了对内存的支持，支持 DDR 4-2400 高主频内存，内置了性能更强的 HD 630 核芯显卡，性能表现抢眼。它可以更好地满足专业建模渲染、影视制作以及专业制图等设计师群体用户需求。i7-7700K 处理器如图 4.6.2.1 所示。

(2) 显卡选择。作为图像设计师，需要配置专业显卡。专业显卡在专业软件优化、驱动、产品质量与稳定性方面有着更好的表现。本项目选择丽台 Quadro M4000，这是一款专业显卡，主打专业制图、渲染建模、影视剪辑等专业用户群体，主打中高端，各类专业软件都能全力支持。具体规格方面，作为一款中高端专业显卡，丽台 Quadro M4000 配备 8 GB GDDR 5 超大显存、256 位显存位宽、192 Gb/s 速率、PCI 3.0 接口，能够针对专业软件进行加速和优化，可以流畅使用各类专业的软件。Quadro M4000 显卡如图 4.6.2.2 所示。

图 4.6.2.1　i7-7700K 处理器

图 4.6.2.2　Quadro M4000 显卡

（3）主板选择。为了能够用好处理器，最佳的搭配是最新 200 系列高端 Z270 超频主板。本项目选择一线品牌华硕 PRIME Z270-A 主板，做工好用料足，保证高性能和稳定需求，另外内置 3D 打印组件、原生 M.2 高速 SSD 接口、千兆网卡、支持 Intel Optane，环绕音效，超丰富接口，音质满足个性化需求。PRIME Z270-A 主板如图 4.6.2.3 所示。

（4）内存选择。专业制图软件对计算机内存要求较高，一般都是 8 GB 起步，本项目配置金士顿单条 16 GB DDR 4 2400 大容量高主频高速内存，以更好地满足专业用户群体需求，另外因为主板内置了丰富的内存插槽，后续增加内存升级也非常方便。DDR 4 2400 内存如图 4.6.2.4 所示。

图 4.6.2.3　PRIME Z270-A 主板

图 4.6.2.4　DDR 4 2400 内存

（5）硬盘选择。作为一套高端专业计算机，加之专业用户对存储要求较高，本项目配置选择三星 850 EVO 120G M.2 高速固态硬盘 + 希捷 ST2000dm006 2 TB 机械硬盘双混合硬盘，以更好地满足用户需求。硬盘如图 4.6.2.5 所示。

图 4.6.2.5　固态与机械硬盘

(6) 机箱、电源选择。本项目选择恩杰 S340 白色中塔式机箱，它属于知名品牌主流型号机箱，外观大气时尚，符合设计师审美需求。电源方面则选用了额定 500 W 大功率航嘉 jumper500 电源，CPU 和专业显卡功耗都不算高，500 W 电源足以满足主机供电需求。机箱、电源如图 4.6.2.6 所示。

图 4.6.2.6　机箱与电源

(7) 显示器选择。本项目选用了在设计师群体中口碑较好的一线戴尔显示器，选用戴尔 P2416D 23.8 英寸 IPS 超清 2K 液晶显示器，23.8 英寸 2K 超清分辨率，可以很好地满足设计师对显示的要求。如果预算足够的话，也可以选择一些更专业的显示器或者曲面屏显示器、组合多屏显示等。P2416D 显示器如图 4.6.2.7 所示。

(8) 其他配件选择。其他外围设备配件如键盘鼠标、音箱、绘图板等性能差异不大，可以由用户自己选择合适的品牌型号。综合来看，专业设计师计算机装机配置及报价如表 4.6.2.1 所示。

图 4.6.2.7　P2416D 显示器

表 4.6.2.1　专业设计师计算机装机方案及报价表

配件名称	品牌型号	参考价格/元
处理器	Intel 酷睿 i7-7700K	2399
散热器	安钛克 H1200 PRO	399
显卡	丽台 Quadro M4000	5699
主板	华硕 PRIME Z270-A	1399
内存	金士顿 DDR 4 2400 16G	699
固态硬盘	三星 850 EVO 120G M.2	456
机械硬盘	希捷 ST2000dm006 2 TB	449
机箱	恩杰 S340	399
电源	航嘉 jumper500	299
显示器	戴尔 P2416D	1700
键盘、鼠标	用户自选	—
音箱	用户自选	—
合计	13 900 元	

4.7　疑　难　解　析

1．小李是一个非计算机类的大学生，对计算机硬件并不是很了解，也不清楚各组件型号之间的兼容性，他却想要自己选择各个部件，自己装配一台计算机，如何帮助他完成这个任务？

解析： 最简单的方法就是在网络上检索"在线装机"，有很多 IT 资讯类网站都提供此服务，网络会根据你的选择自动筛选出匹配的硬件，用户只需要按照预算来选择硬件即可。同时还提供在线评分，对用户选择的方案进行评分，给出改进意见。

2．投影仪可以完全替代家用电视机吗？

解析： 暂时来看还不可以，主要有以下原因。

使用寿命：投影仪灯泡工作寿命时间在 1 万小时左右，电视机的播放时间远远大于这个数字。

亮度：目前主流家用投影仪采用的是 LED 灯泡，亮度较低，对使用环境要求较高，需要在较暗环境下使用，在较亮的环境下使用体验很差，而电视机不存在此问题。

使用空间：投影仪需要一定的投射距离，只有个别厂商的投影仪能够做超近距离投影，大多数家居环境很难满足投影距离要求。

4.8　本　章　习　题

1．你有三个朋友最近都想买台式计算机：甲是一名科研工作者，想要购买一台能够进行流畅数据统计计算的计算机，预算 1 万元。乙是一名高清电影爱好者，想要购买一台能够为他带来畅快观影感受的计算机，预算 6000 元。丙是一名刚参加工作的会计，想要购买一台用于日常办公的计算机，预算 3500 元。作为一个专业人士，请分别给出你的装机方案，并说明理由。

2．你所在的公司最近新买了一台大型激光打印机，需要通过办公室的局域网共享给整个公司的员工使用，你应该做哪些配置工作？

第5章　计算机组装

计算机发展到今天，已不再是一种应用工具，它已经成为一种文化和潮流，并给各行业带来了巨大的冲击和变化。随着计算机的普及，掌握一定的使用计算机知识也是很有必要的。也是因为计算机的普及，将来的个人计算机也越来越个性化。自己组装电脑将会给自己计算机的个性化提供很大的保障。通过对这章的学习，读者会对计算机的软硬件、拆卸、组装、选购、平时维护等方面有进一步的了解。

团 队 意 识

从古至今，团结合作一直是中华民族的优良传统之一。从苏秦游说六国，合作抗秦，让秦不敢东出嘉峪关数十载，到"一带一路"提出"共建、共商、共享"，为推进全球经济复苏提出中国建议，再到腾讯与京东加强合作，一方面腾讯通过微信为京东提供流量入口，让京东实现客流量的增长，另一方面腾讯也通过京东补齐自身电商发展的短板，以便更好与其他企业进行竞争，两者通过合作，实现资源配置效率的提升。诸多案例证明，合作是个人成事之关键，也是社会发展之根本，只有合作才能实现共赢，创造美好未来。

计算机组装的过程涉及需求分析，分析客户的需求和预算，选择合适的硬件组合，也需要胆大心细的同学进行具体硬件组装，还需要了解操作系统的同学安装配置操作系统，这些就可以看作一个小小的团队分工协做。同学们在完成本章的计算机组装的实验过程中可以采用分组协作的方式，小组长负责协调和组织，根据项目内容，团队成员分工合作，完成资料搜集、任务分工、任务实施、测试维护等工作。团队成员之间要相互帮助，相互鼓励，相互信任。

一堆沙子是松散的，但是它和水泥、石子、水混合后，比花岗岩还坚韧。团队合作在实现既定目标上具有很多优势，我们要学会与他人合作，学会做一只合群的大雁，这样才能使得团队飞得更高更快更远。正如党的二十大报告中所提出的：构建人类命运共同体是世界各国人民前途所在。万物并育而不相害，道并行而不相悖。只有各国行天下之大道，和睦相处、合作共赢，繁荣才能持久，安全才有保障。

5.1　台式计算机组装

组装电脑也称兼容机或 DIY 电脑。即根据个人需要，选择电脑所需要的兼容配件，然后把各种互不冲突的配件组装在一起，构成一台组装电脑。组装电脑的配件一般有 CPU、主板、内存、显卡、硬盘、光驱、显示器、机箱、电源、键盘和鼠标。

5.1.1　组装前的准备

在组装电脑前需要做好准备工作，如准备装机工具、熟悉安装流程及注意事项，准备工作做充分后，再开始组装电脑就轻松多了。

工具的准备包括以下几方面：

(1) 工作台：装机前，准备一张平稳、干净的工作台必不可少，在桌面上铺一张防静电的桌布，即可作为简单的工作台。

(2) 十字螺丝刀：在电脑组装过程中，需要螺丝刀将硬件设备固定在机箱内，装机前最好准备带有磁性的十字螺丝刀(如图 5.1.1.1 所示)，方便在螺丝掉入机箱内时可以方便地取出来。

(3) 尖嘴钳：主要用来拆卸机箱后面材质较硬的各种挡板，如电源挡板、显卡挡板、声卡挡板等，也可以用来夹住一些较小的螺丝、跳线帽等零件。尖嘴钳如图 5.1.1.2 所示。

图 5.1.1.1　十字螺丝刀　　　　图 5.1.1.2　尖嘴钳

(4) 导热硅脂：就是俗称的散热膏，是一种高导热绝缘的有机硅材料，也是安装 CPU 不可缺少的材料。主要用于填充 CPU 与散热器之间的空隙，起到较好的散热作用。导热硅脂如图 5.1.1.3 所示。

(5) 绑扎带：主要用来整理机箱内部各种数据线，将一些数据线绑扎在一起，使机箱更整洁、干净。绑扎带如图 5.1.1.4 所示。

图 5.1.1.3　导热硅脂

图 5.1.1.4　绑扎带

5.1.2　组装流程

在组装计算机之前，应对整个装机的操作规划和组装计算机的流程有非常清晰的了解之后才能动手。组装流程为：机箱内部硬件的组装；外部设备的连接；计算机组装后的检测。具体流程(如图 5.1.2.1 所示)如下：

(1) 摆放好全部配件，清理工作台面，将螺丝等小零件存放在小器皿内。

(2) 准备好机箱，打开机箱盖，检查并装好电源。

(3) 在主板上装好 CPU，并将 CPU 风扇安装好。

(4) 将内存条安装到主板上。

(5) 将电源安装在机箱中，并将电源插头连接到主板上。

(6) 将主板固定在机箱中。

(7) 把硬盘、光驱安装到机箱支架上。

(8) 将机箱面板上的各种连线连接到主板相应的插针上。

(9) 连接硬盘和光驱的电源线插头以及数据线插头。

(10) 把显卡、声卡以及网卡安装到主板上，盖上机箱盖。

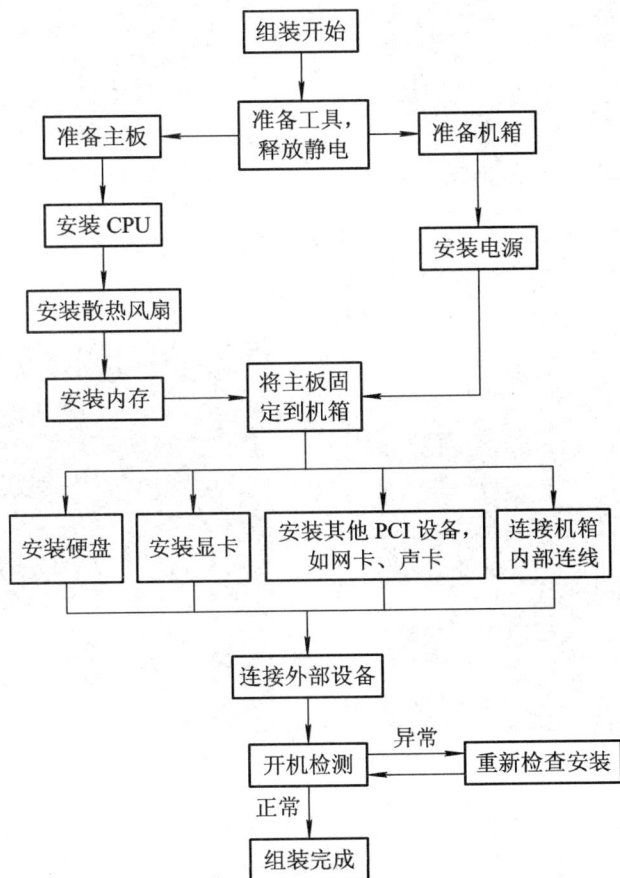

图 5.1.2.1　台式机组装流程图

(11) 连接显示器信号线和电源线。

(12) 连接鼠标和键盘。

(13) 通电测试。检查各硬件是否安装正确，然后插上电源，看显示器上是否出现自检信息，以验证装机的完成。

一、机箱内部硬件的组装

1. 安装 CPU 和散热装置

CPU 的类型较多，其接口类型、CPU 插座及 CPU 风扇外形并不相同，安装方法也有些区别。如图 5.1.2.2 和图 5.1.2.3 所示 Pentium4 630 CPU，接口类型为 LGA775。

图 5.1.2.2　CPU 正面图

图 5.1.2.3　CPU 背面图

将主板平放在桌面上，平时最好用较软的物品垫底(如泡沫或书本等)，找到主板上 CPU 插座，观察其结构和形状，如图 5.1.2.4 和图 5.1.2.5 所示。

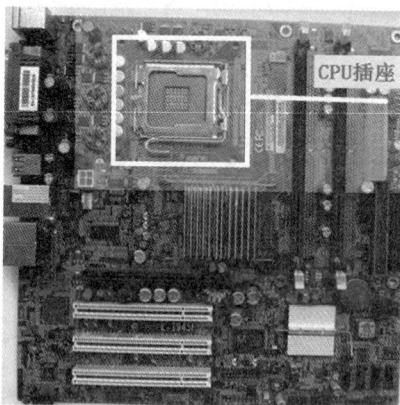

图 5.1.2.4　CPU 插座

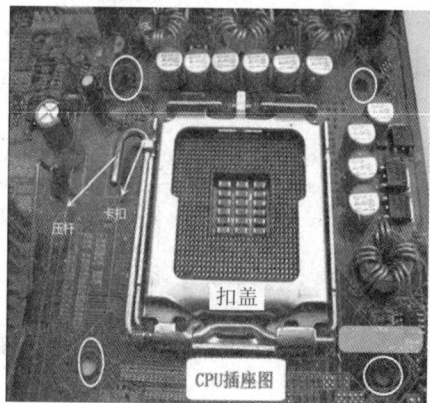

图 5.1.2.5　CPU 插座结构图

用手向下微压压杆，同时稍微用力往外拉压杆，使其脱离卡扣，再将压杆拉起，把固定 CPU 的扣盖与压杆反方向推起，打开 CPU 插座，如图 5.1.2.6 所示。

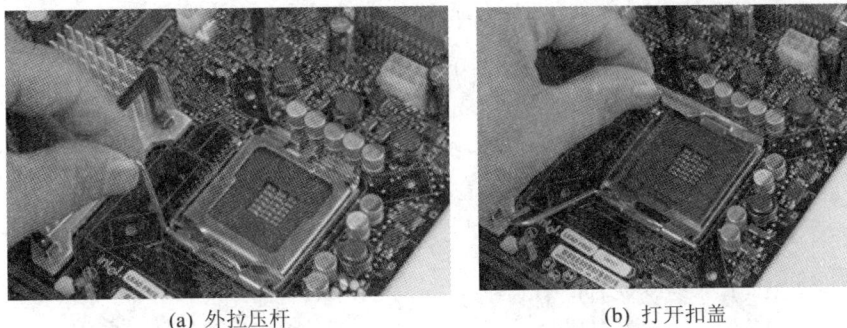

(a) 外拉压杆　　　　　　　　　　　　　(b) 打开扣盖

图 5.1.2.6　打开 CPU 扣盖

用手轻摄起 CPU，将 CPU 有三角形标识的边角对准 CPU 插座上有三角形缺口的边角，然后将 CPU 慢慢地向下平放，同时注意到 CPU 的两处缺口要卡进插座的两处凸起，这时 CPU 的安放才算到位，操作时应轻拿轻放，如图 5.1.2.7 所示。

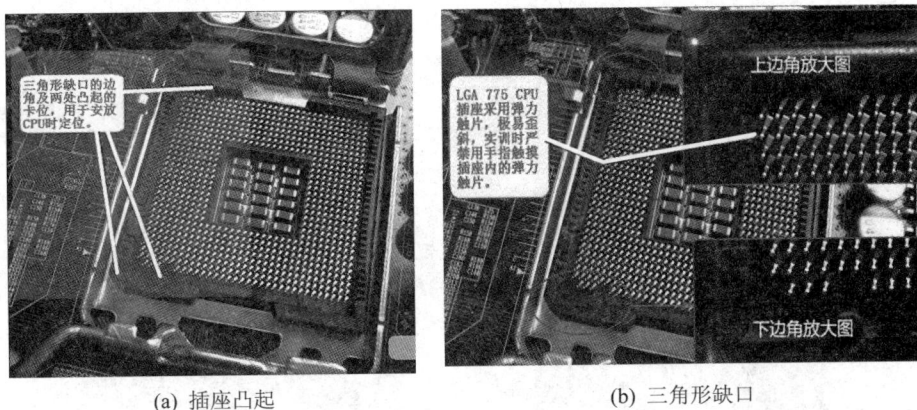

(a) 插座凸起　　　　　　　　　　　　(b) 三角形缺口

图 5.1.2.7　CPU 安装

将 CPU 安放到位以后，盖好扣盖，并反方向微用力扣下处理器的压杆。至此 CPU 便被稳稳地安装到主板上，安装过程结束，如图 5.1.2.8 所示。

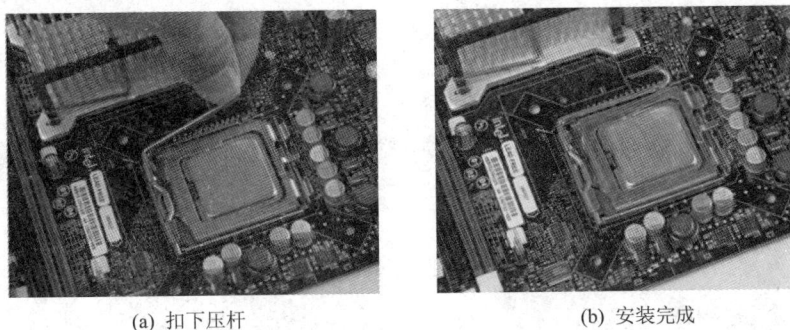

(a) 扣下压杆　　　　　　　　　　　　(b) 安装完成

图 5.1.2.8　CPU 安装完成

由于 CPU 发热量较大，选择一款散热性能出色的散热器特别关键，但如果散热器安装不当，散热的效果就会大打折扣。图 5.1.2.9 是 Intel LGA775 针接口处理器的原装散热器和风扇,可以看到较之前的 478 针接口散热器做了很大的改进:由以前的扣具设计改成了如今的四角固定设计,散热效果也得到了很大的提高。

(a) CPU 散热器底部   (b) CPU 散热风扇顶部

图 5.1.2.9   CPU 散热器和风扇

安装散热器前,在 CPU 表面中间位置涂上少许导热硅脂,并用手指涂抹成均匀的薄层,硅脂不宜太多,不要涂抹到 CPU 边缘处,以防溢出造成短路,如图 5.1.2.10 所示。

安装时,将散热器的四角对准主板相应的位置,然后用力压下四角扣具即可,如图 5.1.2.11 所示。有些散热器采用了螺丝设计,因此在安装时还要在主板背面相应的位置安放螺母。

图 5.1.2.10   涂抹导热硅脂   图 5.1.2.11   CPU 风扇安装

固定好散热器后,还要将散热风扇接到主板的供电接口上。找到主板上安装风扇的接口(主板上的标识字符为 CPU_FAN),将风扇插头插放即可(目前有四针与三针等几种不同的风扇接口,在安装时注意一下即可)。由于主板的风扇电源插头都采用了防呆式的设计,反方向无法插入,因此安装起来相当方便,如图 5.1.2.12 所示。

(a) 插入 CPU 风扇电源线   (b) 安装完成

图 5.1.2.12   CPU 风扇电源线安装

2．安装内存条

内存插槽位于 CPU 插槽的旁边，内存是 CPU 与其他硬件之间通信的桥梁。当内存成为影响整体系统的最大瓶颈时，双通道的内存设计有效解决了这一问题。目前主流主板基本都支持双通道功能，建议在选购内存时尽量选择两根同规格的内存来搭建双通道。

主板上的内存插槽一般都采用两种不同的颜色来区分双通道与单通道。将两条规格相同的内存条插入相同颜色的插槽，即打开了双通道功能。

安装内存时，先用手将内存插槽两端的扣具打开，然后将内存平行放入内存插槽中 (内存插槽也使用了防呆式设计，反方向无法插入，在安装时可以对应一下内存与插槽上的缺口)，用两拇指按住内存两端轻微向下压，听到"啪"的一声响后，即说明内存安装到位，如图 5.1.2.13 所示。

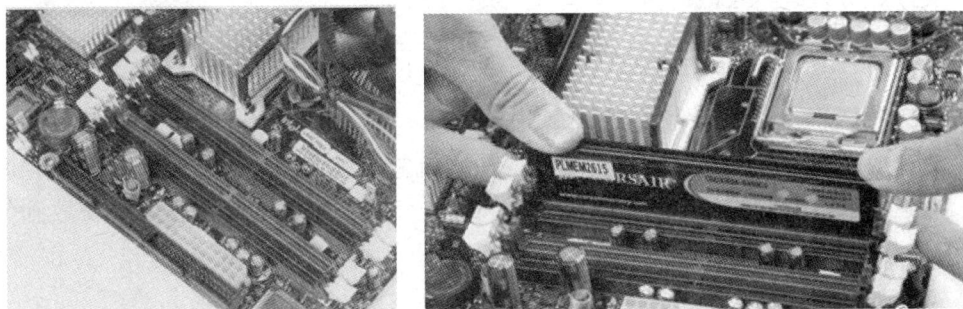

(a)　观察内存防呆口位置　　　　　　　　　(b)　安装内存

图 5.1.2.13　安装内存条

3．安装电源

将机箱平放在桌面上，机箱左上角就是安装电源的方向，然后将电源小心地放置到电源仓中，并调整电源的位置，使电源上的螺丝孔位与机箱上的固定螺孔相对应，如图 5.1.2.14 所示。

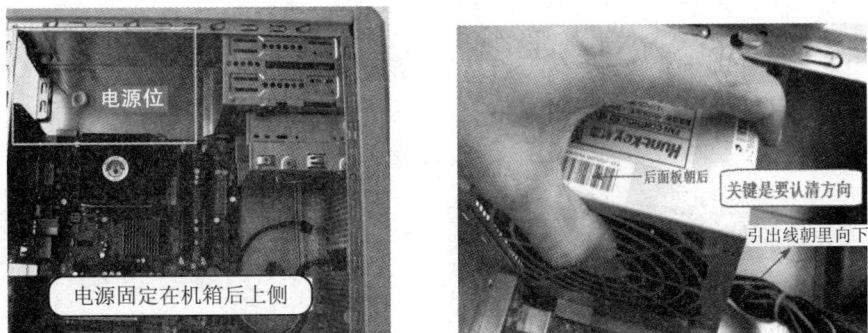

(a)　固定电源　　　　　　　　　　　　(b)　拔出电源线

图 5.1.2.14　安装电源

对准螺孔后，使用螺丝将电源固定至机箱上，然后拧紧螺丝，如图 5.1.2.15 所示。安装后的内部图如图 5.1.2.16 所示。

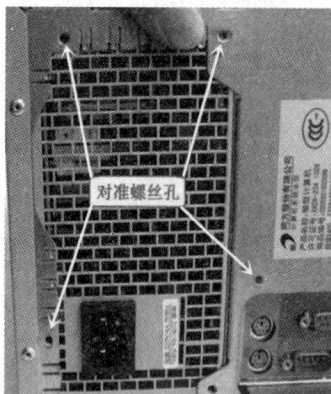

图 5.1.2.15　固定电源

图 5.1.2.16　电源安装完成

4．安装主板

在安装主板之前，先将主板垫脚螺母安放到机箱主板托架的对应位置，双手平行托住主板，将主板放入机箱中，可以通过机箱背部的主板挡板来确定主板是否安放到位，如图 5.1.2.17 所示。

图 5.1.2.17　安装主板

拧紧螺丝，固定好主板，如图 5.1.2.18 所示(在装螺丝时，注意每颗螺丝不一定要立刻就拧紧，等全部螺丝安装到位后，再将每颗螺丝拧紧，这样做的好处是随时可以对主板的位置进行调整)。主板安静地躺入机箱，安装过程结束，如图 5.1.2.19 所示。

图 5.1.2.18　用螺丝固定主板

图 5.1.2.19　主板安装完成

5．安装显卡

安装显卡主要指安装独立显卡，集成显卡不需要单独安装。

在主板上找到显卡插槽，将显卡的缺口与插槽上的插槽口相对应，轻压显卡，使显卡与插槽紧密结合，如图 5.1.2.20 所示。安装显卡完毕，直接使用螺丝刀和螺丝将显卡固定在机箱上。

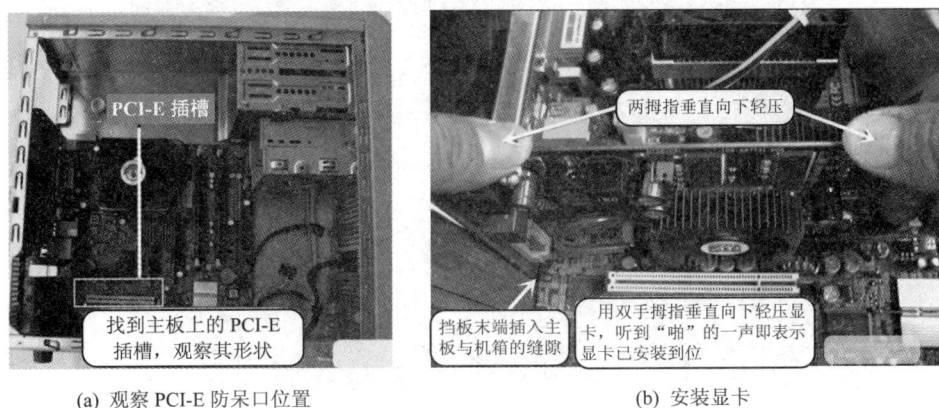

(a) 观察 PCI-E 防呆口位置　　　　　　　　　(b) 安装显卡

图 5.1.2.20　安装显卡

6．安装硬盘

将主板和显卡安装到机箱内部后，就可以安装硬盘了。将硬盘由里向外放入机箱的硬盘托架上，并适当地调整硬盘位置，如图 5.1.2.21 所示。

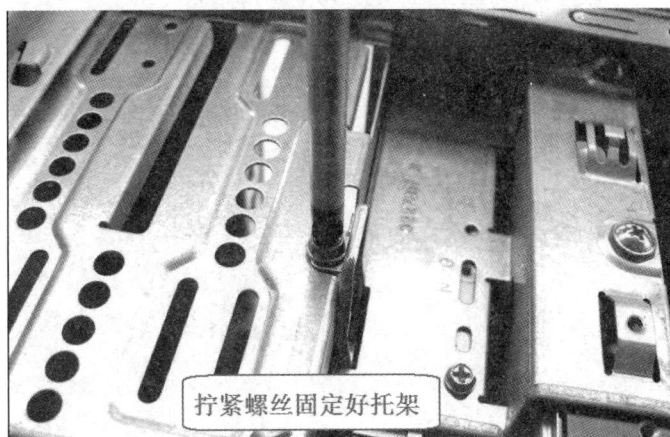

图 5.1.2.21　安装硬盘

7．连接机箱内部的线

机箱内部有很多各种颜色的连接线，连接机箱上的各种控制开关和各种指示灯，在硬件设备安装完成之后，就可以连接这些线。硬盘、主板、CPU 等需要和电源相连，所有设备才能成为一个整体。

1）连接主板和 CPU 电源线

找到主板上的 24 针主板电源插座，如图 5.1.2.22 所示，仔细观察主板电源插座的形状，各槽口形状有些不同，用于辨清电源插头插入方向，插好后，用卡扣扣住卡位。

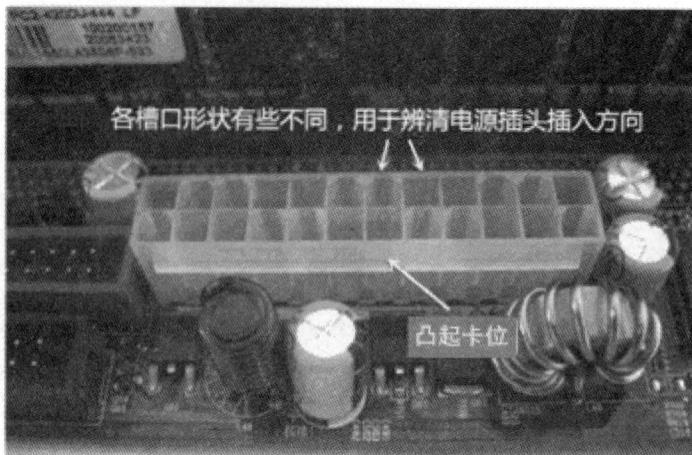

图 5.1.2.22　主板上的 24 针主板电源插座

找到主板上 4 针 CPU 电源插座，如图 5.1.2.23 所示，仔细观察 CPU 电源插座的形状，各槽口形状有些不同，用于辨清电源插头插入方向，插好后，用卡扣扣住卡位。

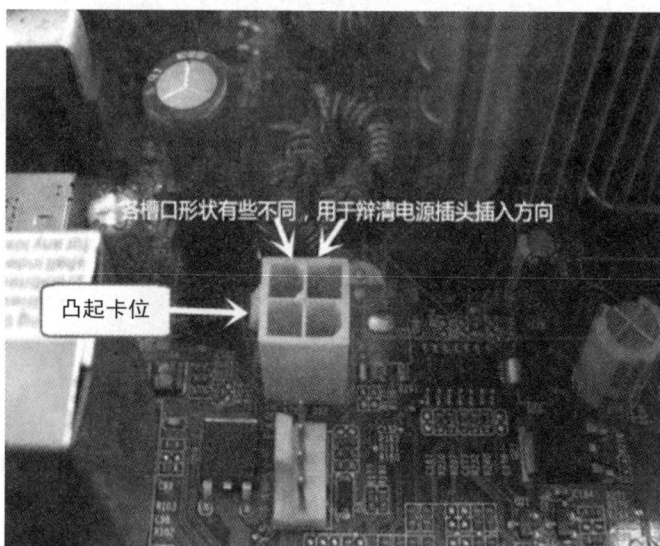

图 5.1.2.23　主板上的 4 针 CPU 电源插座

2）连接光驱线缆

光驱安装到托架后，音频接口最靠里面，然后是数据接口和电源接口，为方便安装，连接线缆时应按音频、数据、电源的顺序安装，如图 5.1.2.24 和图 5.1.2.25 所示。

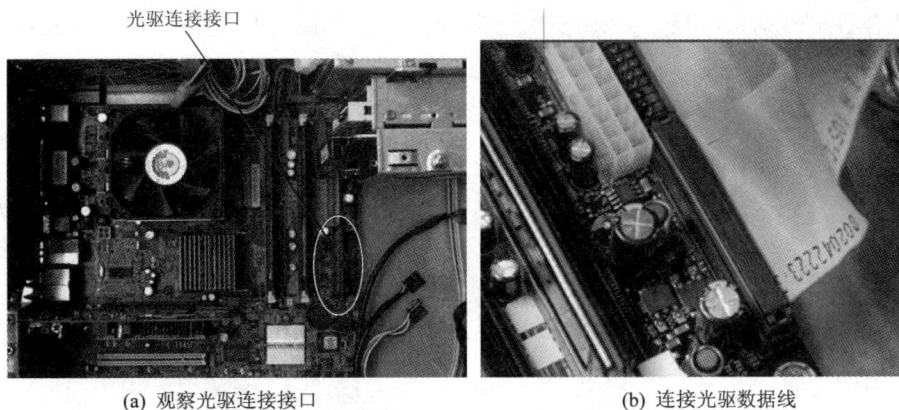

(a) 观察光驱连接接口　　　　　　　　(b) 连接光驱数据线

图 5.1.2.24　连接光驱数据线

光驱连接接口

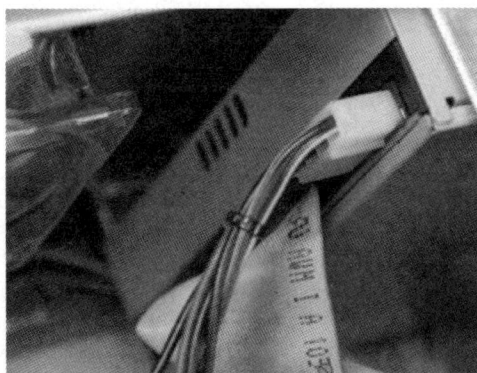

图 5.1.2.25　连接光驱电源线

3) 连接硬盘线缆

硬盘上线路的连接主要包括硬盘电源线的连接及硬盘数据线和主板接口的连接。

找到硬盘上的电源接口，并将硬盘电源线连接到硬盘电源接口，如图 5.1.2.26 所示。

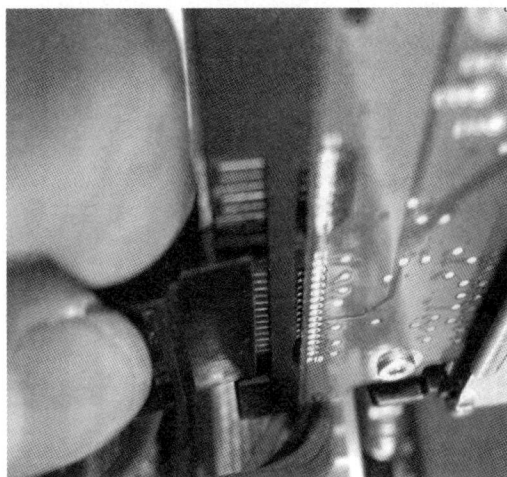

图 5.1.2.26　连接硬盘电源线

选择 SATA 硬盘数据线，如图 5.1.2.27 所示，将其 L 形一端插入硬盘的 SATA 接口，扁平端连接至主板上的对应的 SATA 接口，如图 5.1.2.28 所示。

图 5.1.2.27　SATA 数据线

图 5.1.2.28　连接硬盘数据线

连接好各种设备的电源线和数据线后，可以将机箱内部的各种线缆理顺，使其相互之间不缠绕，增大机箱内部空间，便于 CPU 散热，如图 5.1.2.29 所示。

图 5.1.2.29　机箱内部理线图

二、外部设备的连接

外部设备接口主要集中在主机后部面板上，图 5.1.2.30 所示为机箱外部接口图。

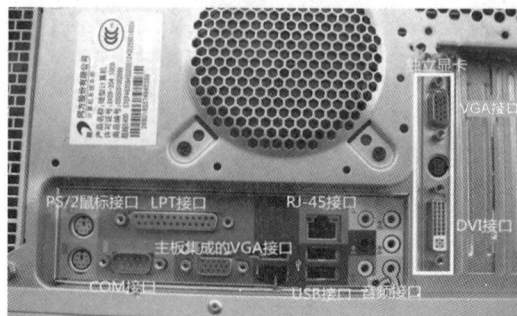

图 5.1.2.30　机箱外部接口图

- PS/2 接口：主要用于连接 PS/2 接口型的鼠标和键盘。目前部分主板仅保留了一个 PS/2 接口，支持接入一个鼠标或键盘，另外一个需要使用 USB 接口。
- VGA 和 DVI 接口：都是连接显示器用，不过一般使用 VGA 接口。
- USB 接口：可连接一切 USB 接口设备，如 U 盘、鼠标、键盘、打印机、扫描仪、音箱等。目前，不少主板有 USB 2.0 接口和 USB 3.0 接口，其外观区别为 USB 2.0 多采用黑色接口，而 USB 3.0 多采用蓝色接口。
- RJ-45 以太网接口：连接网线的接口。
- 音频接口：大部分的主板包含了 3 个插口，包括粉色的麦克风接口、绿色声道输出接口和蓝色声道输入接口，另外，部分主板音频扩展接口还包含了橙色、黑色和灰色 3 个插口，适应更多的音频设备。

了解各个接口的作用后，下面具体介绍连接显示器、鼠标、键盘、网线、音箱等外部设备的步骤。

1. 连接显示器

机箱内部连接后，可以连接显示器。找到显示器数据线，将一端插入显示器，并且拧紧两边的螺丝，将另一端插入显卡输入接口，拧紧两边的螺丝，防止接触不良而导致画面不稳，如图 5.1.2.31 所示。

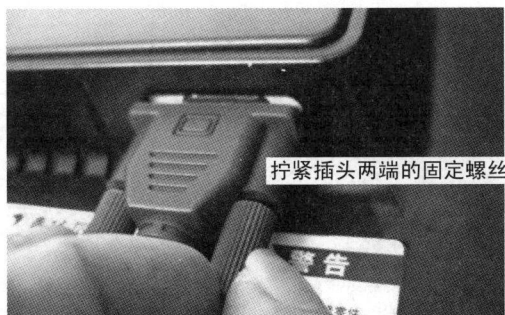

图 5.1.2.31　连接显示器数据线

取出电源线，将电源线的一端插入显示器的电源接口，另一端连接到外设电源上，完成显示器的连接，如图 5.1.2.32 所示。

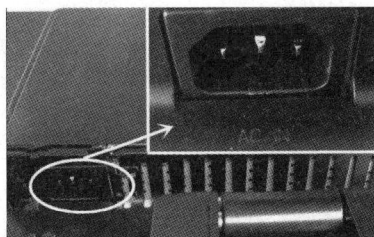

(a) 观察电源线接口　　　　　　　　　　　(b) 连接电源线

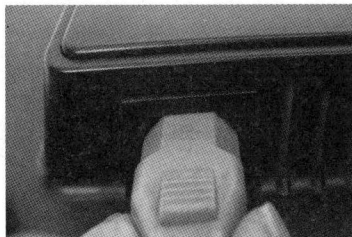

图 5.1.2.32　连接显示器电源线

2. 连接鼠标和键盘

连接好显示器后，可以开始连接鼠标和键盘。如果鼠标和键盘为 PS/2 接口则可采用以下方法连接：将紫色的键盘接口插入机箱后的 PS/2 紫色插槽口(如图 5.1.2.33(a)所示)，使用同样的方法将绿色的鼠标接口插入机箱后的绿色的 PS/2 插槽(如图 5.1.2.33(b)所示)。插入时应对准插头插针和接口孔的方向，否则容易弄歪插针。

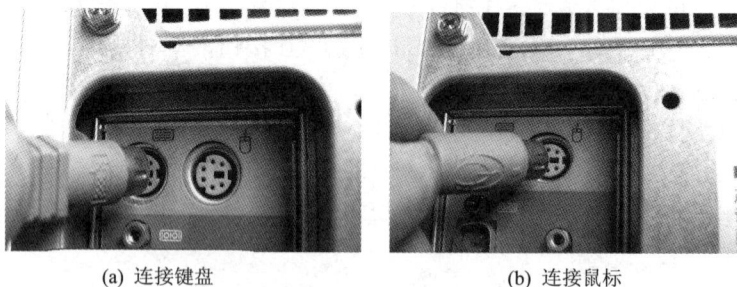

(a) 连接键盘   (b) 连接鼠标

图 5.1.2.33   连接键盘和鼠标

3．连接网线和音箱

将网线的一端插入网槽，另一端插入与之相连的交换机端口；将音箱对应的音频输出插头对准主机后面 I/O 接口音频输出插孔处，然后轻轻插入，如图 5.1.2.34 和图 5.1.2.35 所示。

图 5.1.2.34   连接网线   图 5.1.2.35   连接音箱

4．连接主机

取出电源线，将机箱电源线与机箱电源接口相连接，将电源线的另一端插入外部电源，如图 5.1.2.36 所示。

三、电脑组装后点击检测

组装完成之后可以启动电脑，检查是否可以正常运行。按下电源开机键可以看到电源灯一直亮着，硬盘灯不停地闪烁。如果电脑可以进行主板、内存、硬盘的检测，则说明电脑安装正常。

图 5.1.2.36   连接主机电源线

5.1.3　常见注意事项

电脑组装是一个细活，安装过程中容易出错，因此需要格外细致。在组装计算机前要注意以下事项：

(1) 检查硬件、工具是否齐全。将准备的硬件、工具检查一遍，看是否齐全。可按照流程对硬件进行有序的排放，并仔细阅读主板及相关部件说明书，看是否有特殊说明。另外，硬件一定要放在平整、安全的地方，防止出现硬件划伤，或从高处掉落的现象。

(2) 防止人体所带的静电对电子器件造成损伤。在安装前，应先消除身上的静电，可用流动的自来水洗手，或用手摸一摸自来水等接地设备；如果有条件，可以带防静电手套或防静电环。

(3) 防止液体侵入电路。将水杯、饮料等装有液体的器皿从工作台移开，以免液体进入主板，造成短路，尤其在夏天工作时，要防止汗水滴落。另外，工作环境一定要保持干燥、通风，不可在潮湿的地方进行组装。

(4) 对各个部件要轻拿轻放，不要碰撞，尤其是硬盘。

(5) 安装主板一定要稳固，同时要防止主板变形，不然会对主板的电子线路造成损伤。

5.2　笔记本电脑的组装

5.2.1　组装前的准备

一款笔记本最主要框架部分的产品为基座、液晶显示屏、主板等，其他的硬件像CPU、硬盘、光驱等就需要用户自己来选购并且安装了。当然，如果对显示屏、主板不满意的话也是可以更换的。目前华硕、微星、精英等厂商都已经发布了多款这样的产品。接下来就是为它选择合适的处理器、硬盘、Mini PCI WLAN 无线网卡和内存。至于要如何选择就完全看用户自己的电脑配置的需求了。

5.2.2　组装流程

(1) 准备好材料，热管散热器、处理器和 CPU 风扇，首先将笔记本反置，找好合适的螺丝刀，使用螺丝刀将 CPU 部分的挡板卸下来。

(2) 卸下挡板就可以看到 CPU 插槽了，上侧和左侧凹下去的部分是安装热管散热器和风扇的位置。安装 CPU，把 CPU 上的针脚缺口与插座上的缺口对准插下即可。

(3) 安装热管散热器。热管散热器同时为 CPU 和显卡提供散热，笔记本的散热结构比较简单。将热管散热器对准 CPU，先不着急把螺丝固定住，把热管散热片与显示核心散热的部分也对好之后再进行固定。

(4) 安装风扇。先把风扇电源与主板上的电源接口连接好，接着将风扇放进凹槽，将三颗螺丝旋紧，这样风扇也就可以固定好了。

（5）内存安装。笔记本提供了两个内存插槽，将内存以大约 40°的角度斜插入内存插槽，然后小心地往里向下轻轻一按就可以了。

（6）无线网卡安装。安装的方法与安装内存的方法基本上差不多，先把网卡与插槽对好，再轻轻地往里向下按，接着再将 Mini PCI 无线网卡上的天线装好。

（7）硬盘和光驱安装。硬盘比较简单，先将硬盘与保护盒结合在一起，接着再将硬盘四周的四个螺丝固定好，硬盘也就安装完成了。光驱的话只需轻轻往光驱仓里面一插就可以了。

1．CPU、热管散热器和风扇的安装

安装时，首先将笔记本反置，找好合适的螺丝刀，使用螺丝刀将 CPU 部分的挡板卸下来，如图 5.2.2.1 所示。卸下挡板后，就可以看到笔记本内部结构，如图 5.2.2.2 所示，中间是 CPU 插槽，CPU 上侧和左侧凹下去的部分是安装热管散热器和风扇的位置。而 CPU 的右侧和下侧则分别是 Mini PCI 无线网卡和内存的空间。

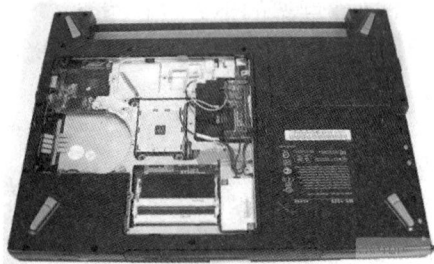

| 图 5.2.2.1　打开挡板 | 图 5.2.2.2　笔记本内部结构 |

接下来开始安装 CPU，首先将 CPU 插座右侧的拉杆拉起上推到垂直位置，取出 CPU，把 CPU 的针脚缺口与插座上的缺口对准就可以将 CPU 安装好了。再将右侧的杠杆放回原位，CPU 就安全地安装在 CPU 插座上了，如图 5.2.2.3 所示。

(a) 观察 CPU 和接口防呆位置　　　　　(b) 安装 CPU

图 5.2.2.3　安装笔记本 CPU

CPU 安装好之后，接下来安装散热器和风扇。热管散热器同时为 CPU 和显卡提供散热。将热管散热器对准 CPU，将热管散热片与显示核心散热的部分也对齐之后，再固定四颗螺丝，如图 5.2.2.4 所示。

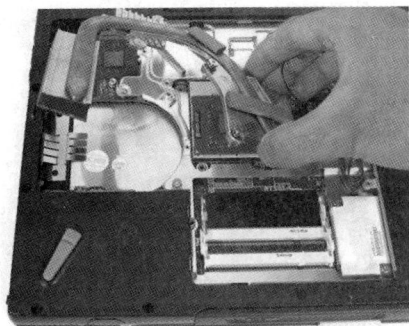

(a) 将热管散热器与 CPU 对齐　　　　　　(b) 用螺丝固定热管散热器

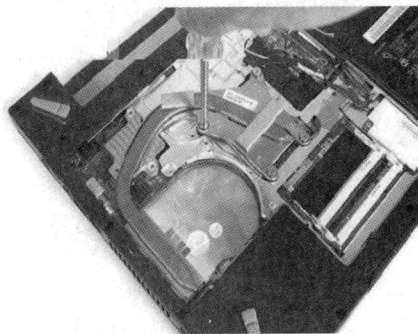

图 5.2.2.4　安装热管散热器

安装风扇时，先把风扇电源与主板上的电源接口连接好，接着将风扇放进凹槽，将三颗螺丝旋紧，风扇就固定好了，如图 5.2.2.5 所示。

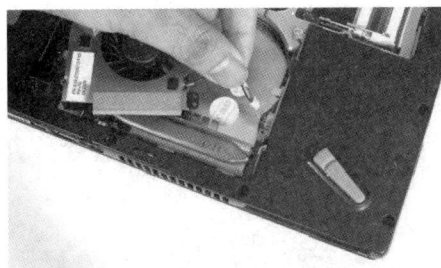

(a) 连接 CPU 风扇导线　　　　　　(b) 固定 CPU 风扇

图 5.2.2.5　安装 CPU 风扇

2．安装内存和无线网卡

笔记本一般提供了两个内存插槽，支持 DDR 333/DDR 400 S0-DIMM 内存，首先将内存以大约 40 度的角度斜插入内存插槽，然后小心地向里轻轻一按，内存就安静地进入合适的位置了。使用相同的方法将第二块也安装好，如图 5.2.2.6 所示。

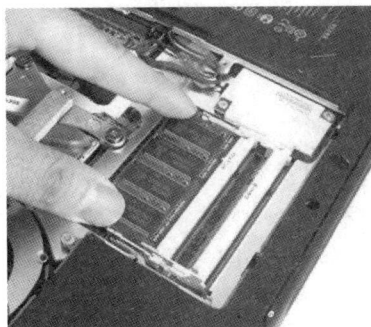

(a) 观察内存防呆口位置　　　　　　(b) 安装内存

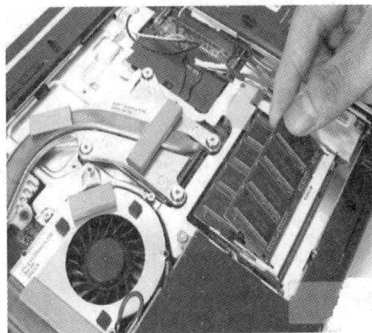

图 5.2.2.6　安装内存

无线网卡的安装方法与安装内存的方法基本差不多，先把网卡与插槽对好，然后再轻轻地往里面按进去就可以了。接着再将 Mini 无线网卡上的天线装好，如图 5.2.2.7 所示。

(a) 观察无线网卡导线和接口位置　　　　　(b) 安装无线网卡导线

图 5.2.2.7　安装无线网卡

3. 安装硬盘

首先，将硬盘与保护盒放在一起，将硬盘的数据接口与笔记本主板上的硬盘接口对接好，再将硬盘放入硬盘仓。接着将硬盘四周的四个螺丝固定好，硬盘就装好了，如图 5.2.2.8 所示。

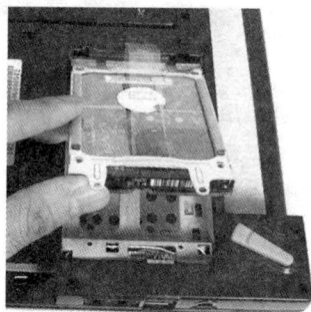 

(a) 插入硬盘　　　　　　　　　　　(b) 用螺丝固定

图 5.2.2.8　安装硬盘

4. 安装电源

安装电源时，先将电池仓两侧的锁扣松下，然后拿好电池，对准接口轻轻地推进去，如图 5.2.2.9 所示。

最后将挡板装起，整个笔记的组装就已经完成了，如图 5.2.2.10 所示。

5. 通电检测

组装完成之后可以启动电脑，检查是否可以正常运行，按下电源开机键可以到看到电源灯一直亮着，硬盘灯不停地闪烁。如果电脑可以进行主板、内存、硬盘的检测，则说明电脑安装正常。

图 5.2.2.9　安装电源

图 5.2.2.10　安装完成

5.2.3　常见注意事项

　　组装笔记本之前和组装台式机一样，要准备好工具，防止静电，并注意液体不要洒在笔记本硬件上。和台式机相比，组装笔记本更是一个精细的活，安装过程中容易出错，因此需要格外细致，注意不要损坏硬件。

5.3　实训项目：台式计算机的组装

5.3.1　项目背景

　　装饰设计公司所购买的计算机已经到货，并对各品牌机、兼容机验货，各款计算机都满足要求。其中一台作为验货的兼容机已经全部拆开，作为计算机公司的技术人员，能否利用所学的知识和技能，将这台兼容机组装起来？

5.3.2　实施过程

　　(1) 安装电源。在工作台上平放机箱，安装电源，电源上的螺丝一定要安装好，拧紧，不然不够牢固，如图 5.3.2.1 所示。

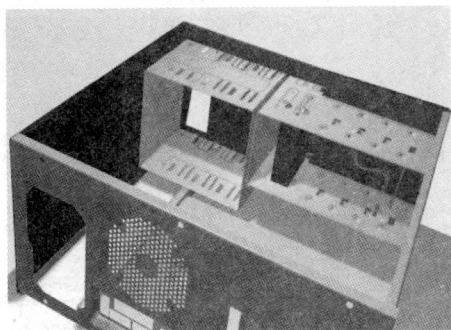

(a) 观察电源安装位置

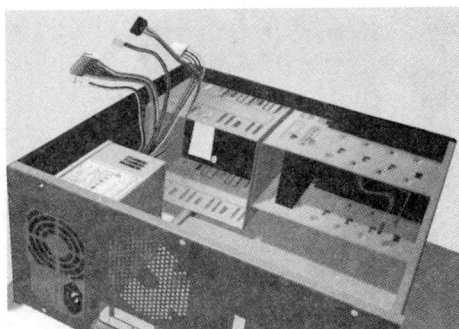

(b) 安装电源

图 5.3.2.1　安装电源

（2）安装内存。内存的安装很容易，对准内存与内存插槽上的凹凸位，分别左/右用力，听到"啪"的一小声，左/右卡位会自动扣上，然后再用同样方法压好另一边即可，如图 5.3.2.2 所示。

图 5.3.2.2　安装内存

（3）安装 CPU。CPU 要平稳放下，然后盖上铁盖，用力压下铁杆到位，CPU 就安装完成，然后在 CPU 上均匀涂抹 CPU 导热硅脂，如图 5.3.2.3 所示。

(a) 观察 CPU 接口　　　　　　　　　　(b) 安装 CPU 并涂抹导热硅脂

图 5.3.2.3　安装 CPU

（4）安装散热器。首先将风扇的脚往外掰，对准四个孔，用力按下去。不要忘记安装 CPU 风扇的电源，找到主板上写了 CPU_FAN 的插孔，将风扇的电源线插好，如图 5.3.2.4 所示。

(a) 固定风扇螺丝　　　　　　　　　　(b) 连接风扇电源

图 5.3.2.4　安装 CPU 风扇

(5) 安装主板。将主板平稳地放入机箱,用螺丝刀把螺丝按预留的螺丝孔将主板固定好就可以了,如图 5.3.2.5 所示。

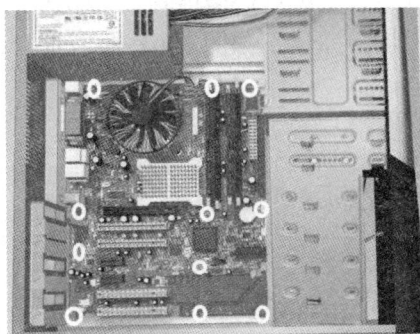

(a) 观察主板固定螺丝位置　　　　　　　　　(b) 安装固定螺丝

图 5.3.2.5　安装主板

(6) 安装有线网卡、无线网卡和显卡。安装有线和无线网卡时,把机箱挡板拆下,对准 PCI-E 插槽插上,然后上螺丝即可,如图 5.3.2.6 所示。现在独立显卡不是必须安装的,CPU 或主板都集成了显卡,满足基本要求是没问题的。如果主板有多条 PCI-E X16 插槽(最长的那种),优先接到靠近 CPU 端的那条,这样可以保证显卡全速运行。

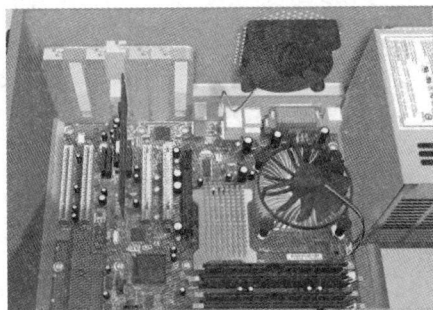

(a) 安装有线网卡　　　　　　　　　(b) 安装显卡和无线网卡

图 5.3.2.6　安装有线网卡、无线网卡和显卡

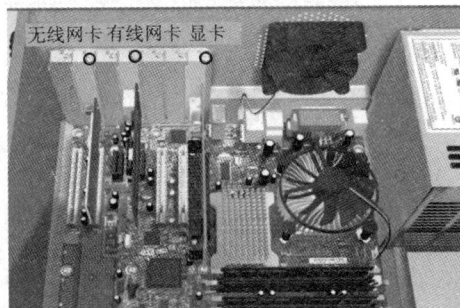

(7) 安装硬盘和光驱。硬盘可以选择舱位来安装,一般原则是靠中间,以保证更多空间散热,上四个螺丝,如图 5.3.2.7 所示。

光驱安装与硬盘类似,如图 5.3.2.8 所示。

图 5.3.2.7　安装硬盘　　　　　　　　　图 5.3.2.8　安装光驱

(8) 连接各种线缆。机箱内部连线包含电源线和数据线，如图 5.3.2.9 所示，其中电源线包含给 CPU、主板、硬盘、光驱和软驱供电的连线。找到主板上对应的接口，将以上各种线缆连好。数据线包含硬盘、光驱和软驱的数据线，数据线的一端连在主板的正确接口上，另一端分别连接硬盘、光驱和软驱设备。线缆连接完毕，如图 5.3.2.10 所示。

图 5.3.2.9　机箱内部线缆图

图 5.3.2.10　机箱内部线缆连接图

(9) 盖上机箱盖，上好螺丝，安装外部设备。外部设备主要包含机箱电源、键盘和鼠标、显示器、USB 接口、有线和无线网卡等，如图 5.3.2.11 所示。

(10) 组装已经全部完成，如图 5.3.2.12 所示，开机检测。

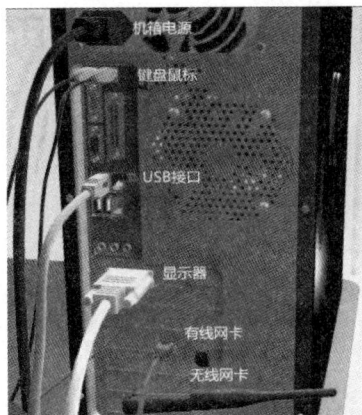

图 5.3.2.11　主机背面接口及连线图　　　图 5.3.2.12　台式机组装完成

5.4　实训项目：笔记本电脑的组装和拆卸

5.4.1　项目背景

　　一台笔记本电脑，由于购买时间久了，电源和无线网卡等硬件出了问题，内存和硬盘的容量也不够用了。为了节约成本，准备购买相关硬件，并且自己完成笔记本电脑的组装。

5.4.2　实施过程

(1) 更换内存。

将内存的挡板用螺丝刀卸下，安装新的内存，如图 5.4.2.1 所示。

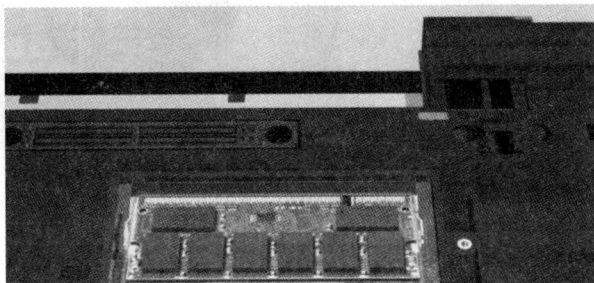

图 5.4.2.1　更换内存

(2) 更换硬盘。

笔记本电脑所使用的硬盘是 2.5 英寸，而台式机为 3.5 英寸，价格上也比台式机高一些。由于应用程序越来越庞大，硬盘容量也有愈来愈高的趋势，因此在选购机器时，硬盘的容量应有一个扩展的考虑。硬盘是笔记本电脑最脆弱、最易坏的部件，平时使用中要格外注意防震防摔，多做备份。安装硬盘时，将硬盘与保护盒放在一起，再将硬盘放入硬盘仓，如图 5.4.2.2 所示。

图 5.4.2.2　更换硬盘

(3) 更换无线网卡。

笔记本电脑有专用的 PCMCIA 接口的无线网卡。找到笔记本上无线网卡位置，如图 5.4.2.3 所示，轻轻按下红色按钮，把原来的无线网卡取出来，再把新的无线网卡轻轻地推进去。

(a) 取下无线网卡　　　　　　　　　　　(b) 安装新的无线网卡

图 5.4.2.3　更换无线网卡

(4) 更换电源。

笔记本电源是笔记本主板的部分之一，主要负责将 19 V 外接"适配器"的电压转换成各系统芯片所需的工作电压。电源对系统芯片的供电分配则是由电源管理芯片来完成。安装电源时，先将电池仓两侧的锁扣松下，然后拿好电池，对准接口轻轻地推进去，如图 5.4.2.4 所示。

图 5.4.2.4　更换电源

5.5　本 章 习 题

1. 列举出台式计算机和笔记本计算机的主要硬件组成。
2. 指导学弟和学妹组装一台台式计算机。

第6章 操作系统基础

如果把计算机的 CPU、内存、主板、硬盘、显卡、显示器这些硬件部件比作人类的身体组织，那么计算机的软件系统就是人类的思想。在计算机的软件系统中最重要的就是操作系统。操作系统(Operating System，OS)是计算机系统的重要组成部分，负责管理计算机系统的硬、软件资源，调度整个计算机的工作流程，协调硬、软件部件之间、系统与用户之间、用户与用户之间的关系。日常人们对计算机的操作本质都是借助操作系统之"手"来操作计算机的硬件。本章内容包括操作系统的组成、分类、功能以及 Windows 和 Linux 操作系统的介绍和安装等。

爱 国 精 神

中国早在 20 世纪 60 年代中期就开始了操作系统的研发，最开始主要是在工控领域。中国最早的操作系统"150 机"，目的是改善石油勘探数据计算，提高打井出油率。

1999 年，科索沃战争爆发，中国驻南联盟大使馆遭遇轰炸，引起了中国人民的强烈抗议。与此同时，以美国为首的北约军队让黑客直接切断了南盟通信系统，让人们看到了一场信息战的威力，也对微软垄断局面感到担忧。

1999 年 4 月 8 日，中国第一款基于 Linux/Fedora 的国产操作系统 Xteam Linux 1.0 发布，开启了操作系统国产化之路，系统发行售价 48 元，受到了市场的广泛关注。Xteam Linux 1.0 发布后的三个月，一个名不见经传的"蓝点(BluePoint)Linux 中文版(预览版)"出现在一个名为 OpenUnix 的网络工作室的专业技术站点上。短短半个月时间，这个版本就在业内和 Linux 爱好者中引起强烈震动，来自天南地北的 Linux 爱好者们纷纷自发进行测试，报告 Bug，互相宣传和帮助使用。由于没有形成应用生态，Xteam Linux 系统于 2003 年 5-pre 版本后宣布停更，目前公司已经退出操作系统领域。蓝点在资本市场仅仅运营两年后，系统便停更了，并从美国市场黯然退出。2013 年，中科红旗宣布团队解散。

在桌面操作系统上，发达国家先入为主，在市场中建立了一个完备的生态系统，让我国的操作系统发展得较为艰难。但伴随着智能手机的诞生与普及，又给国产操作系统带来了新的机会。2012 年，任正非表示："我们现在做终端操作系统是出于战略的考虑，如果他们突然断了我们的粮食，Android(安卓)系统不给我用了，Windows Phone 8(微软)系统也不给我用了，我们是不是就傻了？"华为在 2019 年 8 月 9 日于东莞举行华为开发者大会(HDC.2019)上正式发布了鸿蒙操作系统。2021 年 10 月，华为宣布搭载鸿蒙设备破 1.5 亿台。这一成果体现了党的二十大报告所提出的"加快实施创新驱动发展战略。坚持面向世界科技前沿、面向经济主战场、面向国家重大需求、面向人民生命健康，加快实现高水平科技自立自强。以国家战略需求为导向，集聚力量进行原创性引领性科技攻关，坚决打赢关键核心技术攻坚战。加快实施一批具有战略性全局性前瞻性的国家重大科技项目，增强自主创新能力"。

操作系统涉及国家的安全。国产操作系统的普及还有很长的路需要走，不仅需要技术上前仆后继的钻研，也需要广泛的支持。如果有一天，你用上了我们国家自己研发的操作系统，请千万多一点耐心，给它一点成长的机会。

6.1 操作系统简介

操作系统是管理和控制计算机硬件与软件资源的计算机程序，是直接运行在"裸机"上的最基本的系统软件，任何其他软件都必须在操作系统的支持下才能运行。

最初的计算机并没有操作系统，人们通过各种操作按钮来控制计算机。后来出现了汇编语言，操作人员通过有孔的纸带将程序输入电脑进行编译，这些将语言内置的电脑只能由操作人员自己编写程序来运行，这种方式不利于设备、程序的共用，设备利用率极低。为了解决这类问题，20 世纪 70 年代中期开始出现了操作系统，通过操作系统来实现程序的共用以及对计算机硬件资源的管理。

对于程序开发人员来说，有了操作系统，在开发各种程序时，就无须考虑计算机硬件设备是什么样子的，只要针对操作系统编写代码就可以了，这样程序员开发出来的程序，可以在任何计算机上运行。如果程序开发者不是在操作系统基础上开发，而是直接针对硬件编程，那么硬件设备不同，程序代码就不同，程序就不可通用，而全世界硬件设备有成千上万种，对不同的硬件都要单独开发程序，这显然是不可行的。

应用程序的开发人员针对操作系统编程，使用的是通用的操作指令。操作系统接收到这些通用的指令之后，还需要将这些指令翻译成不同设备的专用指令，才能被硬件设备识别。这种将操作系统所发出的通用指令翻译成设备所识别的专用指令的程序，叫做"驱动程序"。操作系统与硬件之间的关系如图 6.1.1 所示。

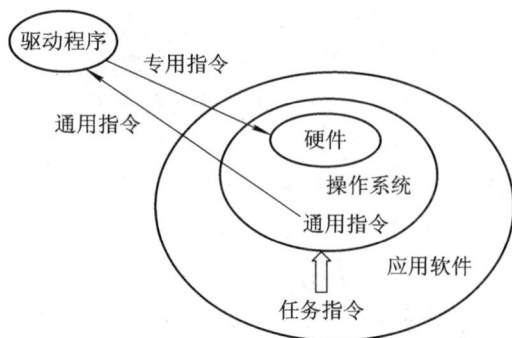

图 6.1.1 操作系统与硬件之间的关系

6.1.1 操作系统的功能

操作系统是用户和计算机的接口，同时也是计算机硬件和其他软件的接口。操作系统所处位置如图6.1.1.1 所示。操作系统需要管理计算机系统的硬件、软件及数据资源；控制程序运行，为其他应用软件提供支持；让计算机系统所有资源最大限度地发挥作用；提供各种形式的用户界面，使用户有一个好的工作环境；为其他软件的开发提供必要的服务和相应的接口等。操作系统管理着计算机硬件资源，同时按照应用程序的资源请求分配资源，如划分 CPU 时间，开辟内存空间，调用打印机等。总结起来，操作系统主要包含以下 5 个核心功能：

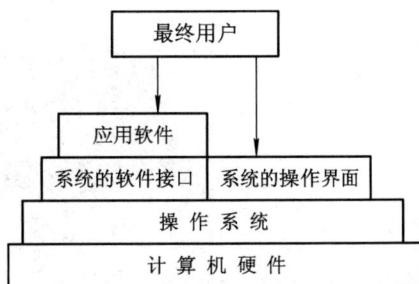

图 6.1.1.1　操作系统所处位置示意图

(1) 处理器管理。处理器管理最基本的功能是处理中断事件。处理器只能发现中断事件并产生中断而不能进行处理。配置了操作系统后，就可以对各种事件进行处理。处理器管理的另一功能是处理器调度。处理器可能是一个，也可能是多个，不同类型的操作系统将针对不同情况采取不同的调度策略。

(2) 存储器管理。存储器管理主要是指针对内存储器的管理。主要任务是：分配内存空间，保证各作业占用的存储空间不发生矛盾，并使各作业在自己所属存储区中不互相干扰。

(3) 设备管理。设备管理是指负责管理各类外部设备(简称外设)，包括分配、启动和故障处理等。主要任务是：当用户使用外部设备时，必须提出要求，待操作系统进行统一分配后方可使用。当用户的程序运行到要使用某外设时，由操作系统负责驱动外设。操作系统还具有处理外设中断请求的能力。

(4) 文件管理。文件管理是指操作系统对信息资源的管理。在操作系统中，将负责存取的管理信息的部分称为文件系统。文件是在逻辑上具有完整意义的一组相关信息的有序集合，每个文件都有一个文件名。文件管理支持文件的存储、检索和修改等操作以及文件的保护功能。操作系统一般都提供功能较强的文件系统，有的还提供数据库系统来实现信息的管理工作。

(5) 作业管理。每个用户请求计算机系统完成的一个独立的操作称为作业。作业管理包括作业的输入和输出，作业的调度与控制(根据用户的需要控制作业运行的步骤)。

6.1.2 操作系统的分类

按照操作系统的应用领域划分，操作系统主要有以下三类。

1. 桌面操作系统

桌面操作系统主要用于个人计算机上，一般都是图形化界面，为普通用户提供美观、便捷、实用的功能。个人计算机操作系统从软件架构上可主要分为两大类，分别为类 Unix 操作系统和 Windows 操作系统。

(1) 类 Unix 操作系统：常见的用于个人计算机的类 Unix 操作系统有苹果公司的 Mac OS X(如图 6.1.2.1 所示)，Linux 的各种桌面系统，如 Debian、Ubuntu(如图 6.1.2.2 所示)、Linux Mint、openSUSE、Fedora、Chrome OS 等。

图 6.1.2.1　Mac OS X 系统桌面

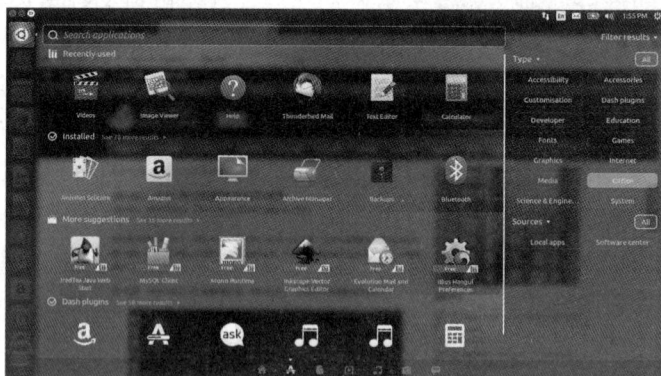

图 6.1.2.2　Ubuntu 系统桌面

(2) 微软公司 Windows 系列操作系统：如 Windows XP、Windows Vista、Windows 7、Windows 8、Windows 10、Windows 11(如图 6.1.2.3 所示)等。

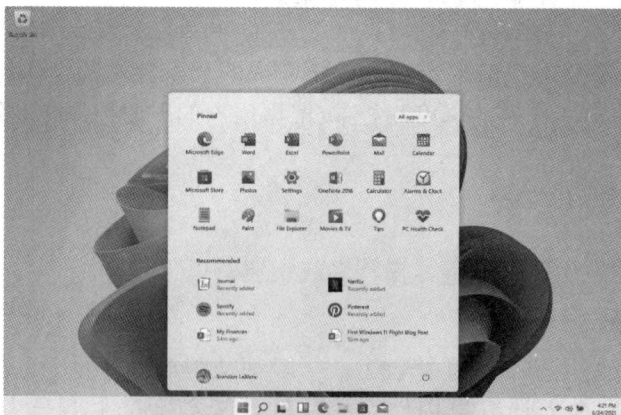

图 6.1.2.3　Windows 11 系统桌面

2．服务器操作系统

服务器操作系统一般指的是安装在服务器上的操作系统，比如 Web 服务器、应用程序服务器、云计算大数据服务器、数据库服务器等，相比于个人计算机操作系统，服务器操作系统提供了更为强大的高并发、高性能、高稳定性、高安全性等特征。常见的服务器操作系统主要有三大类：

(1) UNIX 系列：Oracle Solaris、IBM AIX、HP UX、FreeBSD、OS X Server 等。

(2) Linux 系列：Red Hat Linux、CentOS、Ubuntu Server 等。

(3) Windows 系列：Windows Server 2003、Windows Server 2008、Windows Server 2012、Windows Server 2016、Windows Server 2022 等。

3．嵌入式操作系统

嵌入式操作系统是应用于嵌入式系统的操作系统。嵌入式系统是一个广义概念，泛指应用在生活的各个方面的智能设备，如数码相机、智能手机、平板电脑、智能家居、医疗设备、智能交通设备、航空航天设备、工厂控制设备，等等。例如，在嵌入式领域常用的操作系统有嵌入式 Linux、Windows Embedded、VxWorks 等，以及广泛使用在智能手机或平板电脑等消费电子产品中的操作系统，如 Android、iOS、HarmonyOS(华为鸿蒙)、Symbian、Windows Phone、BlackBerry OS 等。

6.2　Windows 操作系统

6.2.1　Windows 操作系统简介

Windows 操作系统是美国微软公司开发的系列图形化操作系统，应用于不同类型的计算机。Windows 操作系统分为面向个人计算机的个人版、面向企业服务器的企业版、面向嵌入式设备的移动版等。目前企业版最高版本为 Windows Server 2022，个人版最高版本为 Windows 11。因其个人版操作系统对软件和硬件的兼容性强，简单易学、操作便捷，所以在个人计算机操作系统市场中长期处于霸主地位，成为事实上的技术标准(截至 2021 年年底，Windows 在个人计算机操作系统市场中占有率为 87.59%)。

事实上，一开始 Windows 并不是一个操作系统，只是微软为 IBM 开发的 MS-DOS 系统下的一个应用程序。Windows 的灵感来自另外一个家公司：施乐。美国施乐公司(Xerox)旗下的施乐帕克研究中心(Xerox PARC)当时搜罗了一批美国最优秀的计算机科学家，这些人不需要考虑经费、任务，只需要做自己想做的研究即可。图形化用户界面系统(GUI)就是在这样的环境中诞生的，这里定义了整个现代 GUI 模型：桌面、窗口化、顶部、菜单、图表化、指针、点击、下一步应该在左边还是右边，等等。Xerox 于 1981 年宣布推出世界上第一个使用商用图形化界面操作系统的计算机：Star 8010 工作站。但由于技术比较单薄，大众认可度不高，当时并未获得广泛的应用。

苹果公司(Apple)和微软公司(Microsoft)在参观了 Xerox 研发的 GUI 系统后，意识到图形化用户界面将是未来操作系统的发展趋势，都开始着力研发自己的 GUI 系统。1985

年，Apple 正式发布了使用自己 GUI 系统的"Macintosh 电脑"。同年，微软宣布了自己的第一个 GUI 系统 Windows 1.0，如图 6.2.1.1 所示。Apple 公司在开发系统时考虑到市场竞争机制，开发的 GUI 系统只可以在自己的计算机"Mac 电脑"上运行。当时基于 Intel X86 微处理器芯片的 IBM 兼容计算机已研发出来，微软看到了兼容计算机的巨大市场潜力，研发的 Windows 系统兼容 Intel X86 架构计算机，这为后来 Windows 的巨大成功埋下了伏笔。

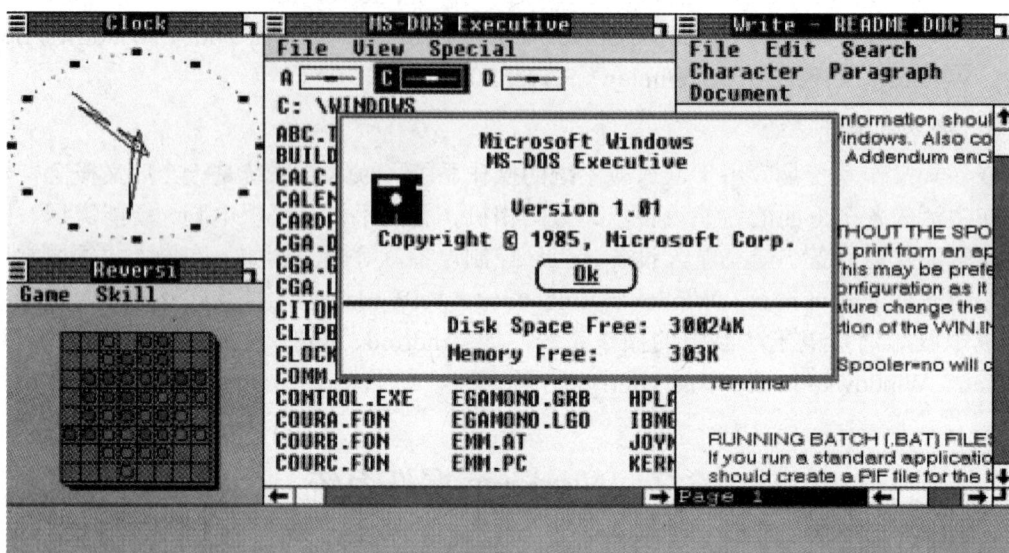

图 6.2.1.1　Windows 1.0 系统界面

Windows 操作系统采用了图形化操作界面，人们主要通过鼠标来使用计算机，比起从前操作系统主要通过输入指令的使用方式更为人性化，也大大降低了普通人学习计算机的成本和门槛。随着硬件和软件的不断升级，微软的 Windows 操作系统也在不断升级，架构上从 16 位、32 位再到 64 位，系统版本从最初的 Windows 1.0 到人们熟知的 Windows 95、Windows 98、Windows ME、Windows 2000、Windows 2003、Windows XP、Windows Vista、Windows 7、Windows 8、Windows 10、Windows 11 和 Windows Server 2022 服务器企业级操作系统，不断持续更新，功能上日趋完善。Windows 历史版本如表 6.2.1.1 所示。

表 6.2.1.1　Windows 历史版本

版　　本	版本号	开发代号	发布日期
Windows 1.0	1.0	Interface Manager	1985-11-20
Windows 2.0	2.0	无	1987-11-1
Windows 3.0	3.0	无	1990-5-22
Windows 3.1	3.1	Janus	1992-3-18
Windows NT 3.1	NT 3.1	NTOS/2	1993-7-27
Windows 95	4.0	Chicago	1995-8-24

续表

版　本	版本号	开发代号	发布日期
Windows 98	4.1	Memphis	1998-6-25
Windows 2000	NT 5.0	Windows NT 5.0	2000-2-17
Windows ME	4.9	Millennium	2000-9-14
Windows XP	NT 5.1(32 位) NT 5.2(64 位)	Whistler	2001-10-25
Windows Server 2003	NT 5.2	Whistler Server	2003-4-24
Windows Vista	NT 6.0	Longhorn	2005-7-27
Windows Home Server	NT 5.2	Quattro	2007-1-7
Windows Server 2008	NT 6.0	Longhorn Server	2008-2-27
Windows 7	NT 6.1	Windows 7	2009-10-22
Windows Home Server 2011	NT 6.1	Vail	2011-4-5
Windows Thin PC	NT 6.1	无	2011-7-11
Windows 8	NT 6.2	Windows 8	2012-10-25
Windows Server 2012	NT 6.2	Windows Server 8	2012-9-4
Windows 10	NT 10.0	Windows Threshold	2015-7-29
Windows 11	NT 10.0	Sun Valley	2021-6-24
Windows Server 2022	—	—	2021-11-5

6.2.2　使用虚拟机软件

在很多情况下，人们可能需要同时使用多个操作系统，比如要测试一个新开发的网站是否兼容 Windows 系统和 Linux 系统，在这种需求下可以选择在一台计算机上安装多系统，但是多系统配置烦琐，可能会带来一些启动故障，有时某些系统会出现对计算机现有硬件不支持的情况。最好的解决办法就是通过虚拟机软件，在一台物理计算机上模拟出一台或多台虚拟的计算机。虚拟机指通过虚拟机软件模拟的具有完整硬件系统功能的、运行在一个完全隔离环境中的完整计算机系统。这些虚拟机完全就像真正的计算机那样进行工作，可以安装操作系统、安装应用程序、访问网络资源等。对于用户而言，虚拟机只是运行在物理计算机上的一个应用程序，但是对于在虚拟机中运行的应用程序而言，它就是一台真正的计算机。例如，当人们在虚拟机中对某个软件评测时，这个软件可能导致系统崩溃，但是崩溃的只是虚拟机上的操作系统，而不是物理计算机上的操作系统，并且，使用虚拟机的恢复镜像功能，可以马上将虚拟机恢复到安装软件之前的状态。

市面上流行的虚拟机软件产品有 VMware 公司的 VMware Workstation、Oracle 公司的

Virtual Box 和微软公司的 Virtual PC。这三款软件中，VMware Workstation 是收费软件，但是功能最为强大，支持的操作系统最全，市场占有率最高。Virtual Box 是免费开源软件，在企业中有大量应用。Virtual PC 也是收费软件，支持的操作系统较少，仅在微软 Windows 系统的教学场景中有少量应用。本节使用 VMware Workstation 进行演示，使用 VMware Workstation，可以同时运行 Linux 各种发行版、OS X、Windows 各种版本、UNIX 各种版本等。只要宿主机配置足够强大，可以在同一台计算机上同时安装运行多个 Linux 发行版、多个 Windows 版本。对于计算机的学习者而言，如果需要在一台个人计算机上模拟网络的多个终端，那么使用虚拟机是最好的解决方案。

虚拟机有以下几个重要概念：

(1) VM(Virtual Machine)：虚拟机，指由虚拟机软件模拟出来的一台虚拟的计算机，在逻辑上是一台独立计算机。

(2) Host：指物理存在的计算机，也称宿主计算机，指安装了虚拟机软件的计算机。Host OS 指宿主机上运行的操作系统。

(3) Guest：客户机，指运行在 VM 上的虚拟计算机。例如，在一台安装了 Windows 8 的计算机上安装了 VMware，通过 VMware 配置了一台虚拟机，在里面安装 Linux 系统 Centos 7，那么，Host 指的是这台 Windows 8 计算机，其 Host OS 为 Centos 8。如果 VMware 上运行的是 Centos 8，那么 Guest OS 为 Centos 8。

综上所述，虚拟机的主要特点如下：

(1) 可同时在同一台 PC 上运行多个操作系统，每个 OS 都有自己独立的一个虚拟机，就如同网络上一个独立的 PC。如果想要在自己的计算机上学习 Linux、UNIX、OS X、服务器系统等，最好的办法就是在自己的计算机上通过虚拟机安装这些系统。如果不启动这些系统，那么它们只会占用计算机的一部分硬盘空间，而不会占用其他资源。

(2) 可以同时运行多个虚拟机，相互之间可以进行对话，也可以在全屏方式下进行虚拟机之间对话。虚拟机之间、虚拟机和宿主机之间可以共享硬件、文件、应用、网络等资源。

(3) 在虚拟机上安装同一种操作系统的另一发行版，不需要重新对硬盘进行分区。在虚拟机上做测试时完全不用担心测试软件会把虚拟机系统弄坏，结合快照功能，虚拟机可以随时回滚到以前保存的状态。

(4) 可以运行 C/S 方式的虚拟机客户端应用，把虚拟机放在另外一台计算机上，通过客户端使用远程虚拟机的所有资源。

6.2.3　Windows 系统安装

对于计算机维护人员而言，Windows 系统安装是常见的工作。需要注意的是在实际工作中，考虑到软件兼容性、稳定性等问题，并不是最新的操作系统就一定是最适合用户的。在本节中，将演示在 VMware Workstation 10 里新建一台虚拟机(裸机)，然后为这台虚拟机安装 Windows 7 操作系统。

1. 创建虚拟机

首先，在 VMware Workstation 主页中点击"创建新的虚拟机"，开始新建一台虚拟机。

选择"自定义(高级)",点击"下一步"开始配置虚拟机参数,如图 6.2.3.1 所示。

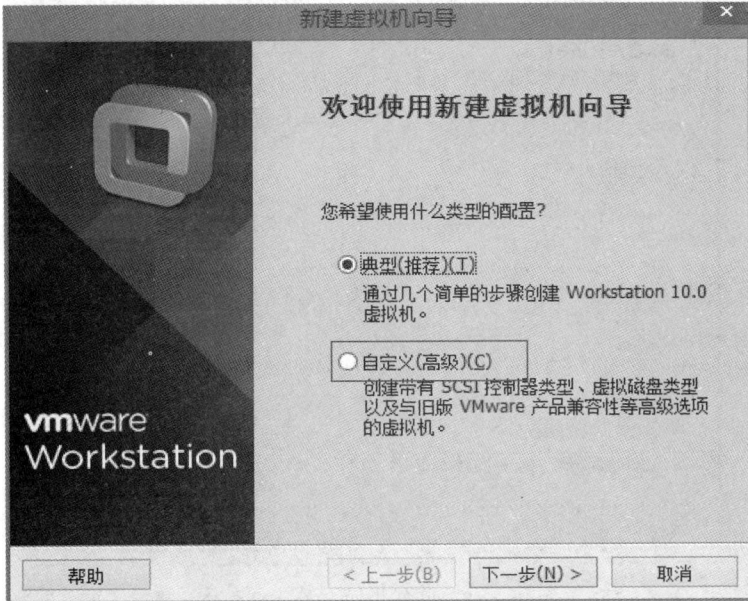

图 6.2.3.1　自定义虚拟机类型

设置虚拟机软件版本兼容性,如无特殊需求,选择默认配置即可,点击"下一步",如图 6.2.3.2 所示。

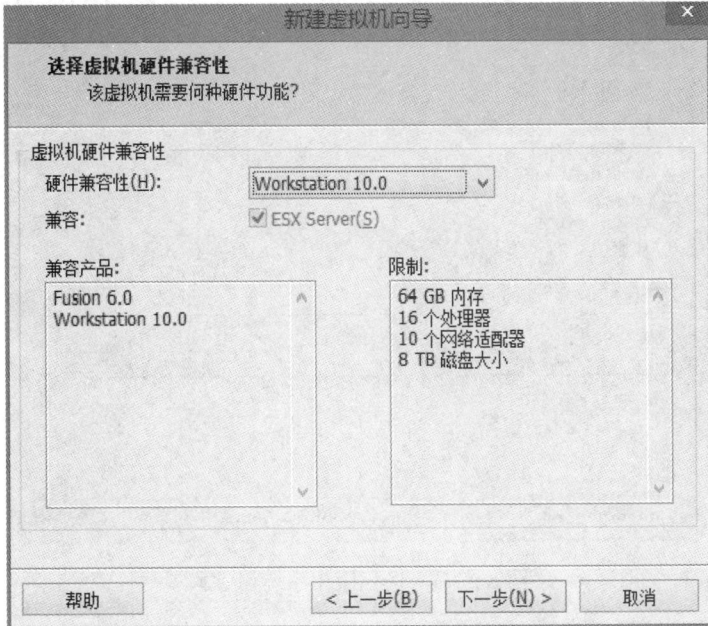

图 6.2.3.2　选择兼容性

选择"稍后安装操作系统"，如图 6.2.3.3 所示，点击"下一步"。

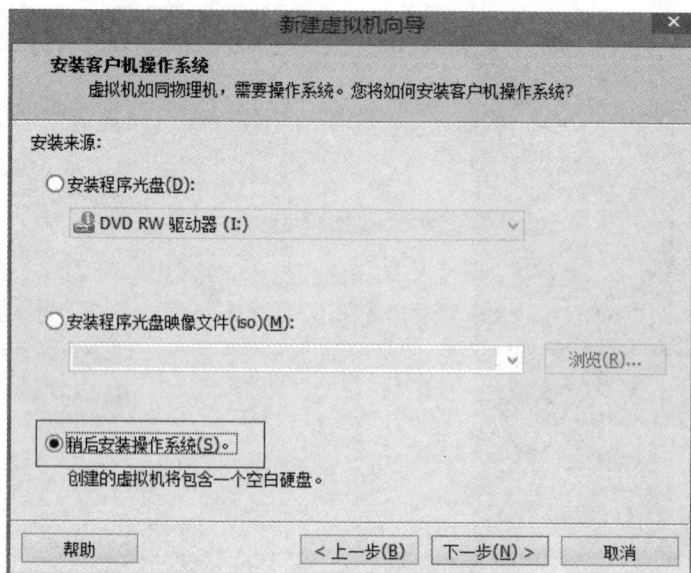

图 6.2.3.3　选择稍后安装操作系统

选择客户机操作系统和版本，选择"Microsoft Windows"和"Windows 7"，如图 6.2.3.4 所示。

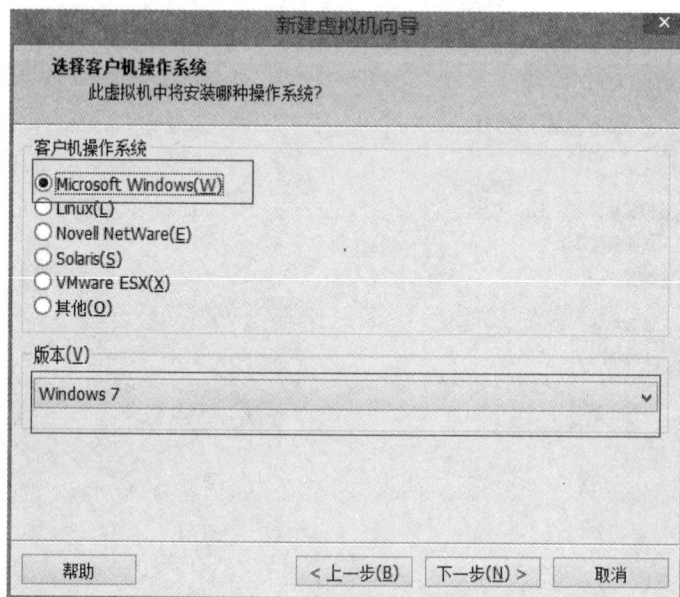

图 6.2.3.4　选择操作系统和版本

输入虚拟机名称，设置存放位置。随着虚拟机的运行，可能占用宿主计算机越来越多的磁盘空间，尽量选择磁盘空闲空间较多的分区(一般不存放在 C 盘)，点击"下一步"，如图 6.2.3.5 所示。

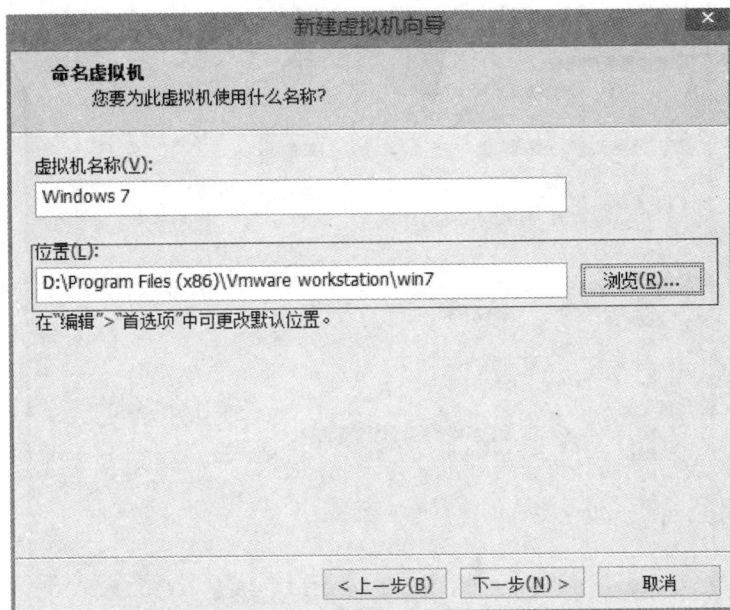

图 6.2.3.5 设置虚拟机名称、存放位置

选择处理器数量、核心数量，一般视宿主计算机配置而定，这里默认不修改，点击"下一步"，如图 6.2.3.6 所示。

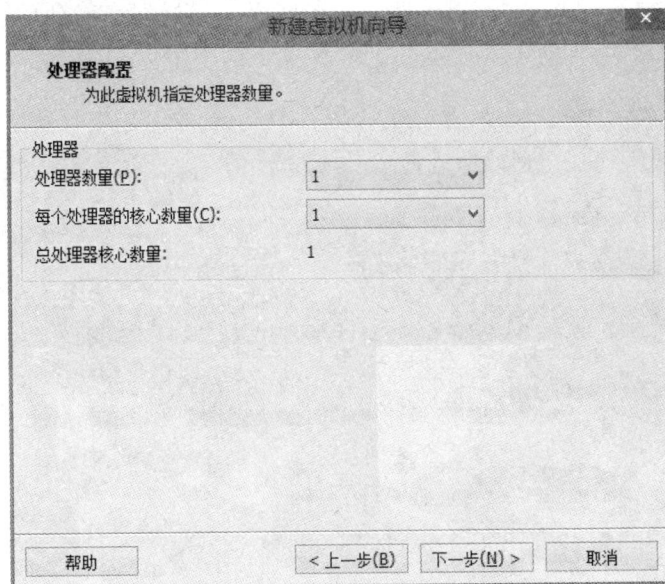

图 6.2.3.6 设置处理器数量

设置虚拟机内存大小，内存大小视宿主计算机配置而定，低于默认内存大小可能会导致虚拟机系统无法正常工作，过高可能会影响宿主计算机性能。Windows 7 系统默认最低

为 1 GB 内存，如图 6.2.3.7 所示。

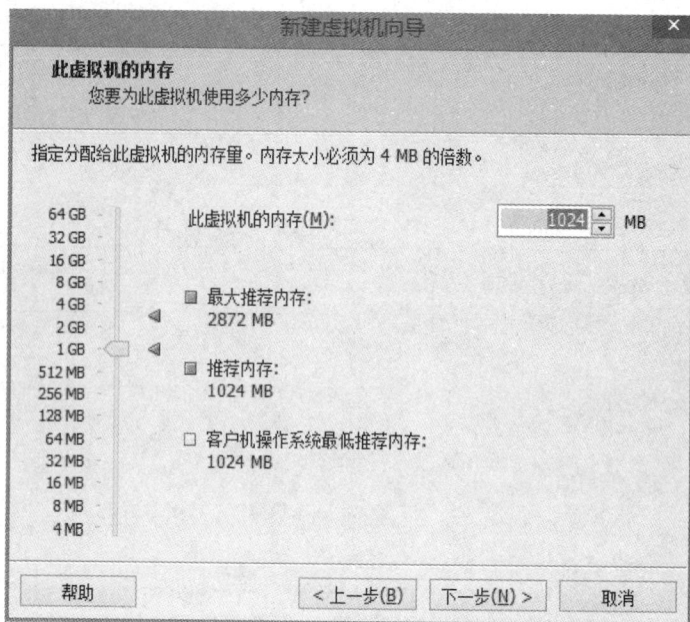

图 6.2.3.7　设置内存大小

设置网络模式。桥接网络是指将虚拟机虚拟网卡桥接到宿主机物理网卡，虚拟机与宿主机处于网络对等地位。NAT 是指 VMware 自动为虚拟机设置一个 IP，然后转换成宿主机 IP，作为宿主机下的一个应用来使用网络。仅主机模式就是在虚拟机之间构造一个局域网，仅限于虚拟机之间互通。这里，设置为"使用桥接网络"，点击"下一步"，如图 6.2.3.8 所示。

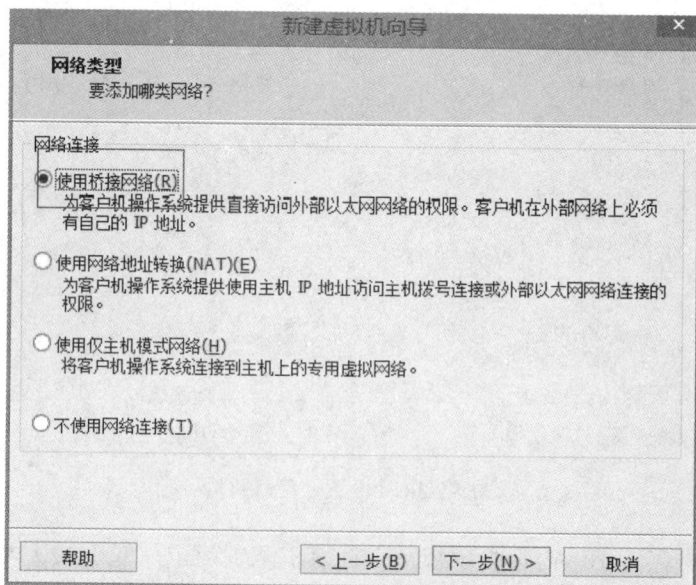

图 6.2.3.8　设置网络模式

选择 I/O 控制器类型，默认不修改，点击"下一步"，如图 6.2.3.9 所示。

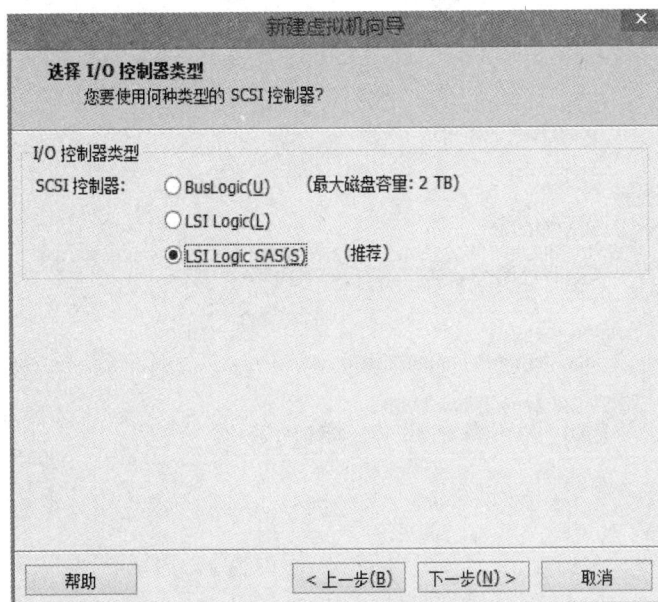

图 6.2.3.9　设置 I/O 控制器类型

选择磁盘类型，默认不修改，点击"下一步"，如图 6.2.3.10 所示。

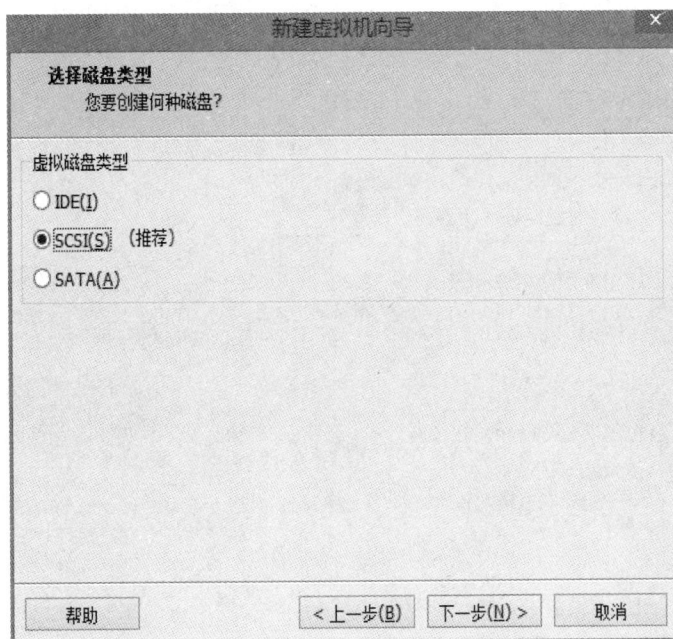

图 6.2.3.10　设置磁盘类型

选择磁盘。如果是新建虚拟机，选择"创建新虚拟磁盘"；如果想使用之前虚拟机的磁盘内容，选择"使用现有虚拟磁盘"；如果想直接使用宿主机的物理磁盘，可以选择"使用物理磁盘"。这里选择"创建新虚拟磁盘"，点击"下一步"，如图 6.2.3.11 所示。

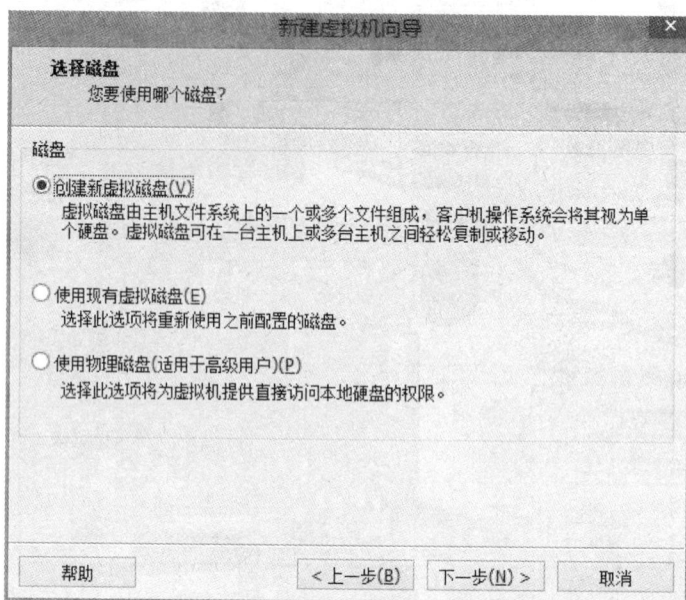

图 6.2.3.11　选择磁盘

设置磁盘大小，这里设置为 50 GB，点击"下一步"，如图 6.2.3.12 所示。

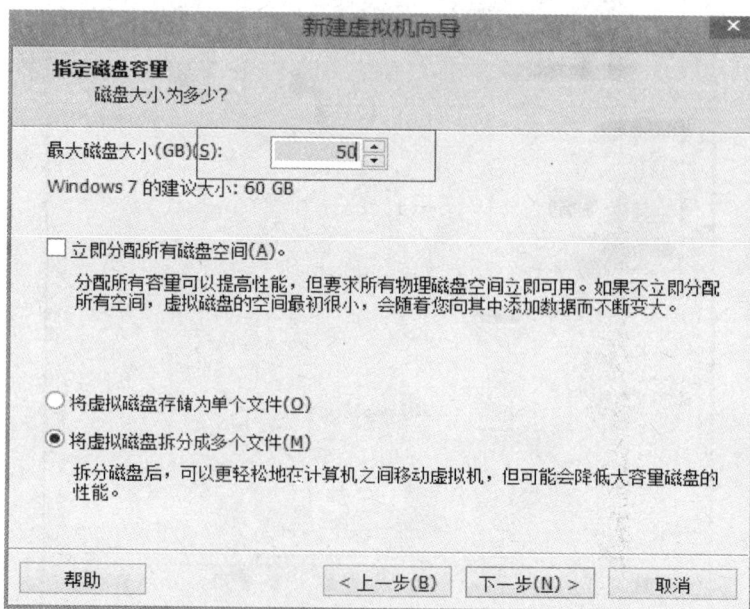

图 6.2.3.12　设置磁盘大小

设置虚拟磁盘名称和位置，点击"下一步"，如图 6.2.3.13 所示。

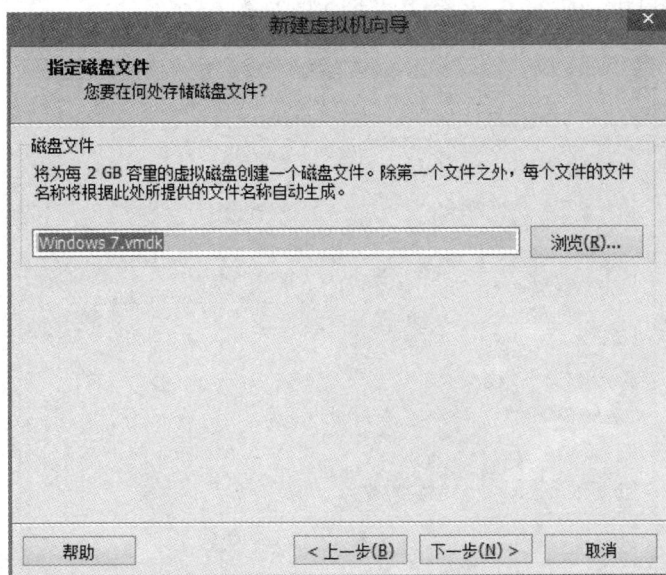

图 6.2.3.13　设置磁盘位置和名称

这里列出虚拟机的全部硬件配置，点击"完成"完成配置。如果需要更改则点击"自定义硬件"，如图 6.2.3.14 所示。

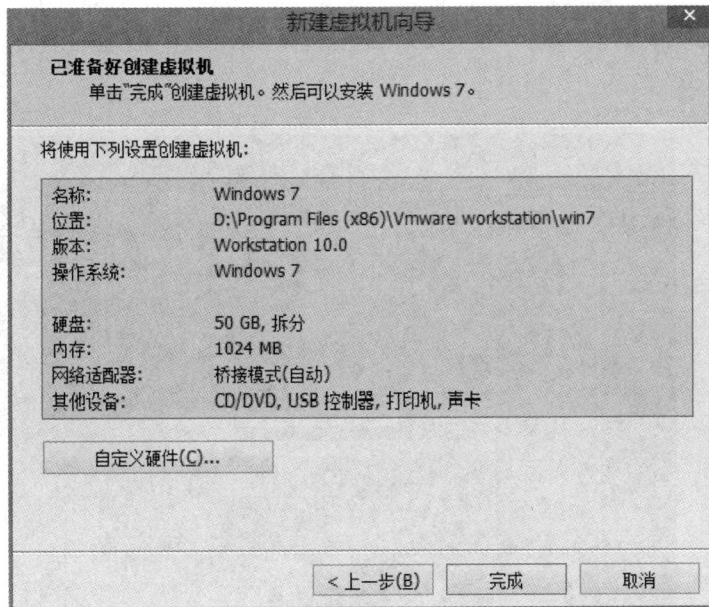

图 6.2.3.14　完成虚拟机硬件配置

2．在虚拟机中安装操作系统

在之前创建好的 Windows 7 虚拟机首页双击 CD-DVD(SATA)。

选择"使用 ISO 映像文件"，点击"浏览"从宿主机磁盘上选择已经下载好的操作系统安装镜像文件，点击"确定"，如图 6.2.3.15 所示。

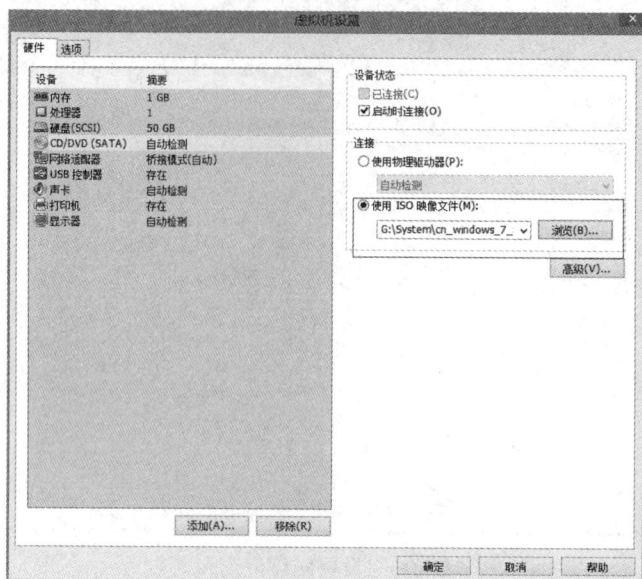

图 6.2.3.15　选择系统镜像文件

　　在 Windows 7 虚拟机首页开启虚拟机电源。虚拟机启动后将默认从 CD-DVD 光驱引导进入系统。

　　经过短暂的加载，系统开始安装。首先选择安装操作系统的语言、时间格式、输入法，如图 6.2.3.16 所示。

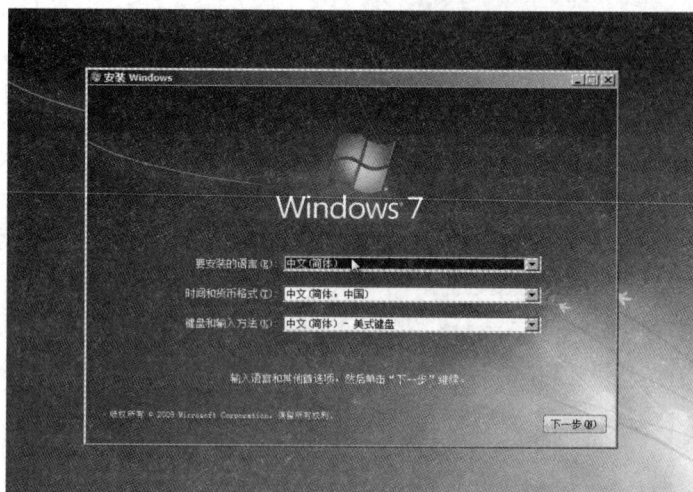

图 6.2.3.16　选择系统语言

　　选择"自定义(高级)"安装，如图 6.2.3.17 所示。如果是从旧版本操作系统(如 Windows XP)升级到新版本，则选择"升级"。

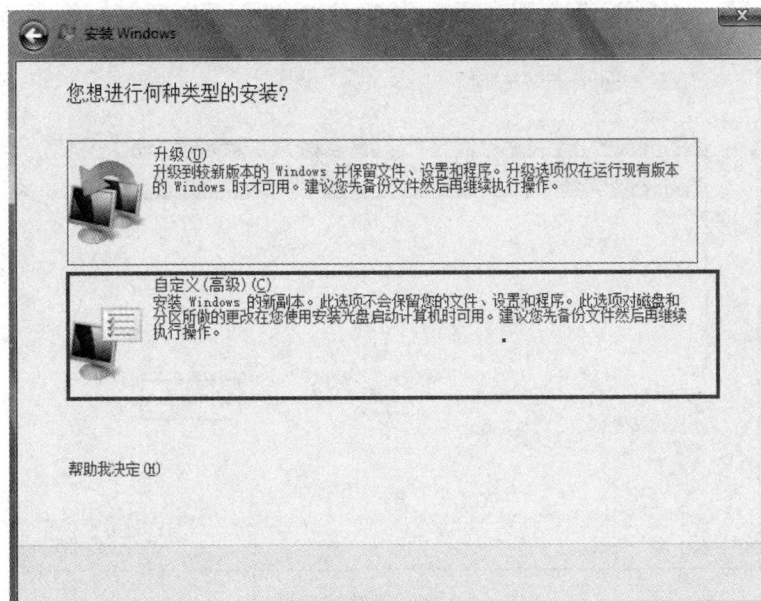

图 6.2.3.17　自定义安装

设置 Windows 的安装位置，选择"驱动器选项(高级)"，点击"下一步"。因为虚拟机是全新安装，并没有对磁盘进行分区，所以此处仅有一个磁盘 0，如图 6.2.3.18 所示。

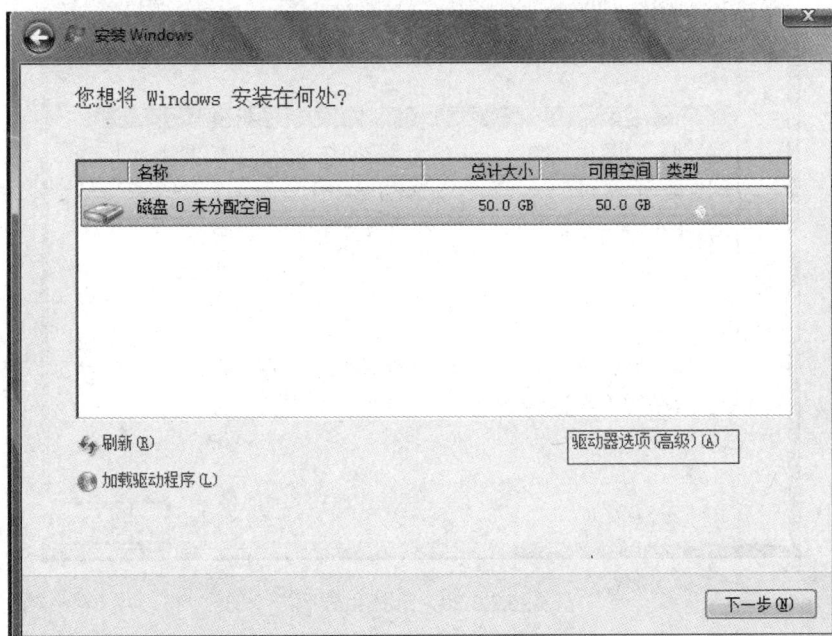

图 6.2.3.18　选择系统安装磁盘

点击"新建"，开始新建分区，如图 6.2.3.19 所示。

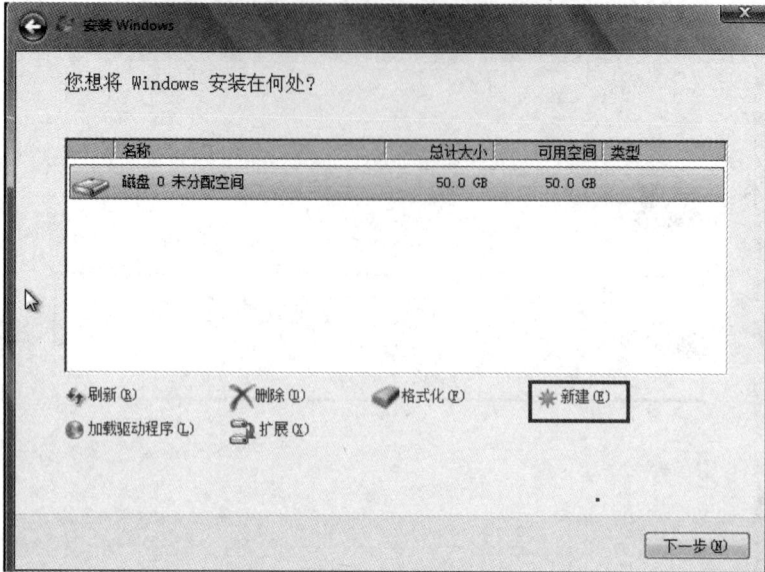

图 6.2.3.19　新建磁盘分区

设置分区大小。Windows 7 默认主分区至少需要 20 GB 空间，创建完成后，选择系统要安装的主分区，点击"下一步"，如图 6.2.3.20 所示。

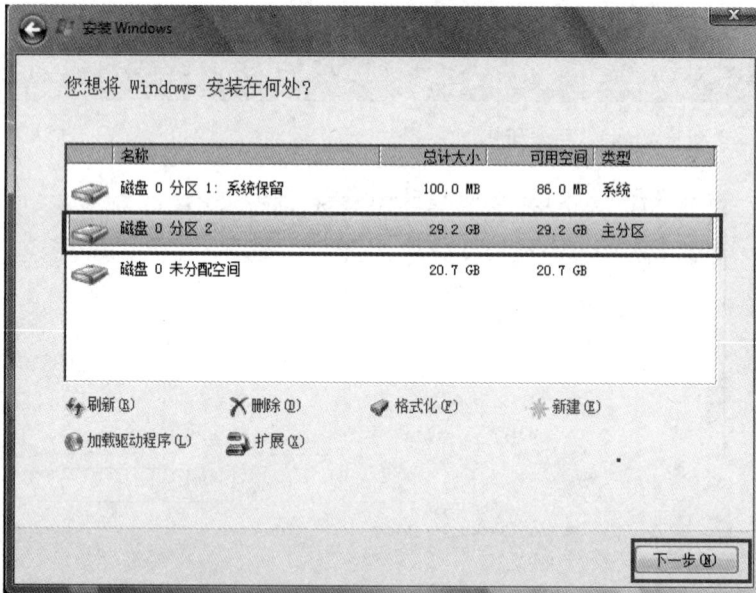

图 6.2.3.20　选择主分区

光驱中的文件会被拷贝到磁盘中，然后开始安装。安装中系统会重新启动几次。经过大约 20 分钟的等待后，系统开始初始化配置。首先，设置计算机用户名和计算机名称，如图 6.2.3.21 所示。

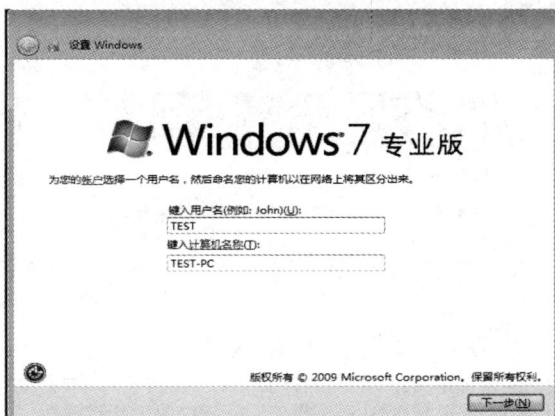

图 6.2.3.21　设置用户名

设置账户*密码(用于系统登录)，如图 6.2.3.22 所示。

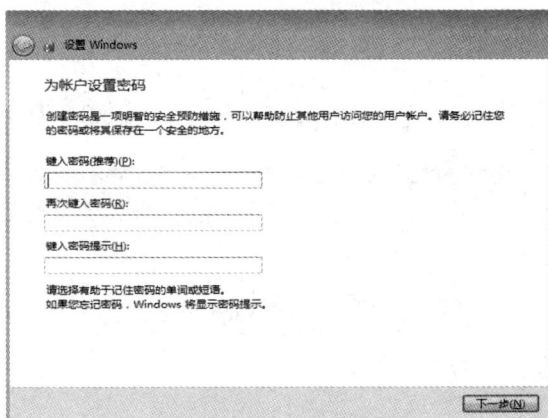

图 6.2.3.22　设置密码

设置时间、时区、日期，如图 6.2.3.23 所示。

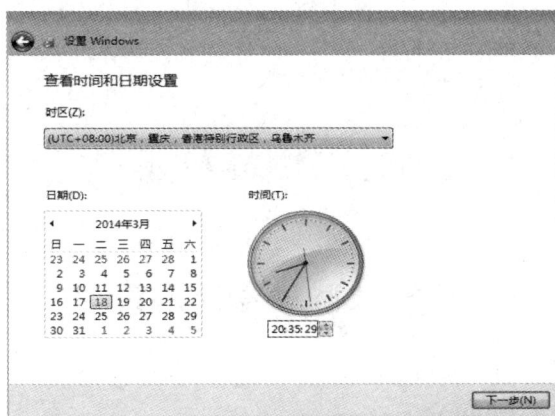

图 6.2.3.23　设置时间、日期

---

* 注：软件界面中显示为"帐户"，这是软件本身的错误，正确者为"账户"。

设置当前网络模式，如图 6.2.3.24 所示。

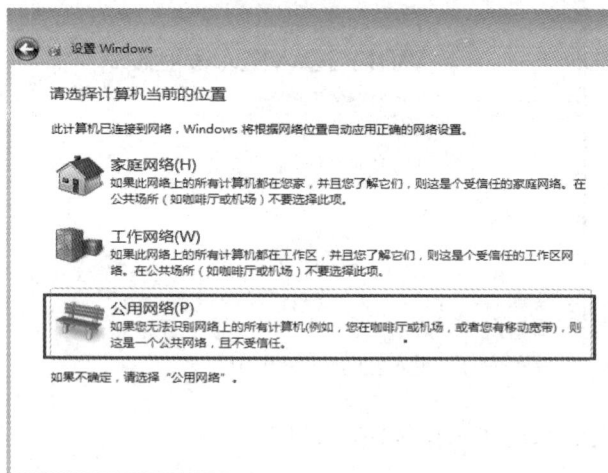

图 6.2.3.24　设置网络模式

全部设置完毕，稍等片刻，完成全部安装工作，如图 6.2.3.25 所示。

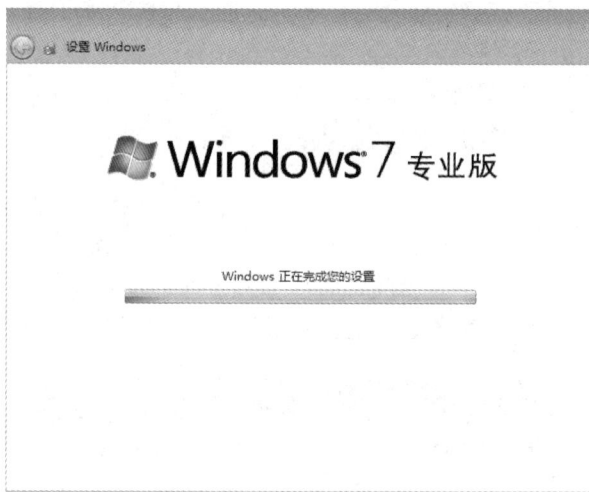

图 6.2.3.25　完成系统安装

6.3　Linux 操作系统

6.3.1　Linux 操作系统简介

在 20 世纪 90 年代初，计算机科学迅猛发展，信息技术开始渗透到各个行业。当时的计算机市场明显地被划分为了两个部分，一部分是以平民大众用户为主的低端市场，一部分是以商业计算、企业核心计算为主的高端市场。

由于 IBM 公司的开放策略，其 IBM PC 架构成为低端市场的标准。因此，低端的大众市场几乎都使用 IBM PC 及其兼容计算机，这种计算机的各种部件几乎都是标准的、规范的，价格低廉，主要使用微软的 DOS 操作系统(当时苹果个人计算机技术先进，但苹果公司不肯开放自己的技术和体系架构，错过了占领大众市场的机会)。

高端市场则是 UNIX 系统的天下。UNIX 操作系统通常由硬件厂商自己开发，而且基本上只能运行在自己的硬件设备上，或者是只有运行在自己的硬件设备上才能获得最佳的性能。例如，IBM 公司的 AIX 系列 UNIX 操作系统只运行在 IBM 的 RS/6000 系列机器上，Sun 公司的 Solaris 系列 UNIX 操作系统只能运行在自己的 Sparc 体系计算机上，HP 公司的 HP-UX 系列 UNIX 操作系统同样只运行在 HP 9000 系列计算机上。而这种绑定了硬件和操作系统、提供完整系统集成的解决方案往往会以天价销售给企业，其运行、维护的价格也高得离谱，因此，这种系统通常只提供给大型企业做核心运算，一般人根本不可能接触到这些 UNIX 系统。

但是随着低端 IBM PC 的发展，特别是 Intel X86 芯片的性能越来越好，DOS 这么简单的一个单机操作系统已经不能满足大众市场上的需求，而 UNIX 又高不可攀，这时出现了一个开放源代码的操作系统：MINIX。MINIX 是 Andrew S. Tanenbaum 教授为了便于学生掌握操作系统原理而开发的操作系统。最重要的是，MINIX 可以运行在当时已经在大众市场逐渐普及的 Intel 80X86 处理器上，任何人只要拥有一台 PC，就能自己研究和开发操作系统，这大大降低了部署和学习操作系统的门槛。用现在的眼光来看，MINIX 可能并不强大，毕竟它存在的目的首先就是为了演示操作系统原理，而且它只有大约 12 000 行代码，但这已经足以吸引很多爱好者了，越来越多的学校和学生开始以 MINIX 为基础，学习操作系统，这其中，包括了一个叫 Linus Torvalds 的芬兰学生。

这个热爱计算机技术的学生开始学习 MINIX，但很快他就觉得 MINIX 不够好，于是，他产生了自己编写另一个操作系统的想法。1991 年 8 月 25 日，Linus 把自己的想法和很初步的东西发布到了网上，并根据自己的名字 Linus，把自己的这个操作系统命名为 Linux(其发音为['linəks]，与"喱呐科斯"类似)。很多人开始下载、使用，并反馈意见给 Linus，供他改进 Linux。Linus 意识到这种通过 Internet 协同工作的好处，开始有意识地号召大家通过 Internet 协作共同开发。感兴趣的人越来越多，开发的速度也越来越快，随着越来越多的人加入开发队伍，Linux 逐步趋于成熟和稳定。任何人都能自由获得 Linux 的源代码，并进行复制、学习和修改，甚至发布自己的新版本。

软件厂商也开始关注 Linux，并对 Linux 进行了很多改进，在其上编译并配置好各种软件，把这些整合好的软件打包成为一个整体销售。这个时期，出现了很多专门的 Linux 厂商，他们都推出了各自的 Linux 发行版。所谓 Linux 发行版，是指将 Linux 内核和 GNU 软件整合到一起的一套完整的操作系统。早期著名发行版有 Slackware、Redhat、SuSe(已被 Novell 收购)、Mandrake(已改名为 Mandriva)、TurboLinux、OpenLinux 等。当时这些发行版主要依靠软盘、CD、DVD 进行传播，后来随着 Internet 带宽和速度的不断增强，直接通过网络传播已成为可能，一批新兴的 Linux 发行版开始崭露头角。它们不依靠传统的宣传和传播渠道，完全依赖于 Internet 作为平台，通过下载镜像、直接网络安装等方式进行传播，比如 Debian、Gentoo、LFS 等。目前，Linux 的发行版本众多，有数百种之多，常用的 Linux 版本如表 6.3.1.1 所示。

表 6.3.1.1　常用 Linux 发行版

版本名称	项目官网	特　　点
Debian Linux	www.debian.org	开放的开发模式，并且易于进行软件包升级
Fedora Core	www.redhat.com	拥有数量庞大的用户，优秀的社区技术支持，并且有许多创新
CentOS	www.centos.org	CentOS 是一种对 RHEL(Red Hat Enterprise Linux)源代码再编译的产物，由于 Linux 是开发源代码的操作系统，并不排斥基于源代码的再分发，CentOS 就是将商业的 Linux 操作系统 RHEL 进行源代码在编译后分发，并在 RHEL 的基础上修正了不少已知的 Bug
SUSE Linux	www.suse.com	专业的操作系统，易用的 YaST 软件包管理系统
Mandriva	www.mandriva.com	操作界面友好，使用图形配置工具，有庞大的社区进行技术支持，支持 NTFS 分区的大小变更
KNOPPIX	www.knoppix.com	可以直接在 CD 上运行，具有优秀的硬件检测和适配能力，可作为系统的急救盘使用
Gentoo Linux	www.gentoo.org	高度的可定制性，使用手册完整
Ubuntu	www.ubuntu.com	优秀易用的桌面环境，基于 Debian 的不稳定版本构建

随着 Linux 的迅速发展，Linux 上的软件也开始得到迅猛发展，很多以前运行在 UNIX 上的经典软件，开始被爱好者移植到 Linux 上，同时，也涌现了大批优秀的基于 Linux 的自由软件，像 Xfree 86、KDE、GNOME 等。正是这些软件的不断强大，又进一步推动了 Linux 的发展和普及。Linux 的爱好者越来越多，人们已经不满足于仅仅在 Intel 80X86 架构上运行 Linux，他们开始把 Linux 移植到其他平台上，例如 Sun 的 Sparc 平台、MOTOROLA 的 PowerPC 平台，还有 ARM、Alpha 等，这使得 Linux 被广泛用于各种嵌入式系统，如智能家居、智能手机、平板电脑、各种智能终端、机器人、飞机、汽车等。同时，由于 Linux 具有开源软件的特点：自由、免费、高效、安全、定制化程度高，现在，绝大多数服务器都是使用 Linux 平台(目前，Linux 在服务器操作系统市场占有率约为 80%)。所以对于计算机专业人员而言，掌握 Linux 系统的使用是非常有必要的。

6.3.2　Linux 系统安装

在本节中将演示在 VMware Workstation 10 的虚拟机里安装 CentOS 5 操作系统。虚拟机的参数配置过程参照 6.2.3 节，不再赘述。

将 CentOS 的 iOS 文件加载到虚拟机后，启动虚拟机，进入系统安装界面，首先选择系统语言，选择"简体中文"，点击"Next"，如图 6.3.2.1 所示。

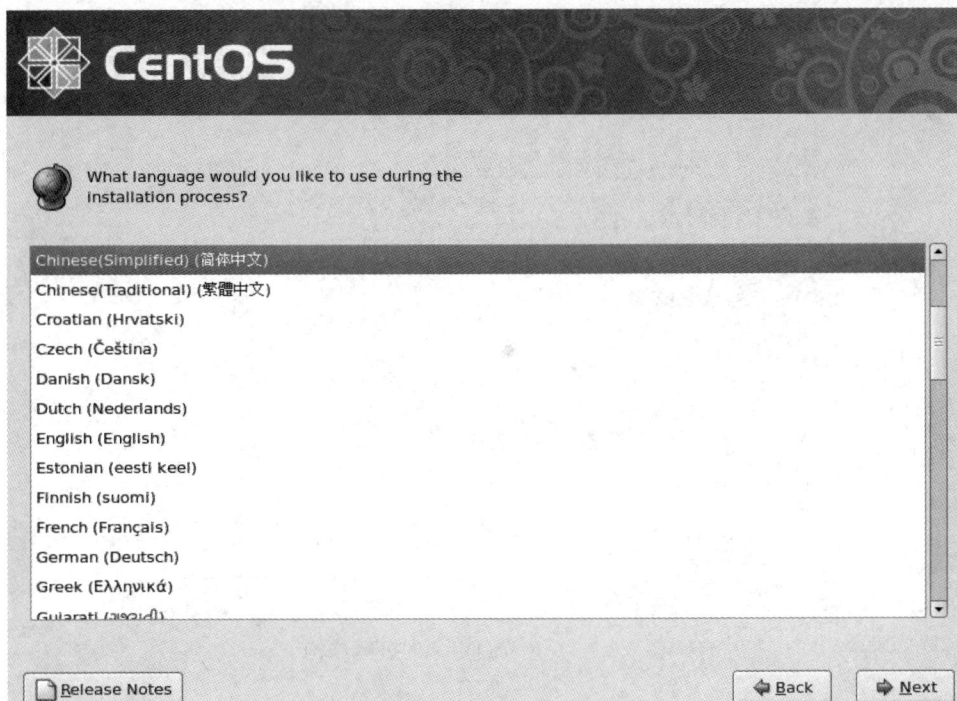

图 6.3.2.1　选择系统语言

选择键盘模式，选择"美国英语式"，点击"下一步"，如图 6.3.2.2 所示。

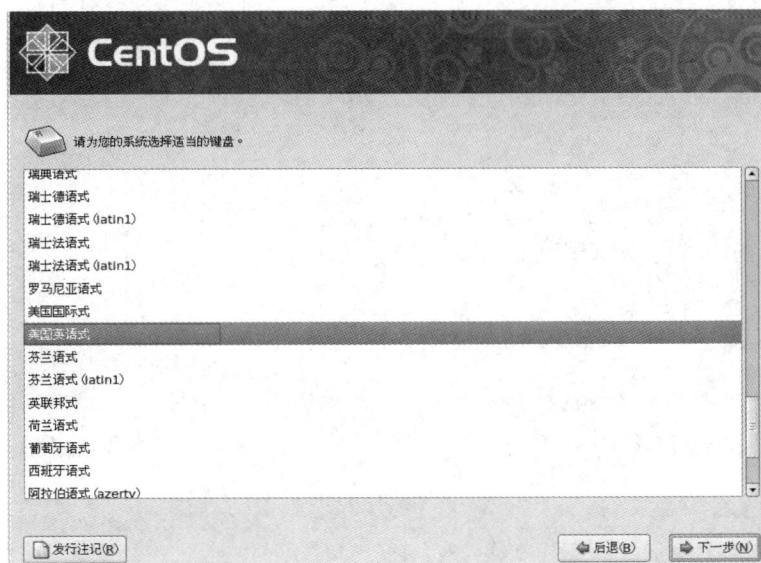

图 6.3.2.2　选择系统键盘模式

选择硬盘分区模式，选择"建立自定义的分区结构"，点击"下一步"，如图 6.3.2.3 所示。

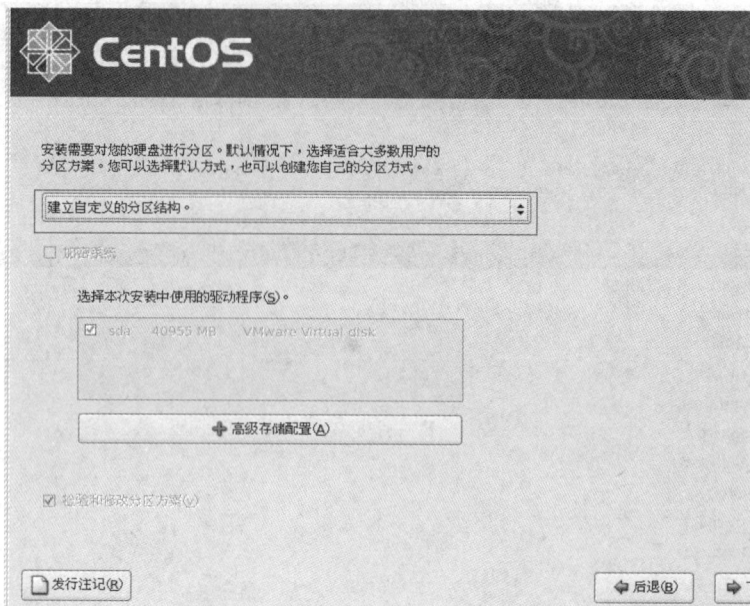

图 6.3.2.3　建立自定义的分区结构

添加启动分区/boot 到挂载点。/boot 包含了操作系统的内核和在启动系统过程中所要用到的文件，是必须要建立的，这个分区的大小约为 60～120 MB。挂载点是 Linux 中的磁盘文件系统的入口目录，类似于 Windows 中用来访问不同分区的 C：、D：、E：等盘符，如图 6.3.2.4 所示。

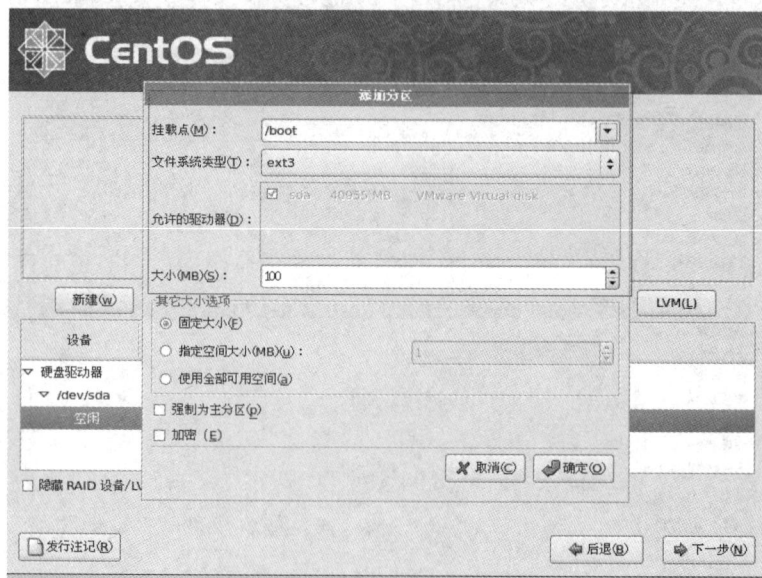

图 6.3.2.4　添加分区

点击"新建"，文件系统类型选择 LVM，创建 LVM 物理卷，选择"使用全部可用空间"，如图 6.3.2.5 所示。

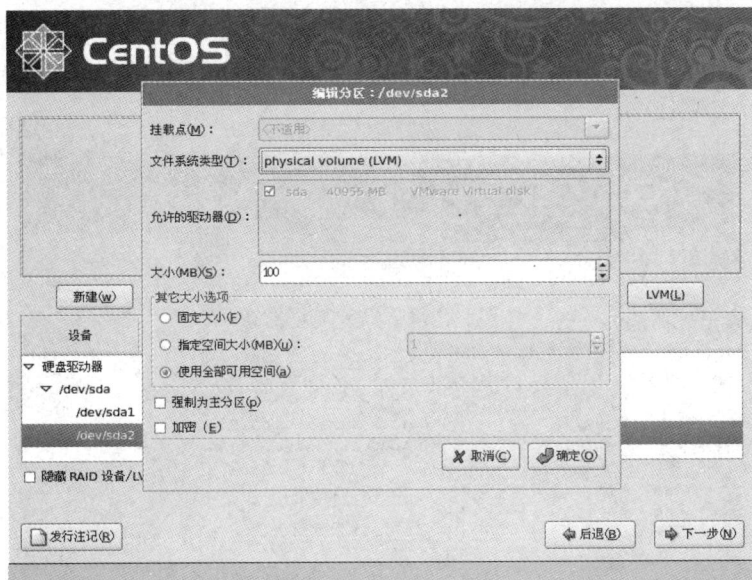

图 6.3.2.5　新建 LVM

　　LVM 是逻辑盘卷管理器(Logical Volume Manager)的简称，它是 Linux 环境下对磁盘分区进行管理的一种机制，LVM 是建立在硬盘和分区之上的一个逻辑层，来提高磁盘分区管理的灵活性。通过 LVM 系统管理员可以轻松管理磁盘分区，管理员可以将若干个磁盘分区连接为一个整块的卷组(Volume Group)，形成一个存储池，可以在卷组上随意创建逻辑卷组(Logical Volumes)，并进一步在逻辑卷组上创建文件系统。通过 LVM 管理员可以方便地调整存储卷组的大小，并且可以对磁盘存储按照组的方式进行命名、管理和分配。

　　点击"LVM"，开始编辑它，如图 6.3.2.6 所示。

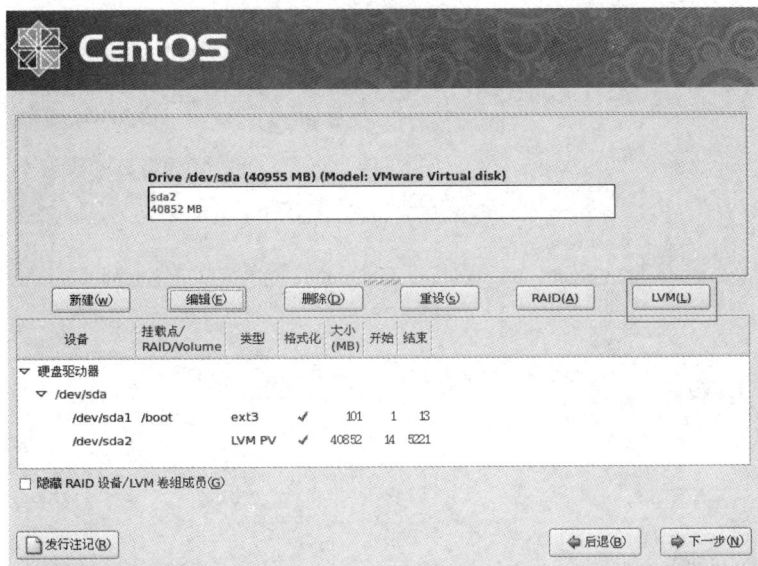

图 6.3.2.6　编辑 LVM

新建 LVM 卷组，点击"添加"，添加"创建 LVM 逻辑卷"挂载到根分区，此处分配 20 GB 空间。根分区在 Linux 系统中表示为/，是系统所有分区和文件的根，是必须创建的分区，如图 6.3.2.7 所示。

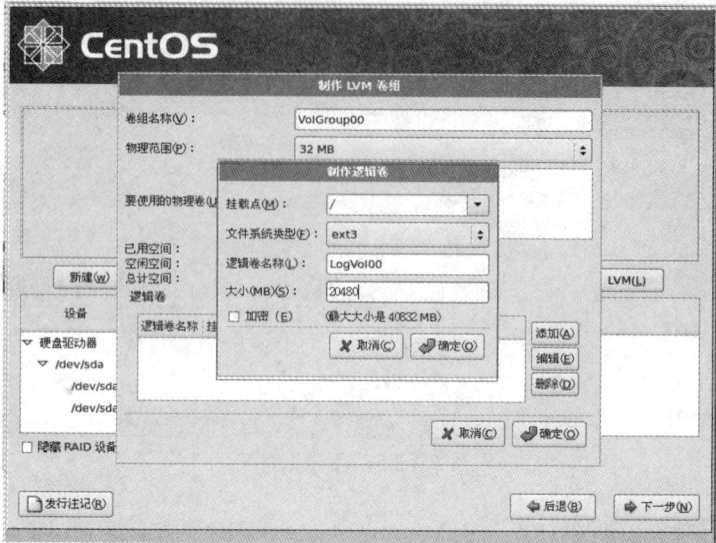

图 6.3.2.7　添加根分区

继续点击"添加"，添加 swap 交换分区，容量与内存大小相同即可，如图 6.3.2.8 所示。swap 交换分区是 Linux 下的虚拟内存分区，它的作用是在物理内存使用完之后，将 swap 分区虚拟成内存来使用。它和 Windows 系统的交换文件作用类似，但是它是一段连续的磁盘空间，并且对用户不可见。需要注意的是，swap 分区的速度比物理内存慢得多，因此，如果需要更快的速度的话，最好的办法仍然是加大物理内存，swap 分区只是临时解决办法。

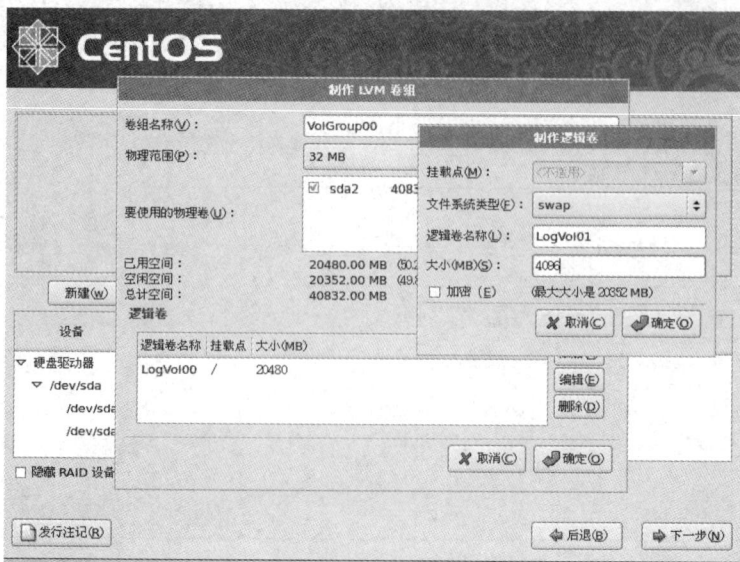

图 6.3.2.8　添加 swap 交换分区

继续点击"添加",将挂载点设置为/data,使用全部剩余空间,点击"确定",然后点击"下一步"。普通数据将都存在这个卷下,如图 6.3.2.9 所示。

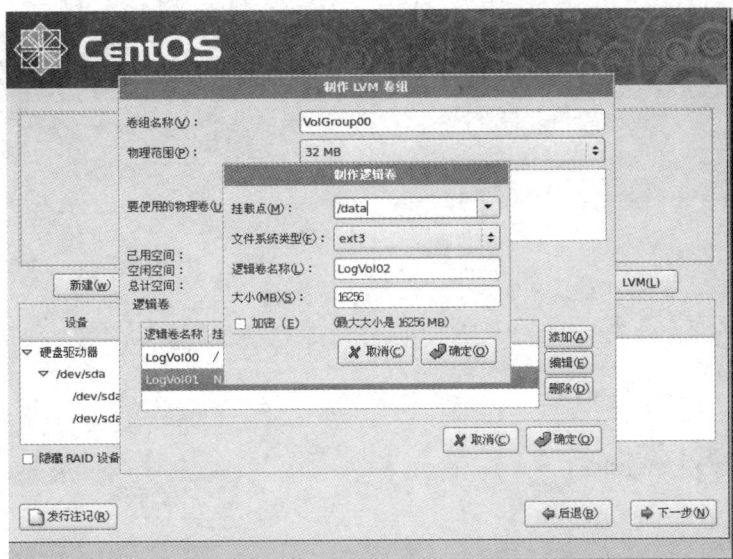

图 6.3.2.9 设置数据分区

设置 GRUB 启动引导程序,如无特殊需求默认就可以,如图 6.3.2.10 所示。GRUB 是一个多重操作系统启动管理器,用来引导不同系统,如在同一台服务器安装了多个不同的操作系统如 Windows、Linux,那就需要配置 GRUB,设置不同的启动顺序。

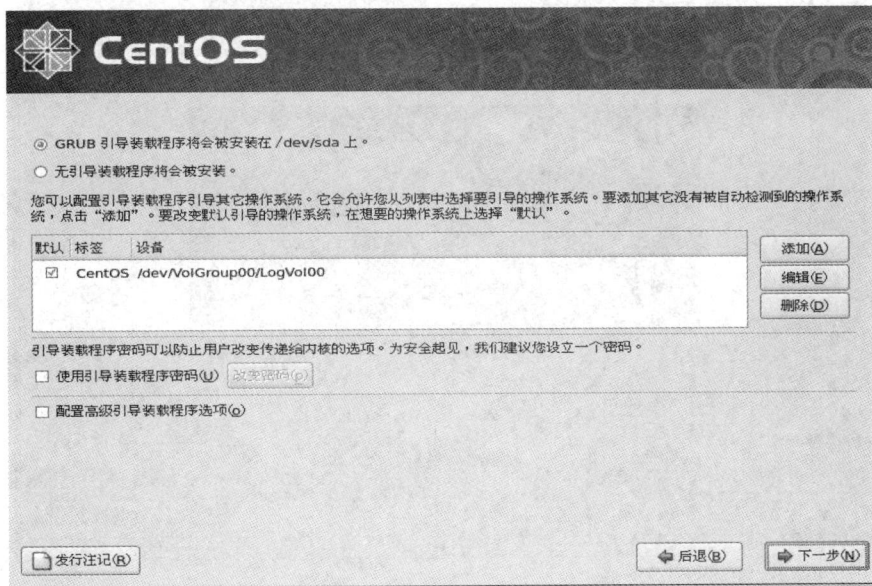

图 6.3.2.10 设置 GRUB 引导

设置网卡 IP 信息。根据实际网络模式进行设置，如果将系统部署在有 DHCP 服务器的环境下，选择"通过 DHCP 自动配置"，否则选择"手工设置"，如图 6.3.2.11 所示。

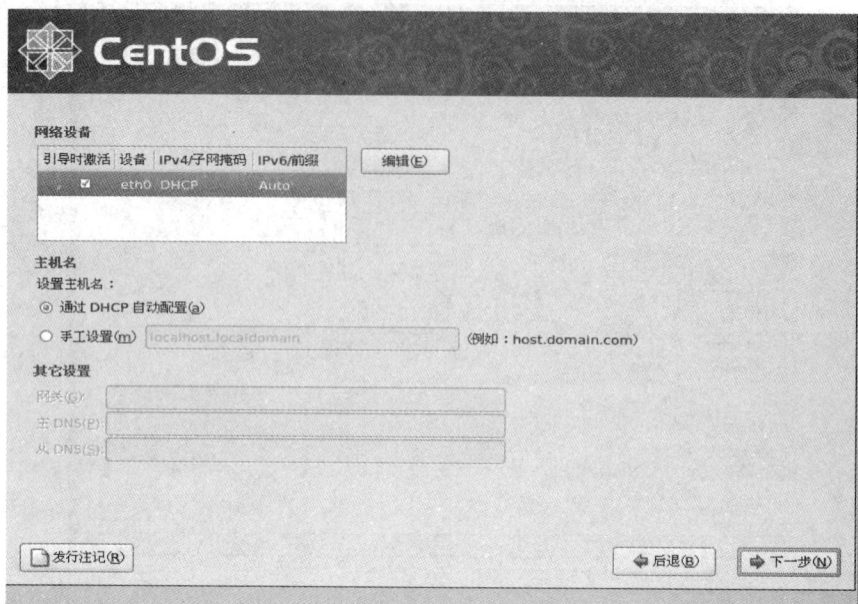

图 6.3.2.11　设置网卡 IP 配置

选择系统时区信息，此处选择"亚洲/上海"，如图 6.3.2.12 所示。

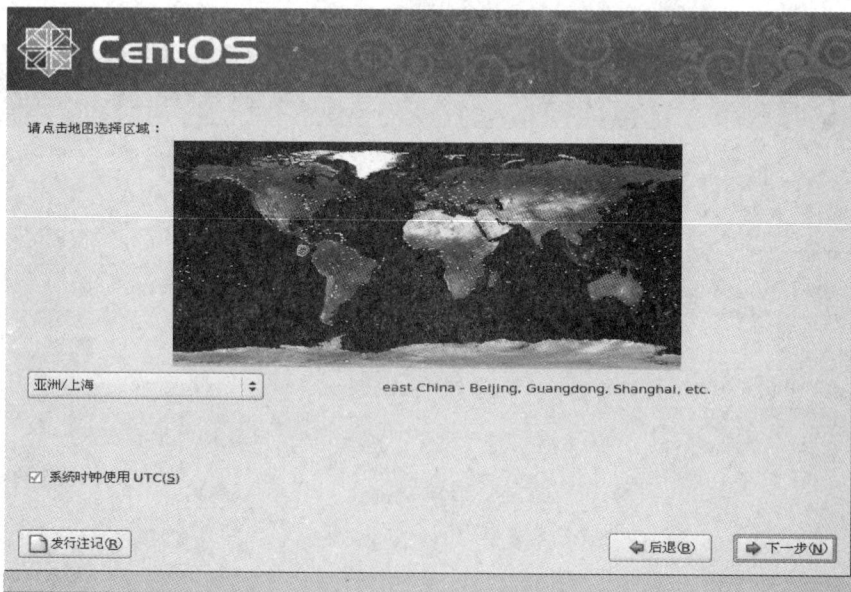

图 6.3.2.12　选择时区

设置系统管理员密码，如图 6.3.2.13 所示。

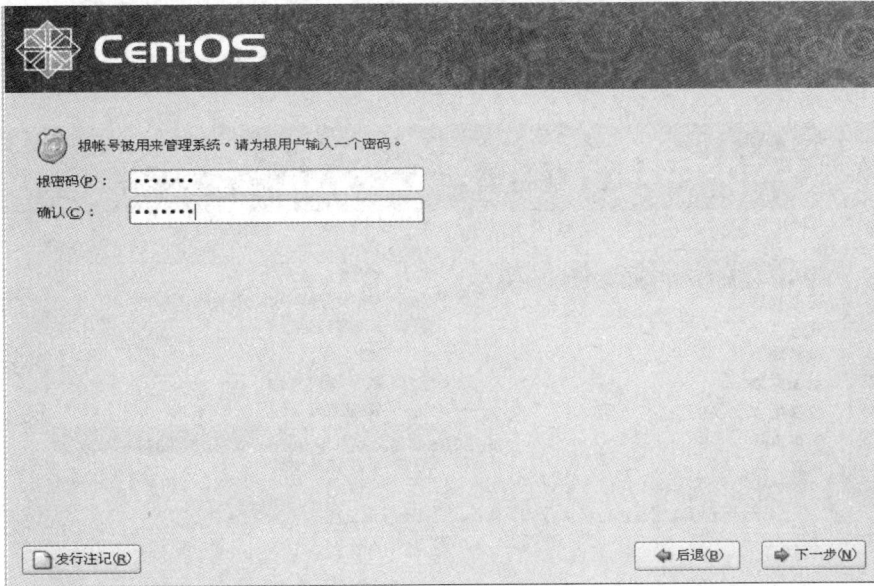

图 6.3.2.13　设置系统密码

设置系统预装组件。Linux 除了内核之外，其他所有组件都可以自定义选择，如果是个人用户则可以选择桌面"Desktop"，如果是服务器用户则可以选择"Server"等。此处可以选择"现在定制"，根据自己的需要做更详细的选择，如图 6.3.2.14 所示。

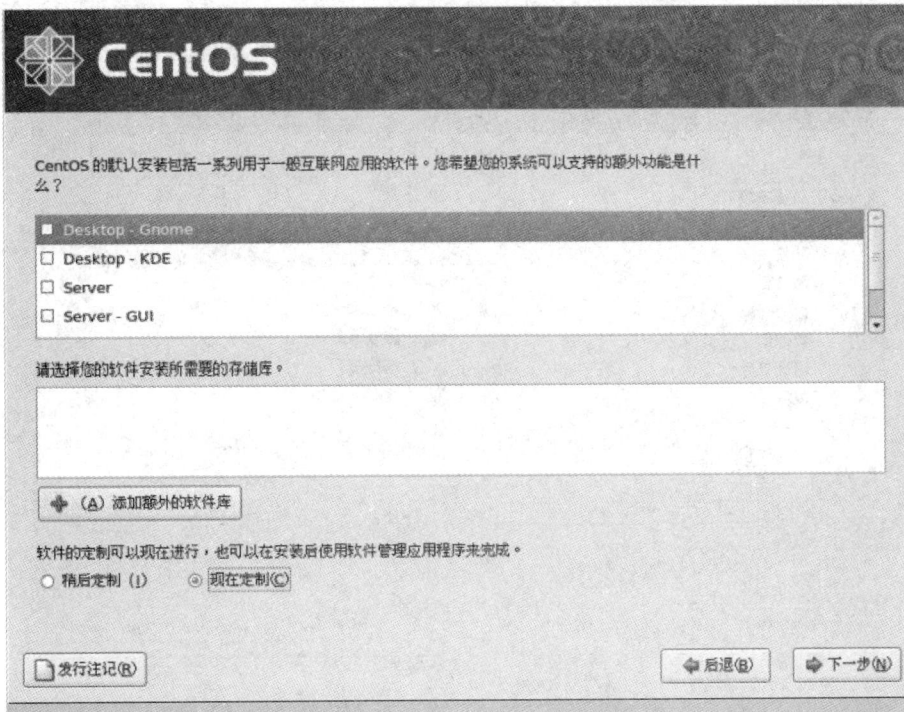

图 6.3.2.14　设置系统预装组件

例如，配置这台 CentOS 服务器用于 Linux 下的软件开发，则可选择"基本系统"，在里面选择"基本""管理工具""系统工具"三项，如图 6.3.2.15 所示。

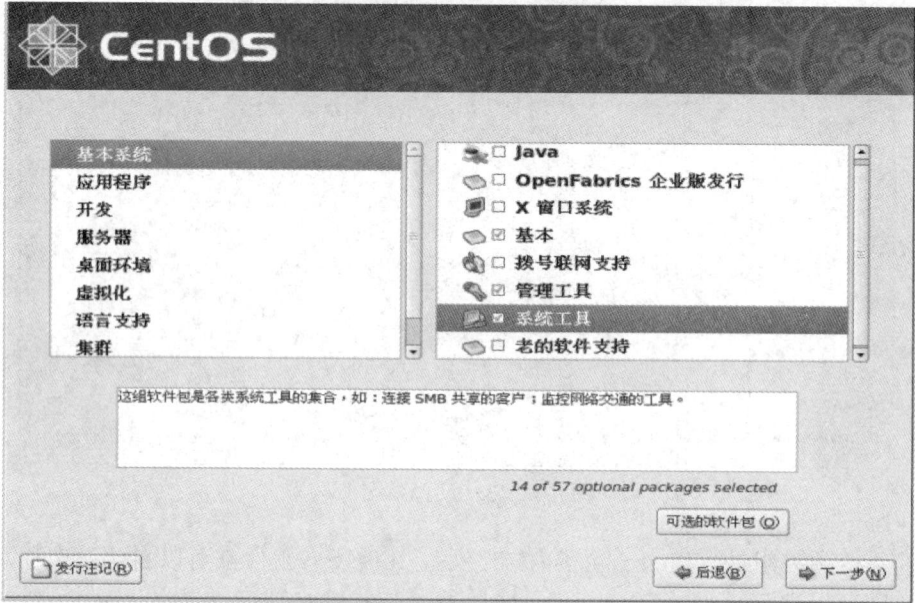

图 6.3.2.15　设置系统预装软件

选择"应用程序"，在里面选择"编辑器"一项，如图 6.3.2.16 所示。

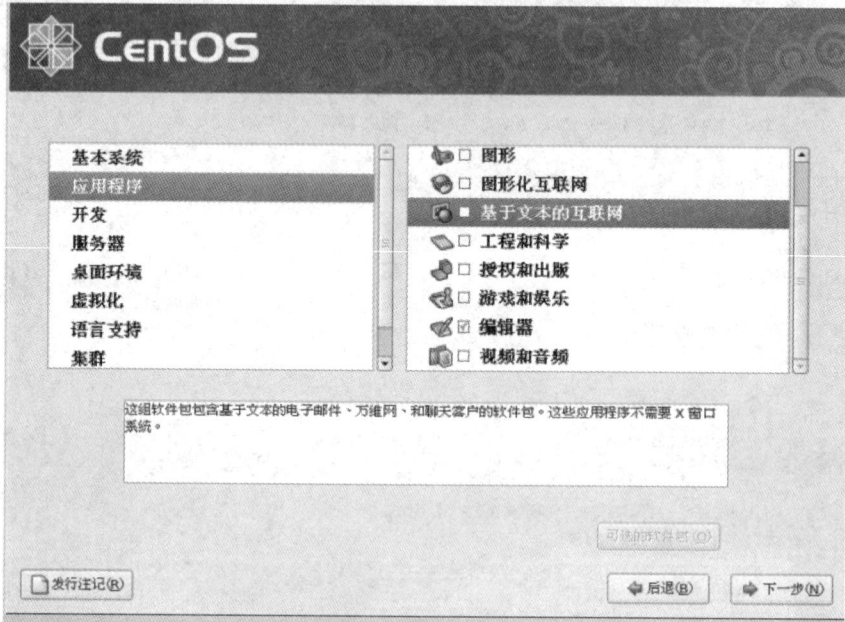

图 6.3.2.16　设置系统预装软件

选择"开发"，在里面选择"开发工具""开发库"两项，点击"下一步"开始安装组件，如图 6.3.2.17 所示。

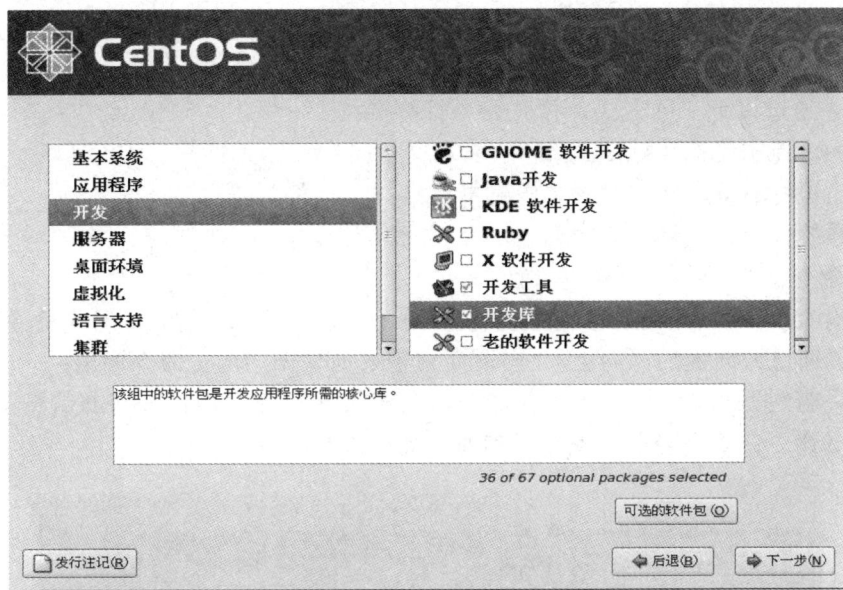

图 6.3.2.17　设置系统预装软件

稍等片刻，系统全部配置完成后将重启，至此，CentOS 系统安装完成，如图 6.3.2.18
所示。

图 6.3.2.18　完成系统安装

6.3.3　Linux 系统常用命令

Linux 是以开发者为中心的操作系统，而 Windows 是以消费者为中心的操作系统，这
是两者最根本的区别，也是 Linux 相对于 Windows 的优势/劣势所在。Linux 系统虽然也

有类似于 Windows 系统的桌面组件，也可以通过鼠标点击来完成一些任务，但是在大多数情况下人们都是通过命令或者命令组合(脚本)来完成 Linux 工作。这种方式虽然没有Windows 系统的用法直观简便，但是命令行操作起来简洁而且高效，这也正是 Linux 系统的魅力所在。本节将演示一些常用的 Linux 命令。

(1) 首先通过以下三种方式，打开命令行终端：

① 桌面，点击终端图标；

② 点击鼠标右键，在右键菜单中选择终端；

③ 在系统任何位置使用"Ctrl + Alt + T"快捷键。

Linux 命令有以下特点：

① 在输入命令和后面的参数前几个字母时，可以使用 Tab 键自动补全命令；

② 可以通过方向键的"向上""向下"来把之前输入的历史命令调出；

③ 如果遇到不熟悉的命令可以在命令后面输入-help 来获取命令帮助信息。

(2) pwd 命令：查看当前完整路径信息，如图 6.3.3.1 所示。

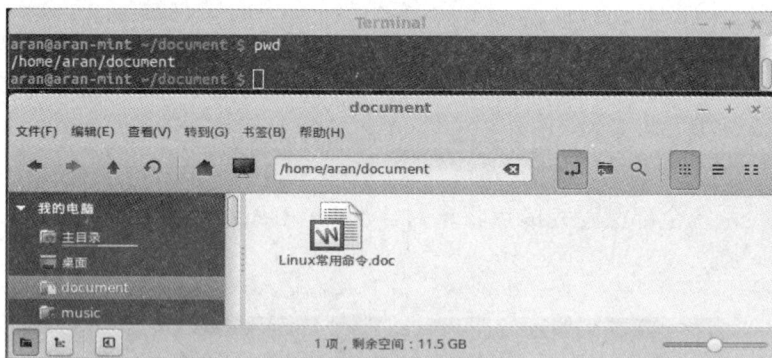

图 6.3.3.1　pwd 命令

其中，"/"代表根目录，类似 Windows 的 C 盘。

(3) cd 命令：更改当前目录，相当于打开其他目录，如图 6.3.3.2 所示。

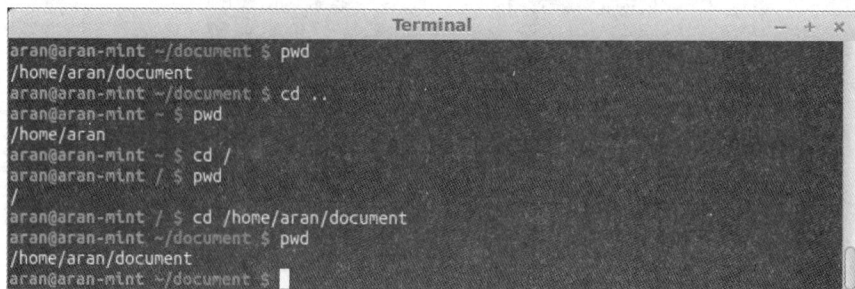

图 6.3.3.2　cd 命令

其中，".."代表上一级目录，"."代表当前目录。

(4) ls 命令：查看当前目录下的文件列表，如图 6.3.3.3 所示。

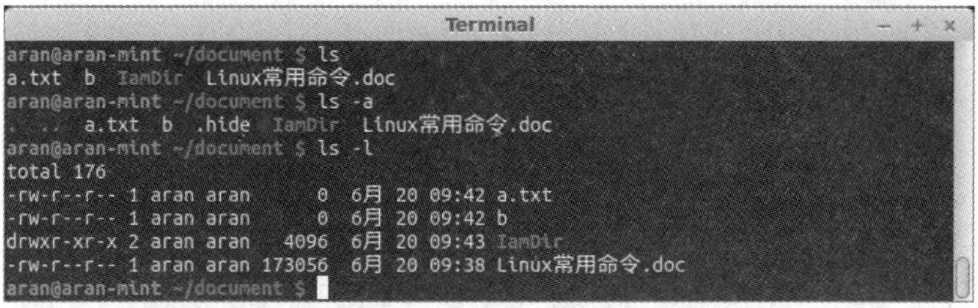

图 6.3.3.3　ls 命令

ls 命令还有以下扩展可选参数：

ls -a：显示所有文件，包括隐藏文件(在 Linux 系统中，隐藏文件的文件名以"."
开头)；

ls -l：显示文件的所有信息，包括权限、所属用户、大小、访问时间等。

(5) touch 命令：新建文件；mkdir 命令：新建文件夹(目录)，如图 6.3.3.4 所示。

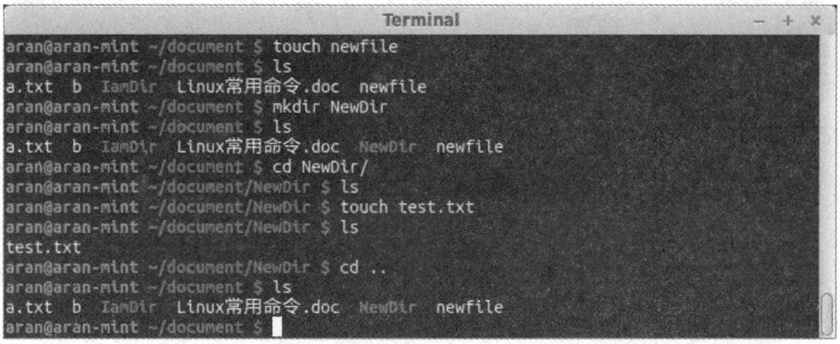

图 6.3.3.4　touch 和 mkdir 命令

需要注意的是，在 Linux 系统中，文件的后缀名不像 Windows 那样表示文件的类
型，而仅作为标识而已。

(6) gedit 命令：编辑文本文件，如图 6.3.3.5 所示。

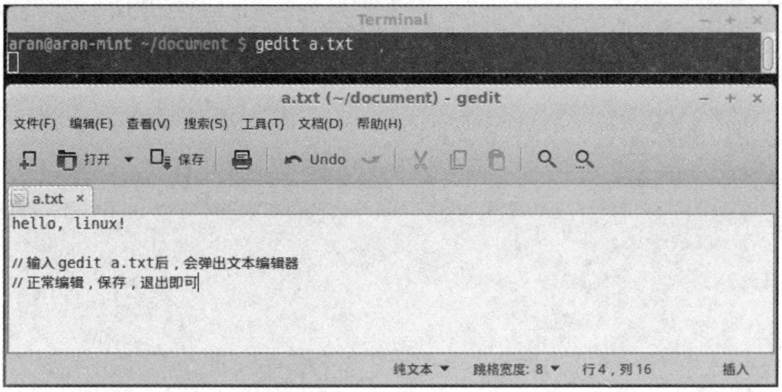

图 6.3.3.5　gedit 命令

(7) cat 命令：在终端中查看文本文件的内容，如图 6.3.3.6 所示。

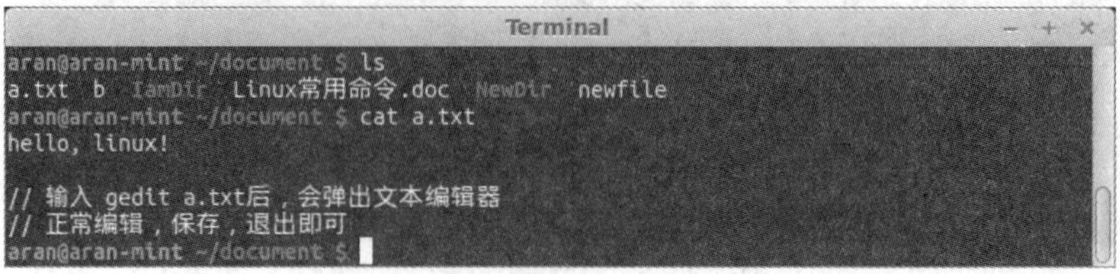

图 6.3.3.6　cat 命令

(8) cp 命令：复制文件，如图 6.3.3.7 所示。

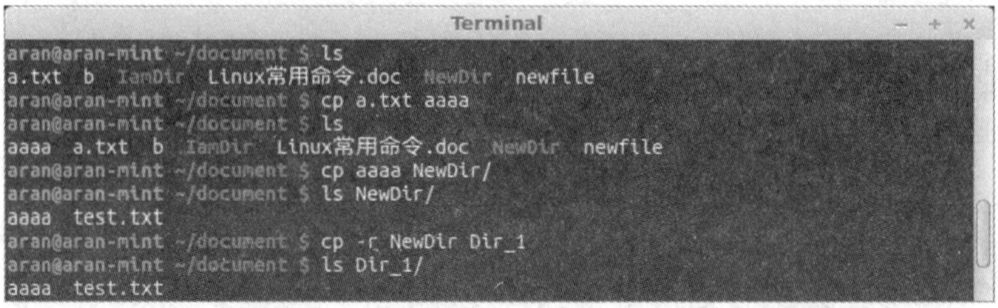

图 6.3.3.7　cp 命令

cp 命令的格式是：cp <源目录> <目的目录>，cp 命令还可以带 "-r" 参数，代表复制文件夹。

(9) mv 命令：移动文件(相当于剪切)，如图 6.3.3.8 所示。

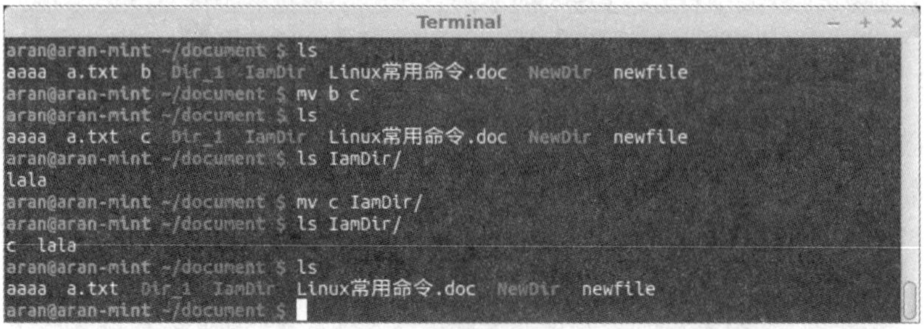

图 6.3.3.8　mv 命令

(10) rm 命令：删除文件，如图 6.3.3.9 所示。

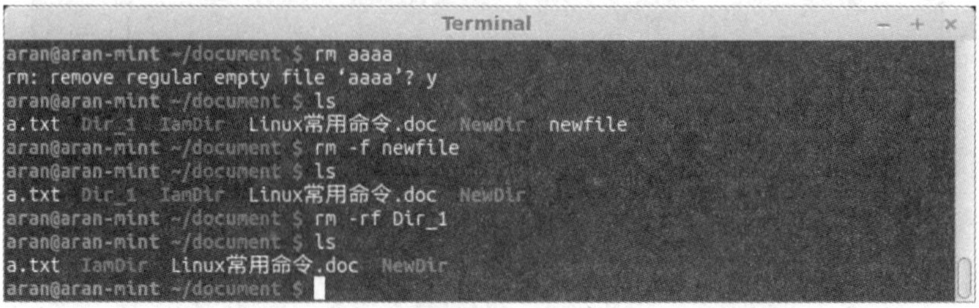

图 6.3.3.9　rm 命令

rm 命令还有以下扩展可选参数：

-f 参数：强制删除文件，不提示是否删除；

-r 参数：递归删除，用于删除文件夹及下属的所有文件；

-rf 参数：-r 和 -f 的结合。

6.4　移动终端操作系统

6.4.1　Android 操作系统简介

Android 这一词最先出现在法国作家利尔亚当在 1886 年发表的科幻小说《未来夏娃》中，作者将一个长得像人类的机器起名为 Android，这也就是 Android 小人名字的由来。而 Android 最初并不是由谷歌提出创办的，而是由 Andy Rubin 于 2003 年 10 月创办的。Andy 后来被称为 Android 之父。2005 年谷歌收购了 Andy 创建的 Android 公司，并于 2007 年对外展示了名称为 Android 的操作系统，并且宣布建立一个全球性的联盟组织，该组织由 34 家手机制造商、软件开发商、电信运营商及芯片制造商共同组成，并与 84 家硬件制造商、软件开发商及电信运营商组成手持设备联盟(Open Handset Alliance)来共同研发和改良 Android 系统。Android 系统 Logo 如图 6.4.1.1 所示。

图 6.4.1.1　Android 系统 Logo

2008 年 9 月 Google 正式发布了 Android 1.0，并发布了 T-Mobile G1 手机，当时诺基亚还如日中天，市场上 Symbian、Windows Mobile、iPhone、Palm OS 多种操作系统林立。但是由于 Android 是基于 Linux 系统内核开发设计的，它的开源软件特性具有其他操作系统无法比拟的优势，众多智能手机制造厂商纷纷加入 Android 联盟，同时谷歌凭借强大的技术优势不断对 Android 更新换代，使得 Android 越来越被人们所接受。目前，Android 占全世界移动设备操作系统 86.1%的市场份额。Android 操作系统具有以下特点：

(1) 开源。Android 系统完全开源，由于本身的内核是基于开源的 Linux 系统内核，所以 Android 从底层系统到上层用户类库、界面等都是完全开放的。任何个人、组织都可以查看学习源代码，也可以基于谷歌发布的版本做自己的系统。比如华为、小米、三星等手机厂商都有自己个性化的 Android 系统，相对于谷歌发布的 Android 系统版本，手机厂商为突出自己的优势在一些功能上做了优化。

(2) 多元化设备支持。Android 除了在智能手机上应用外，还在平板电脑、互联网电视、车载导航仪、智能手表及一些其他智能硬件上被广泛应用。比如小米的平板电脑、智能电视；华为的车载导航仪、智能手表等。

(3) 开放的第三方应用。由于谷歌秉承的开源、开放，在 Android 上开发 App、发布 App 要相对比较容易些。开发人员可以根据自己应用的需要调用手机 GPS、陀螺仪、摄像头等硬件设备，也可以访问本地联系人、日历等信息。可以发起拨打电话、发送短信等。在 Android 上开发应用也不需要谷歌认证，所以 Android 的整个应用市场比较丰富。

(4) 无缝和谷歌服务集成。Android 可以和谷歌的地图服务、邮件系统、云服务、办公、游戏、语言识别、搜索服务等进行无缝结合。

Android 从 2007 年发布到现在最新版本为 Android 13.0，Android 主要版本及代号都以食品命名：

Android 1.0(没有开发代号)；

Android 1.1：Petit Four(法式小蛋糕)；

Android 1.5：Cupcake(纸杯蛋糕)；

Android 1.6：Donut(甜甜圈)；

Android 2.0/2.1：Clair(闪电泡芙、松饼)；

Android 2.2：Froyo(冻酸奶)；

Android 2.3：Gingerbread(姜饼)；

Android 3.0/3.1/3.2：Honeycomb(蜂巢)；

Android 4.0：Ice Cream Sandwich(冰激凌三明治)；

Android 4.1/4.2/4.3：Jelly Bean(果冻豆)；

Android 4.4：KitKat(奇巧巧克力棒)；

Android 5.0/5.1(Android L)：Lollipop(棒棒糖)；

Android 6.0(Android M)：Marshmallow (棉花糖)；

Android 7.0(Android N)：Nougat(牛轧糖)；

Android 8.0：Oreo(奥利奥)；

Android 9.0：Pie(派)；

Android 10.0：Q(抛弃糖果)；

Android 11.0：R(抛弃糖果)；

Android 12.0：S(抛弃糖果)；

Android 13.0：T(抛弃糖果)。

6.4.2　iOS 操作系统简介

iOS 是由苹果公司开发的移动操作系统。苹果公司最早于 2007 年 1 月 9 日的苹果大会上公布这个系统，最初是设计给 iPhone 使用的，后来陆续套用到 iPod Touch、iPad 以及 Apple TV 等产品上。目前的最高版本是 iOS 15.3。iOS 与苹果的 Mac OS X 操作系统一样，属于类 UNIX 的封闭商业操作系统。iOS 是一个非常稳定、成熟的平台，并且提供了统一的操作界面。另外，苹果对系统版本的更新也严格控制，无论是消费者还是企业用户，都能够第一时间体验到最新版本的系统。iOS 系统具有以下特点：

(1) 硬件整合度高。iOS 系统与硬件的整合度高，苹果公司面向硬件配置做了大量的系统优化，参数配置相近的苹果手机和安卓手机，性能上苹果手机要远胜于安卓手机。而且 Android 因为开源，各大厂家打造自己的 Android 系统，造成分辨率和系统的分化，给开发者带来很大的困难，同时开发成本的提高，致使 Android 开发者转移到 iOS 阵营。

(2) 卓越的用户体验。iOS 系统具有华丽的界面，苹果公司在界面中投入了很多精力，从外观到易用性，再到各种细节，iOS 拥有卓越的用户体验。

(3) 数据安全性高。iOS 是一个封闭系统，而苹果在审核第三方应用时严格地限制了这些应用的权限。尤其是最新的 Touch ID 指纹识别和与 IBM 合作面向企业用户，都可以帮助苹果更好地保证客户的安全。相比 Android 而言，iOS 的数据安全性要高得多。

(4) 完善的应用商店。iOS 的应用商店 APP Store 有着 35 万的海量应用供用户选择。苹果公司独家运营 APP Store，相对于 Android，iOS 自然具有无可比拟的优势：稳定的盈利模式，规范的审核机制。这也是 iOS 尽管在市场占有率上远远落后于 Android，但是利润却高于 Android 的原因。

6.5　实训项目：制作 PE 启动盘

6.5.1　项目背景

Windows 预先安装环境(Microsoft Windows Preinstallation Environment，Windows PE 或 WinPE)是微软推出的简化版 Windows XP、Windows Server 2003、Windows Vista、Windows 7 、Windows 8 和 Windows 10。WinPE 是以光盘或其他可携设备作介质，带有限服务的最小 Windows 子系统，基于以保护模式运行的 Windows 内核。

为了避免系统损坏而无法进入系统，使用 PE 启动盘，管理员可以临时性访问硬盘，把需要的重要文件拷贝出来。很多计算机爱好者也制作了自定义版的 PE 系统，把一些实用工具如 Ghost、EasyRecovery、系统密码清除工具、杀毒软件等加入微软的官方 PE，使它的功能越来越强大。市面上流行的老毛桃、老白菜等都是这类 PE 系统。本节演示使用 UltraISO 工具把 U 盘制作成 PE 盘，用于系统急救。

6.5.2　实施过程

安装好 UltraISO 软件后，打开界面，如图 6.5.2.1 所示。

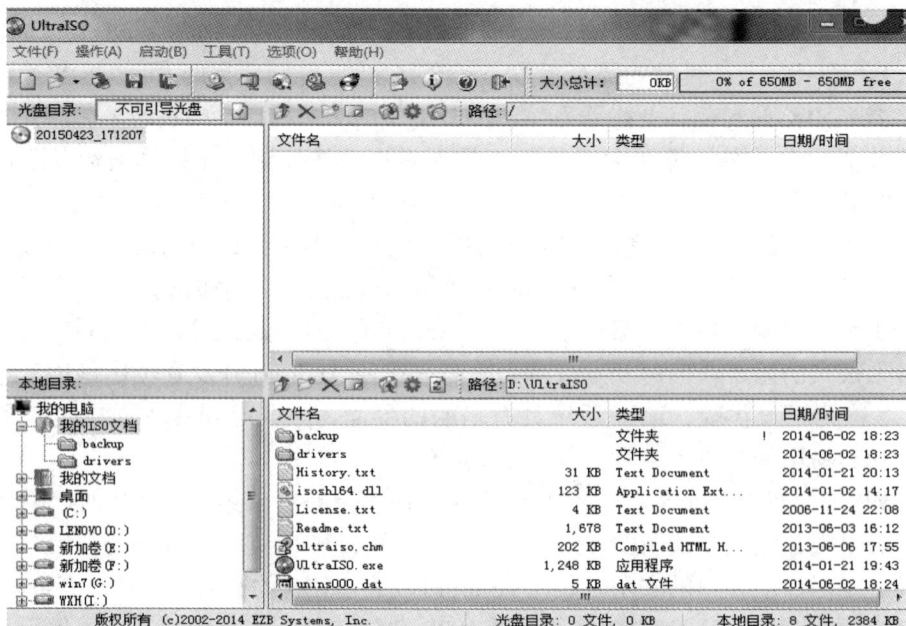

图 6.5.2.1　UltraISO 软件界面

点击文件，选择"打开"功能，选择下载好的 Win7 PE 镜像文件，如图 6.5.2.2 所示。

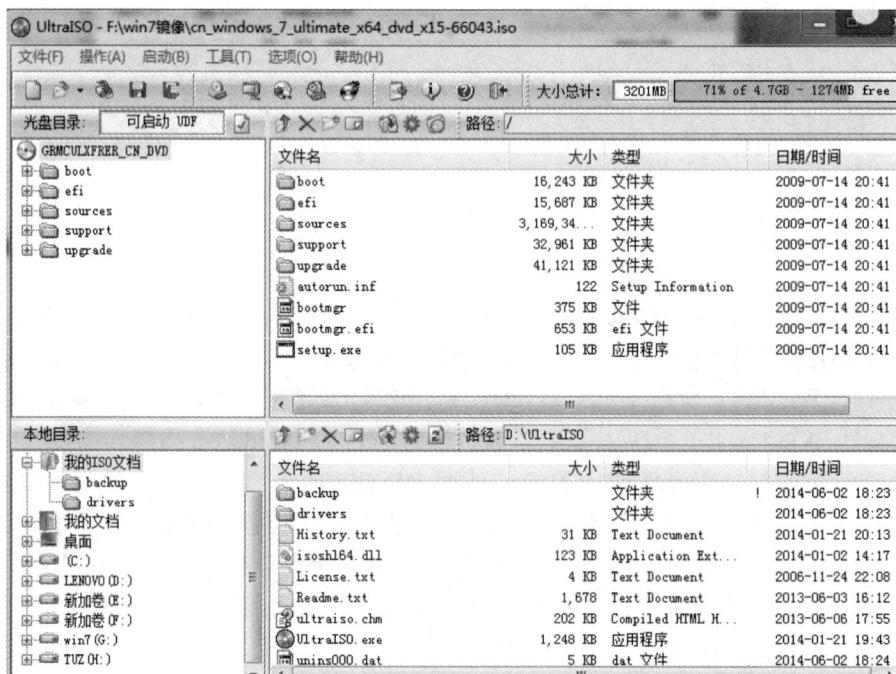

图 6.5.2.2　选择 Win7 PE 镜像文件

选择启动，写入硬盘镜像，将 PE 镜像刻录到 U 盘。刻录前保证 U 盘上面的文件已经备份，并格式化 U 盘，如图 6.5.2.3 所示。

图 6.5.2.3 格式化 U 盘

选择写入方式为 USB-HDD+，如图 6.5.2.4 所示，然后点击"写入"。

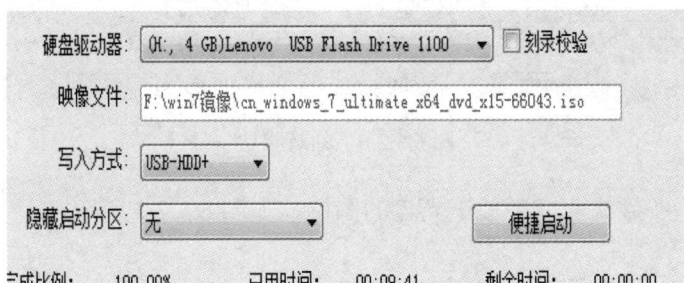

图 6.5.2.4 选择写入方式

点击"写入"后开始刻录，如图 6.5.2.5 所示。

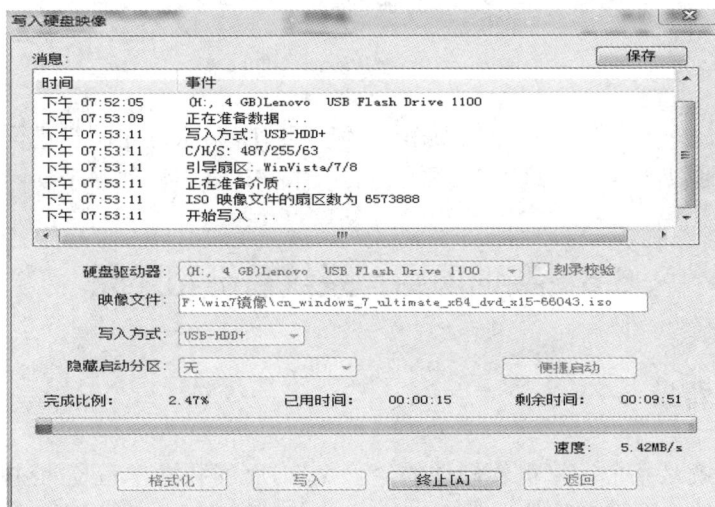

图 6.5.2.5 开始刻录

等一段时间后，刻录成功，如图 6.5.2.6 所示。

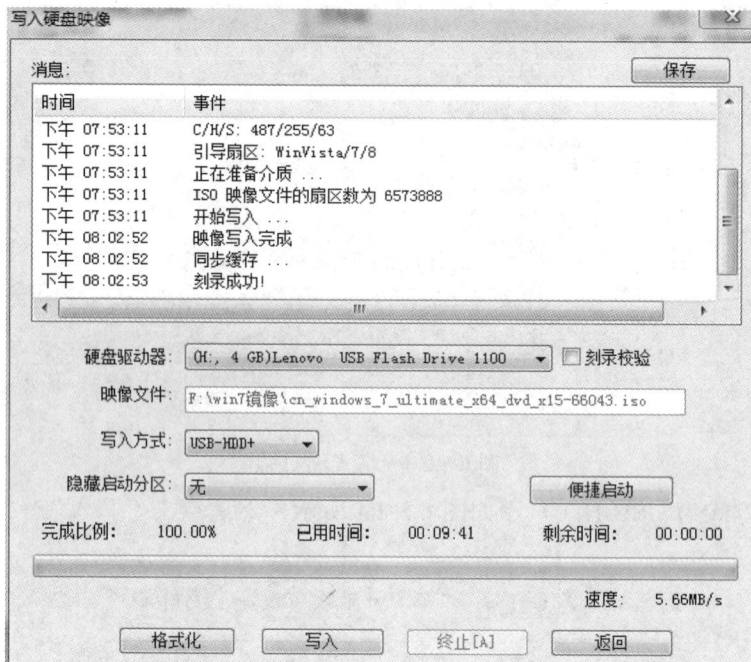

图 6.5.2.6　刻录成功

刻录成功后，U 盘就变成类似于光盘的图标，如图 6.5.2.7 所示。

图 6.5.2.7　刻录成功后的 U 盘

刻录成功后，如果系统发生故障，就可以使用此 U 盘来做 PE 盘进行系统急救。需要注意的是，想要通过此 U 盘来进入 PE 系统，还要将 BIOS 中启动顺序设置为 USB 优先。

6.6　实训项目：系统备份和还原

6.6.1　项目背景

由于操作系统是整个计算机软硬件的"管家"，而安装操作系统的过程比较漫长，其间可能还会将系统分区保存的数据丢失，所以需要定期对操作系统进行备份，一旦出现中毒、文件损坏这样的问题，即可随时还原系统。本节演示使用 Ghost 工具来对系统进行备份和还原。

6.6.2　实施过程

1. 系统备份

重启计算机，进入 PE 盘，启动 Ghost 程序，进入图 6.6.2.1 所示界面，按光标键，依次选择"Local(本地)→Partition(分区)→To Image(生成映像文件)"项。

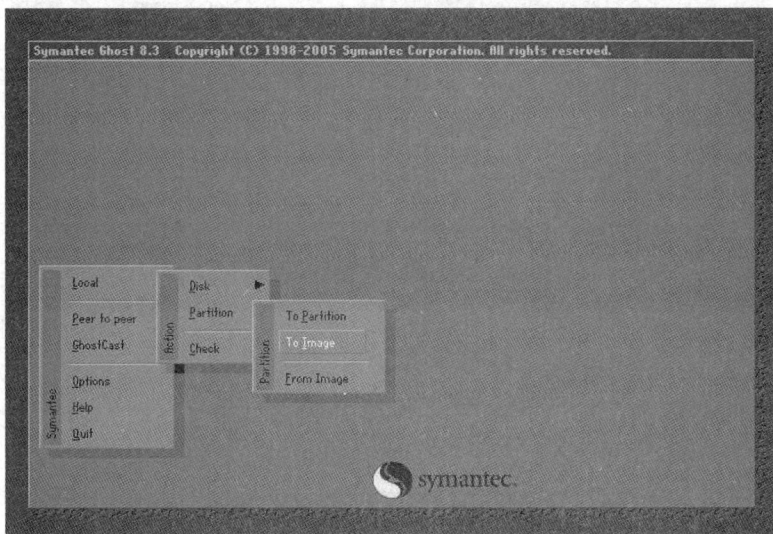

图 6.6.2.1　选择系统备份

屏幕显示出硬盘选择界面，如图 6.6.2.2 所示。选择分区所在的硬盘"1"，如果只有一块硬盘，可以直接按回车键。

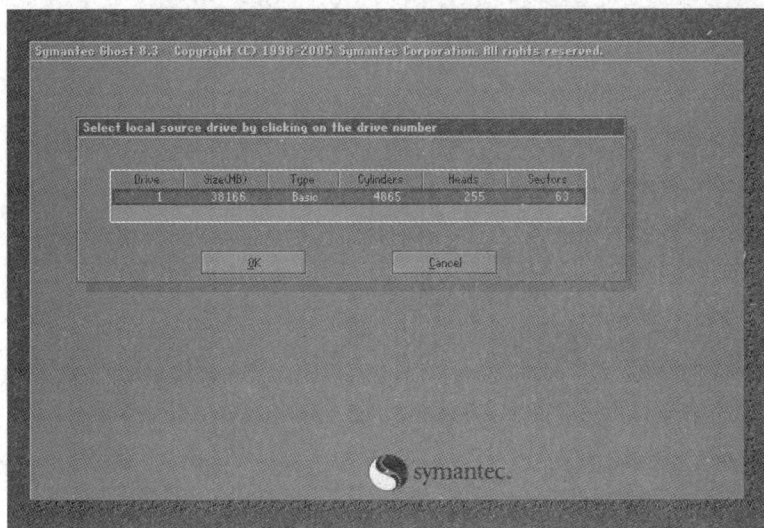

图 6.6.2.2　选择硬盘

选择要制作镜像文件的分区(即源分区)，这里用上下键选择分区"1"(即 C 分区)，按 Tab 键切换到"OK"按钮，再按回车，如图 6.6.2.3 所示。

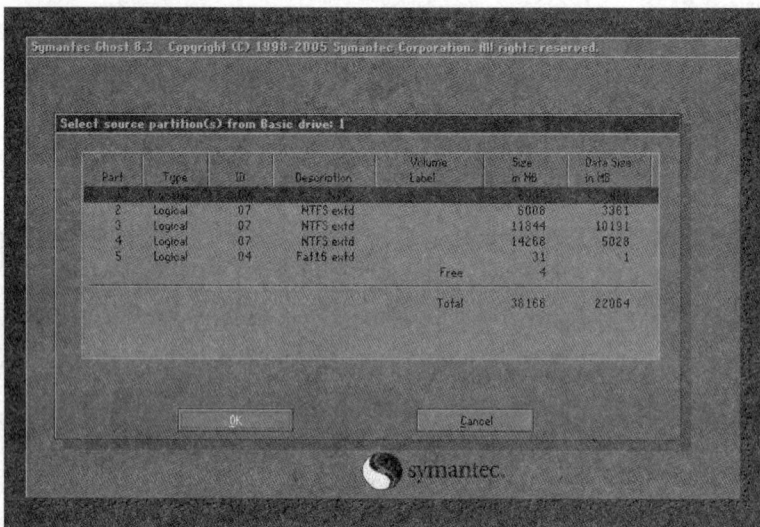

图 6.6.2.3　选择分区

选择镜像文件保存的位置，此时按下"Shift + Tab"键可以切换到选择分区的下拉菜单，按上下键选择分区，例如"1∶2"的意思就是第一块硬盘的第二个分区，也就是"D"盘。选好分区后，再按 Tab 键切换到文件选择区域，用上下键选择文件夹，可以再按 Tab 键，切换到"Filename"文本框键入镜像文件名称，如"Win 7"或"C_BAK.GHO"，然后按回车键即可。建议在进行备份前就在分区里建好 Ghost 的文件夹，把 Ghost 程序和备份文件放在一起，从 Ghost 目录启动 Ghost 程序，这样就直接回到镜像备份 Ghost 目录，直接填上备份文件名然后按回车就可以了，如图 6.6.2.4 所示。

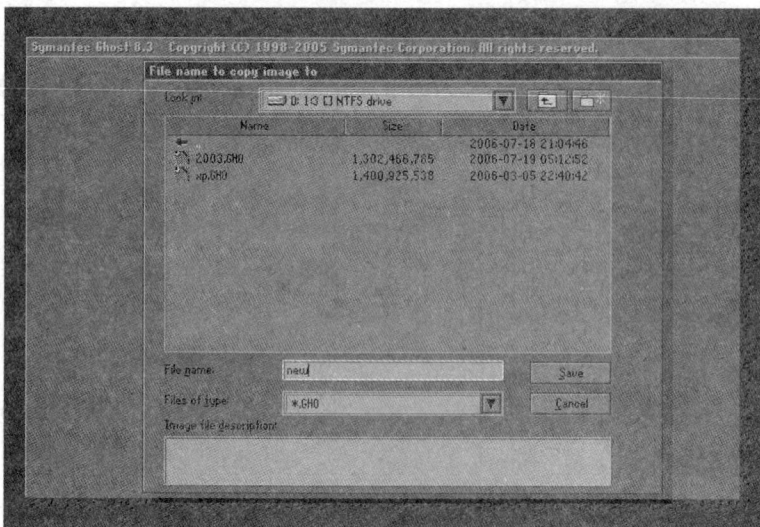

图 6.6.2.4　设置备份文件名称

接下来 Ghost 会询问是否需要压缩备份镜像文件，如图 6.6.2.5 所示。这里只能用左右键选择，"No"表示不做任何压缩；"Fast"的意思是进行小比例压缩但是备份工作的执行速度较快；"High"是采用较高的压缩比但是备份速度相对较慢。一般选择"High"，虽然速度稍慢，但镜像文件所占用的硬盘空间会大大降低。

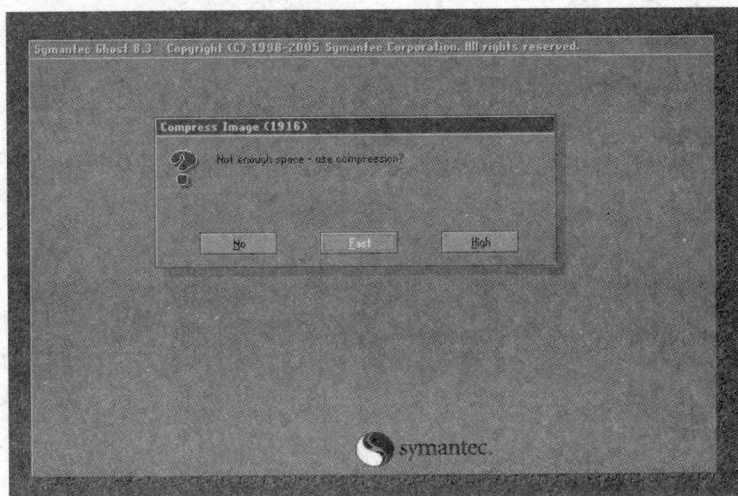

图 6.6.2.5　设置压缩

这一切准备工作做完后，Ghost 就会询问是否进行操作，如图 6.6.2.6 所示，选"Yes"按回车后，开始制作镜像文件。备份速度与 CPU 主频和内容容量有很大的关系，一般 10 分钟以内都可以完成。等进度条走到 100%，就表示备份制作完毕，可以直接重启。

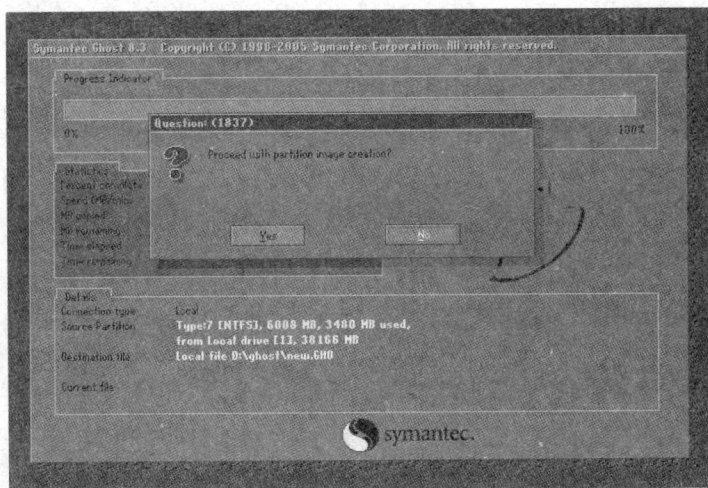

图 6.6.2.6　开始备份

通过上面的工作制作了一个系统备份，在系统出现不能解决的问题时，就可以使用 gho 文件来还原系统。为了避免备份文件被误删，可将 gho 文件设为隐藏文件或者存储到移动设备上。

2．系统备份还原

重启计算机选择进入 PE 系统，运行 Ghost 程序，选择"Local→Partition→From Image"恢复到系统盘，如图 6.6.2.7 所示。

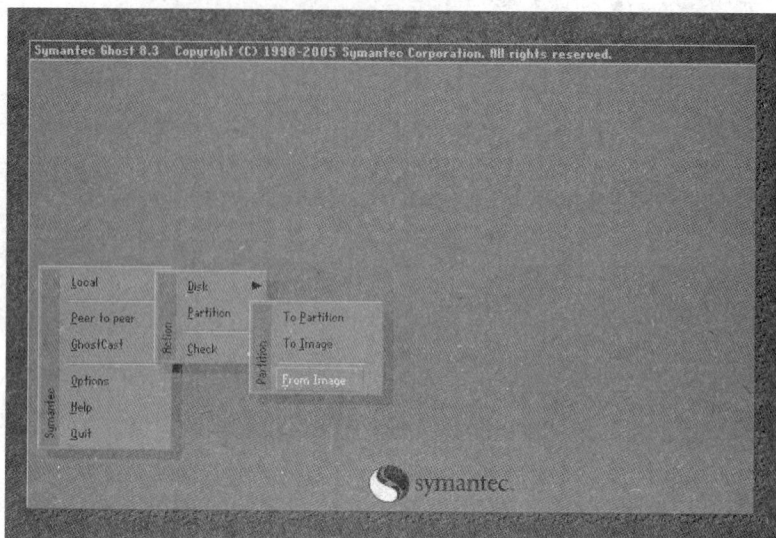

图 6.6.2.7　选择系统还原

选择镜像文件保存的位置，此时按下"Shift + Tab"键可以切换到选择分区的下拉菜单，按上下键选择分区，例如"1：2"的意思就是第一块硬盘的第二个分区，也就是"D"盘。选好分区后，再按 Tab 键切到文件选择区域，用上下键选择文件夹，用回车进入相应文件夹并选好源文件，也就是 gho 文件，并按回车。如果是从 Ghost 目录启动 Ghost 程序，可以直接看到目录下的 Ghost 备份文件。移动光标选择即可，如图 6.6.2.8 所示。

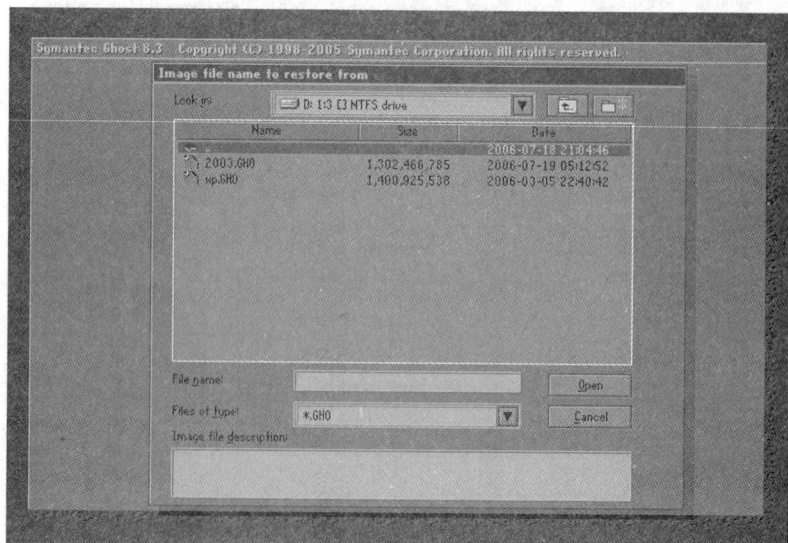

图 6.6.2.8　选择 gho 文件

选择源硬盘，也就是 gho 文件存储的硬盘，如图 6.6.2.9 所示。因为计算机只有一块硬盘，默认按回车确认。

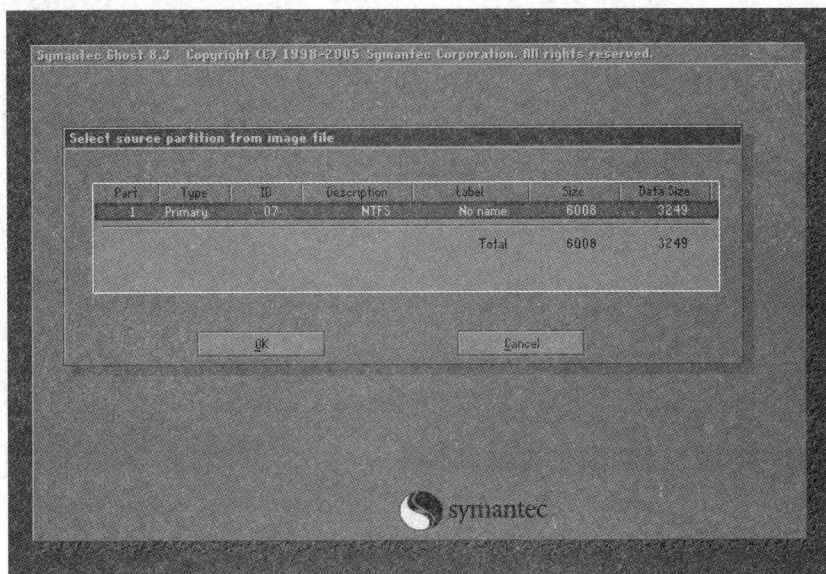

图 6.6.2.9　选择源硬盘

选择目的硬盘，如图 6.6.2.10 所示，也就是需要被恢复的硬盘。因为计算机只有一块硬盘，默认按回车确认。

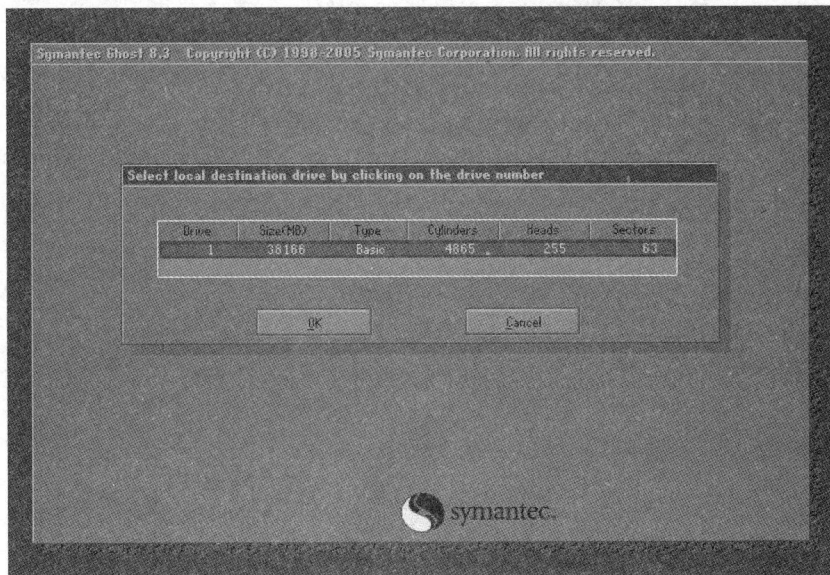

图 6.6.2.10　选择目的硬盘

选择要把镜像文件恢复到哪个分区，如果要恢复到 C 盘，选择 Primary 按回车即可，如图 6.6.2.11 所示。

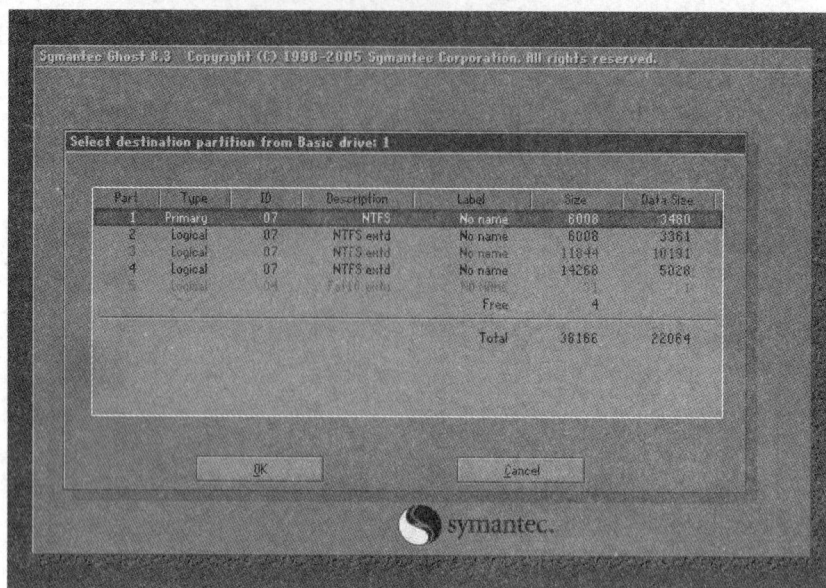

图 6.6.2.11　选择目的分区

　　所有选择完毕后，Ghost 仍会询问是否进行操作，选择"Yes"按回车键，如图 6.6.2.12 所示。再次等到进度条走完 100%，系统恢复成功，此时重启即可。

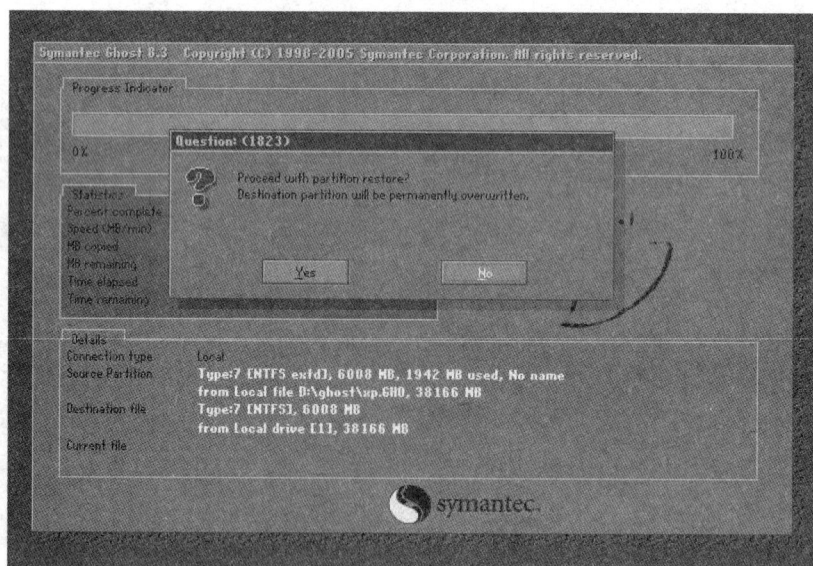

图 6.6.2.12　开始还原系统

　　事实上，从 Win 8 开始，微软在 Windows 操作系统内部内置了系统备份还原功能，但是这个功能只能针对当前这台计算机生效，如果计算机硬盘损坏就无法还原，而 Ghost 可以将备份文件存储到其他位置避免这种情况。同时，使用 Ghost 可以针对局域网所有计算机同时进行批量系统备份还原，所以 Ghost 更适用于网吧、学校机房、图书馆、公司这样的环境。

6.7　疑　难　解　析

1. 操作系统安装文件应该从哪里获取？

解析：Windows 操作系统可以在 www.itellyou.cn 免费获取。Linux 操作系统根据具体版本分支来检索项目官方网站获得下载链接，例如 Ubuntu 系统可以直接在其官方网站 www.ubuntu.com 免费下载。切忌在陌生网站下载诸如"完美破解""免注册"这样的操作系统，这些系统里面预先可能被植入恶意软件，会给用户带来无法估量的损失。就算是标注的官方原版也要仔细核对校验值(MD5、SHA1)是否与官网校验值一致。

2. 学会了如何给虚拟机安装操作系统，可是如何给一台物理机器安装操作系统呢？

解析：物理机的光驱如果可以正常使用，那么就通过光驱加载操作系统光盘来进行安装，步骤跟虚拟机安装操作系统一致。如果物理机的光驱无法使用(或者没有操作系统光盘)，可以将操作系统镜像(ISO 文件)下载下来后通过虚拟光驱软件(例如 UltraISO)刻录到一个 U 盘中，设置物理机 BIOS 的启动顺序，将 USB 启动设置为第一位，然后从 U 盘引导开始系统安装，后续安装步骤跟虚拟机安装操作系统一致。

6.8　本　章　习　题

在计算机上配置两台虚拟机，分别安装最新的 Win10 系统和 Ubuntu 系统，并设置这两台虚拟机都能够连上 Internet。

第7章 计算机日常维护

计算机已经成为人们日常工作生活的一个重要工具，但是在日常操作使用计算机时，或多或少会遇到一些小问题，作为专业人士，需要掌握计算机的日常维护原理，学会排除日常使用计算机中的常见故障。本章内容将从计算机的硬件和软件两个方面讲解常见故障的定位，产生的原因，故障排除的方法等。

责 任 意 识

党的二十大报告提出：江山就是人民，人民就是江山。中国共产党领导人民打江山、守江山，守的是人民的心。治国有常，利民为本。为民造福是立党为公、执政为民的本质要求。必须坚持在发展中保障和改善民生，鼓励共同奋斗创造美好生活，不断实现人民对美好生活的向往。

开山岛位于我国黄海前哨，属江苏省连云港市管辖。这个岛只有两个足球场大，不通电也没有淡水，但由于地理位置特殊，战略地位十分重要。1986 年，26 岁的王继才接受了守岛任务，从此以海岛为家，与孤独相伴，每天按时巡逻，虽然枯燥无味，但是从不叫苦叫累。2018 年，守岛三十年的王继才逝世，他的妻子承担两个人的责任继续守护在这里。他们的故事被拍成了电影《守岛人》，感动了千千万万的人们。我们的国土正是因为有这些人守着，才寸土未丢。

计算机系统管理员守护着企业硬件设备这块"领土"，也需要尽职尽责，才能确保寸土不失。例如，在日常硬件维护工作中，最常用的故障排除办法就是重启计算机，有些缺乏责任意识的管理员会直接把电源插座上的电源断开代替重启计算机。但这样就和守岛不巡逻没什么两样，直接断开计算机电源可能会可能导致数据丢失，甚至硬件损坏。系统管理员承担着"守土"职责，不能因为嫌复杂和麻烦，就简单断电了事。

所谓责任意识就是对自己可能并不喜欢的工作毫无怨言地承担，并认认真真地做好。网络管理员履职尽责，计算机才能安全稳定地运行；我们每一个普通人都坚守平凡，履职尽责，社会才能和谐运转，持续发展。

7.1 计算机常见硬件故障排除

7.1.1 常见硬件故障

任何电子设备随着使用年限的增加，性能、可靠性都会下降，由于计算机组成部分多，很多故障往往不是因为某一个硬件导致的，所以在实际中还需要综合分析故障来源。本节把常用设备的常见故障列出，供读者参考。

1．CPU 常见故障

一般来说，CPU 发生故障的概率很小，主要故障是由于 CPU 风扇散热不及时引起的。计算机如果一直处于高速运转的情况下，及时有效的散热是很有必要的，一般温度不要超过 75 摄氏度。如果 CPU 风扇出现故障会导致 CPU 受热过高，进而造成频繁的死机。当 CPU 受到损坏时，BIOS 加电自检系统则没有反应。遇到这种状况，计算机用户应该首先检查计算机的散热风扇接口是否牢固，是否正常运转，必要的时候用户可自行外接一个计算机散热风扇底座进行散热。接下来需要检查 CPU 的芯片接触是否良好，导热硅脂是否均匀，CPU 的插脚是否存在断脚的情况。

2．主板常见故障

主板的故障主要集中在接口电路和接插件部分，主板一旦出现故障就会造成并口和串口无法正常与外界保持通信。在使用过程中尽量做到不带电拔、插接口的外设线缆，否则很容易使主板烧坏。如果主板做工较差，偶尔还会出现主板电容爆浆(如图 7.1.1.1 所示)、电路虚焊等故障。

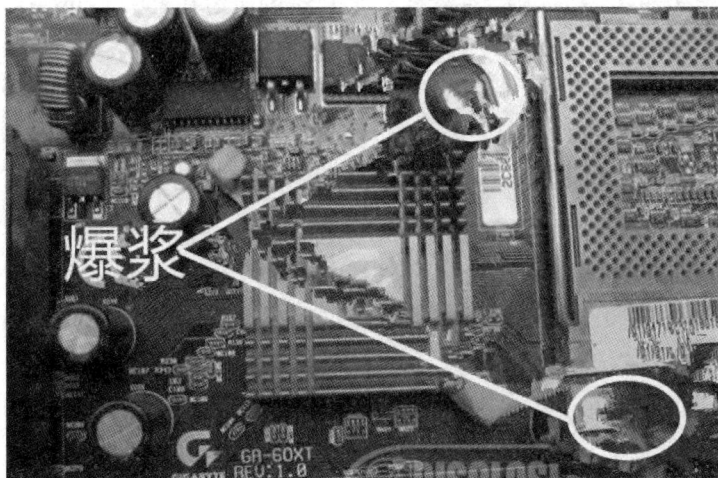

图 7.1.1.1　主板电容爆浆

3．硬盘常见故障

计算机在存储数据的时候一般磁盘处于高速运转的状态，如果在使用过程中受到震动，则很容易使硬盘受到损害。所以，用户在日常使用计算机的时候一定要避免电脑硬盘受到震动，并减少一些不必要的使用，降低硬盘读写过程中运转的频率，从而降低硬盘工作的负荷。如果在使用过程中发现硬盘扇区损坏，则可以通过磁盘扫描程序进行磁盘的检查，一旦发现损坏的扇区，扫描程序就会自行进行标记，操作系统就不再使用这些破损的扇区，同时那些储存在破损扇区里的数据也一同损坏。

4. 内存常见故障

内存的故障一般是由于内存和主板接触不良。如果内存的做工不好，金手指金属铜片非常容易出现氧化现象，一旦金手指氧化，将导致主板接触不良，系统将无法正常启动。用户在面对这样问题的时候，首先可以用正常的内存条替换出现故障的内存条。如果计算机的故障排除了，就说明内存条存在问题，可以先将内存条拔下，用橡皮擦对金手指进行擦拭，如图 7.1.1.2 所示。然后重新安装进主板，开机后故障一般可以排除(对金手指清洁的排除故障方法也常用于其他带有金手指的部件，如网卡、声卡、显卡等)。

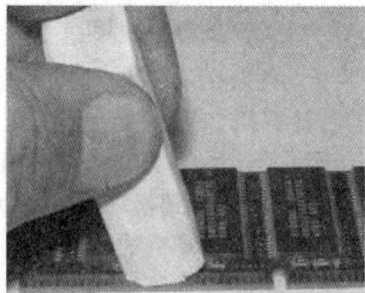

图 7.1.1.2 使用橡皮擦除金手指上的氧化层

5. 光驱常见故障

光驱出现的故障主要是数据的读取存在问题。因为光驱的使用比较频繁，排除光驱本身的质量问题，在光驱使用的过程中可能沾染较多的灰尘，从而影响光驱正常的信号强度，导致信息的输出输入产生错误。针对这种情况，计算机用户可以避免在灰尘较多的房间里办公，保持计算机的日常清洁；或者先进行关机断电后，打开光驱用棉签或者轻柔的毛刷蘸着蒸馏水对光驱透镜表面进行擦拭，故障则可以排除。如果进行清洁后的光驱仍不能正常工作，则有可能是激光管老化导致无法正常地进行数据传输，这种情况下直接更换新的光驱。

6. 键盘常见故障

键盘作为重要的输入设备，在日常使用中不要用力敲击、撞击键盘，最好使用键盘保护膜，既可以避免键盘老化又可以防止灰尘进入键盘。总的来说键盘出现的故障主要是按下相应的字符，而显示器上不显示对应的字符。此类故障主要是由于键盘出现短路从而无法正确显示相应的字符。可以打开记事本程序，依次输入字符，逐个排除失效的按键，并给予更换即可。

7. 声卡、音箱常见故障

声卡和音箱常见的故障主要有声音小、变调、有爆音、一个音箱有声一个没声甚至整个无声等。造成此类故障的主要原因有很多，主要有声卡的驱动出现故障、音箱损坏、声卡模块损坏、BIOS 设置问题和声卡接触不良的问题，可以采取逐步排除法进行检查故障。

首先，检查桌面任务栏右下方是否有小喇叭的标志，如果有则表示声卡正常，可能是系统声音太小或者用户设置成了静音导致音箱无法正常播放声音。其次，接入耳机检查是否有声音的输出，如果有则说明是音箱出了故障。接着，用户在控制面板—声音和音频对话框—声音中查看声音选项卡中的预览是否为灰色，再点击设备管理器中的设备管理器窗口是否有黄色的选项，如果有黄色，看选项是不是声卡设备选项，如果是则表明声卡驱动器没有安装，只需重新安装一个声卡驱动即可。然后打开机箱，检查声卡是否松动，如果出现松动，可将声卡拆卸下来，将上面的灰尘清理干净再重新固定好开机测试。如果声音还是有问题则说明是声卡有问题，重新替换一块声卡即可。

8．显卡、显示器常见故障

显示器一般很少出现故障，若出现故障一般只是显示器出现黑屏或者花屏，颜色严重偏离。主要是由于显卡受到损坏或者与主板插接不牢固导致信号无法输出，从而造成显示器无法正常工作。面对这种故障，先检查显卡是否插接牢固，若不牢固则拔下显卡对显卡进行清洁处理，再将显卡插接牢固。然后检查显卡和显示器之间的信号线和接头是否牢固，是否存在磁场干扰，同时将分辨率、垂直刷新率调低，则可以避免花屏的状况。

9．使用机箱、电源应注意的问题

劣质的机箱和电源会造成很多未知的故障。一般劣质的机箱采用的都是很薄的钢板，当计算机工作时，钢板就会出现共振的情况，发出很大的噪声，从而导致系统出现死机或不断重启的状况。劣质的电源不仅会造成计算机无法正常运转，还会造成火灾的隐患。针对这种问题，用户需要找出出现共振的机箱板，改变其共振的频率，以有效地减少噪声的干扰。另外，建议用户使用有安全标志、质量好的电源线，因为一旦引起火灾造成的损失是不可估量的。

7.1.2　硬件故障排除

1．硬件故障排除方法

计算机硬件故障排除常用的方法总结如下：

1) 直接观察法

直接观察法即"看、听、闻、摸"，类似于传统中医的"望闻问切"。"看"即观察计算机所处的位置、电源连接、其他设备、温度与湿度、主板的接口、插座是否歪斜、电阻和电容引脚是否相碰、表面是否变色(高温烧焦)、芯片表面是否开裂、主板上的铜箔是否烧断。还要查看是否有异物掉进主板的元器件之间(造成短路)，也可以看看板上是否有变色的地方，电路板上的走线是否断裂等。"听"即监听电源风扇、硬盘电机或寻道、显示器变压器等设备的工作声音是否正常。另外，系统发生短路故障时常常伴随着异常声响。监听可以及时发现一些事故隐患和帮助在事故发生时即时采取措施。"闻"即辨闻主机、板卡中是否有烧焦的气味，便于发现故障和确定短路所在地。"摸"即用手按压管座的活动芯片，看芯片是否松动或接触不良。另外，在系统运行时用手触摸或靠近 CPU、显示器、硬盘等设备的外壳，根据其温度可以判断设备运行是否正常。

2) 最小系统法

移除掉其他所有部件，仅保留由电源、主板和 CPU 组成的最小系统。在这个系统中，没有任何信号线的连接，只有电源到主板的电源连接。主要是要先判断在最基本的硬件环境中，系统是否可正常工作。如果不能正常工作，即可判定最基本的硬件环境有故障，从而起到故障隔离的作用。然后以最小系统为基础，每次只向系统添加一个设备，来检查故障现象是否消失或发生变化，以此来判断并定位故障部位。

3) 拔插法

计算机系统产生故障的原因很多，主板自身故障、接口故障、各种扩展卡故障均可导致系统运行不正常。采用拔插维修法是确定故障所在设备的简便方法。该方法就是关机将插件板逐块拔出，每拔出一块扩展卡就开机观察机器运行状态，一旦拔出某块后运行正常，那么故障原因就是该扩展卡故障或相总线插槽及负载电路故障。若拔出所有插件板后系统启动仍不正常，则故障很可能就在主板上。拔插法的另一含义是：一些芯片、板卡与接口接触不良，将这些芯片、板卡拔出后再重新正确插入可以解决因安装接触不当引起的故障。

4) 交换法

将同型号、接口一致、功能相同的扩展卡或同型号芯片相互交换，根据故障现象的变化情况判断故障所在。此法多用于网吧、学校机房、办公室这样的环境，例如内存自检出错，可交换相同的内存芯片或内存条来判断故障部位，无故障芯片之间进行交换，故障现象依旧；若交换后故障现象变化，则说明交换的芯片中有一块是坏的，可进一步通过逐块交换而确定部位。如果能找到相同型号的设备，使用交换法可以快速判定是不是元件本身的质量问题。交换法也可以用于以下情况：没有相同型号的电脑部件或外设，但有相同类型的主机，则可以把设备插接到该同型号的主机上判断其是否正常。

5) 比较法

运行两台或多台相同或相类似的电脑，根据正常电脑与故障电脑在执行相同操作时的不同表现可以初步判断故障产生的部位。

6) 振动敲击法

用手指轻轻敲击机箱外壳，有可能解决因接触不良或虚焊造成的故障问题。然后可进一步检查故障点的位置排除之。

7) 升温降温法

人为升高电脑运行环境的温度(如使用电吹风)，可以检验电脑各部件(尤其是 CPU)的耐高温情况，因而及早发现事故隐患。人为降低电脑运行环境的温度(如使用风扇)，如果电脑的故障出现率大为减少，则说明故障出在不耐高温的部件中，此举可以帮助缩小故障诊断范围。事实上，升温降温法采用的是故障促发原理，通过人为制造故障来促使故障频繁出现，从而观察和判断故障所在的位置。

8) 程序测试法

随着各种集成电路的广泛应用，焊接工艺越来越复杂，仅靠简单的替换排除有时无法确定故障所在。而通过诊断程序、万用表、专用诊断卡及根据各种技术参数(如接口地址)自编专用诊断程序来辅助硬件维修则可达到事半功倍之效。程序测试法的原理就是用软件发送数据、命令，通过读线路状态及某个芯片(如寄存器)状态来识别故障部位。此法往往用于检查各种接口电路故障及具有地址参数的各种电路。但此法应用的前提是 CPU 及总线基本运行正常，能够运行有关诊断软件，能够运行安装于主板插槽上的诊断卡等，常见的 4 位诊断卡如图 7.1.2.1 所示。编写的诊断程序要严格、全面、有针对性，能够

图 7.1.2.1　4 位诊断卡

让某些关键部位出现有规律的信号，能够对偶发故障进行反复测试及能显示记录出错情况。软件诊断法要求具备熟练编程技巧、熟悉各种诊断程序与诊断工具(如 debug、DM 等)、掌握各种地址参数(如各种 I/O 地址)以及电路组成原理等，尤其需要掌握各种接口单元正常状态的各种诊断参考值，所以这种方法需要操作人员具有较高的技术水平。

由于计算机在启动系统之前，会对硬件进行自检，如果自检发现故障将通过主板的蜂鸣器报警。所以，最简单的发现故障的方法就是仔细听主板的报警声音，对于不同厂商，报警声音略有差异，具体如下：

AWARD BIOS 响铃声的一般含义如下：

- 一短声：系统正常启动。这是每天都能听到的，也表明没有任何问题。
- 二短声：常规错误，请进入 CMOS Setup，重新设置不正确的选项。
- 一长声一短声：RAM 或主板出错。换一条内存试试，若还是不行，只好更换主板。
- 一长声二短声：显示器或显卡错误。
- 一长声三短声：键盘控制器错误，检查主板南桥芯片。
- 一长声九短声：主板 Flash RAM 或 EPROM 错误，BIOS 损坏。换块 Flash RAM 试试。
- 不断地响(长声)：内存条未插紧或损坏。重插内存条，若还是不行，只有更换一条内存。
- 不停地响：电源、显示器未和显卡连接好。检查一下所有的插头。
- 无声音无显示：电源问题。

AMI BIOS 响铃声的一般含义如下：

- 一短声：内存刷新失败，内存损坏，需要更换内存。
- 二短声：内存奇偶校验错误。可以进入 CMOS 设置，将内存 Parity 奇偶校验选项关掉，即设置为 Disabled。
- 三短声：系统基本内存检查失败。更换内存。
- 四短声：系统时钟出错，需要维修或更换主板。
- 五短声：CPU 错误。但未必全是 CPU 本身的错，也可能是 CPU 插座有问题。
- 六短声：键盘控制器错误。键盘控制芯片或相关的部位有问题。
- 七短声：系统实模式错误，不能切换到保护模式。
- 八短声：显存读/写错误。显卡上的显存芯片可能有损坏。如果显存是可插拔的，只要找出坏片并更换就行，否则显卡需要维修或更换。
- 九短声：ROM BIOS 检验出错。换块同类型的好 BIO 芯片，可以采用重写甚至热插拔的方法试图恢复。
- 十短声：寄存器读/写错误，需要维修主板。
- 十一短声：高速缓存错误。
- 无声音无显示：电源问题。

2. 硬件故障排除流程

计算机运行环境检查常见故障排除流程如图 7.1.2.2 所示。

环境检查

市电检查 → 1. 电压是否正常 2. 插座是否松掉 3. 接地是否正常

开关检查 → 1. 开关是否打开 2. 开关是否损坏 3. 是否接触不良

主机电源检查 → 1. 电源线是否接错 2. 电源是否损坏 3. 电源线是否损坏

电池检查 → 1. 电池是否接触不良 2. 电池是否电压过低 3. 电池电量是否过少

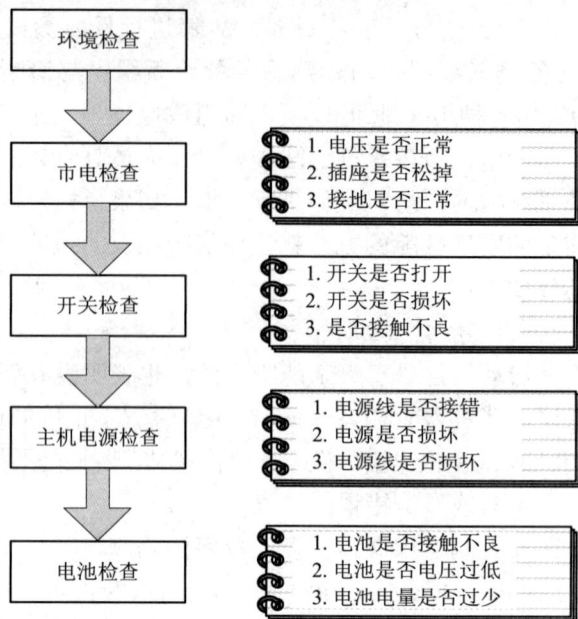

图 7.1.2.2　环境检查常见故障排除流程图

计算机主板无法加电故障排除流程如图 7.1.2.3 所示。

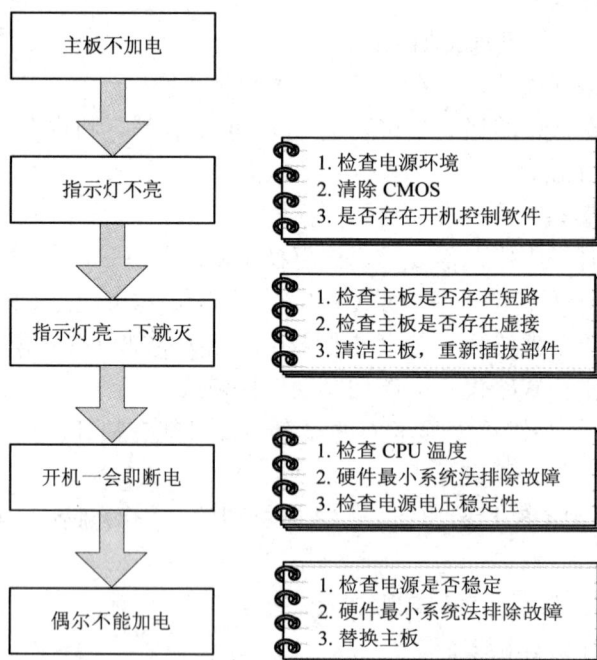

主板不加电

指示灯不亮 → 1. 检查电源环境 2. 清除 CMOS 3. 是否存在开机控制软件

指示灯亮一下就灭 → 1. 检查主板是否存在短路 2. 检查主板是否存在虚接 3. 清洁主板，重新插拔部件

开机一会即断电 → 1. 检查 CPU 温度 2. 硬件最小系统法排除故障 3. 检查电源电压稳定性

偶尔不能加电 → 1. 检查电源是否稳定 2. 硬件最小系统法排除故障 3. 替换主板

图 7.1.2.3　主板无法正常加电故障排除流程图

计算机主板加电正常但是无法看到系统启动界面故障排除流程如图 7.1.2.4 所示。

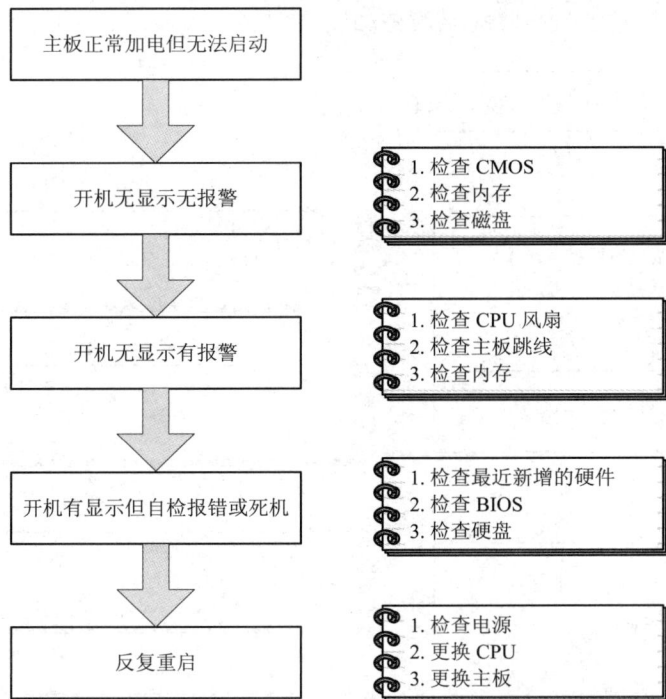

图 7.1.2.4　主板正常加电但是无法启动故障排除流程图

操作系统启动异常故障排除流程如图 7.1.2.5 所示。

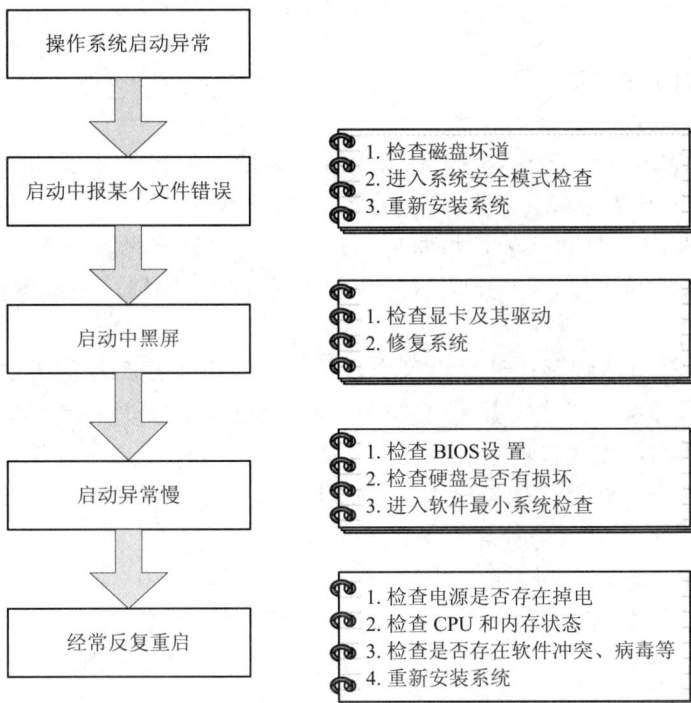

图 7.1.2.5　操作系统启动异常故障排除流程图

操作系统启动异常硬盘故障排除流程如图 7.1.2.6 所示。

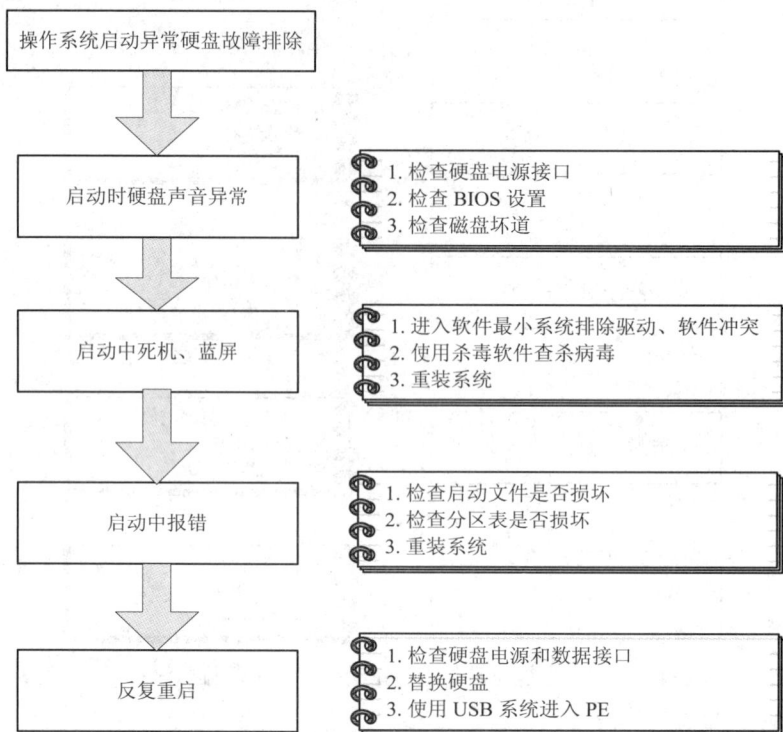

图 7.1.2.6　操作系统启动硬盘故障排除流程图

7.1.3　硬件日常保养

（1）计算机设备十分"爱干净"，对灰尘特别敏感。如果设备长期处于灰尘较多的环境中工作，很容易发生故障，因为灰尘会不知不觉地渗入设备的控制框中，并直接覆盖到它的电子线路中。时间一长，设备内部的工作电路就会散热不良，长此以往自然就容易出现故障。如果条件允许，则应对易吸尘部分(CPU 风扇，主板等)每季度定期清理一次。

（2）电子设备都害怕潮湿，计算机每个设备内部有电子线路，如果电子线路中的各个元器件长期在潮湿环境中工作，其电气性能就会逐步下降，而且还有可能产生漏电现象，引发火灾事故。相对湿度较高时，会导致计算机元器件受潮变质，发生短路；相对湿度过低时，空气干燥，会使计算机受静电干扰，产生错误操作，所以计算机要求环境的相对湿度为 20%～80%，才可以保障计算机的正常工作。

（3）设备对环境温度十分敏感，高于 40℃的环境或低于 0℃的环境会降低设备的工作效率，使它的潜能得不到充分发挥，从而减少使用寿命。温度过高，计算机的散热不良，会影响机体部件的正常工作；温度过低，磁盘驱动器的读写容易出现错误。工作环境的温度应保持在 15～35℃。

（4）计算机与各种外设之间有很多接口，各个接口的插头要求插到位并固定。如需进行插头的拔插，则要注意辨识容易混淆的接口，如进线和出线等，避免接口连接错误。电缆线的维护主要是抗老化，必须定期清洁；对于一些经常移动的连接线，要注意检查外层磨损情况。

(5) 要想使计算机正常运行并保障用户的使用安全，首先要有可靠的接地线；其次，计算机不应与大电机、电焊机和空调等电感性大的电器共用一组电源线，因为这些电感性大的电器在启动或关闭时，由于它们的自感作用，会对计算机产生干扰。

(6) 计算机运行时，要注意不要随意搬动，防止震动过度造成内存条松动而引起故障。另一方面，硬盘读取时如果震动过大，会加快硬盘的老化，甚至造成坏道、坏扇区，一旦出现这种情况，计算机在运行时就很容易发生死机故障。硬盘需要定期整理养护，优化数据存储，保证数据安全。

7.2　计算机常见软件故障排除

7.2.1　常见软件故障

关于软件故障，一个说法是"重启能够解决 90%的软件故障，还有 10%可以靠重装系统来解决"。这句话在实践中有一定道理，因为软件故障具有很大的偶发性，有时根本无法重现故障，通过重启计算机或者重装系统确实能够解决大部分故障。但现实中，软件故障可能会跟硬件故障、网络故障混杂在一起，所以还是需要用户能够分析原因，找到故障所在才能对症下药。

1．软件不兼容

有些软件在运行时与其他软件甚至操作系统有冲突，相互不能兼容。如果这两个不能兼容的软件同时运行，可能会中止程序的运行，严重的将会使系统蓝屏、崩溃。比较典型的例子是杀毒软件，如果系统中存在多个杀毒软件，很容易造成系统运行不稳定。

2．非法操作

非法操作是由于人为操作不当造成的。如卸载程序时不使用程序自带的卸载程序，而直接将程序所在的文件夹删除，这样一般不能完全卸载该程序，反而会给系统留下大量的垃圾文件，为系统故障留下隐患。

3．误操作

误操作是指用户在使用计算机时，误将有用的系统文件删除或者分区时错误操作，这样会导致系统故障、启动失败、分区丢失等严重后果。例如，在毫无经验的情况下对系统关键位置进行了修改(如注册表)而且没有做备份，可能导致系统无法正常启动。

4．病毒破坏

计算机病毒会给系统带来难以预料的破坏，有的病毒会感染硬盘中的可执行文件，使其不能正常运行；有的病毒会破坏系统文件，造成系统不能正常启动。例如，2017 年 4 月席卷全球的"永恒之蓝"勒索病毒，该病毒会自动将用户硬盘上的文件加密，勒索用户必须支付一定数量的比特币才能发送解密密码，导致用户蒙受巨大的损失。

5. 参数设置不合理

一个软件特别是应用软件总是在一个具体用户环境下使用的，如果用户设置的环境参数不能满足用户使用的环境要求，那么用户在使用时往往会感觉软件有某些缺陷或者故障。比如，某文档在编辑过程中都可以正常显示，但是打印出来总是一张白纸。经过检查，发现故障计算机的 Word 系统设置了蓝底白字功能。在编辑时无法发现任何异常(因为是蓝色背景)，但是在打印时白纸上面是无法显示白字的，因此也就导致了故障现象的发生。

7.2.2 软件故障排除

1. 软件故障排除方法

计算机软件故障排除常用的方法如下：

1) 安全模式法

安全模式法主要用来诊断由于注册表损坏或一些软件不兼容导致的操作系统无法启动的故障。首先用安全模式(例如，Win 7 下进入系统前长按 F8 键)启动计算机，在安全模式里系统仅保留基本内核功能，连大部分驱动都不加载，如果存在不兼容的软件，在系统安全模式启动后将它卸载，然后正常退出；接着再重新启动电脑，启动后安装新的软件即可，这也是最常用的软件故障排除方法。

2) 软件最小系统法

软件最小系统法是指只有一个基本的操作系统环境，不安装任何应用软件，可以卸载所有的应用软件或者重新安装操作系统即可。然后根据故障分析判断的需要，安装需要的应用软件。使用一个干净的操作系统环境，可以判断故障是属于系统问题、软件冲突问题，还是软、硬件间的冲突问题。该方法适用于系统安装的软件较少的时候。

3) 程序诊断法

针对运行环境不稳定等故障，可以用专用的软件来对计算机的软、硬件进行测试，如AIDA64、WinBench 等，根据对这些软件反复测试而生成的报告文件，就可以比较轻松地找到一些由于系统运行不稳定而引起的故障。用户可以使用傻瓜式的软件一键测试、优化系统，如：鲁大师。

4) 逐步添加/去除软件法

逐步添加软件法，即以最小系统为基础，每次只向系统添加一个软件，来检查故障现象是否发生变化，以此来判断故障软件。逐步去除软件法正好与逐步添加软件法的操作相反，该方法也是较常用的方法之一。

5) 软件环境参数重置法

现在软件为了适应不同环境用户的需要，在开发时都预留了一些配置参数变量。因此，当软件出现了一些应用故障或者缺陷时，要尽量从软件的配置参数入手考虑，针对软件故障的表现对相应的参数加以修改，从而有效排除故障。

2．软件故障排除流程

操作系统启动异常软件故障排除流程如图 7.2.2.1 所示。

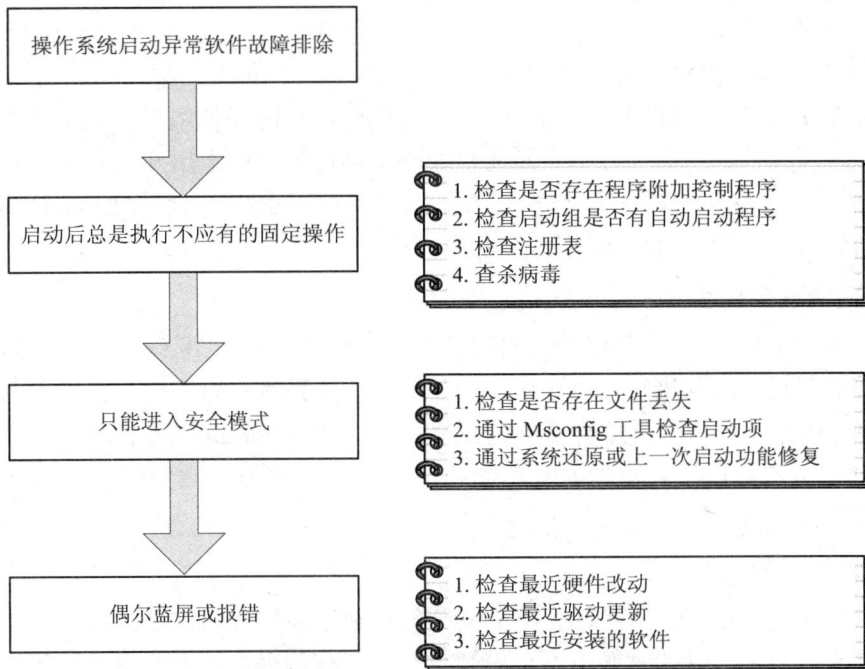

图 7.2.2.1　操作系统启动故障排除流程图

操作系统启动后常见故障排除流程如图 7.2.2.2 所示。

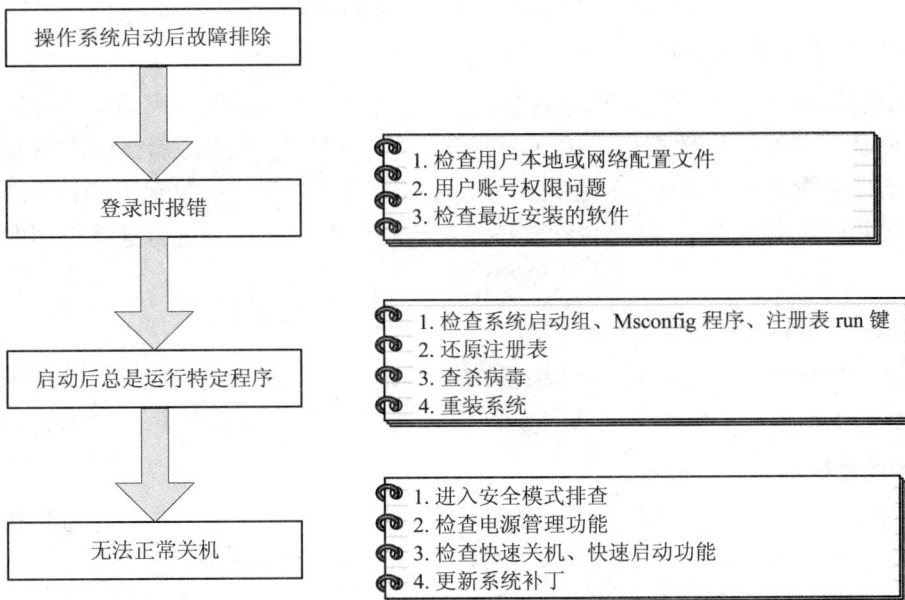

图 7.2.2.2　操作系统启动后常见故障排除流程图

7.2.3 软件日常维护

1．及时清理系统临时文件

在操作系统的使用过程中(特别是 Windows 系统)，长时间使用后，系统会产生大量的临时文件、垃圾文件、日志文件、更新备份、驱动备份等一些无用却又拖累系统的文件。一般来说普通用户很难找到临时文件、垃圾文件所在的文件夹，可以使用 CCleaner、火绒或电脑管家之类的软件对系统进行清理。

2．及时清理启动项

由于很多应用程序都是默认设置开机启动，所以在使用操作系统一段时间后，有必要对一些无用的开机启动项进行清除。以 Win7 为例，在系统中有一个非常好用的工具，即Msconfig(系统配置程序)，在开始菜单搜索框中输入"msconfig"回车打开系统配置程序后，在启动项里就可以很直观地看到所有启动项，只需要把不需要的软件启动项取消勾选，然后点确定即可。

3．删除不用的应用程序

使用操作系统的过程，就是一个不断安装软件和使用软件的过程，用户可能有时只顾得上去安装它，等用不到的时候也不会去卸载它，还有些用户根本不懂得如何去卸载，那么等软件越来越多地占据系统的时候，系统也会变得比之前更加卡顿。当然其中有很多软件应用、软件服务还在后台运行并驻留在了系统内存中，所以很多长时间不用的软件建议卸载掉，在 Windows 系统里，打开控制面板，然后打开"程序和功能"，可以很直观地看到都安装了哪些应用，右键点击要卸载的程序，选择卸载即可。

4．对磁盘进行碎片整理

这个功能从 Windows 诞生不久后就有，该功能可以将长时间使用后的磁盘碎片重新整理，从而让硬件在读取数据的时候变得快速。只要在使用系统，那么就必然有磁盘碎片产生，所以磁盘整理非常必要。整理方法：右键点击 C 盘，切换到"工具"选项卡，点"立即进行碎片整理"，系统会自动对该磁盘进行整理，碎片的量会导致整理的时间也不一样。

5．安装应用程序注意事项

90%的软件在安装的时候都会有很多默认打钩的选项，如果没有取消那些选项，当安装了一款软件的时候，不知不觉中就多安装了 3～4 款软件，如浏览器、视频软件等。

6．养成良好的使用习惯

良好的使用习惯不是一日之功，需要长时间的积累。比如安装软件时尽量不要存放到系统盘、尽量不要去小的软件下载网站下载破解软件、尽量不要随便接入陌生 U 盘、尽量不要在桌面放过多文件、尽量不要点开来历不明的电子邮件，不要访问高安全风险网站，等等。

7.3　实训项目：为笔记本电脑清除灰尘

7.3.1　项目背景

　　笔记本电脑在使用较长时间后(一年以上)，散热能力会逐渐下降，用户会感觉笔记本电脑噪声越来越大，越来越"热"，有时甚至"烫手"，严重的会导致笔记本死机无法正常工作。究其原因，笔记本内部空间狭窄，笔记本内部唯一的主动散热装置就是 CPU 风扇及其导热管，CPU 风扇会在运行一段时间之后附着大量灰尘，进而影响整台笔记本的散热。清除灰尘是笔记本电脑的日常保养工作之一。本项目以一台较旧的戴尔灵越笔记本为例，讲解拆开笔记本电脑并为其内部清除灰尘。这台笔记本使用了三年，但从未清除灰尘，测试表面温度已经高达 38～42℃，如图 7.3.1.1 所示。

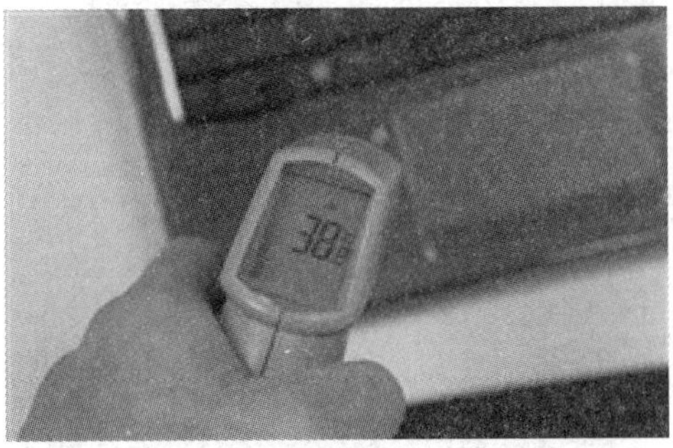

(a) 掌托区温度 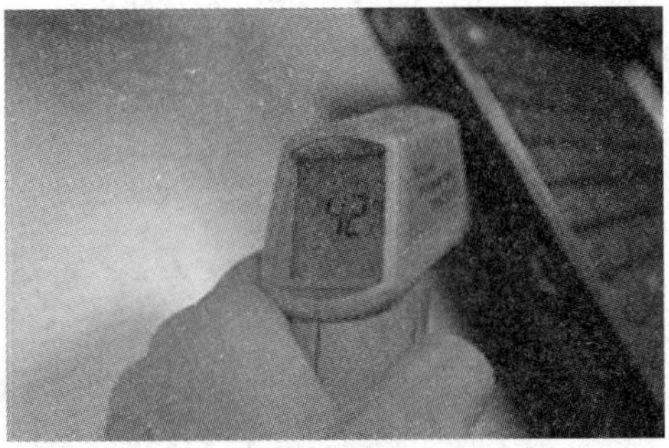　　　　　　　　　　　　　　　　　　(b) 出风口温度

图 7.3.1.1　笔记本清除灰尘前温度

7.3.2　实施过程

　　整个项目实施过程中，需要用到螺丝刀套装、气吹、毛刷、清洁剂、导热硅脂、辅助散热片等，如图 7.3.2.1 所示。

图 7.3.2.1　本项目所用的工具

拆机前要确保笔记本已经断电、关机，清水洗手消除静电，然后拔掉电池，以避免在拆机过程中静电(如果天气非常干燥最好佩戴防静电手套)、漏电等对笔记本带来不可逆转的伤害，如图 7.3.2.2 所示。

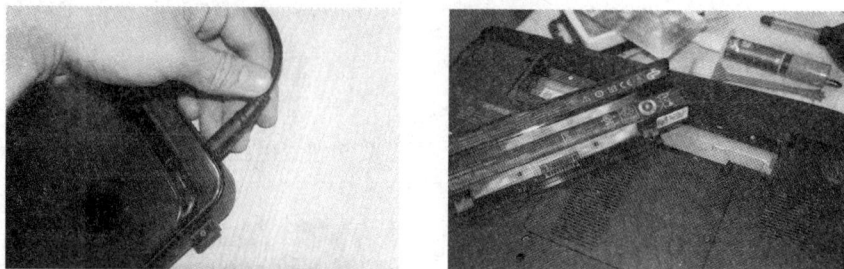

(a) 断开电源

(b) 拆下电池

图 7.3.2.2　断开电源，拆下电池

首先在笔记本底座(也称为 D 面)找到内存升级窗口，拧掉螺丝，打开内存升级窗口，取下内存，如图 7.3.2.3 所示。因为这台笔记本以前升级过内存，所以看到的是两条颜色不同的内存，掰开卡扣，取出内存条。在拆机过程中一定要记录机器螺丝的大小和位置，分好类型，最好能够拍照或者绘图记下螺丝位置，为装回的时候提供便利。

(a) 用螺丝刀取下螺丝

(b) 取下内存

图 7.3.2.3　打开内存盖，取下内存

接下来开始拆卸键盘，这个笔记本键盘设计特点是下半部卡槽很深，不能从下端硬撬，借助磁卡这样的工具从掌托面(也称为 C 面)的四个角挑开四个卡扣，然后键盘就慢慢地被撬起来了。键盘挑开之后，因为下面还有排线相连，需要慢慢翻转，移除排线，才能取下键盘，如图 7.3.2.4 所示。

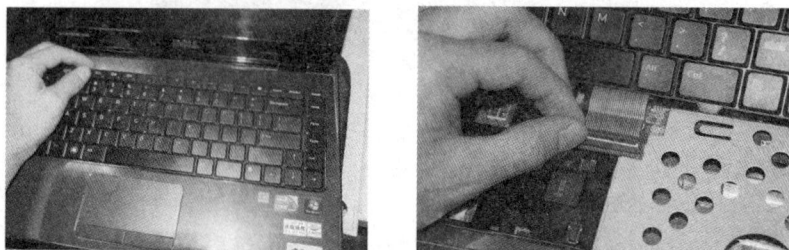

(a) 从边角抓下键盘

(b) 拆下键盘排线

图 7.3.2.4　拆卸键盘

在拆掉键盘之后，会在掌托面上看到许多排线，需要将它们一一移除。图 7.3.2.5 中左上方是屏幕排线，它上面提供了黑色的辅助拉手，需要捏住这个辅助拉手用力向上拔起，排线就可以被拿下来。其他排线基本和之前的键盘排线一样，都是扳开微型锁扣，只要轻轻向上扳开锁扣，排线就能轻松抽出，如图 7.3.2.5 所示。

拆除掉全部排线后，就可以开始拆下整个 C 面。在这一步为了减少对机身的划伤，需要用磁卡轻轻撬开 C 面。先从下部开始撬，当下部和两侧卡扣撬开之后，将整个面板向下拉动，上端脱离卡槽，C 面就可以取下来了。整个过程切记不能使用蛮力，如图 7.3.2.6 所示。

图 7.3.2.5　拆除屏幕排线

图 7.3.2.6　拆除 C 面

C 面板卸下后，已经能够完全看到主板。在主板的左上部出风口位置看到了本次拆机的重点：风扇。拆下覆盖在上面的排线，如图 7.3.2.7 所示，可以透过风扇的孔隙看到内部的灰尘。

(a) 拆下风扇固定排线

(b) 拆下风扇排线

图 7.3.2.7　拆除风扇排线

先拔掉风扇电源线，拧掉风扇两侧的螺丝，就可以把风扇完全卸下来了，如图 7.3.2.8 所示。

(a) 拆下风扇电源线

(b) 取下风扇

图 7.3.2.8　拆除风扇

下一步拆下主板，先把主板上一些外接连线通通拔掉，拧下主板上的各种螺丝，注意螺丝的长短粗细，分类记住位置。拧掉所有螺丝之后，主板就已经松动了，这时需要用手捏住主板与笔记本底座的连接处，沿垂直方向向上拔出主板，就可以成功地将主板拆下来，如图 7.3.2.9 所示。

(a) 用螺丝刀取下主板螺丝

(b) 取下主板

图 7.3.2.9　拆卸主板

下面开始拆开风扇，如图 7.3.2.10 所示。风扇上边上两颗小小的螺丝，把它们拧下来，靠近出风口的一侧就松动了。轻轻掰开风扇的金属卡扣，风扇的一侧盖板就可以打开。注意，卡扣掰开角度不要过大，以免失去弹性，避免装回去后卡不紧。

(a) 用螺丝刀拆下风扇螺丝

(b) 掰开风扇的金属卡扣

图 7.3.2.10　拆开风扇

打开风扇内部，使用刷子、棉布、棉签等工具仔细清理灰尘，尤其是风扇扇叶，如图 7.3.2.11 所示。最好不使用有机清洁剂，那样容易导致扇叶与其亲和，在高温的烘烤下更容易使扇叶变脆加速老化，有条件的话可以使用甲醇作为清洁剂。最好同时在风扇马达中心位置滴 1～2 滴润滑油，可以降低噪声，提高风扇散热效率。

将主板翻转过来，把有散热器的一面露出来，将热管散热器上的螺丝一一拧下来，拆掉散热器。观察拆下的散热器，散热器与 CPU、GPU

图 7.3.2.11　清洁风扇

等接触位置的硅脂也早已烘干，所以还需要更换导热硅脂，如图 7.3.2.12 所示。

(a) 取下固定螺丝　　　　　　　　　　　　　　　　(b) 拆下散热器

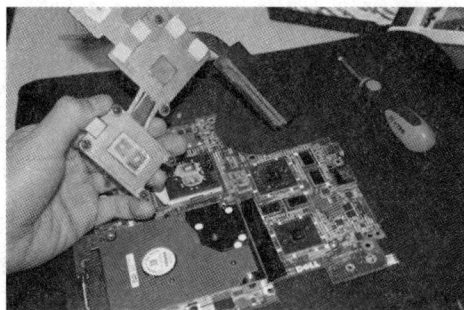

图 7.3.2.12　拆除散热器

　　拆下的散热器的排风口已经被灰尘堵死，将毛刷伸进缝隙，将灰尘扫净，如图 7.3.2.13 所示。也可以直接用水或者甲醇冲洗，但是冲完后需要拿电吹风吹干才能安装回去。

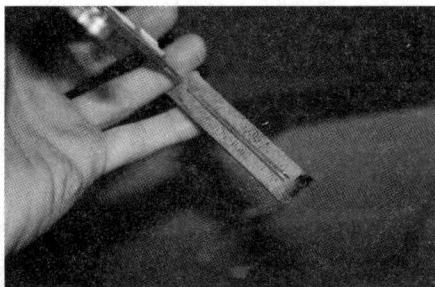

(a) 取下排风片　　　　　　　　　　　　　　　　(b) 使用刷子清除排风口

图 7.3.2.13　清扫排风口

　　在清理完散热器之后，开始给 CPU 和 GPU 更换导热硅脂。先用抹布擦掉上面干了的硅脂。为处理器和 GPU 重新涂上导热硅脂，注意不要涂得过多，需要将硅脂涂抹均匀，如图 7.3.2.14 所示。

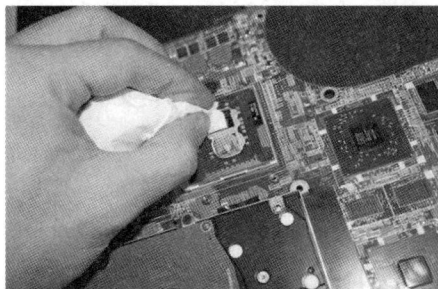

(a) 擦除残余导热硅脂　　　　　　　　　　　　　　(b) 重新涂抹导热硅脂

图 7.3.2.14　更换导热硅脂

　　散热器和风扇清理完成后，使用毛刷和气吹对笔记本底壳进行清理，特别注意需要把散热口的灰尘清掉。有条件的话用辅助散热片替换原有散热片，最后把键盘、屏幕等易沾油污的部件也一并清洁，如图 7.3.2.15 所示。

图 7.3.2.15　清理笔记本底座壳

接下来，依次将各部件安装回去，插好排线，拧回螺丝，卡好卡扣，开机运行正常，本项目工作完成。经过实际测温，清除灰尘后笔记本表面温度降低了 10～11℃，如图 7.3.2.16 所示。

(a) 掌托区温度　　　　　　　　　　　　　(b) 出风口温度

图 7.3.2.16　笔记本清除灰尘后温度

7.4　实训项目：恢复误删文件

7.4.1　项目背景

在日常使用计算机的过程中，很多人都会遇到文件丢失的困扰：卸载软件时不小心把重要文档一起删除、忘记桌面的文件没有备份而直接重装系统、在读写文件的过程中电脑死机或突然断电、U 盘中病毒后迫于无奈格式化但没有保存文件，等等。这些情况就需要恢复误删文件，如果通过专业数据恢复公司来处理，价格非常高昂，其实大多数情况下可以通过 EasyRecovery、FinalData 这样的免费软件来恢复文件。本项目通过使用 EasyRecovery 专业数据恢复软件来演示如何恢复误删文件。

7.4.2 实施过程

首先打开 EasyRecovery 软件，选择左边第二项菜单"数据恢复"，如图 7.4.2.1 所示。根据不同情况选择右边的四个选项，一般的误删除恢复选择"删除恢复"，如果是整个磁盘(U 盘)误格式化后恢复则选择"格式化恢复"。

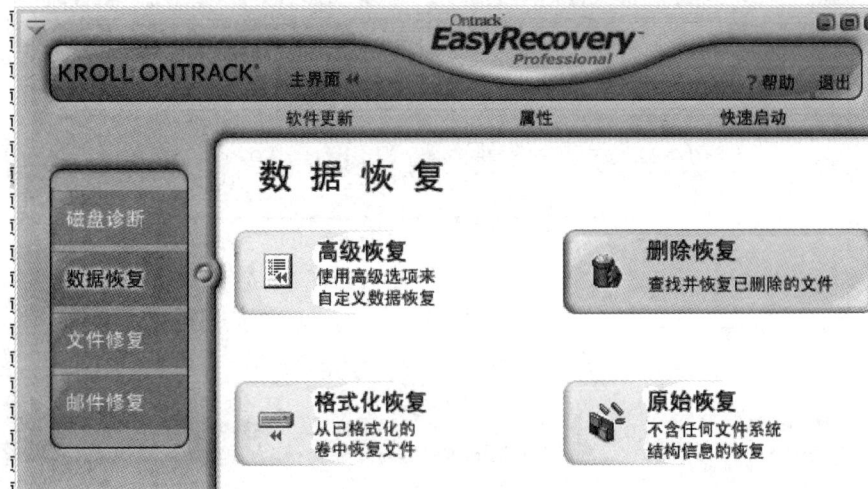

图 7.4.2.1 EasyRecovery 主界面

以"格式化恢复"为例，选择误格式化的磁盘分区，选择之前的文件格式，如图 7.4.2.2 所示。

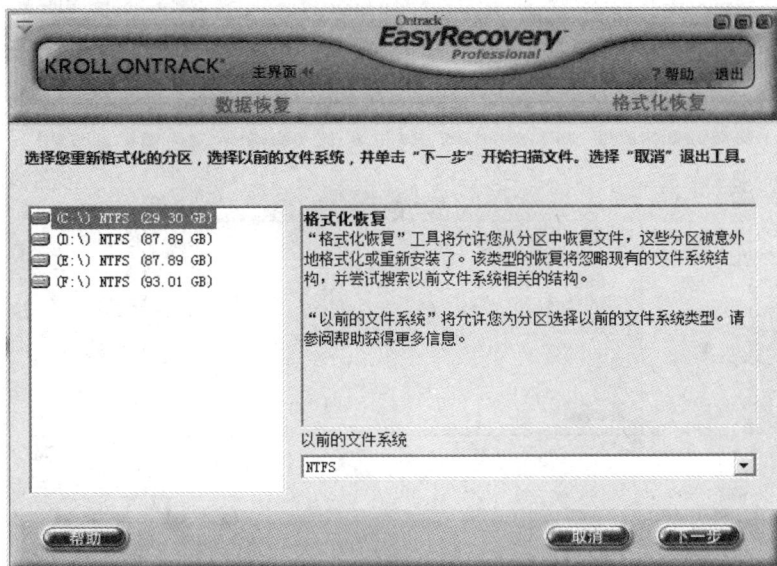

图 7.4.2.2 选择需要恢复的磁盘分区

点击"下一步"，软件会自动开始扫描整个磁盘，将磁盘近期被删除文件一一列出，如图 7.4.2.3 所示。

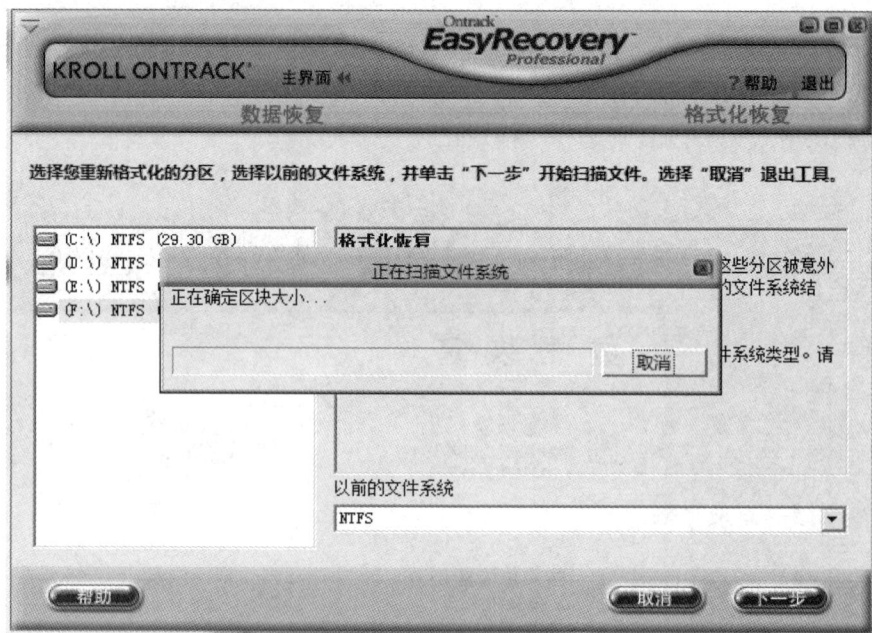

图 7.4.2.3　扫描磁盘

扫描时间视磁盘大小、文件数量、计算机配置决定，100 GB 的磁盘分区可能需要扫描一个小时以上，如图 7.4.2.4 所示。

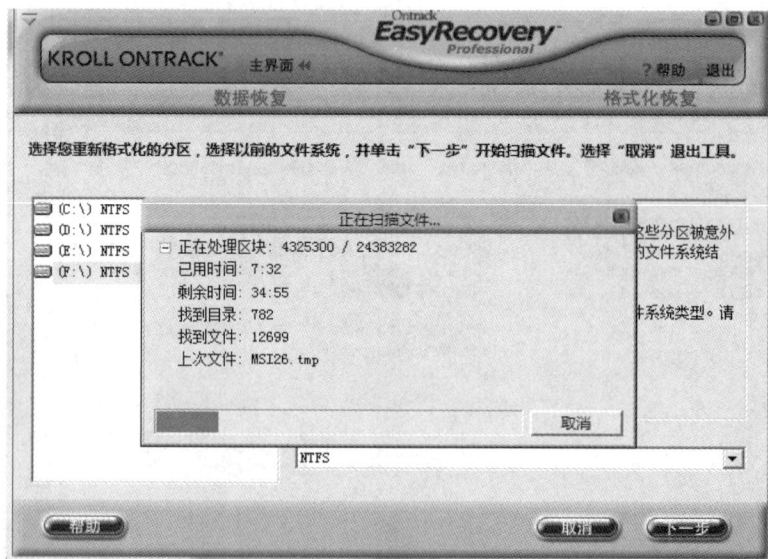

图 7.4.2.4　扫描文件

扫描完成后，选中需要恢复的文件，如图 7.4.2.5 所示，点击"下一步"。

选中您想要恢复的文件，选择"下一步"继续到"目的地选择"屏幕。选择"后退"返回到"分区选择"屏幕。选择"取消"退出工具。

名称	大小	日期	条件
☐ 密文.txt	12 字节	3/9/2012	DX

已标记 0 个文件，共 0 字节　　　显示 1 个文件，共 12 字节

颜色图例
■ 已加密　■ 已压缩

☑ 使用过滤器(U)　过滤器选项(O)　查找(F)　查看文件(V)

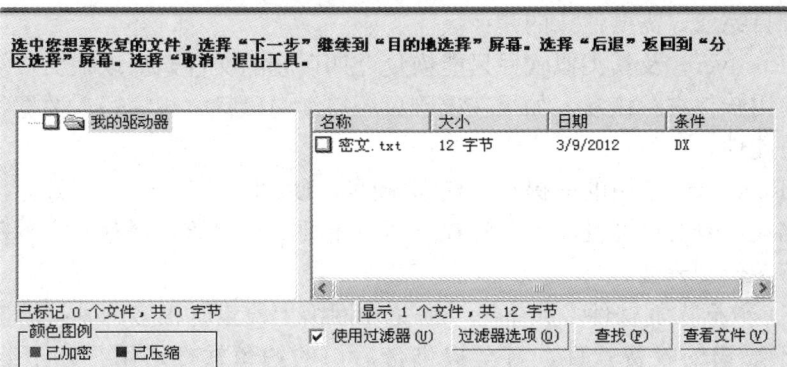

图 7.4.2.5　选择需要恢复的文件

选择恢复后文件保存路径，如图 7.4.2.6 所示，点击"下一步"开始恢复文件。

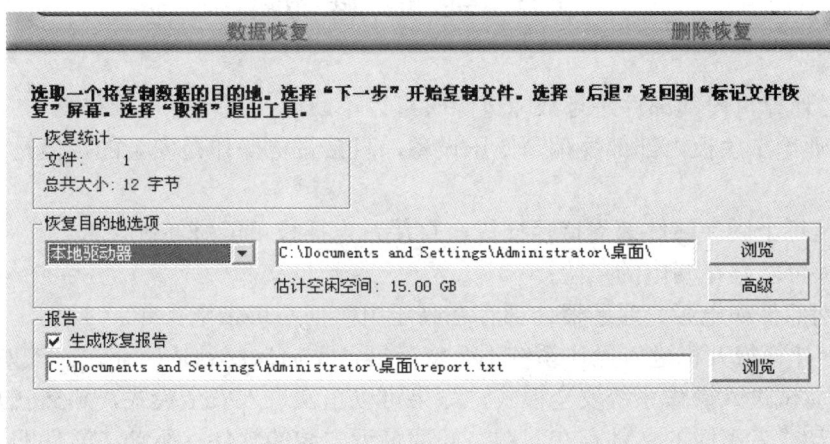

数据恢复　　　　　　　　　　　　　　删除恢复

选取一个将复制数据的目的地。选择"下一步"开始复制文件。选择"后退"返回到"标记文件恢复"屏幕。选择"取消"退出工具。

恢复统计
文件：　1
总共大小：12 字节

恢复目的地选项
本地驱动器　　　C:\Documents and Settings\Administrator\桌面\　　浏览
　　　　估计空闲空间：15.00 GB　　　　　　　　　　　　高级

报告
☑ 生成恢复报告
C:\Documents and Settings\Administrator\桌面\report.txt　　浏览

图 7.4.2.6　选择文件保存位置

点击"保存"即可完成恢复，如图 7.4.2.7 所示。

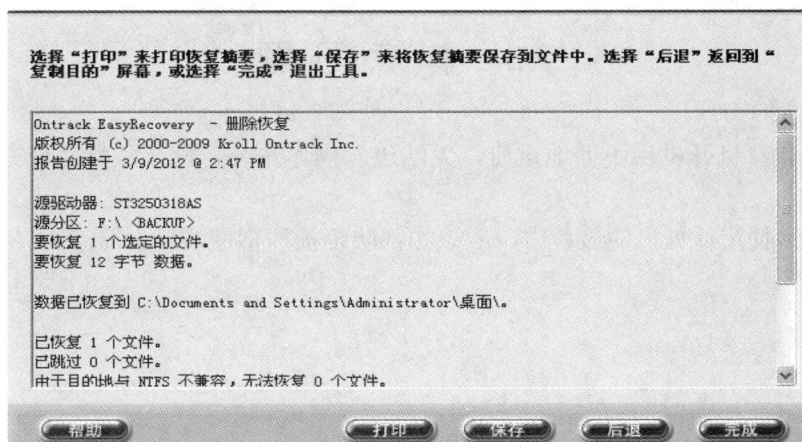

选择"打印"来打印恢复摘要，选择"保存"来将恢复摘要保存到文件中。选择"后退"返回到"复制目的"屏幕，或选择"完成"退出工具。

Ontrack EasyRecovery - 删除恢复
版权所有 (c) 2000-2009 Kroll Ontrack Inc.
报告创建于 3/9/2012 @ 2:47 PM

源驱动器：ST3250318AS
源分区：F:\ <BACKUP>
要恢复 1 个选定的文件。
要恢复 12 字节 数据。

数据已恢复到 C:\Documents and Settings\Administrator\桌面\。

已恢复 1 个文件。
已跳过 0 个文件。
由于目的地与 NTFS 不兼容，无法恢复 0 个文件。

帮助　　　　　打印　　保存　　后退　　完成

图 7.4.2.7　恢复完成

至此本项目完成。需要注意的是：

(1) EasyRecovery 及其类似软件只能恢复近期误删的文件，所以在文件被误删后第一时间就应该使用软件进行恢复，如果在误删后还持续向磁盘大规模写入数据将极大降低文件被恢复的可能性。

(2) EasyRecovery 适用的前提是存储器(硬盘、U 盘、存储卡等)完好无损，如果硬件有损坏，数据被恢复的可能性将不复存在。所以重要文件应该多保存几个备份，如果条件允许最好能够备份到云端。

(3) 网络上数据恢复软件多如牛毛，但是在网络上检索时很多网站打着数据恢复的旗号推荐一些不靠谱的收费软件，甚至提供带后门的钓鱼软件，用户在下载时需要注意甄别。

7.5　疑　难　解　析

1．在对计算机内部部件进行故障排除时可以不断电，直接带电操作吗？

解析：理论上主板内部部件都是低压设备，直接带电操作是安全的，但是尽量不要带电操作：

(1) 不是每个硬件部件都支持热插拔，直接带电插拔可能烧坏硬件；

(2) 主板可能存在漏电的风险；

(3) 个别部件如电源、显示器内部存在高压电，切不可带电操作。

2．一台计算机开机进入操作系统不久就蓝屏，重启后问题依旧存在，该如何解决？

解析：尝试进入操作系统安全模式，如果可以正常进入安全模式，那么就是最近安装的软件、驱动或者下载的文件存在问题，卸载最近安装的软件、驱动、文件即可。如果不能进入安全模式，尝试用 PE 盘进入 PE 系统，如果还是失败就要从硬件入手排除故障(重点查看 CPU 显卡温度、内存接口等)，如果成功进入 PE 那就重新安装操作系统。

7.6　本　章　习　题

1．一台计算机开机后不停地重启，无法进入操作系统，应该从哪几个方面进行故障排除？

2．在日常使用计算机的过程中，应该如何防范被病毒侵袭？

第 8 章　家庭网络基础

网络已经成为每个人日常生活的重要组成部分，通过网络在线获取信息、沟通交流、休闲娱乐已经是主流生活方式。那么如何让自己的计算机接入互联网？需要一些什么设备才能上网？怎么让多台终端接入网络？本章内容将以家庭网络这种小型规模网络环境为例，详细介绍如何接入互联网，需要什么样的网络设备，如何配置无线网络，IP 地址的基础知识以及家庭网络环境下常见的网络测试和故障排除技巧。

敬 畏 之 心

党的二十大报告中提出：培育创新文化，弘扬科学家精神，涵养优良学风，营造创新氛围。彭士禄是中国核动力事业的开拓者和奠基人之一，是中国工程院院士、我国核潜艇第一任总设计师。他曾主持我国第一代核潜艇的动力设计与调试工作，参与指挥大亚湾核电站和秦山核电站二期建设，引领我国核工业实现从无到有、由弱变强的历史性跨越。

工作中，彭士禄既严谨细致，又"敢于拍板"。有人问他："为什么敢拍板？"他回答："其实有个秘诀，一定要用数据说话。"牢牢掌握实验数据，是他大胆决策的科学依据。他曾这样要求自己："凡工程技术大事必须做到清清楚楚、明明白白、心中有数，一点儿也不能马虎。"2021 年 5 月，中共中央宣传部追授彭士禄同志"时代楷模"称号。

在事业上取得成就的人通常都具有对待工作认真严谨的特质，无论工作任务是大还是小，是简单还是复杂。认真严谨其实就是对工作有敬畏之心的体现。所谓敬畏，是人对待事物的态度。敬就是尊敬，就是认真，畏就是严谨，就是不能懈怠。

家庭网络这样的小型网络的配置和管理是一项比较简单的工作，也是比较容易出差错的工作。常见的错误包括：无线参数设置错误、加密参数设置错误、DNS 设置错误等，这些错误看似简单微小，但是也可能导致数据泄密等严重的后果。这是因为简单的工作重复的次数多了，做的时间长了，就更容易产生懈怠情绪，从而产生差错。因此，越是简单的工作越要有敬畏之心。

在工作中，常怀敬畏之心，才能确保少出错，不出错，才能确保工作的质量和成效。古人说，凡善怕者，心身有所正，言有所规，纠有所止。在工作中，知道敬畏，才不会为所欲为，肆无忌惮，才能保持清醒的头脑，时刻摆正心态，在工作中实现自己的价值。

8.1 家庭网络接入

自从 20 世纪 90 年代中期互联网进入我国以后，我国互联网用户得到了爆发式的增长，近年来随着智能手机和移动互联网的普及，几乎每个人都在使用互联网，人们的办公、生产、生活、娱乐、消费方式都被彻底改变，以下几个数据可以简单说明：

2021 年 6 月底，国内网民规模突破 10.11 亿；

2021 年 6 月底，国内手机网民人数突破 10.07 亿；

2021 年 6 月底，我国网络直播用户人数达到 6.38 亿；

仅 2021 年第一季度，我国网络支付金额就达到了 553.5 万亿元。

如图 8.1.1 所示，现在学校、政府、企业、家庭以及各行各业都采用各种方式接入了互联网(Internet，因特网)，人们通过互联网进行便捷的信息查询、沟通交流、资源交互。

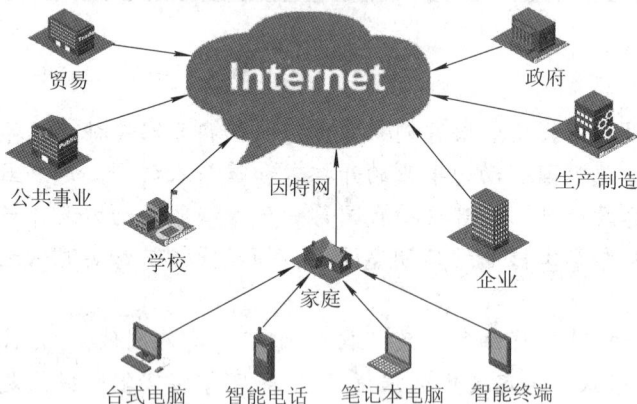

图 8.1.1　网络简要模型图

在图 8.1.1 中，Internet 用一朵"云"来表示，在计算机网络中，用"云"形象地来表示一个超大规模复杂网络的集合，它的内部包含了众多的网络设备、服务器、链路等。那么，这朵"云"是由谁来建设和维护的呢？答案是 ISP(网络服务提供商，简称运营商)，世界各国的运营商共同维护着 Internet 这个超级网络云。对于普通用户而言，完全不需要了解 Internet 的内部详细构造，只需要通过恰当的设备让运营商网络接入家庭中，就可以通过运营商的服务来实现正常地使用 Internet。

8.1.1　接入方式

在我国有几个耳熟能详的运营商，如中国电信、中国联通、中国移动等。它们维护着城际、省际、国际间的网络，保障网络的稳定、可达、高速、畅通。普通的家庭用户如果需要使用 Internet，在向运营商缴纳了一定的费用购买其服务后，就可以通过运营商提供的接入方式，接入到运营商网络中，最终到达 Internet 中。常见的家庭网络接入方式有以下几种：

1. ADSL 接入

ADSL(A Symmetrical Digital Subscriber Line，非对称数字用户线路)接入是一种比较老

的网络接入方式，在网络普及度还不高的时代，固定电话网络覆盖率比较高，ADSL 使用 PSTN(Public Switched Telephone Network，公共交换电话网)来传输计算机网络的数字信号。简单地说，它采用频分复用技术把普通的电话线路分成了电话、数字上行、数字下行三个独立信道，并且避免了数字信号传输和电话语音(模拟信号)传输相互干扰。ADSL 采用非对称的传输模式，下行带宽理论最大可达到 24 Mb/s(国内运营商实际提供最大带宽约为 8 Mb/s)，上行带宽理论最大可达到 3.5 Mb/s(国内运营商实际提供最大带宽约为 1 Mb/s)，下行带宽远远大于上行带宽，不过这也符合普通家庭用户的网络使用习惯：上传数据量远远小于下载数据量。由于 ADSL 具有成本低廉、部署方便的特点，它在很长时间内都是我国家庭网络接入的主流方式。由于它依靠电话线的一对铜线进行数据传输，因此存在可靠性不高、稳定性差、速度有瓶颈等劣势，现在已经逐步被其他接入方式所替代。

2．光纤接入

光纤是一种采用光信号在玻璃纤维或者塑料纤维中进行传输的介质，由于光信号具有很强的抗干扰、低衰减、高带宽、超远距离传输的特性，所以在骨干网建设时被大量采用。近年来，随着国家信息化建设战略的推进，人们对网络性能要求越来越高，光纤接入大规模进入了普通家庭的视野。光纤接入可以分为 FTTC(Fiber to the Curb，光纤到路边)、FTTB(Fiber to the Building，光纤到楼)、FTTH(Fiber to the Home，光纤到户)等多种方式。"光纤到××"指的是运营商将光纤引入到路边/楼道/家庭的配线箱，然后通过光电转换设备将光信号转换成数字信息/模拟信号，然后再通过网线、电话线等其他传输介质传输给最终用户。在人口密集度大的区域如小区、学校、写字楼至少都会采用光纤到楼道的接入方式。目前来看，带宽为 50～100 Mb/s 的光纤到户现在已经逐渐成为家庭主流接入方式。

3．有线电视宽带接入

在我国，已逐步形成了电信网、有线电视网和计算机网三大网络并存且互相融合的局面，广电部门基于有线电视网(CATV)上开发的宽带接入技术已经成熟并进入市场。CATV 网的覆盖范围广，入网户数多；网络频谱范围宽，起点高，大多数新建的 CATV 网都采用光纤同轴混合网络(HFC 网)，带宽上有保障，理论上，上下行速度均能达到 30 Mb/s。但是由于一些客观原因，如延迟大，采用共享带宽在高峰期速度慢等特点，有线电视宽带接入的市场份额较小。

4．电力宽带接入

电力宽带接入是指采用电力线路进行通信(PLC)，是利用电力线传输数据、语音和视频信号的一种通信方式，理论速度可以达到 45 Mb/s。形象地说，通过电源插座，可以实现 Internet 接入、电视节目接收、语音通话、可视电话等多项服务。由于利用了家庭现有的电力线路，终端客户不需要重新布线，只需接上电源插头即可实现高速因特网浏览、游戏、视频等多种服务，并且电力线路有持续在线的能力，与智能家居能够无缝链接，在国外有广泛应用。目前在我国，电力宽带接入还是属于比较小众的一种方式。

5．无线接入

随着各种移动智能终端的普及(智能手机、平板电脑、智能穿戴设备等)，这些终端有要能够随时随地接入网络的需求，这就要求在一些有线不便部署的场合如体育馆、公园、机场等，也能提供高速的网络接入方式。就技术而言，无线接入有移动通信的 2G/3G/4G，有适合家庭接入的 Wi-Fi，有适合大范围的无线接入的 Wi-Max 等。总体来说，无线接入在很多场合成为了有线接入的一种延伸，能够为家庭用户提供高速、便捷的网络接入方式。

8.1.2 接入设备

对于上节所述的各种接入方式，总结它们接入网络所需要的设备，如表 8.1.2.1 所示。

表 8.1.2.1　常见家庭网络接入方式对比表

接入方式	宽带服务商	主　要　特　点	接入设备
ADSL	中国电信、中国联通	① 安装方便，在现有的电话上装"猫"即可； ② 独享宽带，线路专用，是真正意义上的宽带接入，不受用户增加的影响； ③ 高速传输，提供上、下行不对称的传输宽带； ④ 打电话和上网同时进行，互不干扰	ADSL 调制解调器（猫）
小区宽带	中国电信、中国联通、长城宽带等	① 网线接入、共享宽带，用的人少时，速度非常快；用的人多时，速度会变慢； ② 安装网线到户，不需要"猫"，只需拨号	家用交换机
光纤接入	中国电信、中国联通、中国移动、长城宽带等	① 网络传输速度快，可以达到 300 Mb/s； ② 使用光信号作为传输信号源，可靠性高	光猫
电力宽带接入	中电飞华	① 直接利用配电网络，无需布线； ② 不用拨号，即插即用； ③ 通信速度比 ADSL 更快	电力猫
4G(第四代移动通信技术)	中国移动(TDD-LTE)、中国电信(TD-LTE 和 FDD-LTE)、中国联通(TD-LTE 和 FDD-LTE)	① 具有便捷性，无线上网，不需要网线，支持移动设备和电脑的上网； ② 具有更高的传输速率，数据传输速率达到几十万字节； ③ 灵活性强，应用范围广，可应用到众多终端，随时实现通信和数据传输； ④ 价格太贵，与拨号上网相比，4G 无线通信资费较高	无线上网卡 无线路由器

8.1.3 网络设备部署

一般的中小户型家庭网络系统中，除了宽带服务商的接入设备(光猫、ADSL 猫等)外，只需安装一台无线路由器(既当做路由器使用，又当做交换机使用)。在实际部署的时候为了实现网络信号更好的覆盖率，通常会将无线路由器安装在家庭平台图的中心位置，如果无线网络覆盖还是不足，会另外再配一台无线路由器或者无线扩展器作为无线信号扩展的设备使用，两台无线路由器之间既可以通过有线连接也可以通过无线桥接的方式连接。常见中小户型的网络部署如图 8.1.3.1 所示。

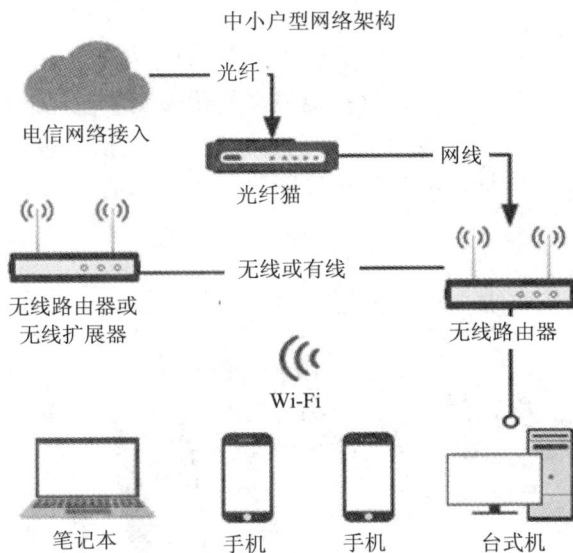

图 8.1.3.1　中小户型家庭网络部署图

在大户型的家庭网络系统中，将有更多的设备需要接入网络，这会对网络带宽性能有着更高要求。整个核心数据交换层全部为千兆网络，除了无线路由器以外还需要配置千兆交换机、路由器等设备，网络部署如图 8.1.3.2 所示。

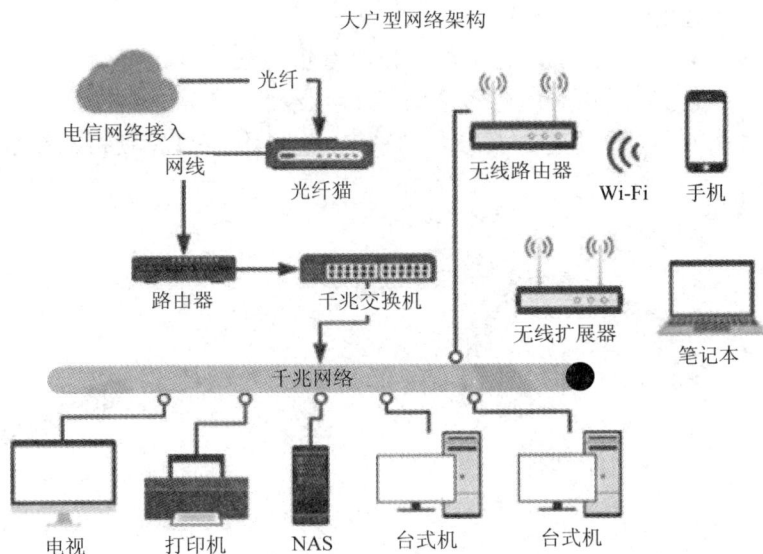

图 8.1.3.2　大户型家庭网络部署图

8.2　常见的网络设备

　　传输介质

　　光纤是目前传输速度最快，同时价格也最高的传输介质。光纤由许多根细如发丝的玻璃纤维外加绝缘套组成，如图 8.2.1.1 所示。由于是采用光信号传输，所以可以达到 100%抗电磁干扰、抗雷击、抗电涌，而且传输速度快、传输容量大。

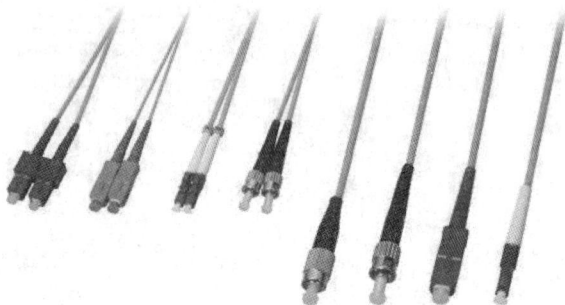

图 8.2.1.1　光纤

　　同轴电缆是由一层绝缘线包裹着中央铜导体的电缆线，如图 8.2.1.2 所示。它的特点是抗干扰能力好、传输数据稳定，价格也便宜(几元一米)，同样被广泛使用，如用作闭路电视线等。同轴电缆和 BNC 头相连，市场卖的同轴电缆线一般都是已经和 BNC 头连接好的成品，可直接选用。

　　双绞线就是俗称的"网线"，它是由两根绝缘铜导线相互缠绕而成，实际中使用的是由多对双绞线一起包在一个绝缘电缆套管里形成双绞线电缆，如图 8.2.1.3 所示。其在传输效率、抗干扰能力等方面都不如光纤和同轴电缆，但价格便宜使得双绞线成为使用最广泛的电缆。

图 8.2.1.2　同轴电缆　　　　　　　　　　图 8.2.1.3　双绞线

双绞线分为 STP 和 UTP 两种，STP(屏蔽双绞线)内有一层金属隔离膜(如图 8.2.1.4 所

示)，在数据传输时可减少电磁干扰，所以它的稳定性高。而 UTP(非屏蔽双绞线)内没有这层金属膜，所以它的稳定性较差，但价格便宜。采用 UTP 的双绞线价格一般在一米一元左右，而 STP 的双绞线就不一定了，便宜的几元一米，贵的可能十几元一米。

图 8.2.1.4 带金属隔离膜的 STP 双绞线

双绞线在使用时，两端和 RJ45 接头(俗称水晶头)相连，商家一般会为购买者制作好两端的水晶头。对于这种接头用户也可以自己动手制作，制作时除了网线和水晶头外，还需要卡线用的卡线钳子。

常用的双绞线有五类线、超五类线、六类线、超六类线，类别越往后线径越粗。

(1) 五类线：比传统的三类线绕线密度高，外面套一种高质量的绝缘材料，传输频率为 100 MHz，用于语音传输和最高传输速率为 100 Mb/s 的传输数据，主要用于 100BASE-T 和 10BASE-T 网络。五类线是最常用的以太网电缆。

(2) 超五类线：与五类线相比具有衰减小、串扰少的特点，并具有更高的衰减与串扰的比值(ACR)和信噪比(Structural Return Loss)、更小的延时误差，性能得到很大的提高。超五类线主要用于千兆位以太网(1000 Mb/s)。

(3) 六类线：电缆的传输频率为 1～250 MHz，六类线系统在 100 MHz 时的综合衰减串扰比(PS-ACR)应该有较大的余量，它提供了两倍于超五类的带宽。六类线的传输性能远远高于超五类标准，最适合传输速率高于 1 Gb/s 的应用。六类线与超五类线的一个重要的不同点在于，六类线改善了在串扰以及回波损耗方面的性能，对于新一代全双工的网络应用而言，优良的回波损耗性能是极重要的。六类线标准中取消了基本链路模型，布线标准采用星型的拓扑结构，要求的布线距离为永久链路的长度不能超过 90 m，信道长度不能超过 100 m。

(4) 超六类线：是六类线的改进版，同样是 ANSI/EIA/TIA-568B.2 和 ISO6 类/E 级标准中规定的一种非屏蔽双绞线电缆，主要应用于千兆网络中。超六类线在传输频率方面与六类线一样，也是 200～250 MHz，最大传输速度也可以达到 1000 Mb/s，只是在串扰、衰减和信噪比等方面有较大改善。

除了上面几种常用的双绞线类型外，现在还有一种七类线，它主要是为了应用万兆位以太网技术而发展出来的。七类线是一种屏蔽双绞线，它的传输频率至少可达 500 MHz，是六类线和超六类线的两倍以上，理论传输速率可达到 10 Gb/s。

8.2.2 交换机

交换机(Switch)是一种在局域网得到广泛应用的网络设备，可以为接入交换机的任意两个网络节点提供独享的电信号通路。常见的交换机是以太网交换机。交换机比较适合接入电脑多、数据传输要求高的网络使用。小型以太网交换机如图 8.2.2.1 所示。

图 8.2.2.1　小型以太网交换机

网络交换机分为两种：广域网交换机和局域网交换机。广域网交换机主要应用于电信领域，提供通信用的基础平台。而局域网交换机则应用于局域网络，用于连接终端设备，如个人电脑、网络打印机等。

从应用规模上可分为企业级交换机、部门级交换机和工作组级交换机等。企业级交换机如图 8.2.2.2 所示。

图 8.2.2.2　企业级交换机

8.2.3　路由器

路由器是组建各种局域网、广域网的核心设备，它的主要功能是按照一定的策略来自动选择数据转发路径(路由)，以最佳路径来发送数据。路由器具有丰富的接口类型，用于不同类型的网络之间的互联。典型的企业级路由器如图 8.2.3.1 所示。

图 8.2.3.1　企业级模块式路由器

因为路由器属于第三层(网络层)设备，所以具有很多交换机不具备的功能。比如，自动拨号功能、网络地址转换、将网络信号转换成无线信号功能等，能给使用者带来了极大的便利，如图 8.2.3.2 所示。

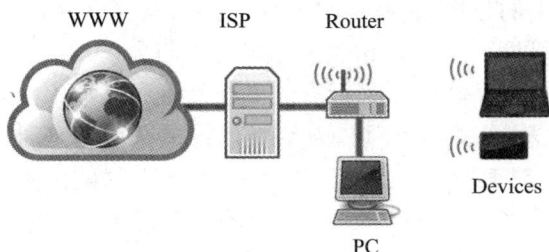

图 8.2.3.2　无线路由器组成家庭局域网

　　家庭常用的无线路由器，就是在普通路由器的基础上，增加了 Wi-Fi 信号的发射器和接收器(见图 8.2.3.3)，这样同时配合支持 Wi-Fi 无线上网的设备，如笔记本电脑、平板电脑、智能手机等，就可以轻松地进行无线上网了。根据提供无线信号的强弱，无线路由器分为单天线、双天线和三天线，价格从 100 元到几百元，适用于家庭局域网。

图 8.2.3.3　常见的家用无线路由器

　　交换机工作在第二层(数据链路层)，而路由器工作在第三层(网络层)，这就为路由器提供了很大的发挥空间，可根据 IP 地址对数据进行分组过滤、分组转发、优先级配置、筛选、过滤、复用、加密、压缩等功能。与交换机不同，由于路由器工作在第三层，需要支持网络协议等功能，所以路由器中也具有 CPU、内存、BIOS(ROM)和操作系统(IOS 软件)。

8.3　无线网络基础

8.3.1　无线网络简介

　　无线网络的含义非常宽泛，泛指使用无线电波作为传输介质实现的网络，可以指使用 Wi-Fi 组建的无线局域网(WLAN)，也可以指使用运营商的 3G/4G 无线移动网络组建的移动互联网，也可以指使用蓝牙技术组建的无线个人网络，甚至还有使用卫星通信技术实现的卫星链路网络。在本节中，重点介绍现实生活中用得最广泛的无线局域网。

　　谈到 WLAN，人们往往会同时想到 Wi-Fi，常常有人把这两个名词混淆，以为是一个意思，其实二者是有区别的。WLAN(Wireless Local Area Networks)利用射频技术进行数据传输，可以弥补有线局域网的不足，达到网络延伸的目的。Wi-Fi(Wireless Fidelity，无线保真)技术是一个基于 IEEE 802.11 系列标准的无线网络通信技术的品牌，目的是改善基于 IEEE 802.11 标准的无线网络产品之间的互通性，简单来说就是通过无线电波实现无线联网的目的。二者联系是 Wi-Fi 包含于 WLAN 中，只是发射的信号和覆盖的范围不同，一般 Wi-Fi 的覆盖半径可达 90 m 左右，而 WLAN 的最大覆盖半径可达 5000 m。

IEEE 802.11 为 IEEE(美国电气和电子工程师协会，The Institute of Electrical and Electronics Engineers)于 1997 年公告的无线区域网络标准。经过 20 年的发展，不断对技术标准进行完善和改进。表 8.3.1.1 列出了常见的 802.11 子标准，目前用得最多的是 802.11n，未来将逐步被 802.11ac 取代。

表 8.3.1.1 常见 IEEE 802.11 技术标准

标　准	工作频段	理想速率	信道带宽
802.11b	2.4 GHz	11 Mb/s	20 MHz
802.11a	5 GHz	54 Mb/s	20 MHz
802.11g	2.4 GHz	54 Mb/s	20 MHz
802.11n	2.4 GHz 或 5 GHz	72 Mb/s(1×1，20 MHz) 150 Mb/s(1×1，40 MHz) 288 Mb/s(4×4，20 MHz) 600 Mb/s(4×4，40 MHz)	20 MHz/40 MHz(信道绑定)
802.11ac	5 GHz	433 Mb/s(1×1，80 MHz) 867 Mb/s(1×1，160 MHz) 6.77 Gb/s(8×8，160 MHz)	40 MHz/80 MHz/160 MHz

8.3.2 无线网络性能参数

1. 频段

频段指的是无线网络的电磁波的频率范围：按照 IEEE 的技术标准，现在常用的无线网络主要用 2.4G 和 5G 两个频段。802.11ac 虽然只是 5G 标准，但主流 802.11ac 设备都采用双频设计，能同时发送两个信号，5G 频段支持 802.11ac，2.4G 频段向下兼容 802.11b/g/n。2.4G 和 5G 频段的优缺点对比如表 8.3.2.1 所示。

表 8.3.2.1 2.4G 与 5G 对比表

频段	2.4G	5G
优点	信号强，衰减小，穿墙能力强，覆盖距离远	带宽较宽，速度较快，干扰较少
缺点	带宽较窄，速度较慢，干扰较大	信号弱，衰减大，穿墙能力差，覆盖距离近

2. 信道

信道指的是某一频率范围下的自通道。如图 8.3.2.1 所示,2.4G 频段有 13 个左右交叠的信道,要相差 5 个信道才不会产生冲突,其中只能找出 3 个相互不重合的信道,最常用的就是 1、6、11 这三个,当然也可以使用其他没有重叠的组合(如 2、7、12),但是由于一些国家法律不允许使用 12 或 13 信道,所以 1、6、11 信道这个组合是兼容性最好的。

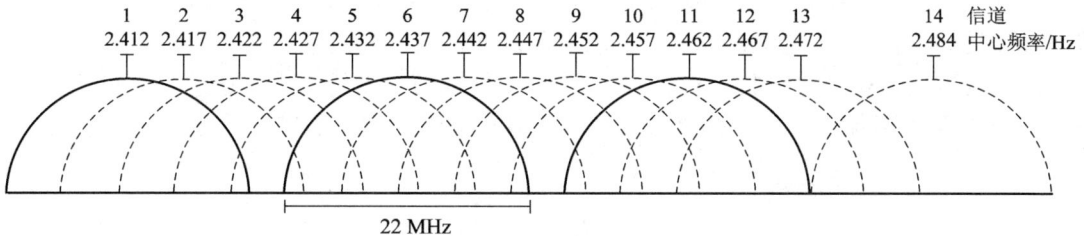

图 8.3.2.1　2.4G 频段信道分布

3. 带宽

带宽是指连接无线路由器时的信道带宽,而不是无线网卡的传输速率,也不是 ISP 运营商提供的带宽。信道带宽限定了允许通过该信道的信号下限频率和上限频率,以 802.11n 为例,它支持 20 MHz 和 40 MHz 信道,其中 40 MHz 信道将是最宽的信道,由两个邻近、空闲的 20 MHz 频谱信道组成;当然也可以只用 20 MHz 信道,这个是由具体的情况(无线网络标准)决定的。当网络模式为 11b、11g 和 11b/g 混合网络模式时,它只能使用 20 MHz 的信道带宽;当网络模式设置为 11b/g 混合模式时,信道带宽是不可以选择的,它只能使用 20 MHz 的信道带宽;当网络模式更改为 11b/g/n 混合网络模式时,它就可以同时使用 20 MHz 和 40 MHz 信道带宽。

8.3.3　无线网络常用安全配置

1. 修改默认密码

由于同一厂商无线产品出厂时的连接密码和管理密码都是默认的简单密码,这会带来一些非法连接的机会,通过初始的密码来连接无线网络,这样用户的无线网络很有可能被非法入侵,安全系数大大降低。所以,一定要修改默认密码并且最好设置密码复杂度较高的新密码。

2. 设置无线加密

目前无线设备提供的加密方式主要有 WEP、WPA/WPA2、WPA-PSK/WPA2-PSK 这几种,其中 WEP 是早期的加密方法,很容易被破解,而且在网上也很容易找到破解工具,因此不建议采用。目前来看,安全性比较好的加密方式为 WPA/WPA2 和 WPA-PSK/WPA2-PSK 这两种,可以随意选择它们。当然在选择时,用户还要看看自己使用的无线设备,如手机、平板电脑等能否支持这些加密方式。

3．禁用 SSID 广播

SSID 简单地来讲，就是用户为自己的无线网络所起的名字。如果开启了 SSID 广播就相当于告知其他人自己的无线网络入口。关闭 SSID 广播并不会影响使用，其他人的搜索信号菜单中不会显示用户的 SSID。由于无法在信号搜索菜单中被找到，所以可以有效避免非法用户入侵。

4．开启 MAC 地址过滤

启用了无线设备的 MAC 地址过滤功能后，只有终端 MAC 地址在列表中的用户才能正常访问无线网络，其他的终端不在列表中的就无法连入网络了。在"过滤规则"中选择"仅允许已设 MAC 地址列表中已生效的 MAC 地址访问无线网络"选项，将自己常用设备的 MAC 地址添加进去，这样能有效地防止其他非法终端的连接。

8.4　IP 地址基础

8.4.1　IPv4 基础

所有链接到 Internet 上的设备必须有一个全球唯一的 IP 地址(IP Address)。IP 地址与链路类型、设备硬件无关，是由管理员分配指定的，因此也称为逻辑地址(Logical Address)。

在网络底层的数据传输过程中，是通过物理地址(MAC 地址)来识别主机的。MAC 地址由 48 比特的数字(12 个十六进制数)组成，其中，0～23 位叫做组织唯一标志符(Organizationally Unique Identifier，OUI)，是识别 LAN(局域网)节点的标识，24～47 位是由厂家自己分配。其中第 48 位是组播地址标志位。网卡的物理地址由网卡生产厂家烧入网卡的 ROM(只读存储器)里，如 44-4F-53-54-00-00。形象地说，MAC 地址就如同我们身份证上的身份证号码，具有全球唯一性。

既然已经有了 MAC 地址，为什么还需要 IP 地址呢？因为 MAC 地址是厂商生产设备时固化在设备里的，不便于修改。在实际组网中，不能够方便地根据客户的需求灵活定义网络设备地址；而 IP 地址是一种逻辑地址，可以按照客户的需求规划和分配，非常灵活。同时，使用 IP 地址，设备更易于移动和维修。如果一个网卡坏了，可以被更换而不需要换一个新的 IP 地址；如果一个 IP 节点从一个网络移动到另一个网络，可以给它一个新的 IP 地址，而无须换一个新的网卡。

目前 Internet 上广泛使用的 IP 地址为 IPv4 地址，其地址长度为二进制 32 位，例如：11000000 10101000 00000101 01111011。使用二进制表示法不便于人们记忆和传播，因此普遍采用点分十进制方式表示。即把 32 位的 IP 地址分成四段，每 8 个二进制位为一段，每段二进制对应转换为十进制的 0～255，并用点隔开。这样，IP 地址就表示为以小数点隔开的 4 个十进制数，如 192.168.5.123。

为便于实现路由选择、地址分配和管理维护，IP 地址均采用分层结构，每个 IP 地址由网络号(Network-id)＋主机号(Host-id)来表示。这种结构使我们可以在 Internet 上很方便地进行寻址，这就是：先按 IP 地址中的网络号码 Network-id 把网络找到，再按主机号码 Host-id 把主机找到。所以 IP 地址并不只是一个计算机的号码，而是指出了连接到某个网络上的某个计算机。IP 地址由美国国防数据网(DDN)的网络信息中心(NIC)进行分配。

为了便于对 IP 地址进行管理，同时还考虑到网络的差异很大，有的网络拥有很多的主机，而有的网络上的主机则很少。为了应用在不同规模的网络中，IP 地址分成为五类，即 A 类到 E 类。IP 地址的分类(如图 8.4.1.1 所示)如下：

A 类地址：网络号占 1 个字节(8 位)，第 1 位为"0"；

B 类地址：网络号占 2 个字节(16 位)，前 2 位为"10"；

C 类地址：网络号占 3 个字节(24 位)，前 3 位为"110"；

D 类地址：前 4 位为"1110"；

E 类地址：前 4 位为"1111"。

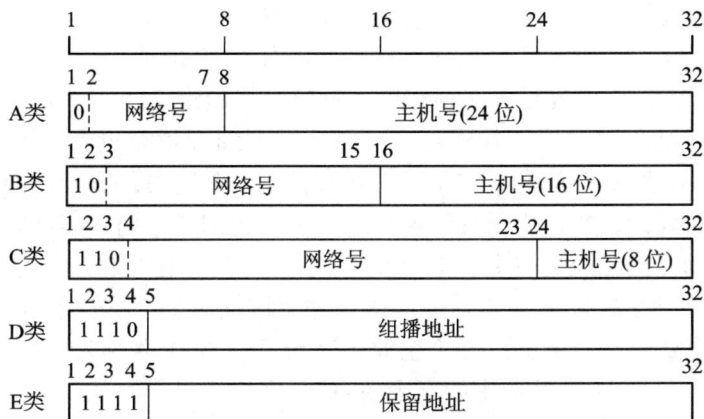

图 8.4.1.1 IP 地址的分类

A 类 IP 地址的网络号码数不多。目前几乎没有多余的可供分配。现在能够申请到的 IP 地址只有 B 类和 C 类两种。当某个企业向 NIC 申请到 IP 地址时，实际上只是拿到了一个网络号码 Network-id。具体的各个主机号码 Host-id 则由该企业自行分配，只要做到在该企业管辖的范围内无重复的主机号码即可。D 类地址是一种组播地址，主要是留给 Internet 体系结构委员会 IAB(Internet Architecture Board)使用。E 类地址保留供研究使用。

在使用 IP 地址时，下列地址是保留作为特殊用途的，一般分配给主机使用：

全 0 的网络号码，表示"本网络"或"我不知道号码的这个网络"。

全 0 的主机号码，表示该 IP 地址就是网络的地址。

全 1 的主机号码，表示广播地址，即对该网络上所有的主机进行广播。

全 0 的 IP 地址，即 0.0.0.0。

IP 为 127.0.0.0～127.255.255.255，此 IP 段保留用作本地回环测试(Loopback)之用。

IP 为 169.254.0.0～169.254.255.255，此 IP 段保留用作 DHCP 临时分配 IP 之用。

全 1 的 IP 地址 255.255.255.255，表示"向我的网络上的所有主机广播"。

总结一下，IP 地址的使用范围如表 8.4.1.1 所示。

表 8.4.1.1　IP 地址的使用范围

网络类别	最大网络数	第一个可用的网络号码	最后一个可用的网络号码	每个网络中的最大主机数
A	126	1	126	16 777 214
B	16 382	128.1	191.254	65 534
C	2 097 150	192.0.1	223.255.254	254

NIC 在 A、B、C 三类 IP 中保留了一些 IP 地址段作为私有网络的 IP 地址，以便建设企业内网之用，私有地址段有：

A 类：10.0.0.0～10.255.255.255；

B 类：172.16.0.0～172.31.255.255；

C 类：192.168.0.0～192.168.255.255。

这些 IP 在不同的私网里是可以重复免费使用的。但是私网要向公网通信时必须通过网络地址转换(NAT)，将内网 IP 转换成全球唯一的公网 IP 地址。

IP 地址中的 A 至 C 类地址，可供分配的网络号码超过 211 万个，而这些网络上的主机号码的总数则超过 37.2 亿个。初看起来，似乎 IP 地址足够全世界使用(在 20 世纪 70 年代初期 IP 地址设计者就是这样认为的)，其实存在着一些隐患：第一，当初没有预计到计算机网络会普及得如此之快，由于互联网高速发展，特别是中国、印度等人口大国的互联网发展迅速，当初认为已经足够多的 IP 地址现在明显不够用。第二，当一个 IP 段内的主机数目太多时，不便于管理，网段内会产生诸如"广播风暴"这样的问题。第三，IP 地址在使用时有很大的浪费。例如：某个企业申请到了一个 B 类地址。但该企业只有 1 万台主机。于是，在一个 B 类地址中的其余 55 000 多个主机号码就浪费了，因为其他企业的主机无法使用该网段的这些 IP 地址。

如何解决上述问题呢？一种办法将现行的 32 位 IPv4 地址加以升级变成 128 位 IPv6 地址，这种方法将会极大地提升 IP 地址数量，形象地说"可以为地球上每一粒沙子都分配一个 IPv6 地址"。但是一旦进行升级，在现有网络上运行的大量硬件、软件就必须同步升级，这是一件耗费大量人力和财力的工作，所以现在 IPv4 仍然是主流技术，IPv6 仅在一些带有实验性质的中小规模网络中有应用。

另外一种常用的办法是对现有的 IPv4 地址做子网划分，通过子网掩码(Subnet Mask) 把 A、B、C 类这样的自然分类 IP 段分解为多个子网(Subnet)，把由网络号＋主机号组成的 IP 地址，从主机号里面借用若干位作为子网号(Subnet-id)，把 IP 地址分为三层：网络号＋子网号＋主机号。

子网掩码和 IP 地址一样，长度都是 32 位，可以表示成一串二进制数，如 11111111 11111111 11111111 00000000。子网掩码也可以跟 IP 地址一样表示成点分十进制，如 255.255.255.0。注意，子网掩码中的二进制"1"必须是连续的，所以子网掩码还可以通过斜线"/"＋二进制"1"的个数来表示，如上述的子网掩码 11111111 11111111 11111111 00000000 可以直接表示为"/24"。

事实上，每个 IP 地址都必须有子网掩码，A、B、C 三类 IP 地址都有默认子网掩码，也称为"自然掩码"。其中，A 类地址的默认掩码为 255.0.0.0，B 类地址的默认掩码为 255.255.0.0，C 类地址的默认掩码为 255.255.255.0。

将子网掩码和 IP 地址逐位进行"逻辑与运算"，就能得出 IP 地址的网络地址(如果做了子网划分，则可以称为子网地址)，IP 地址剩下的部分就是主机号。如图 8.4.1.2 所示，对于一个 C 类 IP 地址：192.168.1.1，它的默认掩码为 255.255.255.0，通过与运算得出，该 IP 地址的网络地址为 192.168.1.0，主机号为 1，同时主机号全为 1 的就是当前网络对应的广播地址 192.168.1.255。

	192.168.1.1	11000000 10101000 00000001 00000001	IP地址
	255.255.255.0	11111111 11111111 11111111 00000000	子网掩码
与运算			
	192.168.1.0	11000000 10101000 00000001 00000000	网络地址
	1	00000001	主机号
	192.168.1.255	11000000 10101000 00000001 11111111	广播地址

图 8.4.1.2　子网掩码

有了 IP 地址和子网掩码，主机就可以通过与运算来计算自己的网络号。如果主机 A 需要发起与主机 B 的通信，主机 A 首先会根据主机 B 的 IP 地址计算出主机 B 的网络号。如果此时主机 B 的网络号与主机 A 的相同，那么主机 A 判断出主机 B 与自己处于同一网段(子网)，主机 A 就向该网段内发出 ARP(Address Resolution Protocol，地址解析协议，将 IP 地址解析为对应 MAC 地址的协议)广播请求解析主机 B 的 IP 地址对应的 MAC 地址。主机 B 收到请求后，响应主机 A，将自己的 MAC 地址发送给 A，主机 A 获得主机 B 的 MAC 地址后再建立数据链路层的连接，然后与主机 B 进行通信。

可是，如果主机 A 与主机 B 不在同一网段呢？此时它们之间的 IP 通信必须借助一个中间设备的转发，这个设备就是网关。网络设备(路由器、三层交换机)可以来做网关，某些经过配置的服务器或者安装网关代理软件的服务器也可以来做网关。在 Windows 服务器和个人系统里，可以通过在 TCP/IP 协议配置里指定默认网关的 IP 地址，来让主机将跨网段的数据包发送给该默认的网关设备，让其代为转发。

8.4.2　IPv6 基础

互联网的蓬勃发展带来了 IPv4 地址资源有限的问题，从理论上讲，IPv4 可提供 1600 万个网络、40 亿台主机。但扣除一些保留或私有地址后，可用的网络地址和主机地址的数目大打折扣，以至 IP 地址已于 2011 年基本分配完毕。其中北美占有 3/4，约 30 亿个，而人口最多的亚洲只有不到 4 亿个，中国截至 2021 年 6 月 IPv4 地址数量达到 3.9 亿，远远落后于 11 亿网民的需求。另一方面是随着嵌入式技术及网络技术的发展，计算机网络将进入人们的日常生活，可能身边的每一样东西都变为智能设备，都需要接入因特网。在这样的环境下，IPv6 应运而生。单从数量上来说，IPv6 地址采用 128 位，所拥有的地址容量是 IPv4 的约 8×10^{28} 倍，远远大于 IPv4 的地址数量，解决了网络地址资源数量的问题，形象地说"可以为地球上每一粒沙子都分配一个 IPv6 地址"。

IPv6 采用 128 个二进制位，以 16 位为一组，每组以冒号 ":" 隔开，可以分为 8 组，每组以 4 位十六进制方式表示。例如，一个合法的 IPv6 地址：

2001:0db8:85a3:08d3:1319:8a2e:0370:7344

IPv6 在某些条件下，每项数字前导的 0 可以省略，省略后前导数字仍是 0 则继续，例如下列 IPv6 都是等效的：

2001:0DB8:02de:0000:0000:0000:0000:0e13

2001:DB8:2de:0000:0000:0000:0000:e13

2001:DB8:2de:000:000:000:000:e13

2001:DB8:2de:00:00:00:00:e13

2001:DB8:2de:0:0:0:0:e13

可以用双冒号 "::" 表示一组 0 或多组连续的 0，但只能出现一次。如果四组数字都是零，则可以被省略。例如，下面这两组 IPv6 都是相等的。

(1) 第一组 IPv6：

2001:DB8:2de:0:0:0:0:e13

2001:DB8:2de::e13

(2) 第二组 IPv6：

2001:0DB8:0000:0000:0000:0000:1428:57ab

2001:0DB8:0000:0000:0000::1428:57ab

2001:0DB8:0:0:0:0:1428:57ab

2001:0DB8:0::0:1428:57ab

2001:0DB8::1428:57ab

但是，有的省略是非法的，如 2001::25de::cade，双冒号出现两次。这个 IPv6 是非法的，因为它有可能是下列情形之一，而导致无法确定唯一性：

2001:0000:0000:0000:0000:25de:0000:cade

2001:0000:0000:0000:25de:0000:0000:cade

2001:0000:0000:25de:0000:0000:0000:cade

2001:0000:25de:0000:0000:0000:0000:cade

IPv4 地址可以很容易地转化为 IPv6 格式。举例来说，如果 IPv4 的一个地址为 135.75.43.52(十六进制形式为 0X874B2B34)，它可以被转化为 0000:0000:0000:0000:0000:ffff:874B:2B34 或者::ffff:874B:2B34。同时，还可以使用混合符号，后 32 位可以用十进制数表示，可以表示为::ffff:135.75.43.52。

IPv6 地址可分为三类：单播地址、组播地址、任播地址。

(1) 单播地址：用于标示单个接口。发送到此地址的数据包被传递给单个网络接口。以下是不同类型的单播地址：

① 全球单播地址。这些地址可用在 Internet 上并具有以下格式：010(FP，3 位)TLA ID(13 位)Reserved(8 位)NLA ID(24 位)SLA ID(16 位)Interface ID(64 位)。

② 站点本地地址。这些地址用于单个站点并具有以下格式：FEC0::Subnet ID: Interface ID。站点本地地址用于不需要全局前缀的站点内的寻址。

③ 本地唯一地址。这些地址也是专门用于非路由目的，但它们几乎是全球唯一的，类似于 IPv4 中的私有地址。具有以下形式：FC00::/7。本地唯一地址被设计用来替代站点本地地址，站点本地地址于 2004 年 9 月被废除。

④ 链路本地地址。这些地址用于单个链路并且具有以下形式：FE80::InterfaceID。链路本地地址用在链路上的各节点之间，用于自动地址配置、邻居发现或未提供路由器的情况。链路本地地址主要用于启动时以及系统尚未获取较大范围的地址之时。类似于 IPv4 中的 169.254××网段的地址。

(2) 组播地址：IPv6 中的组播在功能上与 IPv4 中的组播类似。目的地址为组播地址的数据包被传送到该组播地址所标示的所有接口。具有以下形式：FF00::/8。

(3) 任播地址：一组接口的标识符(通常属于不同的节点)，任播地址类型代替 IPv4 广播地址。

任播地址是 IPv6 特有的地址类型，它用来标示一组网络接口。路由器会将目的地址为任播地址的数据包发送给距离本路由器最近的一个网络接口(一对一组中的一个)。这是按路由标准标示的最近的接口。任播地址不能作为 IPv6 的源地址。如果一个全局单播地址被指定给多于一个接口，那么该地址就成为任播地址。源节点不需要关心如何选择最近的任播节点，这个工作由路由系统完成。当路由发生变化时，发往同一个任播地址的数据包可能会被发送到不同的任播节点。目前任播地址不能指定给 IPv6 主机，只能指定给 IPv6 路由器。通常，节点始终具有链路本地地址。它可以具有站点本地地址和一个或多个全局地址。

IPv6 中一些特殊的地址如表 8.4.2.1 所示。

表 8.4.2.1　IPv6 特殊地址范围及其含义

IPv6 地址范围	含　义
0:0:0:0:0:0:0:0	等于::，等价于 IPv4 中的 0.0.0.0
0:0:0:0:0:0:0:1	等于::1，等价于 IPv4 中的 127.0.0.1
0:0:0:0:192.168.1.1	IPv6/IPv4 混合网络中 IPv4 地址的表达式
2000::/3	全球单播地址范围
FC00::/7	本地唯一单播地址范围
FE80::/10	链路本地单播地址范围
FF00::/8	组播地址范围
3FFF:FFFF::/32	为示例和文档保留的地址
2001:0DB8::/32	为示例和文档保留的地址
2002::/16	用于 IPv6 到 IPv4 的转换系统，这种结构允许 IPv6 包通过 IPv4 网络进行传输，而无须显示地址配置隧道

IPv6 的计划是创建未来互联网扩充的基础，其目标是取代 IPv4。虽然 IPv6 在 20 世纪末就已被 IETF 指定作为 IPv4 的下一代标准，但由于早期的路由器、防火墙、企业资源

计划系统及相关应用程序皆须改写，这需要巨大的人力、物力、财力投入，所以在世界范围内使用 IPv6 部署的公众网还非常少(截至 2012 年年底全球不足 100 个)，大部分都部署在高校、研究所。而技术上仍以双协议栈或隧道技术来兼容 IPv4 网络。粗略估计，在 2025 年以前 IPv4 仍会是主流协议，以便给升级新协议留下足够的时间。

8.5　网络测试和故障排除

8.5.1　常用网络测试方法

1. Ping 命令

Ping 是属于 TCP/IP 协议的一个命令，在 Windows、Unix 和 Linux 系统下均支持，也是日常使用的网络测试方法。它的基本原理是给目标 IP 地址发送一个数据包，再要求对方返回一个同样大小的数据包来确定与目的地址之间是否网络可达，时延是多少。在生活中，往往通过 Ping 公网 IP 或者 Ping 域名来测试本机与公网的连通性。在 Windows 系统下 Ping 的使用办法是：在命令提示符下输入 Ping 公网 IP/域名，也可以在命令后面加–t 参数，代表不间断进行 Ping，效果如图 8.5.1.1 所示。在本机进行不间断 Ping baidu.com，得到本机与百度服务器之间的连通性是正常的，时延是 32 毫秒。

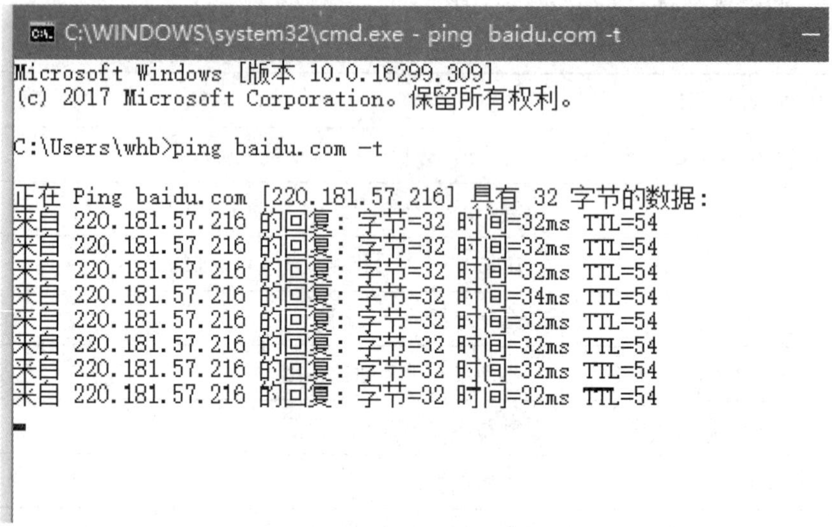

```
C:\WINDOWS\system32\cmd.exe - ping  baidu.com -t
Microsoft Windows [版本 10.0.16299.309]
(c) 2017 Microsoft Corporation。保留所有权利。

C:\Users\whb>ping baidu.com -t

正在 Ping baidu.com [220.181.57.216] 具有 32 字节的数据:
来自 220.181.57.216 的回复: 字节=32 时间=32ms TTL=54
来自 220.181.57.216 的回复: 字节=32 时间=32ms TTL=54
来自 220.181.57.216 的回复: 字节=32 时间=32ms TTL=54
来自 220.181.57.216 的回复: 字节=32 时间=34ms TTL=54
来自 220.181.57.216 的回复: 字节=32 时间=32ms TTL=54
来自 220.181.57.216 的回复: 字节=32 时间=32ms TTL=54
来自 220.181.57.216 的回复: 字节=32 时间=32ms TTL=54
```

图 8.5.1.1　在本机使用 Ping 进行网络测试

2. 在线测试

可以通过在线测速网站来对本机网络的速度进行直观的测试。如图 8.5.1.2 所示，在本机浏览器打开 http://www.speedtest.cn 在线测试网站，通过简单的点击，就能对当前网络速度进行测试。

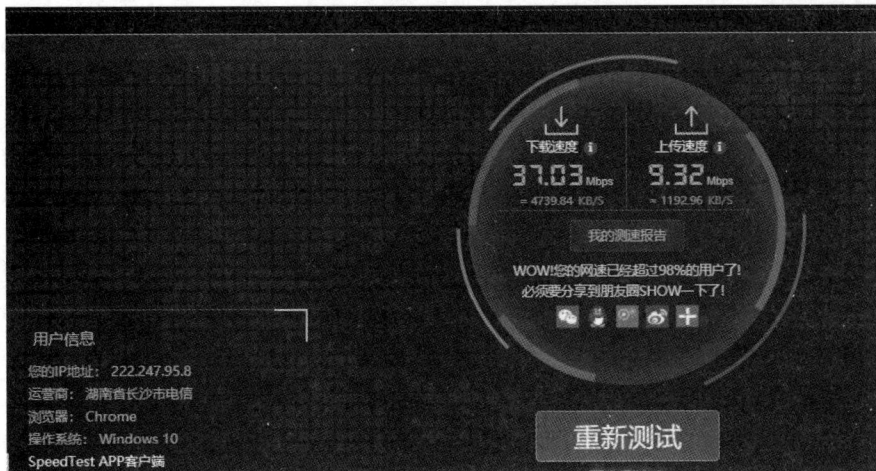

图 8.5.1.2　使用在线测试网站进行网速测试

8.5.2　常见网络故障排除

中医有望闻问切的诊断方法，网络故障也有对应的解决之道。按照一定的顺序和方法进行操作会收到事半功倍的效果。

1．检查故障是否为用户操作问题

很多时候网络用户出现的问题实际上与网络没有什么关系，而是用户对电脑进行了某些错误操作发生的，例如可能改动了电脑的配置，安装了一些会引起问题的软件，或者是误删了一些重要文件，表面上好像是网络引起的。所以，在动手解决问题前，必须向用户询问清楚故障发生前后，他所做的操作，以及当时计算机的反应和表现。

2．检查物理连接是否正确

看看网线有没有松脱，还是根本就没插紧网卡或交换机的接口。再看看交换机的电源是否打开？交换机电源插头是否松脱？就像显示器没接电源线造成显示器出现故障的假象一样，由于物理连接造成的网络故障很有迷惑性。

3．重新启动电脑

有很多问题，只要重新启动一下电脑，就可以迎刃而解。注意，上述的方法用于问题发生在一两台机器时，可以很快得到解决；但如果很多用户都反映同一问题，那就很可能是网络的问题了。

4．解决网络问题的一般顺序

首先询问用户，了解他们都遇到了什么故障，他们认为是哪里出了问题。用户是故障信息的主要来源，毕竟他们在每天使用网络，而且他们所遇到的故障现象最明显、最直接。

然后如果可能，问问一起做管理的同事，有多少用户受到了影响？受影响的用户有什么共同点？发生的故障是持续的还是间歇的？在故障发生之前，是否对局域网中的设备和软件进行了改动？办公楼是否在装修或施工？是不是停过电？以前是不是有同样的问题

出现?

对收集到的信息进行整理和分类，找出引发问题的若干可能。对故障的排除进行计划，想好从哪里入手，哪些故障需要先排除？对要处理的问题心中有数，行动起来就会有的放矢，不会顾此失彼。

根据故障分析，把认为可能的故障点隔离出来，然后一个一个地对可能故障点进行排除。例如，在处理某台电脑不能联网的问题时，可以用交叉电缆直接连接两台电脑，看是否能够连通，将电脑与网络设备隔离开来，判断是电脑的问题，还是网络设备的问题。

8.6 实训项目：制作双绞线

8.6.1 项目背景

双绞线的制作方式有两种国际标准，分别为 EIA/TIA568A 以及 EIA/TIA568B。而双绞线的连接方法也主要有两种，分别为直通线缆以及交叉线缆。简单地说，直通线缆就是水晶头两端都同时采用 T568A 标准或者 T568B 标准，而交叉线缆则是水晶头一端采用 T586A 的标准制作，另一端采用 T568B 的标准制作，即 A 水晶头的 1、2 对应 B 水晶头的 3、6，而 A 水晶头的 3、6 对应 B 水晶头的 1、2。

568A 标准：绿白，绿，橙白，蓝，蓝白，橙，棕白，棕；

568B 标准：橙白，橙，绿白，蓝，蓝白，绿，棕白，棕。

两种做法的差别就是橙色和绿色对换而已。同种设备相连用交叉线，不同设备相连用直通线。

8.6.2 实施过程

第一步：首先利用压线钳的剪线刀口剪裁出计划需要使用到的双绞线长度，如图 8.6.2.1 所示。

第二步：需要把双绞线的灰色保护层剥掉，可以利用压线钳的剪线刀口将线头剪齐，再将线头放入剥线专用的刀口，稍微用力握紧压线钳慢慢旋转，让刀口划开双绞线的保护胶皮，如图 8.6.2.2 所示。

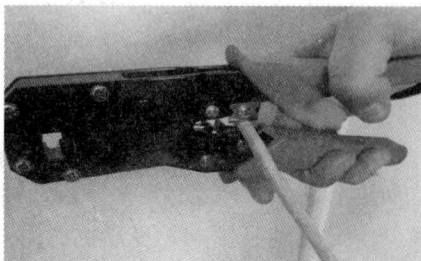

图 8.6.2.1 双绞线剪线

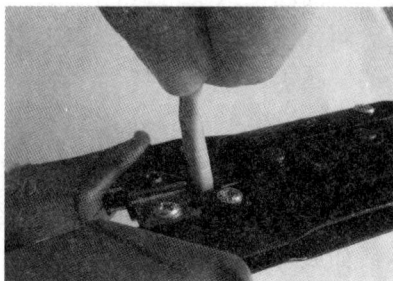

图 8.6.2.2 双绞线剥线

在这个步骤中需要注意的是，压线钳挡位离剥线刀口长度通常恰好为水晶头长度，这样可以有效避免剥线过长或过短。若剥线过长看上去肯定不美观，另一方面因网线不能被水晶头卡住，容易松动；若剥线过短，则因有保护层塑料的存在，不能完全插到水晶头底部，造成水晶头插针不能与网线芯线完好接触，当然也会影响到线路的质量。剥除灰色的塑料保护层之后即可见到双绞线网线的 4 对 8 条芯线，并且可以看到每对的颜色都不同。每对缠绕的两根芯线是由一种染有相应颜色的芯

图 8.6.2.3　解开导线的缠绕

线加上一条只染有少许相应颜色的芯线组成。四条全色芯线的颜色为：棕色、橙色、绿色、蓝色。每对线都是相互缠绕在一起的，制作网线时必须将 4 个线对的 8 条细导线逐一解开、理顺、扯直，然后按照规定的线序排列整齐，如图 8.6.2.3 所示。

第三步：需要把每对都是相互缠绕在一起的线缆逐一解开。解开后则根据需要接线的规则把几组线缆依次地排列好并理顺，排列的时候应该注意尽量避免线路的缠绕和重叠，如图 8.6.2.4 所示。

把线缆依次排列并理顺之后，由于线缆之前是相互缠绕着的，线缆会有一定的弯曲，因此应该把线缆尽量扯直并尽量保持线缆平扁。把线缆扯直的方法也十分简单，利用双手抓着线缆然后向两个相反方向用力，并上下扯一下即可，如图 8.6.2.5 所示。

图 8.6.2.4　按顺序理顺双绞线

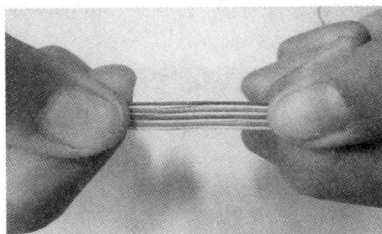

图 8.6.2.5　拉直导线

第四步：把线缆依次排列好并理顺压直之后，应该细心检查一遍，之后利用压线钳的剪线刀口把线缆顶部裁剪整齐，如图 8.6.2.6 所示，需要注意的是裁剪的时候应该是水平方向插入，否则线缆长度不一样会影响到线缆与水晶头的正常接触。若之前把保护层剥下过多的话，可以在这里将过长的细线剪短，保留的去掉外层保护层的部分约为 15 mm 左右，这个长度正好能将各细导线插入到各自的线槽。如果该段留得过长，一来会由于线对不再互绞而增加串扰，二来会由于水晶头不能压住护套而可能导致电缆从水晶头中脱出，造成线路的接触不良甚至中断。

图 8.6.2.6　剪齐导线

裁剪之后，应该尽量把线缆按紧，并且应该避免大幅度移动或者弯曲网线，否则也可能会导致几组已经排列且裁剪好的线缆出现不平整的

情况。剪好的导线如图 8.6.2.7 所示。

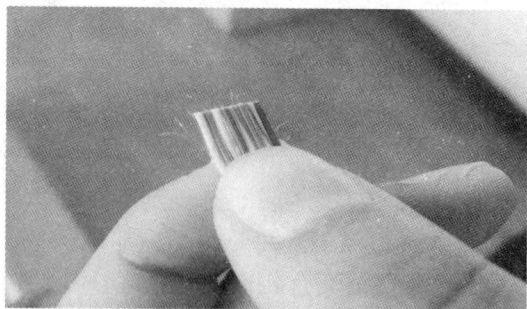

图 8.6.2.7　剪好的导线

第五步：把整理好的线缆插入水晶头内。需要注意的是要将水晶头有塑料弹簧片的一面向下，有针脚的一方向上，使有针脚的一端指向远离自己的方向，有方型孔的一端对着自己。此时，最左边的是第 1 脚，最右边的是第 8 脚，其余依此顺序排列。插入的时候需要注意缓缓地用力把 8 条线缆同时沿 RJ-45 头内的 8 个线槽插入，一直插到线槽的顶端。从水晶头的顶部检查，看看是否每一组线缆都紧紧地顶在水晶头的末端，如图 8.6.2.8 所示。

第六步：压线。确认无误之后就可以把水晶头插入压线钳的槽内压线了，如图 8.6.2.9 所示。把水晶头插入后，用力握紧线钳，使得水晶头凸出在外面的针脚全部压入水晶头内，听到轻微的"啪"的一声即可。如果有条件的话，最好使用双绞线测试仪进行测试。

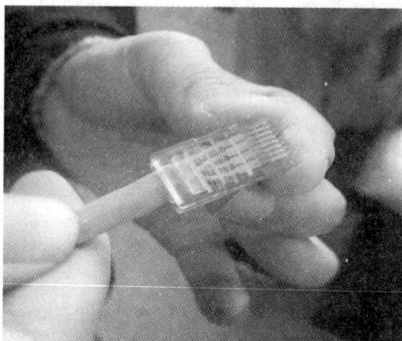

图 8.6.2.8　将导线插入水晶头

图 8.6.2.9　压紧水晶头

8.7　实训项目：配置家用无线路由

8.7.1　项目背景

本次实训以 TP-LINK TL-WR842N 300M 型家用无线路由器为例，路由器的主要接口及功能如图 8.7.1.1 所示。

当忘记登录密码，或者全部
重置设置的数据时，在接通电
源的情况下，长按这个按键 8
秒左右再放手即可。然后拔掉
电源，等几秒钟再接通，一切
就恢复默认设置了

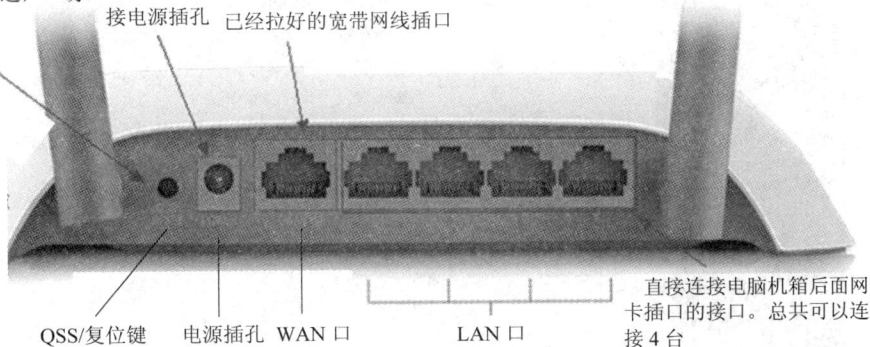

接电源插孔 已经拉好的宽带网线插口

直接连接电脑机箱后面网
卡插口的接口。总共可以连
接 4 台

QSS/复位键 电源插孔 WAN 口 LAN 口

图 8.7.1.1 家用无线路由器主要接口及功能

8.7.2 实施过程

路由器接通电源，宽带网线连接好，路由器与计算机的网线接好后，下面开始设置。
运行浏览器，如图 8.7.2.1 所示，在浏览器地址栏输入路由器默认登录 IP 地址：
192.168.1.1，登录进入路由器配置界面，输入路由器的用户名和密码登录进入后台。

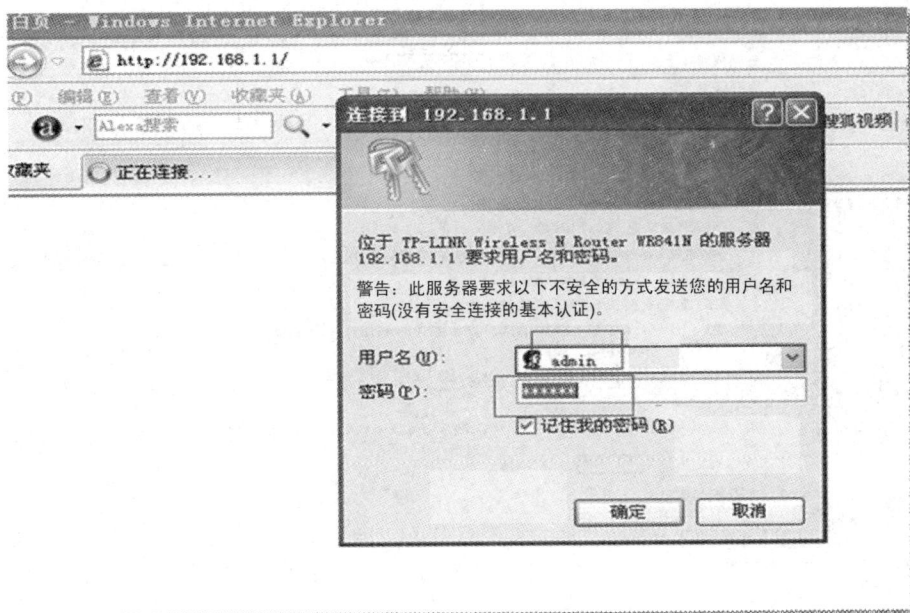

图 8.7.2.1 登录路由器后台

登录页面跳转到路由器设置主页，点击左边栏的"网络参数"设置，后页面调整到默认第一项"WAN 口设置"，如图 8.7.2.2 所示。

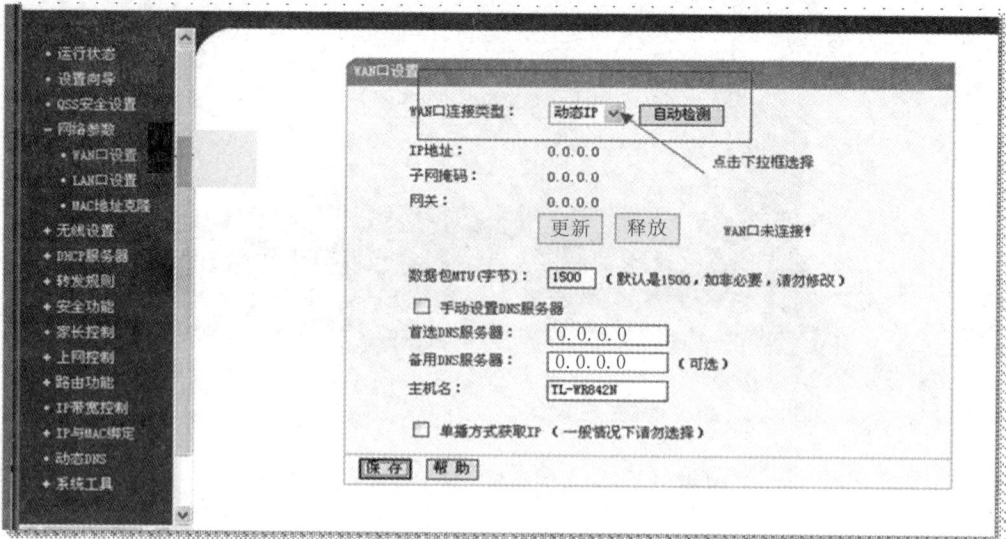

图 8.7.2.2　WAN 口设置

点击选择"WAN 口链接类型"的下拉框，选"PPPoE"，然后按图 8.7.2.3 所示设置。

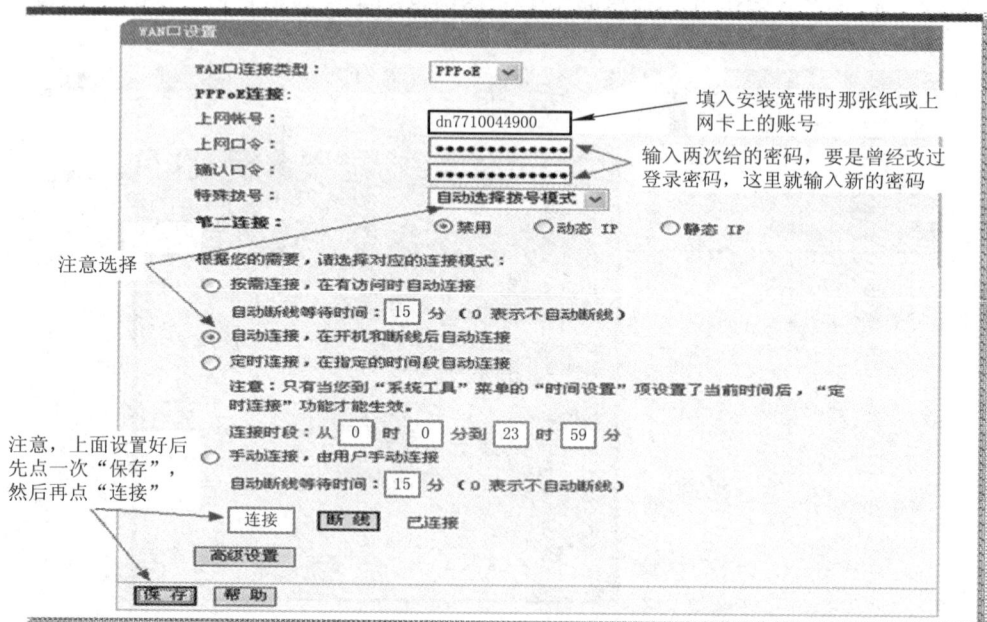

图 8.7.2.3　WAN 口详细参数设置

点击左侧栏的"无线设置"，如图 8.7.2.4 所示，设置无线网络基本参数。

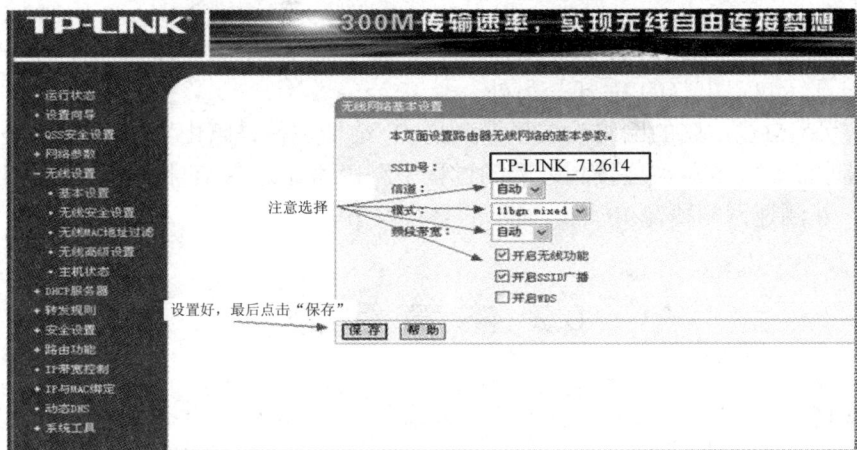

图 8.7.2.4　无线网络基本参数设置

设置"无线安全设置",如图 8.7.2.5 所示,选择"WPA-PSK/WPA2-PSK"加密。所有无线设备连接宽带的时候都需要输入这里设置的密码。设置完成,点"保存",将重启路由器并生效配置。

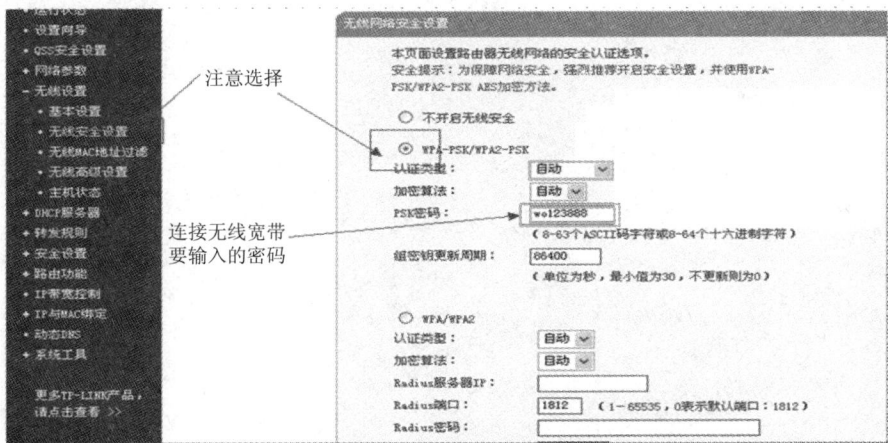

图 8.7.2.5　无线网络安全参数设置

8.8　疑难解析

1. 为什么在电信办理的 100M 光纤宽带,但是实际下载速度却达不到 100 MB/s?

解析:因为电信的 100M 是指 100 Mb/s = 100 Mb/s,而操作系统里看到的下载速度是 100 MB/s,而 8 bit = 1 Byte,所以实际下载速度应该是 100/8 = 12.5(MB/s)。

2. 为什么有时候电脑会出现可以正常使用 QQ,但是无法打开网站的情况?

解析:能正常使用 QQ 说明此时网络连接是没有问题的,而打开网站需要 DNS 服务器来把域名翻译成服务器的 IP 地址,如果由于配置不当,或者 DNS 服务器故障就会导致无法打开网站。

3．为什么在自己电脑的网络设置里看到的 IP 地址是 192.168.X.X，但是在测速网站检测 IP 地址显示自己电脑的 IP 却是另外一个 IP？

解析：因为自己电脑的网络设置里看到的 IP 地址往往是路由器通过 DHCP 协议动态分配的私网地址，而电脑在连接到外网的过程中路由器通过 NAT 将私网 IP 地址转化成公网 IP 地址，在测速网站检测 IP 地址显示的是公网 IP。

8.9　本章习题

1．192.168.1.63/26、192.168.1.64/26、192.168.1.65/26 这三个 IP 是可以分配给主机使用的 IP 地址吗，为什么？

2．某公司有 5 个部门，每个部门有 20 台主机，公司申请了一个 201.1.1.0/24 的 IP 段，请你为该公司做出合适的 IP 地址规划。(需列出子网掩码、可用的子网、每个子网的主机 IP 范围、每个子网的主机数)

第 9 章 网络安全基础

计算机网络的发展方便了信息交互的同时也带来了网络安全风险，网络安全问题逐渐成为人们日常生活不容忽视的问题。近年来，勒索软件、挖矿病毒、盗号木马、钓鱼网站的等网络安全威胁多次登上热搜，出现在大众面前。作为 IT 从业人员，掌握网络安全攻击的基本原理和网络安全加固的常用措施是必要的。本章介绍常见的网络安全攻击行为和常用的网络安全防护措施，并通过多个实训项目让学习者掌握操作系统加固的方法、安全扫描软件的使用。

安 全 意 识

中国工程院院士沈昌祥从事网络安全工作 30 余年，承担了一系列国家和军队重要科研和咨询任务，先后获得国家科技进步一等奖 2 项、二等奖 2 项、三等奖 3 项等多项荣誉。他在我国网络安全领域作出了重大贡献，推进了国产操作系统、国产核心芯片的安全可控，并完善了国家信息化重大工程安全建设和法制建立等，完成了多项重大安全事项的咨询指导任务，这些成果在信息处理和安全技术上有重大创造性，多项达到世界先进水平，在全国全军广泛应用，取得了显著的效益，使我国信息安全保密方面取得突破性进展。军人出身的沈昌祥对于网络安全始终有一种使命感，在 20 世纪 90 年代末就提出“要像重视‘两弹一星’那样去重视信息安全”。“我们所有的基础设施都与网络信息化有关，如果说信息化网络被攻击以后，瘫痪了以后，我们的社会还会存在吗？飞机掉了，火车撞了，没有电了，我们将生活在黑暗之中。”沈昌祥表示，“要加强安全可信的保障体系建设，促进加快构成我们国家的网络安全体系，为实现网络强国的“中国梦”而努力。”

网络带来便利性的同时也带来了安全性问题，这往往是一对矛盾。以远程桌面服务为例，一方面远程桌面技术为各行各业带来了巨大的便利，但是同时也带来了巨大的安全挑战。微软官方就多次披露某些旧版本操作系统的远程桌面服务中存在远程代码执行漏洞，当未经身份验证的攻击者使用 RDP 连接到目标系统并发送特制请求时，成功利用此漏洞的攻击者可以在目标系统上执行任意代码，然后攻击者可以安装程序、查看、更改或删除数据；或创建具有完全用户权限的新账户，其危害堪比“永恒之蓝”，一旦触发可能导致严重的安全事故。系统管理员除了修炼内功，更重要的是要树立网络安全的风险意识，明白任何信息系统都不是 100%绝对安全的，一旦发生安全事故，将带来不可估量的损失。

2018 年 4 月，习近平总书记在全国网络安全和信息化工作会议上指出：没有网络安全就没有国家安全，就没有经济社会稳定运行，广大人民群众利益也难以得到保障。在党的二十大报告中，已将网络安全体系建设列为健全国家体系的范畴。二十大报告第十一节"推进国家安全体系和能力现代化，坚决维护国家安全和社会稳定"中指出，要完善重点领域安全保障体系和重要专项协调指挥体系，强化经济、重大基础设施、金融、网络、数据、生物、资源、核、太空、海洋等安全保障体系建设。

"患生于所忽，祸起于细微"，没有意识到风险本身就是最大的风险，事实上，我们身边面临的网络安全问题，很多是意识问题。网络安全的认识还不到位，有的重发展轻安全、重建设轻防护；有的认为关起门来搞更安全，不愿立足开放环境搞安全；有的认为网络安全离自己很远、与自己无关。在信息时代，网络安全是整体的而不是割裂的，是动态的而不是静态的，是开放的而不是封闭的，是相对的而不是绝对的，是共同的而不是孤立的。不断强化网络安全意识，在头脑中真正筑起网络安全的"防火墙"，我们才能打牢网络安全的地基。

9.1　常见安全攻击行为

9.1.1　攻击目的

网络攻击可看作是通过寻找系统和网络的弱点，以非授权方式达到破坏、欺骗和窃取数据信息等目的。从对信息的破坏性上看，攻击类型可以分为被动攻击和主动攻击。

主动攻击会导致某些数据流的篡改和虚假数据流的产生。这类攻击可分为篡改、伪造消息数据和终端(拒绝服务)。

(1) 篡改消息。篡改消息是指一个合法消息的某些部分被改变、删除，消息被延迟或改变顺序，通常用以产生一个未授权的效果。如修改传输消息中的数据，将"允许甲执行操作"改为"允许乙执行操作"。

(2) 伪造。伪造指的是某个实体(人或系统)发出含有其他实体身份信息的数据信息，假扮成其他实体，从而以欺骗方式获取一些合法用户的权利和特权。

(3) 拒绝服务。拒绝服务即常说的 DoS(Deny of Service)，会导致网络或系统服务被恶意地终止。

被动攻击中攻击者不对数据信息做任何修改，截取/窃听是指在未经用户同意和认可的情况下攻击者获取信息或相关数据。通常包括窃听、流量分析、破解弱加密的数据流等攻击方式。

(1) 流量分析。流量分析攻击方式适用于一些特殊场合，例如敏感信息都是保密的，攻击者虽然从截获的消息中无法得到消息的真实内容，但攻击者还能通过观察这些数据报的模式，分析确定出通信双方的位置、通信的次数及消息的长度，获知相关的敏感信息，这种攻击方式称为流量分析。

(2) 窃听。目前应用最广泛的局域网上的数据传送是基于广播方式进行的，这就使一台主机有可能接收到本网段传送的所有信息。如果没有采取加密措施，通过协议分析，就可以完全掌握通信的全部内容。

由于被动攻击不会对被攻击的信息做任何修改，留下痕迹很少，或者根本不留下痕迹，因此非常难以检测。所以对这类攻击的重点在于预防，具体措施包括虚拟专用网 VPN，采用加密技术保护信息以及使用交换式网络设备等。

被动攻击不易被发现，因而常常是主动攻击的前奏。被动攻击虽然难以检测，但可采取措施有效地预防；抗击主动攻击的主要技术手段是检测，以及从攻击造成的破坏中及时地恢复。检测同时还具有某种威慑效应，在一定程度上也能起到防止攻击的作用。具体措施包括自动审计、入侵检测和完整性恢复等。

9.1.2　攻击方式

(1) 拒绝服务攻击。利用网络协议的缺陷以耗尽被攻击对象的资源，目的是让目标计算机或网络无法提供正常的服务或资源访问，使目标计算机停止响应甚至崩溃。分布式拒绝服务是在传统 DoS 攻击基础上产生的，该方法通过占领傀儡机来实施，将多个计算机联合起来作为攻击平台，对一个或多个目标发动 DoS 攻击，从而成倍地提高拒绝服务攻击的威力。

(2) 入侵攻击。入侵者的入侵途径有三种，一是物理途径：入侵者利用管理缺陷或人们的疏忽大意，乘虚而入，侵入目标主机，或企图登录系统，或偷窃重要资源进行研究分析；二是系统途径：入侵者使用自己所拥有的较低级别的操作权限进入目标系统，或安装"后门"、或复制信息、或破坏资源、或寻找系统可能的漏洞以获取更高级别的操作权限等；三是网络途径：入侵者通过网络渗透到目标系统中，进行破坏活动。

(3) 病毒攻击。黑客向宿主计算机中植入病毒，病毒通过复制对系统进行破坏。计算机病毒有许多感染方式，可以通过文件(宏病毒)、硬盘和网络等。

(4) 有害代码攻击。在源程序编译之前插入的一部分恶意代码，随源程序一起编译、链接成可执行文件，一旦运行该可执行文件，宿主计算机将成为被攻击对象。

(5) 电子邮件攻击。有两种常见形式：一是"邮件炸弹"，用伪造的 IP 地址和电子邮件向同一邮箱发送数以千计的内容相同的垃圾邮件，严重时可能会给电子邮件服务器操作系统带来危险，甚至瘫痪；二是电子邮件欺骗，攻击者称自己是管理员(邮件地址和系统管理员完全相同)，给用户发送邮件要求用户修改口令或在貌似正常的附件中加载病毒或其他木马程序。

(6) 诱饵攻击。在 Web 端比较常见，攻击者发布一个图片，引诱用户点击，然而这张图片的链接地址指向某个非法网站，从而达到入侵用户系统的目的；或者攻击者制作一个跟正常网站一模一样的"钓鱼网站"，引诱用户访问，用户上钩之后就会中毒，或被窃取有价值信息。

9.1.3　攻击手段

网络用户在使用网络的过程中，有可能遭受到一些有特殊目的的用户有意识的攻击，企图从被攻击计算机中获取隐私信息或破坏正常网络工作，我们需要了解其攻击手段，更好地做好防范工作。

一般而言，一次成功的攻击，都可以归纳成基本的 5 个步骤，但是根据实际情况可以随时调整。

1. 隐藏 IP

通常有两种方法实现自身 IP 的隐藏：第一种方法是首先入侵互联网上的一台计算机（俗称"肉鸡"），利用这台计算机进行攻击，这样即使被发现了，也是"肉鸡"的 IP 地址；第二种方式是做多级跳板"Sock 代理"，这样在入侵的计算机上留下的是代理计算机的 IP 地址，比如攻击 A 国的站点，一般选择离 A 国很远的 B 国计算机作为"肉鸡"或者"代理"，这样跨国度的攻击，一般很难被侦破。

2. 踩点扫描

踩点就是通过各种途径对所要攻击的目标进行多方面的了解（包括任何可得到的蛛丝马迹，但要确保信息的准确），确定攻击的时间和地点。常见的踩点方法包括：在域名及其注册机构查询；对公司性质的了解；对主页进行分析；邮件地址的搜集；目标 IP 地址范围查询。踩点的目的就是探查对方的各方面情况，确定攻击的时机。摸清楚对方最薄弱的环节和守卫最松散的时刻，为下一步的入侵制定良好的策略。

3. 获得系统或者管理员权限

得到管理员权限的目的是连接到远程计算机，对其进行控制，达到攻击的目的。获得系统及管理员权限的方法有：通过系统漏洞获得系统权限；通过管理员漏洞获得管理员权限；通过软件漏洞得到系统权限；通过监听获得敏感信息进一步获得相应权限；通过弱口令获得远程管理员的用户密码；通过穷举法获得远程管理员的用户密码；通过攻破与目标机有信任关系的另一台机器进而得到目标机的控制器；通过欺骗获得权限以及其他有效的方法。

4. 种植后门

为了保持长期对自己胜利果实的访问和控制权，在已经攻破的计算机上种植一些供自己访问的后门。

5. 清除入侵痕迹

一次成功的入侵之后，一般在对方的计算机上已经存储了相关的登录日志，这样就容易被管理员发现。在入侵完毕后需要清除登录日志以及其他相关的日志。

9.2　常用安全防护措施

9.2.1　查杀病毒和木马

1. 计算机病毒

计算机病毒在《中华人民共和国计算机信息系统安全保护条例》中被明确定义，病毒是指"编制者在计算机程序中插入的破坏计算机功能或者破坏数据，影响计算机使用并且能够自我复制的一组计算机指令或者程序代码"。与医学上的"病毒"不同，计算机病毒不是天然存在的，是某些人利用计算机软件和硬件所固有的脆弱性编址的一组指令集或程序代码。它能通过某种途径潜伏在计算机的存储介质(或程序)里,当达到某种条件时即被激活,通过修改其他程序的方法将自己的复制或者可能演化的形式放入其他程序中,从而感染其他程序,对计算机资源进行破坏。

2. 木马

木马是一种目的非常明确的病毒程序,通常会通过伪装吸引用户下载并执行。一旦用户触发了木马程序,被种马的计算机就会为施种木马者提供一条通道,使施种者可以任意毁坏、窃取被种者的文件、密码等,甚至远程操控被种者的计算机。

木马全称为"特洛伊木马",英文名称为 Trojan Horse,据说这个名称来源于希腊神话"木马屠城记"。古希腊大军围攻特洛伊城,久久无法攻下。于是有人献计制造一只高两丈的大木马,假装作战马神,让士兵藏匿于巨大的木马中,大部队假装撤退而将木马摒弃于特洛伊城下。城中得知解围的消息后,遂将"木马"作为奇异的战利品拖入城内,全城饮酒狂欢。到午夜时分,全城军民进入梦乡,藏匿于木马中的将士打开秘门缘绳而下,开启城门及四处纵火,城外伏兵涌入,部队里应外合,焚屠特洛伊城。后世称这只大木马为"特洛伊木马",如今黑客程序借用其名,有"一旦潜入、后患无穷"之意。

木马程序通常会设法隐藏自己,以骗取用户的信任。一般木马有两个可执行程序:一个是客户端,即控制端;另一个是服务端,即被控制端。黑客们将服务端成功植入用户的计算机后,就有可能通过客户端"进入"用户的计算机。计算机被植入木马服务端俗称为"中马",用户一旦运行了被种植在计算机中的木马服务端,就会有一个或几个端口被打开,使黑客有可能利用这些打开的端口进入计算机系统,安全和个人隐私也就全无保障了。木马服务端一旦运行并被控制端连接,其控制端将享有服务端的大部分操作权限,例如给计算机增加口令,浏览、移动、复制和删除文件,修改注册表,更改计算机配置等。由于运行了木马服务端的计算机完全被客户端控制,任由黑客宰割,所以,运行了木马服务端的计算机也常被人戏称为"肉鸡"。

3. 反病毒软件

反病毒软件是一种可以对病毒、木马等一切已知的对计算机有危害的程序代码进行清除的程序工具。在国内也称杀毒软件,简称杀软。它是用于消除计算机病毒、特洛伊木马和恶意软件的一类软件。反病毒软件通常集成监控识别、病毒扫描和清除以及自动升级等功能,有的反病毒软件还带有数据恢复等功能,是计算机防御系统(包含杀毒软件、防火墙、特洛伊木马和其他恶意软件的查杀程序及入侵预防系统等)的重要组成部分。国内外常见的杀毒软件有:BitDefender(比特梵德)、Kaspersky(卡巴斯基)、Nod32、金山毒霸、瑞星、江民、安博士、360 等。

但需要指出的是,任何杀毒软件都不可能查杀所有病毒,杀毒软件能查到的病毒,不一定能杀掉。一台计算机每个操作系统下不能同时安装两套或两套以上的杀毒软件(除非有兼容或绿色版,但只能有一个软件开启主动防护)。大部分杀毒软件是滞后于计算机病毒的。所以,切记,杀毒软件不是万能的,但却不能没有杀毒软件。

9.2.2　修复操作系统漏洞

操作系统是管理整个计算机硬件和软件资源的程序,它是网络系统的基础,是保证整个互联网实现信息资源传递和共享的关键，操作系统的安全性在网络安全中举足轻重。一个安全的操作系统能够保障计算机资源使用的保密性、完整性和可用性，可以对数据库、应用软件和网络系统等提供全方位的保护。

几乎所有的操作系统都不是十全十美的，总是存在各种安全漏洞。例如在 Windows NT 中，安全账户管理(SAM)数据库可以被以下用户所复制：Administrator 账户 Administrators 组中的所有成员、备份操作员、服务器操作员以及所有具有备份特权的人员。SAM 数据库的一个备份能够被某些工具所利用来破解口令。又如，Windows NT 对较大的 ICMP 数据包是很脆弱的，如果发一条 Ping 命令，指定数据包的大小为 64 KB，Windows NT 的 TCP/IP 栈将不会正常工作，可使系统离线乃至重新启动，结果造成某些服务的拒绝访问。因此，及时给 Windows 系统打上补丁程序，修复系统漏洞，是加强 Windows 系统安全的简单、高效的方法。

9.2.3 安全使用规范

(1) 不要随意打开来历不明的电子邮件及文件，不要随便运行不太了解的人给你的程序，比如"特洛伊"类黑客程序就需要骗你运行。

(2) 尽量避免从 Internet 下载不知名的软件、游戏程序。即使从知名网站下载的软件也要及时用最新的查杀木马和病毒软件对系统和软件进行扫描。

(3) 经常更换密码，并且将其设为比较复杂的字母、数字及符号混用的组合密码。

(4) 不要随意安装不可信任的插件及其他程序。

(5) 不随便运行黑客程序，不少这类程序运行时会发出你的个人信息。

(6) 及时下载安装系统补丁程序。

(7) 及时关闭系统中的共享功能。

(8) 将防毒、防黑当成日常性工作，定时更新防毒组件，将防毒软件保持在常驻状态。

9.3 实训项目：操作系统安全加固

9.3.1 项目背景

用户 A 新装了 Windows Server 2012 操作系统，该系统具有高性能、高可靠性和高安全性等特点。Windows Server 2012 在默认安装的时候，基于安全的考虑已经实施了很多安全策略，但由于服务器操作系统的特殊性，在默认安装完成后还需要对其进行安全加固，进一步提升服务器操作系统的安全性，保证应用系统以及数据库系统的安全。

9.3.2 相关知识点

1. 服务与端口

一台拥有 IP 地址的主机可以同时是 Web 服务器，也可以是 FTP 服务器，还可以是邮件服务器，等等。那么，主机是怎样区分不同的网络服务呢？显然不能只靠 IP 地址，实际上是通过"IP 地址＋端口号"来区分不同的服务的。比如：通常 TCP/IP 协议规定 Web 采用 80 号端口，FTP 采用 21 号端口等，而邮件服务器采用 25 号端口。这样，通过不同端口，计算机就可以与外界进行互不干扰的通信。

举例来说，假设 IP 地址是一栋大楼的地址，那么端口号就代表着这栋大楼的不同房间。如果一封信(数据包)上的地址仅包含了这栋大楼的地址(IP)而没有具体的房间号(端口号)，那么没有人知道谁(网络服务)应该接收它。为了让邮递成功，发信人不仅需要写明大楼的地址(IP 地址)，还需要标注具体的收信人房间号(端口号)，这样这封信才能被顺利地投递到它应该前往的房间。

在 TCP/UDP 协议中，源端口和目标端口是用一个 16 位无符号整数来表示，意味着端口号共有 65 536 个(2^{16}，0～65 535)。但是实际上常用的端口才几十个，由此可以看出未定义的端口相当多。因此黑客程序可以采用某种方法，定义出一个特殊的端口来达到入侵的目的。为了定义出这个端口，就要依靠某种程序在计算机启动之前自动加载到内存，强行控制计算机打开那个特殊的端口。这个程序就是"后门"程序，这些后门程序就是常说的木马程序。简单地说，这些木马程序在入侵前是先通过某种手段在一台个人计算机中植入一个程序，打开某个(些)特定的端口，俗称"后门"(Back Door)，使这台计算机变成一台开放性极高(用户拥有极高权限)的 FTP 服务器，然后从后门就可以达到入侵的目的。

开启的端口可能被攻击者利用，如利用扫描软件，可以扫描到目标主机中开启的端口及服务，因为提供服务就有可能存在漏洞。入侵者通常会用扫描软件对目标主机的端口进行扫描，以确定哪些端口是开放的。从开放的端口，入侵者可以知道目标主机大致提供了哪些服务，进而寻找可能存在的漏洞。因此，对端口的扫描有助于了解目标主机，从管理角度来看，扫描本机的端口也是做好安全防范的前提。

查看端口的相关工具有：Windows 系统中的 netstat 命令、fport 软件、superscan 软件等，此类命令或软件可用来查看主机所开放的端口。可以在网上查看各种服务对应的端口号和木马后门常用端口来判断系统中的可疑端口，并通过软件查看开启此端口的进程。

确定可疑端口和进程后，可以利用防火墙来屏蔽此端口，也可以通过选择"本地连接→TCP/IP→高级→选项→TCP/IP 筛选"，启用筛选机制来过滤这些端口。关闭端口可以在"控制面板→管理工具→服务"中进行配置。

2．组策略

组策略和注册表是 Windows 系统中重要的两部控制台。对于系统中安全方面的部署，组策略又以其直观的表现形式更受用户的青睐。可以通过组策略禁止第三方非法更改地址，也可以禁止别人随意修改防火墙配置参数，更可以提高共享密码强度免遭其被破解。

3．账户与密码安全

账户与密码的使用通常是许多系统预设的防护措施。事实上，有许多用户的密码是很容易被猜中的，或者使用系统预设的密码，甚至不设密码。用户应该避免使用不当的密码、系统预设密码或是使用空白密码，也可以配置本地安全策略要求密码必须符合安全性要求。

4. 漏洞与后门

1) 漏洞

漏洞即某个程序(包括操作系统)在设计时未考虑周全，当程序遇到一个看似合理，但实际无法处理的问题时，引发的不可预见的错误。系统漏洞又称安全缺陷，对用户造成的不良后果有：① 如漏洞被恶意用户利用，会造成信息泄露。例如，黑客攻击网站即利用网络服务器操作系统的漏洞。② 对用户操作造成不便。例如，不明原因的死机和丢失文件等。可见，只有堵住系统漏洞，用户才会有一个安全和稳定的工作环境。

漏洞的产生大致有以下 3 个原因：

(1) 编程人员的人为因素。在程序编写过程中，为实现自己的特殊目的，在程序代码的隐蔽处留有后门漏洞。

(2) 受编程人员的能力、经验和当时安全技术所限，在程序中难免会有不足之处，轻则影响程序效率，重则导致非授权用户的权限提升。

(3) 由于硬件原因，编程人员无法弥补硬件的漏洞，从而使硬件的问题通过软件表现出来。

可以说，任何软件都难免存在漏洞，作为系统最核心的软件，操作系统也无法避免。例如，64 位 Windows 7 图形显示组件中的一个漏洞有可能导致系统崩溃，或者被黑客利用并执行远程代码，用户可以通过关闭 Windows Aero 的方式或打上安全补丁来防止这一漏洞被他人利用。

实际上，根据目前的软件设计水平和开发工具，要想绝对避免软件漏洞几乎是不可能的。操作系统作为一种系统软件，在设计和开发过程中造成这样或那样的缺陷，埋下一些安全隐患，使黑客有机可乘，也可以理解。可以说，软件质量决定了软件的安全性。

2) 后门

后门是绕过安全性控制而获取对程序或系统访问权的方法。在软件的开发阶段，程序员常会在软件内创建后门以便可以修改程序中的缺陷。如果后面被其他人知道，或是在发布软件之前没有删除后门，那么它就成了风险。

3) 漏洞与后门的区别

后门是留在计算机系统中，通过某种特殊方式控制计算机系统以供某类特殊使用的途径。它不仅能绕过系统已有的安全设置，而且还能挫败系统上各种增强的安全设置。

漏洞是在硬件、软件、协议的具体实现或系统安全策略上存在的缺陷，攻击者能够利用这些漏洞在未授权的情况下访问或破坏系统。漏洞虽然可能最初就存在于系统当中，但漏洞并不是自己出现的，必须有人来发现。在实际使用中，用户会发现系统中存在的错误，而入侵者会有意利用其中的某些错误来威胁系统安全，这时人们会认识到这个错误是一个漏洞，然后系统供应商会尽快发布针对这个漏洞的补丁程序。

漏洞和后门是不同的，一般情况下，漏洞是一种无意的行为，是不可避免的，是难以预知的，无论是硬件还是软件都存在着漏洞；而后门是一种有意的行为，是人为故意设置的，是完全可以避免的。

9.3.3　实施过程

在实际教学过程中，为兼顾实验运行速度与系统安全，可采用虚拟机＋Windows Server 2003 系统进行演示。

任务 1：账户安全配置

1．任务目标与内容

(1) 更改 Administrator 账户名称；

(2) 创建一个陷阱账户；

(3) 不让系统显示上次登录的账户名。

2．任务实施步骤

1) 更改 Administrator 账户名称

由于 Administrator 账户是微软操作系统的默认系统管理员账户，且此账户不能被停用，这意味着非法入侵者可以一遍又一遍地猜测这个账户的密码。将 Administrator 重命名为其他名称，可以有效地解决这一问题。下面介绍 Windows Server 2003 中重命名 Administrator 账户名称的方法。

步骤 1：在桌面上选中"我的电脑"，点击右键，选择并打开"管理"窗口，如图 9.3.3.1 所示。

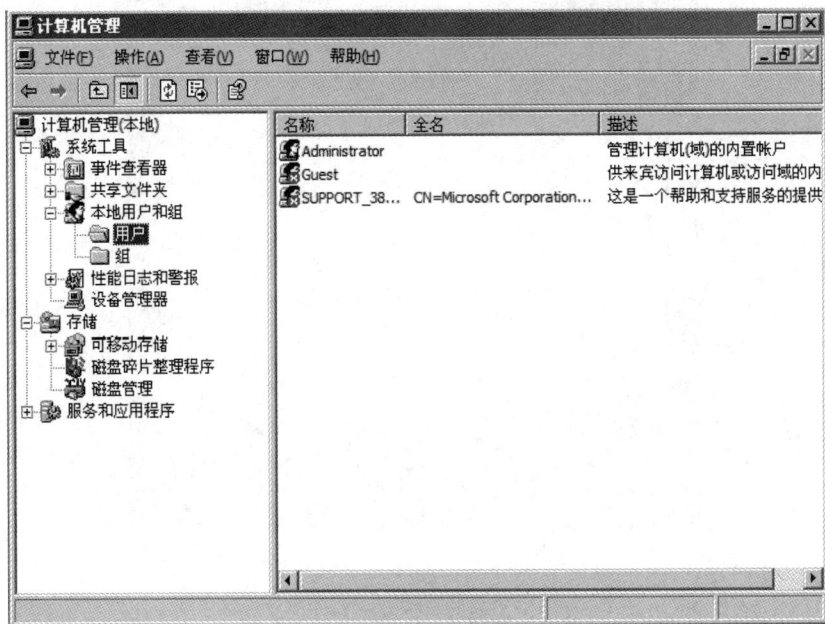

图 9.3.3.1　计算机管理窗口

步骤 2：如图 9.3.3.2 所示，在左侧窗格中，选择"系统工具→本地用户和组→用户"选项；在右侧窗格中，选中"Administrator"，点击右键，选择"重命名"，将系统管理员账户名称 Administrator 改为一个普通的账户名称(如 Alice)，注意不要使用如 Admin 之类的账户名称。

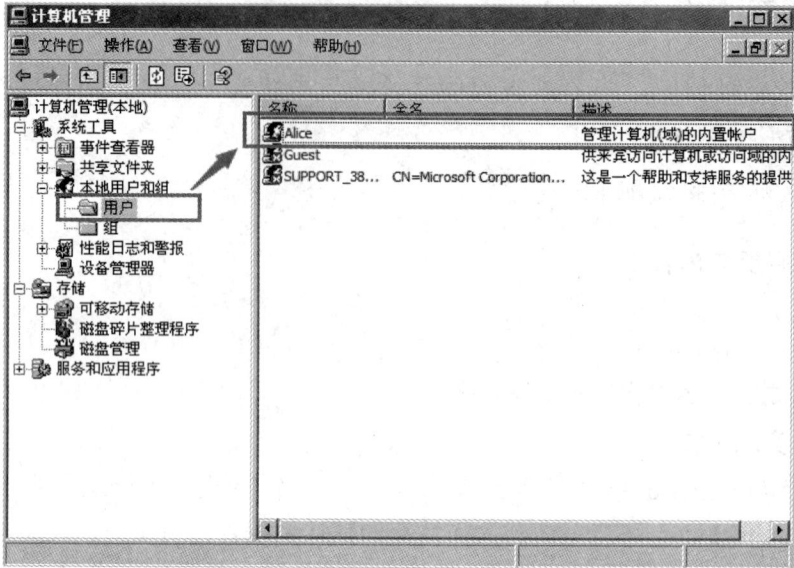

图 9.3.3.2　更改 Administrator 用户账户名称

步骤 3：选中 Alice 账户，点击右键，选择"属性→隶属于"，如图 9.3.3.3 所示，可以看到 Alice 属于 Administrators 账户组，完成系统管理员名称的更改。

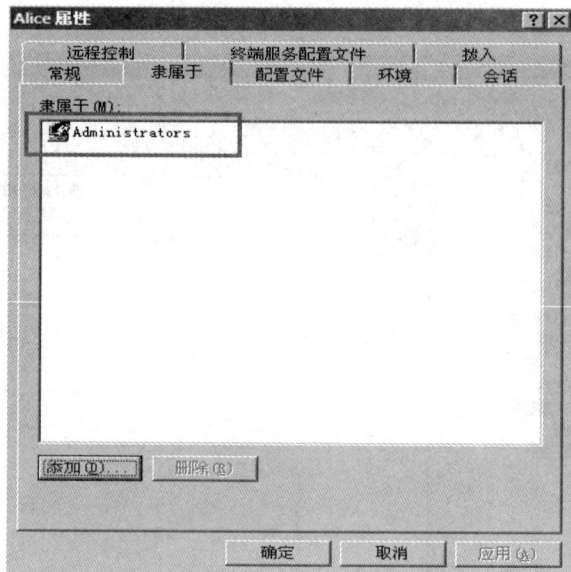

图 9.3.3.3　Alice 属性对话框

2) 创建一个陷阱账户

陷阱账户就是让非法入侵者误认为是管理员账户的非管理员账户。默认的管理员账户 Administrator 重命名后，可以创建一个同名的拥有最低权限的 Administrator 账户，并把它添加到 Guests 组(Guests 组的权限为最低)中，再为该账户设置一个超过 10 位的超级复杂密码(其中包括字母、数字、特殊字符等)。这样可以使非法入侵者需要花费很长的时间才能破解密码。

步骤 1：打开计算机管理窗口，选中"用户"，在其对应的右侧窗格中空白处点击右键，选中"新用户"命令，打开"新用户"对话框，如图 9.3.3.4 所示。

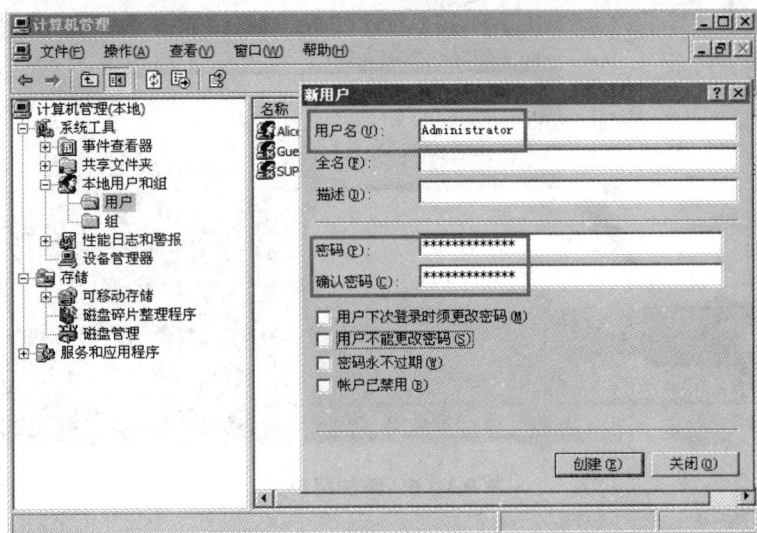

图 9.3.3.4　添加新用户

步骤 2：在"用户名"文本框中输入用户名"Administrator"，在"密码"和"确认密码"文本框中输入一个较复杂的密码，点击"创建"按钮，再点击"关闭"按钮。

步骤 3：选中 Administrator 账户，点击右键，选择"属性→隶属于"，如图 9.3.3.5 所示，可以看到 Administrator 默认属于 Users 组。

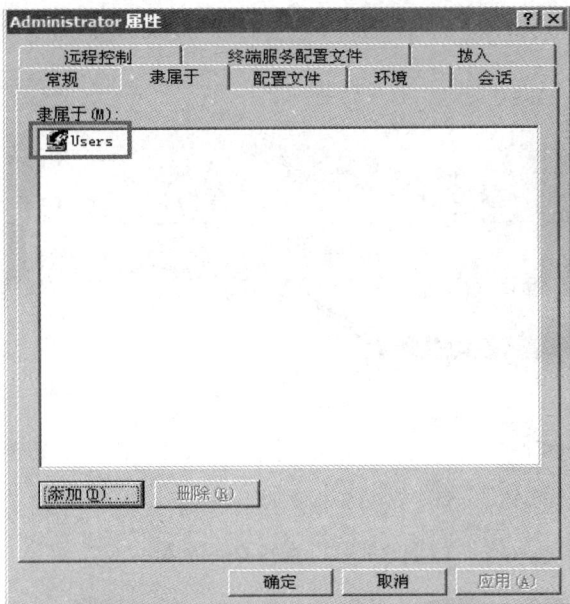

图 9.3.3.5　Administrator 属性框

步骤 4：点击"添加"按钮，打开"选择组"对话框，如图 9.3.3.6 所示。

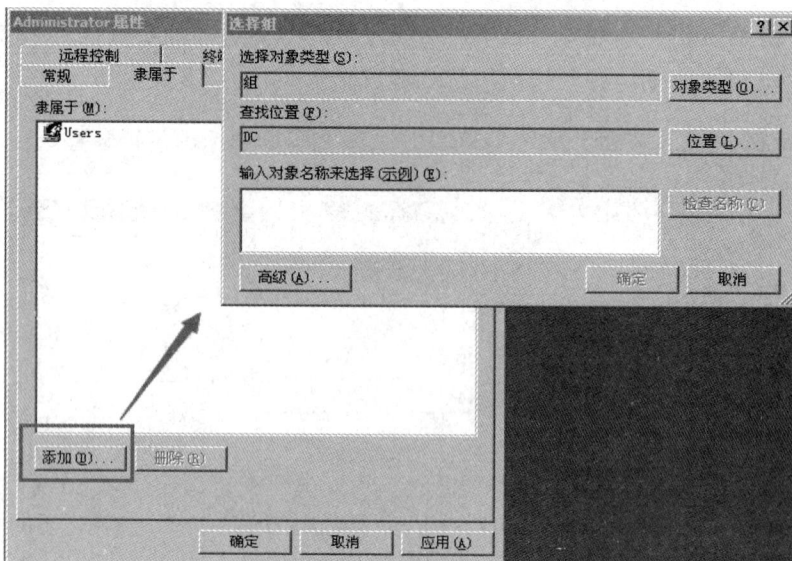

图 9.3.3.6　添加用户组

步骤 5：点击"高级"按钮，再点击"立即查找"按钮，双击对话框底部的 Guests 组名，如图 9.3.3.7 所示。

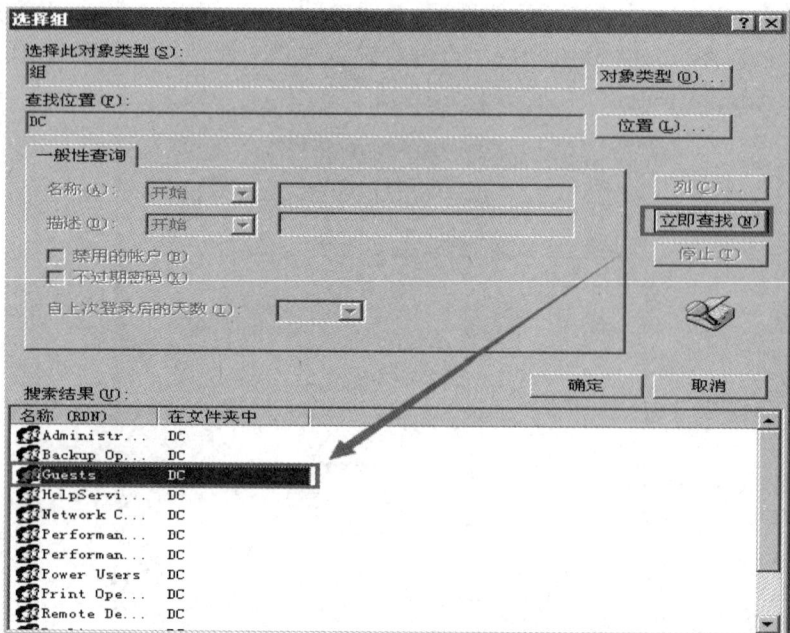

图 9.3.3.7　查找 Guests 组

步骤 6：点击"确定"按钮，返回"Administrator 属性"对话框，此时已添加了

Guests 组，如图 9.3.3.8 所示。

步骤 7：选中 Users 组名，点击"删除"按钮，再点击"确定"按钮。此时，Administrator 账户仅隶属于"Guest"组，已设置为陷阱账户，如图 9.3.3.9 所示。

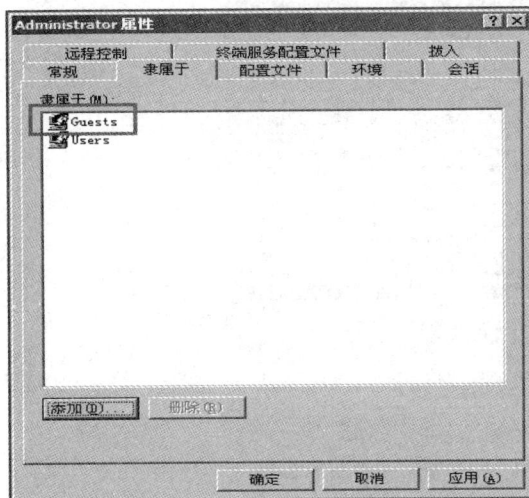

图 9.3.3.8　添加 Guests 用户组

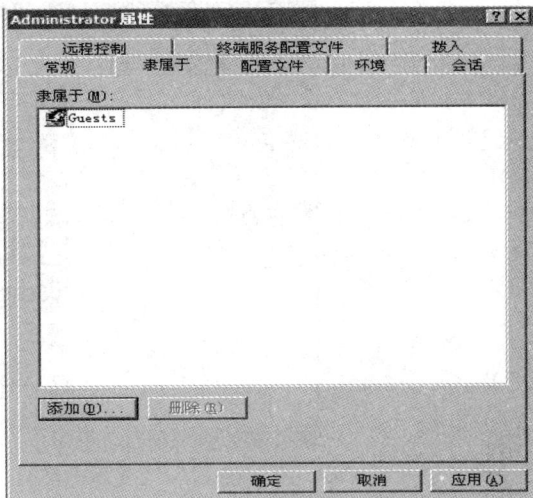

图 9.3.3.9　"Administrator 属性"对话框

3) 不让系统显示上次登录的账户名

默认情况下，登录对话框中会显示上次登录的账户名。这使得非法入侵者可以很容易地得到系统的一些账户名，进而做密码猜测，从而给系统带来一定的安全隐患。可以设置登录时不显示上次登录的账户名，来解决这一问题。

步骤 1：选择"开始→所有程序→管理工具→本地安全策略"，打开"本地安全设置"窗口，如图 9.3.3.10 所示。

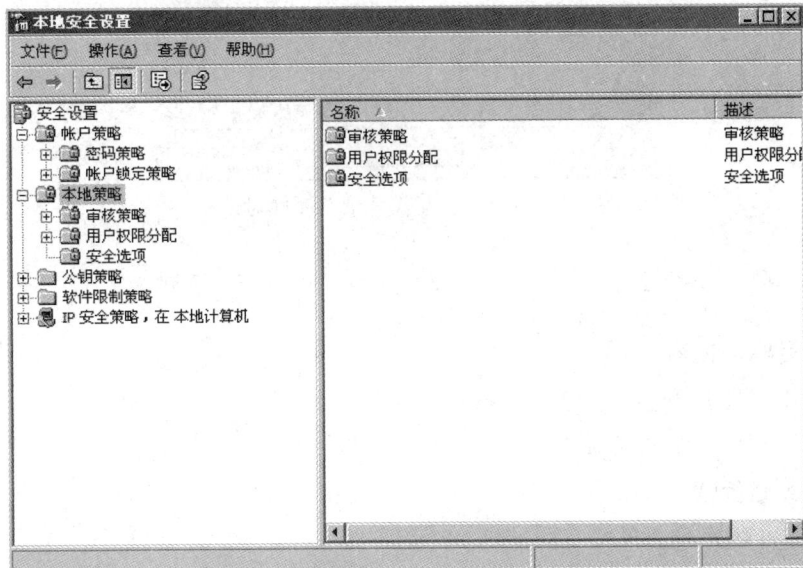

图 9.3.3.10　"本地安全设置"窗口

步骤 2：在"本地安全设置"窗口的左侧窗格中，选择"本地策略→安全选项"。

步骤 3：在右侧窗格中，找到并双击"交互式登录：不显示上次的用户名"选项，如图 9.3.3.11 所示。可以看到，默认情况下，该选项是禁用的。

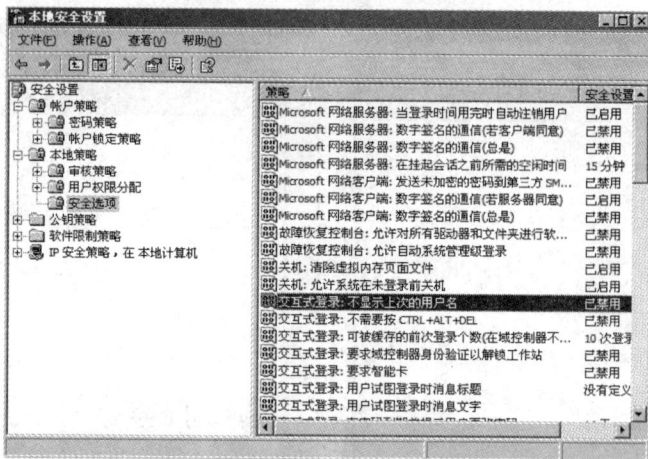

图 9.3.3.11　"交互式登录：不显示上次的用户名"选项

步骤 4：打开"交互式登录：不显示上次的用户名"属性对话框，在"本地安全设置"选项卡中，选中"已启用"单选按钮，如图 9.3.3.12 所示，点击"确定"按钮，完成设置。

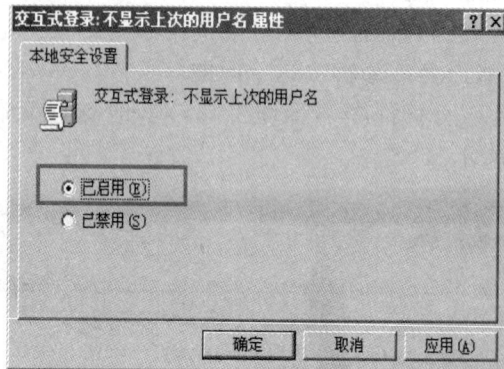

图 9.3.3.12　"交互式登录"属性对话框

任务 2：密码安全配置

1．任务目标与内容

(1) 设置用户账户安全策略；

(2) 设置用户账户锁定策略。

2．任务实施步骤

1) 设置用户账户安全策略

要求用户设置一个安全的密码，对系统来说是非常重要的，然而这一点却经常为用户所忽略。

步骤 1：选择"开始→所有程序→管理工具→本地安全策略"，打开"本地安全设置"窗口，在左侧窗格中，选择"安全设置→账户策略→密码策略"选项，如图 9.3.3.13 所示。

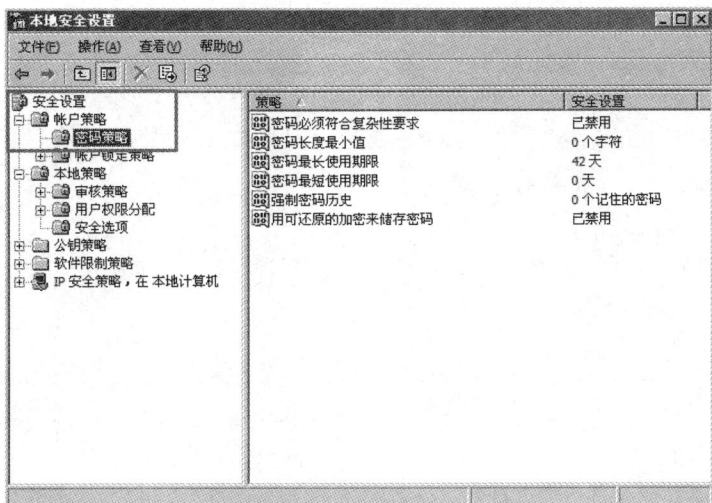

图 9.3.3.13　密码策略设置窗口

步骤 2：双击右侧窗格中的"密码长度最小值"策略选项，打开"密码长度最小值"属性对话框，设置密码必须至少是 8 个字符，如图 9.3.3.14 所示。点击"确定"按钮，返回"本地安全设置"窗口。

步骤 3：双击右侧窗格中的"密码最短使用期限"策略选项，打开"密码最短使用期限"属性对话框，设置"在以下天数可以更改密码"为 3 天，如图 9.3.3.15 所示。点击"确定"按钮，返回"本地安全设置"窗口。

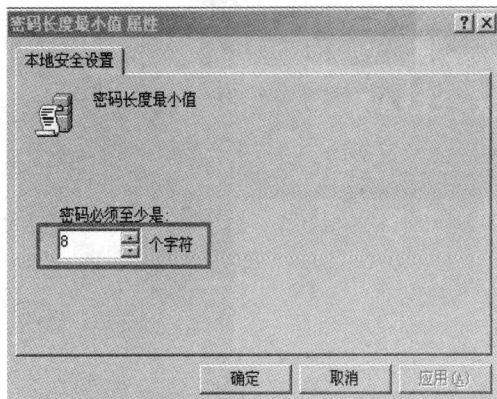

图 9.3.3.14　密码长度最小值设置

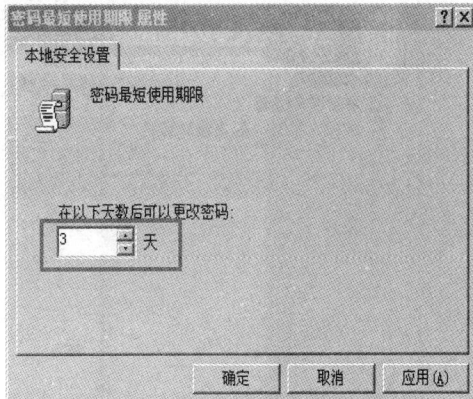

图 9.3.3.15　密码最短使用期限设置

步骤 4：双击右侧窗格中的"密码最长使用期限"策略选项，打开"密码最长使用期限"属性对话框，设置"密码过期时间"为 42 天，如图 9.3.3.16 所示。点击"确定"按钮，返回"本地安全设置"窗口。

步骤 5：双击右侧窗格中的"强制密码历史"策略选项，打开"强制密码历史"属性对话框，设置"保留密码历史"为 5 个记住的密码，如图 9.3.3.17 所示。点击"确定"按钮，返回"本地安全设置"窗口。

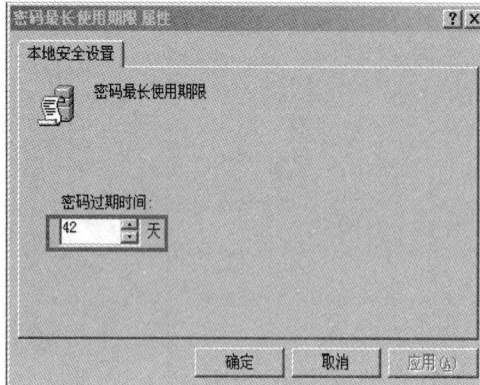

图 9.3.3.16　密码最长使用期限设置　　　　　图 9.3.3.17　强制密码历史设置

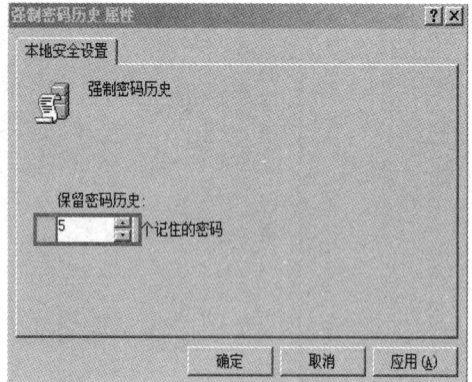

步骤 6：最后设置"密码必须符合复杂性要求"为"已启用"，上述设置完成后的密码策略如图 9.3.3.18 所示。

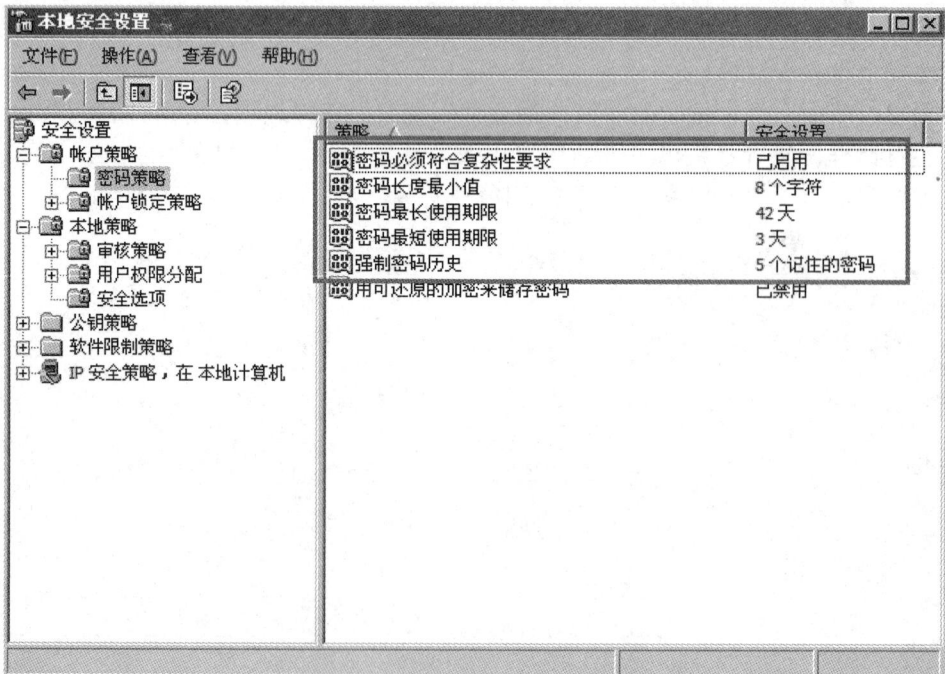

图 9.3.3.18　密码策略设置结果

2) 设置用户账户锁定策略

用户账户锁定策略可以防止非法入侵者不断地猜测用户的账户密码。

步骤 1：如图 9.3.3.19 所示，选择左侧窗格中的"账户锁定策略"选项，在右侧窗格中显示了账户锁定策略的三个策略项。

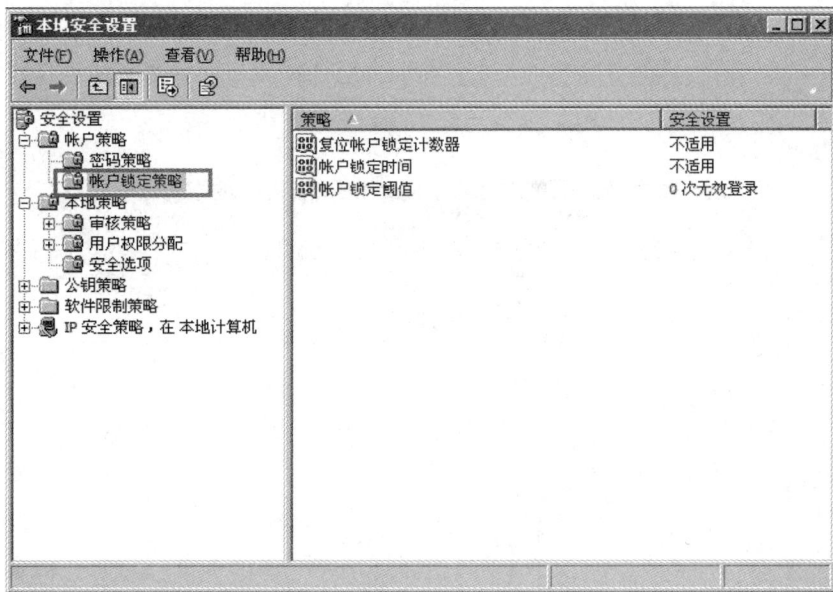

图 9.3.3.19　账户锁定策略设置窗口

步骤 2：双击右侧窗格中的"账户锁定阈值"策略选项，打开"账户锁定阈值"属性对话框，设置"在发生以下情况之后，锁定账户"为 6 次无效登录，如图 9.3.3.20 所示。

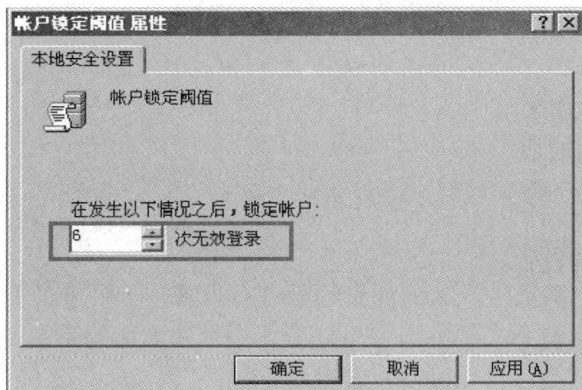

图 9.3.3.20　账户锁定阈值属性设置

步骤 3：点击"确定"按钮，弹出"建议的数值改动"对话框，设置建议的"账户锁定时间"为"30 分钟"、"复位账户锁定计数器"为"30 分钟之后"，如图 9.3.3.21 所示，点击"确定"按钮，完成账户锁定策略设置。最终设置结果如图 9.3.3.22 所示。

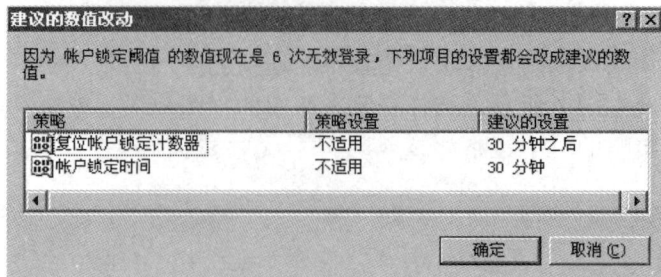

图 9.3.3.21　建议的数值改动设置

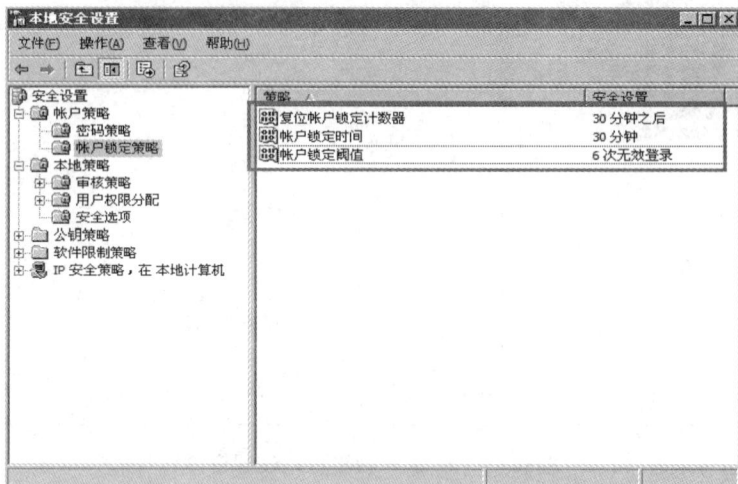

图 9.3.3.22　账户锁定策略设置结果

任务 3：服务安全配置

1. 任务目标与内容

(1) 关闭不必要的服务；

(2) 关闭不必要的端口。

2. 任务实施步骤

1) 关闭不必要的服务

在 Windows 操作系统中，默认开启的服务有很多，但并非所有开启的服务都是操作系统所必需的，禁止所有不必要的服务可以节省内存和大量的系统资源，提升系统启动和运行的速度，更重要的是，可以减少系统受攻击的风险。

"Remote Registry"翻译为"远程注册表"，如果远程计算机连接到了用户的计算机，那么它就可以通过字符界面或者其他方式远程修改注册表，这是一个相当严重的漏洞，可以为黑客入侵提供早期的方便。因此，关闭这个服务没有什么坏处，建议关闭并且禁用。另外，系统中没有其他服务是依赖或者跟此服务有关联，所以禁用后不会对其他服务产生影响。下面以关闭"Remote Registry"服务为例说明如何关闭服务。

步骤 1：在桌面上选中"我的电脑"，点击右键，选择并打开"管理"窗口，如

图 9.3.3.23 所示。在左侧窗格中，选择"服务和应用程序→服务"选项(或者按住键盘的
"Win+R"快捷组合键，打开"运行"对话命令窗口，输入"services.msc"命令，点击确
定，可以直接打开"服务"主窗口，如图 9.3.3.24 所示)。

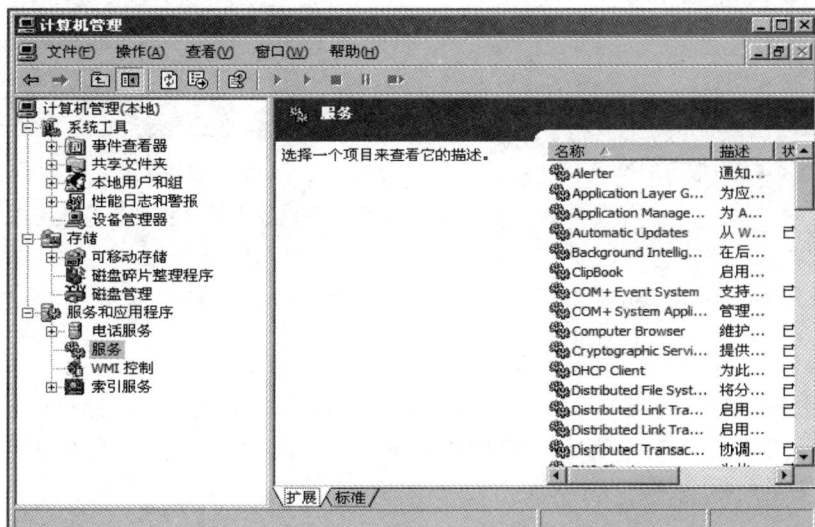

图 9.3.3.23　计算机管理主窗口

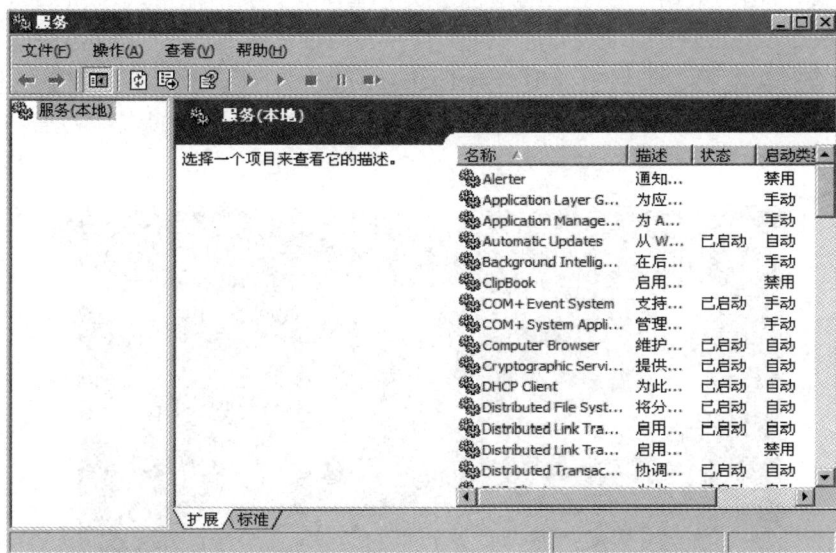

图 9.3.3.24　服务主窗口

步骤 2：如图 9.3.3.25 所示，在右侧窗格中，选中"Remote Registry"，点击右键，选
择"属性"，左键点击打开其属性对话窗口。

步骤 3：在打开的"Remote Registry 的属性"对话窗口中(如图 9.3.3.26 所示)，在启
动类型选项中选择"禁用"选项，再点击"应用"按钮保存设置。

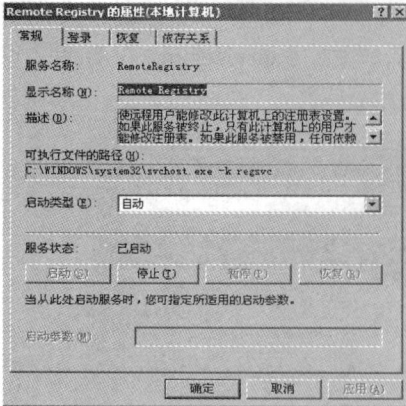

图 9.3.3.25　"Remote Registry"属性窗口

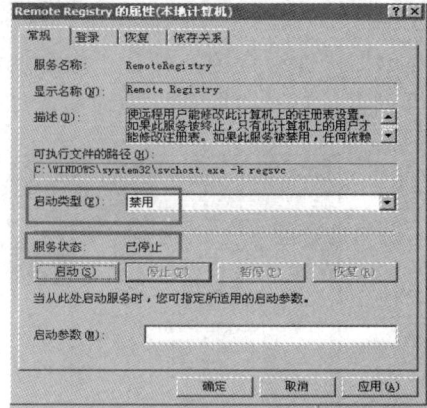

图 9.3.3.26　禁用"Remote Registry"服务

2) 关闭不必要的端口

每一项服务都对应相应的端口，比如 WWW 服务的端口为 80，　SMTP 服务的端口为 25，FTP 服务的端口为 21，Telnet 服务的端口为 23 等。对于一些不必要的端口，应将它们关闭。在 Windows 系统中的 system32\drivers\etc\services 文件中有公认端口和服务的对照表。可以用 netstat 命令查看本机开放的端口，该命令可以显示有关统计信息和当前 TCP/IP 网络连接的情况，它可以用来获得系统网络连接的信息(使用的端口和在使用的协议等)、收到和发出的数据、被连接的远程系统的端口等。其语法格式为 netstat [-a][-e][-n] [-s][-p protocol][-r][interval]。

在"命令行提示符"窗口中，输入 netstat -an 命令，查看系统端口状态，列出系统正在开放的端口号及其状态，如图 9.3.3.27 所示，可见系统开放的端口号有 135、445、137、139 等。

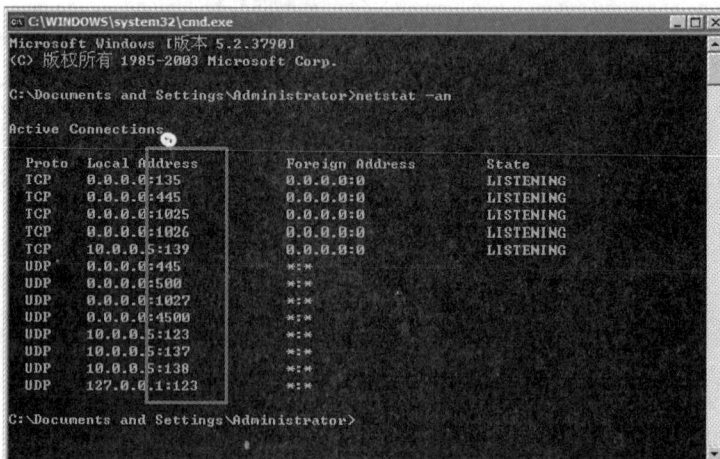

图 9.3.3.27　利用 netstat -an 命令查看系统已开放端口

139 号端口是 NetBIOS 协议所使用的端口，在安装了 TCP/IP 协议的同时，NetBIOS 也会被作为默认设置安装到系统中。139 端口的开放意味着硬盘可能会在网络中共享，黑客可以通过 NetBIOS 知道用户计算机中的一切。在以前 Windows 版本中，只要不安装

Microsoft 网络的文件和打印协议，就可以关闭 139 端口。如果要彻底关闭 139 端口，其具体步骤如下：

步骤 1：依次点击"开始→控制面板→网络连接→本地连接"，右键点击"本地连接"图标，在弹出的快捷菜单中选择"属性"命令，打开"本地连接属性"对话框，如图 9.3.3.28 所示。取消选择"Microsoft 网络的文件和打印共享"复选框(即去掉"Microsoft 网络的文件和打印共享"前面的"√")。

步骤 2：选中"Internet 协议(TCP/IP)"选项，单击"属性"按钮，打开"Internet 协议(TCP/IP)属性"对话框，如图 9.3.3.29 所示。点击"高级"按钮，打开"高级 TCP/IP 设置"对话框。

步骤 3：在"高级 TCP/IP 设置"对话框中，点击"WINS"选项卡，并选中"禁用 TCP/IP 上的 NetBIOS"单选按钮，如图 9.3.3.30 所示。

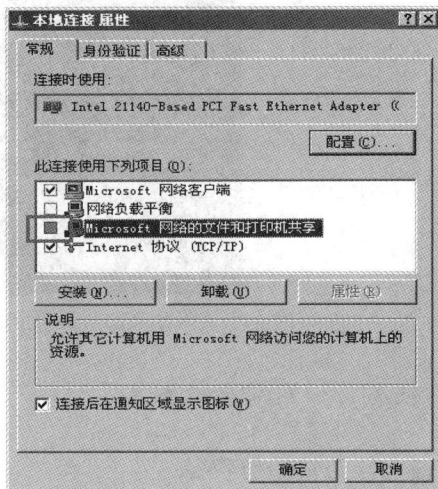

图 9.3.3.28　本地连接属性对话框

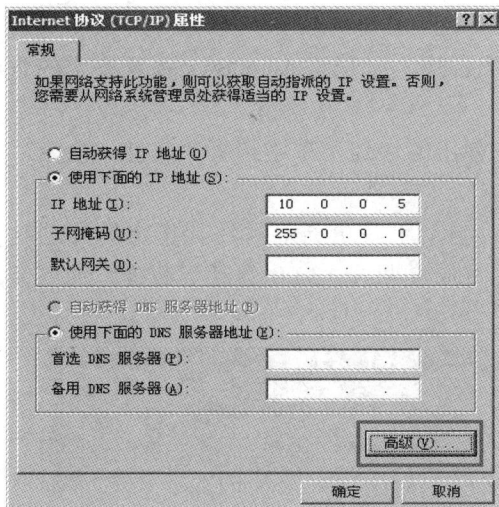

图 9.3.3.29　"Internet 协议(TCP/IP)属性"对话框

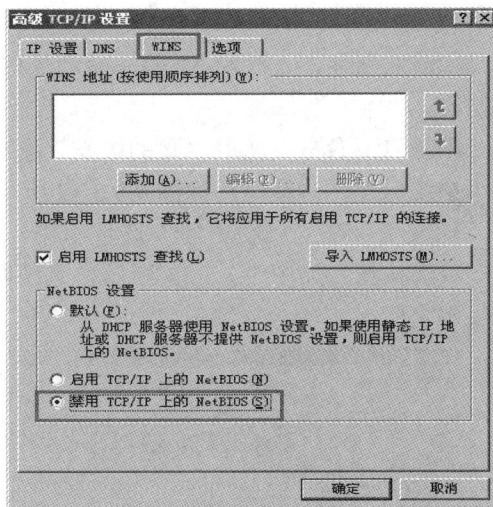

图 9.3.3.30　"高级 TCP/IP 设置"对话框

步骤 4：点击"确定"按钮，返回"Internet 协议(TCP/IP)属性"对话框，再点击"确定"按钮，返回"本地连接属性"对话框，点击"关闭"按钮。此时，在系统命令提示符下再运行"netstat –an"命令，如图 9.3.3.31 所示，可以发现，139 端口已被关闭。

需要指出的是，系统中不同的端口关闭方法一般不同。因此，需要关闭其他端口时，需要具体问题具体对待，多实践以积累经验。

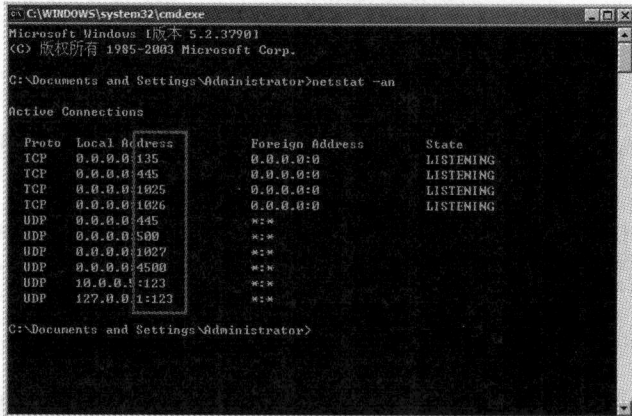

图 9.3.3.31　利用 netstat -an 命令查看系统开放端口

任务 4：系统安全配置

1. 任务目标与内容

(1) 自动更新 Windows 补丁程序；

(2) 开启审核策略；

(3) 关闭默认共享。

2. 任务实施步骤

1) 自动更新 Windows 补丁程序

如前文所述，及时给 Windows 系统打上补丁程序，是加强 Windows 系统安全的重要方法。

步骤 1：右击桌面上"我的电脑"图标，在弹出的快捷菜单中选择"属性"命令，打开"系统属性"对话框，如图 9.3.3.32 所示。

步骤 2：在"自动更新"选项卡中，选中"自动下载更新并且在我指定的计划时安装"单选按钮，如图 9.3.3.33 所示，系统默认在每周星期五 13:00 自动下载推荐的更新，并安装它们。

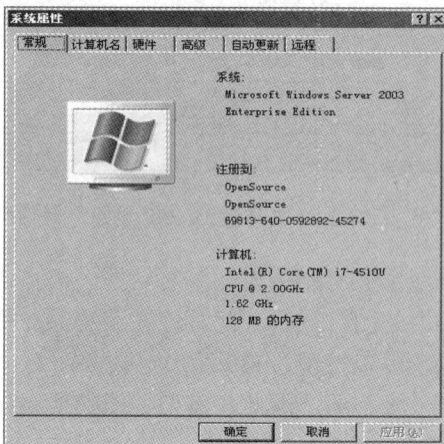

图 9.3.3.32　"系统属性"对话框

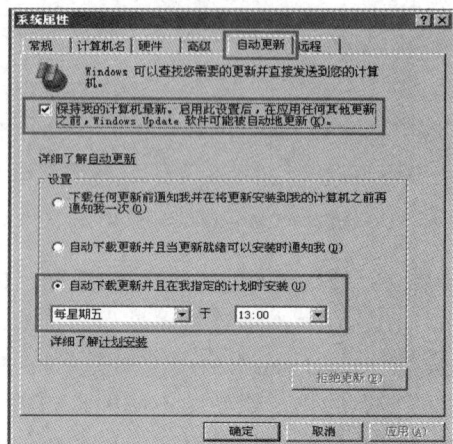

图 9.3.3.33　"自动更新"设置

2) 开启审核策略

安全审核是 Windows Server 2013 最基本的入侵检测方法。当有非法入侵者对系统进行某种方式入侵时，都会被安全审核记录下来。

步骤 1：选择"开始→所有程序→管理工具→本地安全策略"，打开"本地安全设置"窗口，在左侧窗格中，选择"安全设置→本地策略→审核策略"选项，如图 9.3.3.34 所示。

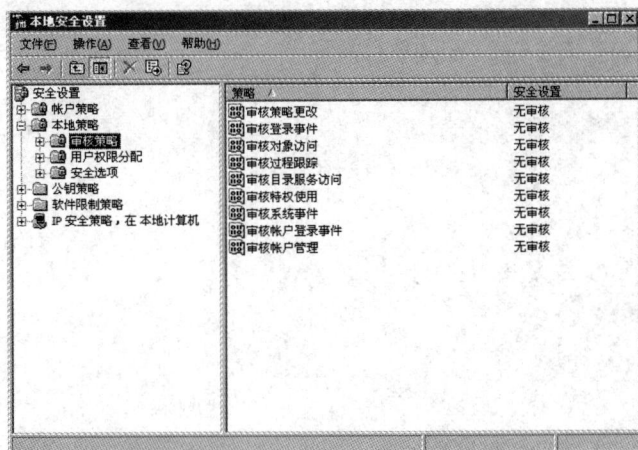

图 9.3.3.34　"本地安全设置"对话窗口

步骤 2：双击右侧窗格中的"审核账户登录事件"策略选项，打开"审核账户登录事件属性"对话框，在"本地安全设置"选项卡中，选中"成功"和"失败"复选框，如图 9.3.3.35 所示，点击"确定"按钮。

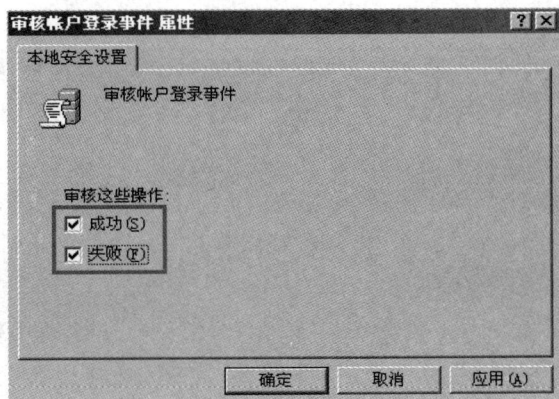

图 9.3.3.35　"审核账户登录事件属性"对话框

3) 关闭默认共享

Windows 系统安装好后，为了便于远程管理，系统会创建一些隐蔽的特殊共享资源，如 ADMIN$、C$、IPC$等，这些共享资源在"我的电脑"中是不可见的。一般情况下，用户不会去使用这些特殊的共享资源，但是非法入侵者却会利用它来对系统进行攻

击，以获取系统的控制权，最典型的就是 IPC$入侵。因此，系统管理员在确认不会使用
这些特殊共享资源的情况下，应删除这些特殊的共享资源。

步骤 1：在"命令提示符"窗口中，输入 net share 命令，查看共享资源，如图 9.3.3.36
所示。

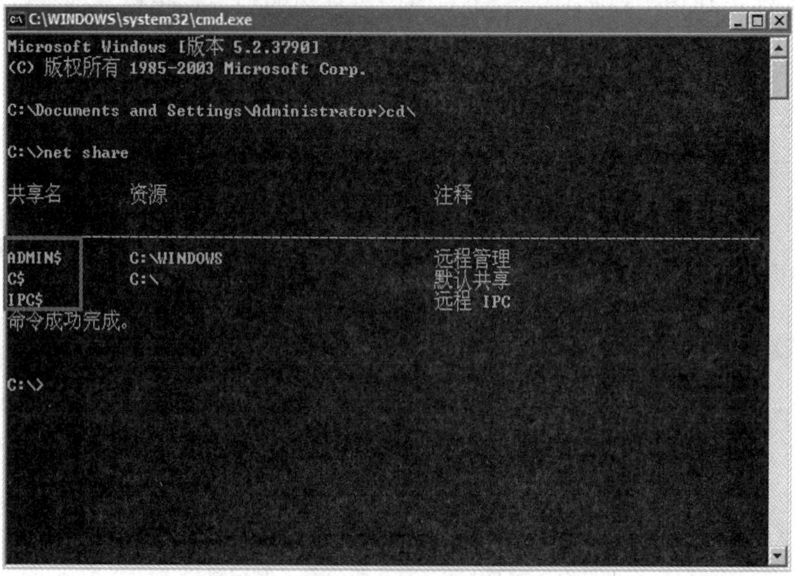

图 9.3.3.36　利用 net share 命令查看共享资源

步骤 2：输入 net share ADMIN$ /del 命令，删除 ADMIN$共享资源，再输入 net share
命令，可以看到 ADMIN$共享资源已经删除，如图 9.3.3.37 所示。同理，可删除 C$共享
资源。

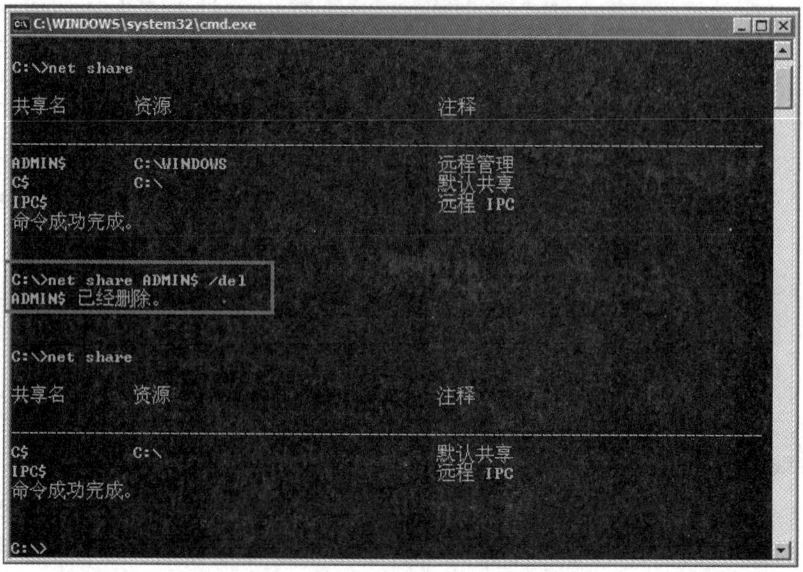

图 9.3.3.37　删除 ADMIN$ 共享资源

步骤 3：IPC$ 共享资源不能被 net share 命令删除，而采用在注册表中找到键值

HKEY_LOCAL_MACHINE\SYSTEM\CurrentControlSet\Control\LSA

并将 RestrictAnonymous 项设置为 1 的方法一般也不生效。但如果是单机上网，平时不用在局域网共享文件或打印机、相互访问的话，可以打开"计算机管理→服务和应用程序→服务"，找到"Server"服务并设置为"手动+禁用"，如图 9.3.3.38 所示。

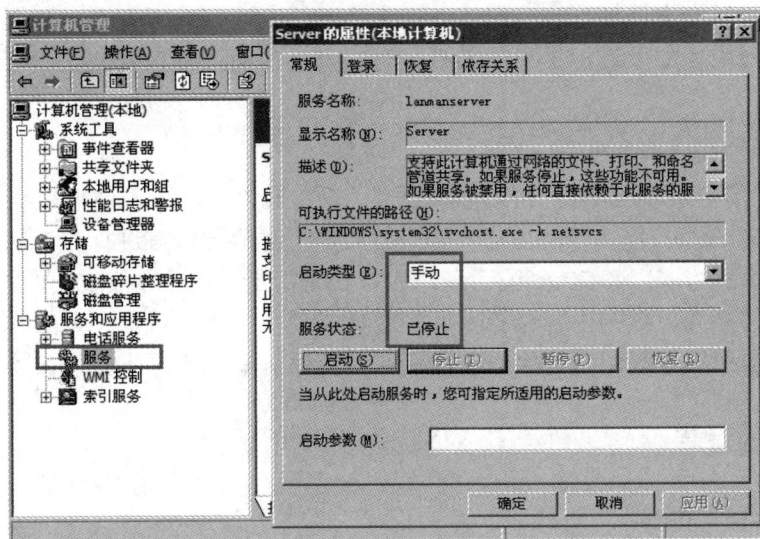

图 9.3.3.38　停止 Server 服务

此时在盘符上点右键，会发现"共享"选项没有了，系统提示"未启动相关服务"。

9.4　实训项目：X-Scan 扫描器的使用

9.4.1　项目背景

入侵者的每一次入侵都是通过扫描开始的，扫描软件首先会判断远程计算机是否存在，接着对存在的远程计算机进行扫描。而任何一个开放的端口就是一个潜在的通信通道，也就是一个入侵通道。

9.4.2　相关知识点

1．扫描器定义

扫描器并不是一个直接攻击网络漏洞的程序，而是一种自动检测远程或者本地主机安全性弱点的程序。一个好的扫描器能不留痕迹地发现远程服务器的各种 TCP 端口分配、提供的服务、软件版本等，并能对它得到的数据进行分析，帮助查找目标主机的漏洞，从而了解远程主机所存在的安全问题。

扫描器应该具有以下三项功能：

(1) 发现一台主机或者网络的能力；

(2) 发现一台主机或者网络后，有发现这台主机正在运行什么服务的能力；

(3) 发现活动的服务后，通过测试这些服务，有发现漏洞的能力。

2．端口扫描原理

通过尝试与目标主机某些端口建立连接来判断活动端口是否存在，如果存在则扫描成功。在连接过程中，如果目标主机的某端口有回复，说明该端口开放，则可认为该端口为活动端口。

3．综合扫描器 X-Scan

X-Scan 是国内最著名的综合扫描器之一，它完全免费，无需注册、无需安装，界面支持中文和英文两种语言，可以在 Language 菜单中对两种语言进行自由切换，系统包括图形界面和命令行方式。X-Scan 采用多线程方式对指定 IP 地址段(或单机)进行安全漏洞检测，支持插件功能。扫描内容包括：远程服务类型、操作系统类型及版本、各种弱口令漏洞和后门、应用服务漏洞、网络设备漏洞、拒绝服务漏洞等二十几个大类。

9.4.3　实施过程

1．任务目标与内容

(1) 理解综合扫描的基本概念；

(2) 掌握使用综合扫描器 X-Scan 扫描系统漏洞的工作过程。

2．任务实施步骤

步骤 1：双击打开 X-Scan 扫描器，出现如图 9.4.3.1 所示的主界面，界面上默认显示"普通信息""漏洞信息"以及"错误信息"，后两者默认为空。

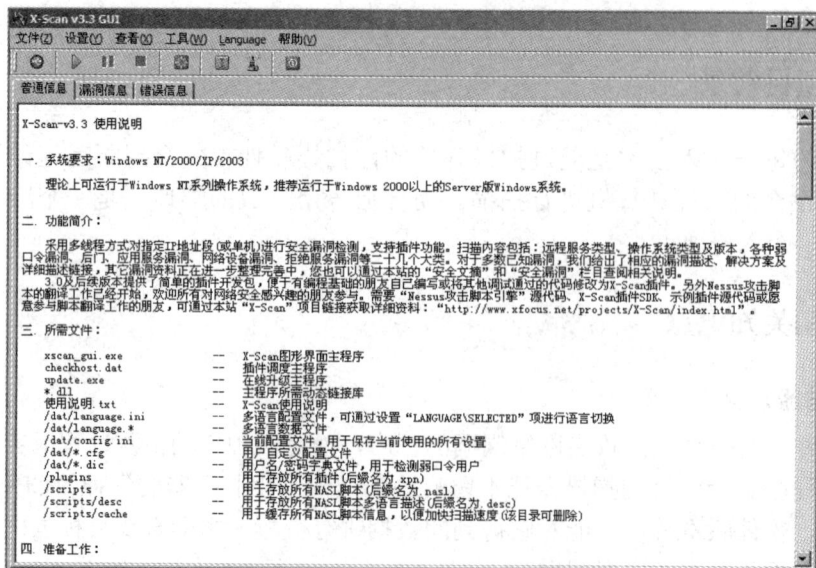

图 9.4.3.1　X-Scan 主界面

　　步骤 2：点击"设置"菜单下的"扫描参数"命令，如图 9.4.3.2 所示，在这里可以设置检测地址范围(默认为本机 localhost)。可以全局设置及插件设置，设置完成后，点击"确定"按钮，转入步骤 3。这里可以设置其他扫描参数，例如设置"全局设置"下的"扫描模块"，如图 9.4.3.2 所示。点击"端口相关设置"可以设置待检测的端口信息，如图 9.4.3.3 所示。

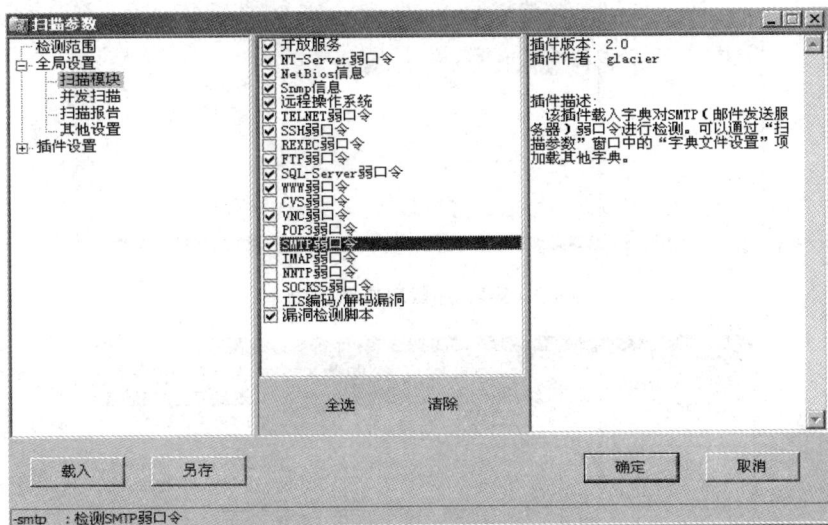

图 9.4.3.2　设置"扫描模块"参数

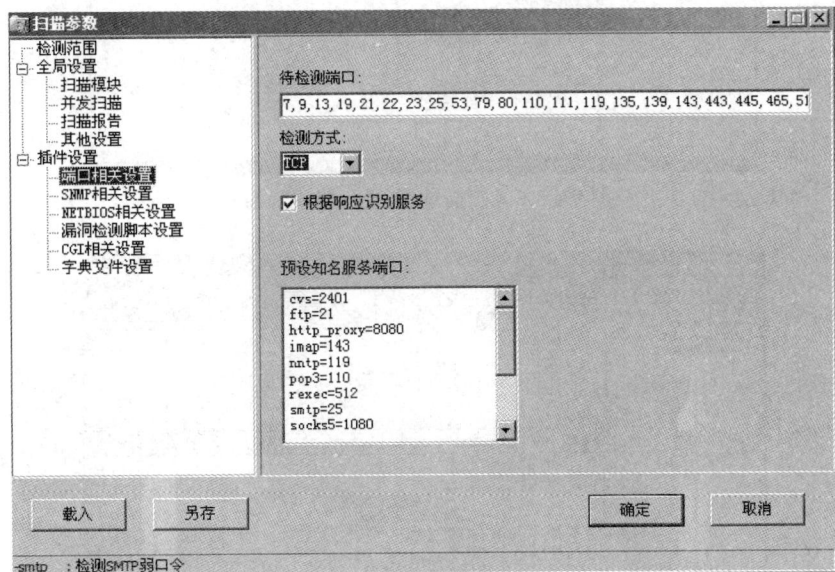

图 9.4.3.3　设置"待检测端口"

　　步骤 3：选择主窗体"文件"菜单下的"开始扫描"命令，会出现如图 9.4.3.4 所示的"正在加载漏洞检测脚本"提示信息，扫描过程如图 9.4.3.5、图 9.4.3.6 所示。

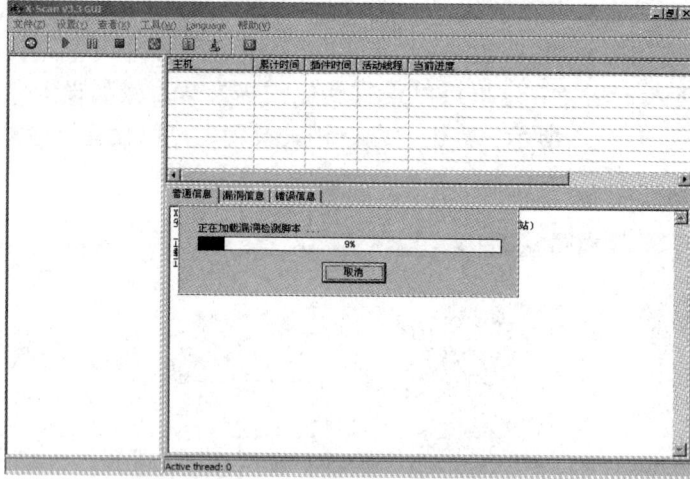

图 9.4.3.4　加载攻击测试脚本

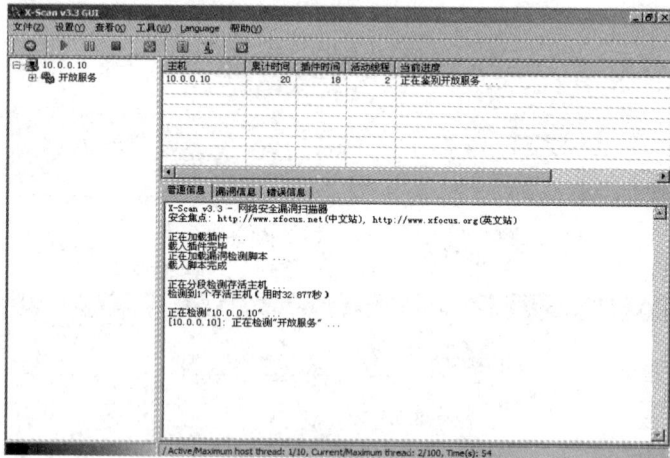

图 9.4.3.5　扫描过程(显示普通信息)

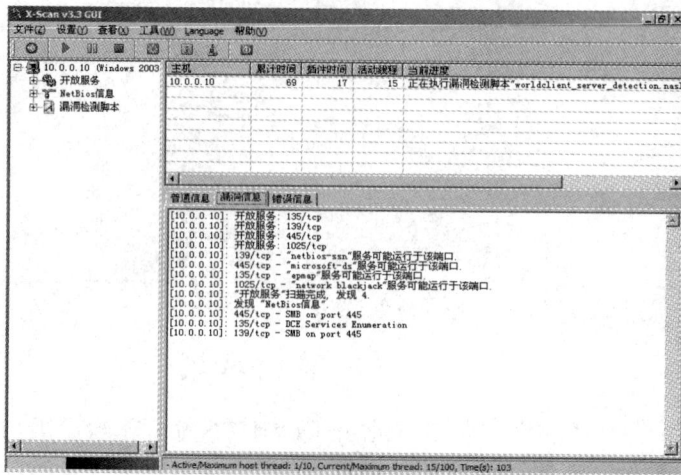

图 9.4.3.6　扫描过程(显示漏洞信息)

步骤 4：扫描结束后，以网页形式提交完整的扫描结果，如图 9.4.3.7 所示。

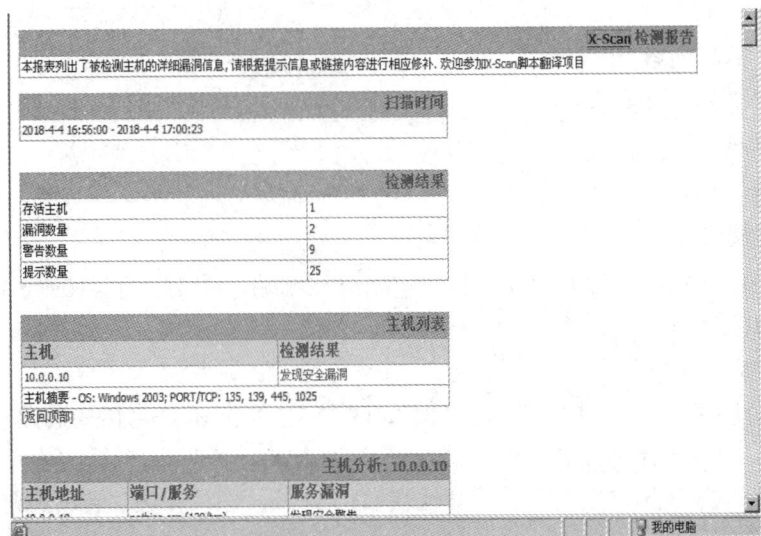

图 9.4.3.7　扫描结果

可以看到，X-Scan 是一款典型的扫描器，或者说是一款漏洞检查器。它在扫描时没有时间限制和 IP 限制等。X-Scan 还提供了一些查询工具，如 ARP Query、Whois、Trace Route 等。

9.5　实训项目：冰河木马使用演示

9.5.1　项目背景

冰河木马开发于 1999 年，与灰鸽子类似，在设计之初，开发者的本意是编写一个功能强大的远程控制软件。但一经推出，就依靠其强大的功能成为黑客们发动入侵的工具，跟后来的灰鸽子等等成为国产木马的标志和代名词。HK 联盟 Mask 曾利用它入侵过数千台电脑，其中包括国外电脑。

9.5.2　相关知识点

木马，其实质只是一个网络客户/服务程序。网络客户/服务模式的原理是一台主机提供服务(服务器)，另一台主机接受服务(客户机)。作为服务器的主机一般会打开一个默认端口并进行监听(Listen)，如果有客户机向服务器的这一端口提出连接请求(Connect Request)，服务器上的相应程序就会自动运行，来应答客户机的请求，这个程序称为守护进程(UNIX 的术语，不过已经被移植到了 MS 系统上)。对于冰河，被控制端就成为一台服务器，控制端则是一台客户机，G_server.exe 是守护进程，G_client 是客户端应用程序。(这一点经常有人混淆，而且往往会给自己种了木马!)

9.5.3 实施过程

1. 任务目标与内容

(1) 配置服务端程序；

(2) 传播木马；

(3) 控制端操作。

2. 任务实施步骤

在局域网中，在 A 主机(10.0.0.5)上安装冰河控制端，在 B 主机(10.0.0.10)上安装冰河服务端，A 主机控制 B 主机。

1) 配置服务端程序

步骤 1：对服务端程序进行基本设置，如图 9.5.3.1 所示。包括安装路径(为了更好地隐藏木马程序，一般选择<WINDOWS>或者<SYSTEM>)、监听端口(冰河木马的默认监听端口为 7626，但为隐蔽起见，建议更改为其他端口)，此外，建议勾选"自动删除安装文件"。

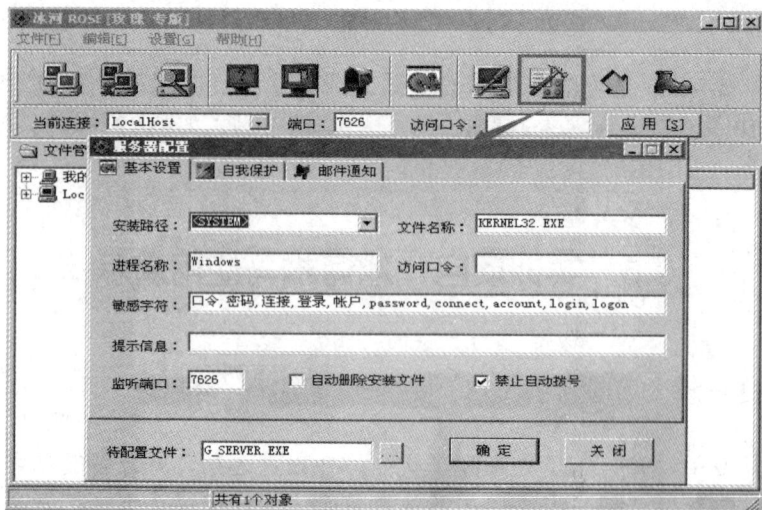

图 9.5.3.1　服务器配置(基本设置)

步骤 2：设置服务端程序的"自我保护"，如图 9.5.3.2 所示。该功能非常强大，它可以利用注册表的开机启动功能，使冰河在开机时自动加载，无须用户启动。而文件关联项目，其可以在用户毫无知觉的情况下复制自己重新安装。即使用户删除了"冰河"程序，但一旦点击打开有关文件时(如*.TXT、*.EXE)，"冰河"又复活了！

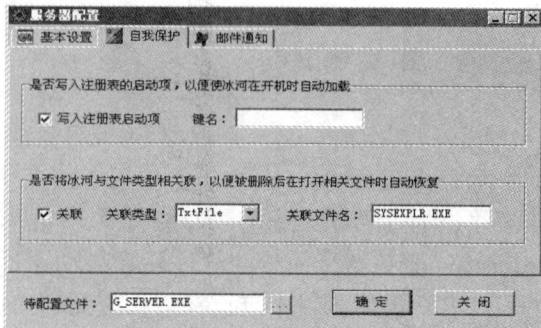

图 9.5.3.2　服务器配置(自我保护)

2) 传播木马

通过各种方式传播该木马服务端程序，并诱惑用户运行该程序。在本任务中可直接把"服务端程序.exe"文件复制到服务端 B 主机(10.0.0.10)上。并在 B 主机上直接运行 Server 端程序，如图 9.5.3.3 所示。

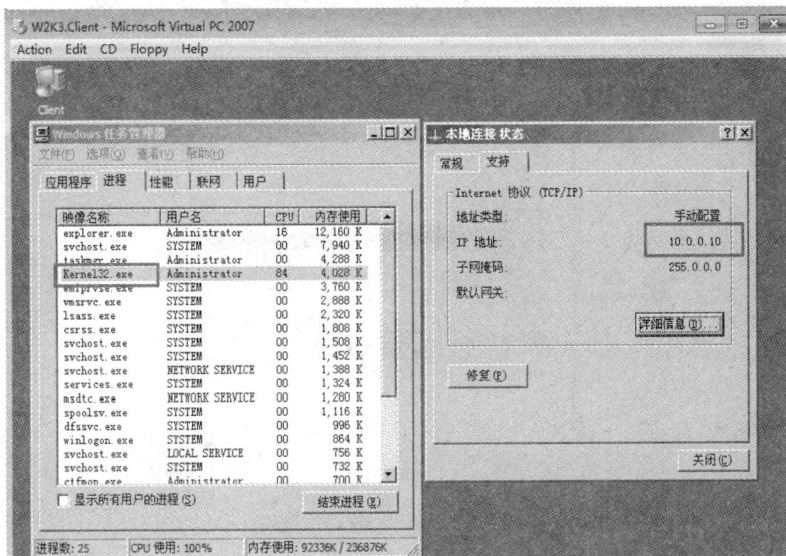

图 9.5.3.3　复制 Server 端程序并运行

3) 控制端操作

步骤 1：自动搜索主机，设置好起始 IP 域以及起始/终止地址，如图 9.5.3.4 所示。点击"开始搜索"，此时在右侧搜索结果栏可看到 B 主机在搜索列表中。

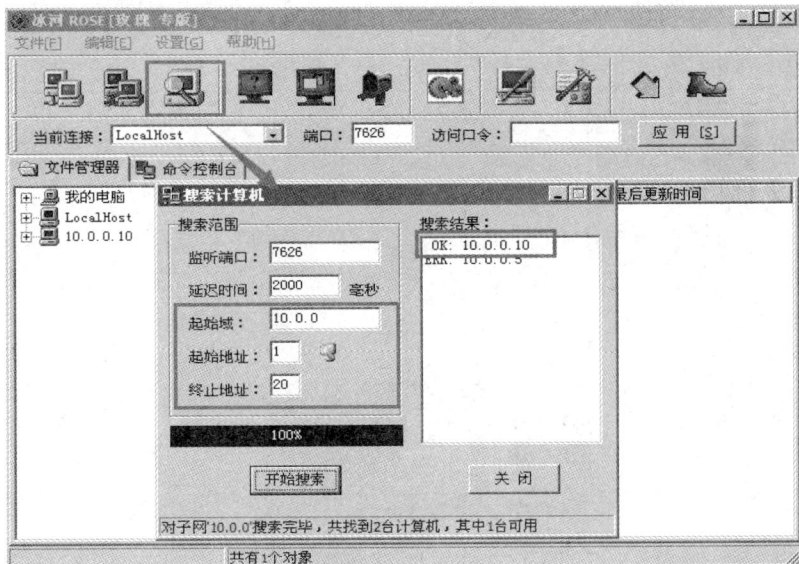

图 9.5.3.4　自动搜索主机

步骤 2：在控制端添加了服务器端主机后，就可以方便地对服务器端主机进行文件管理了，包括浏览、删除、新建文件/文件夹等，如图 9.5.3.5 所示。

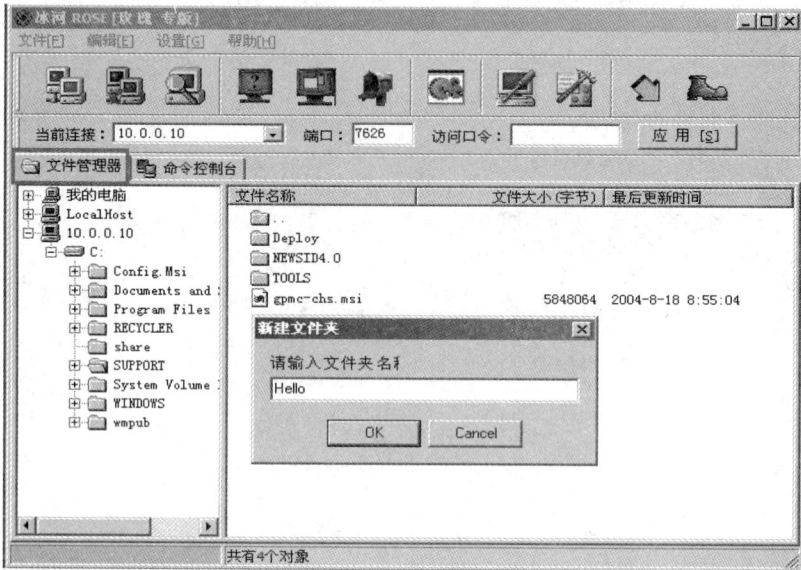

图 9.5.3.5　控制端文件管理

此外，还可以在命令控制台进行一系列操作，如捕获屏幕、发送信息、鼠标控制等，如图 9.5.3.6 所示。

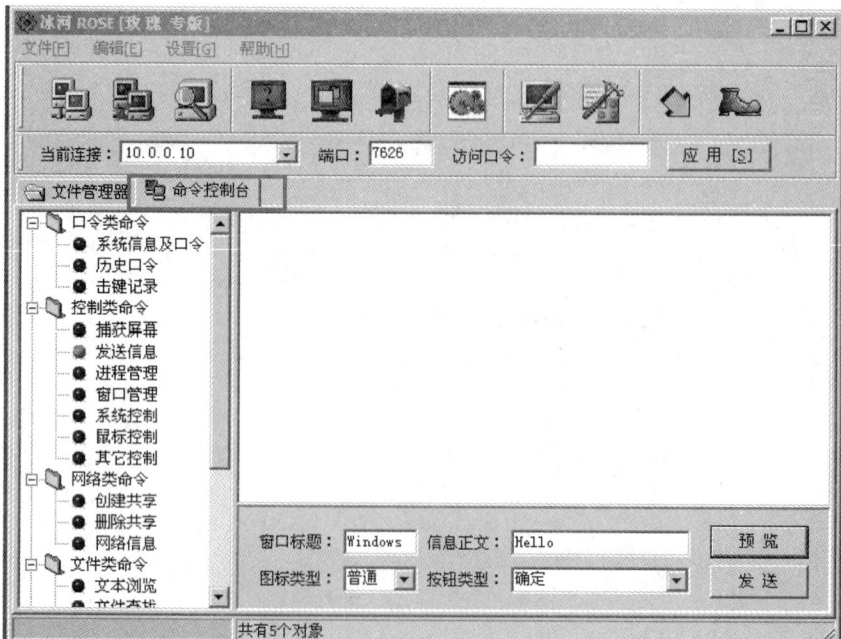

图 9.5.3.6　控制端命令控制台

9.6　疑难解析

1．网络监听原理是什么，有哪些常用软件？

解析：网络监听的目的是截获通信的内容，监听的手段是对协议进行分析。Sniffer Pro 就是一个完善的网络监听工具。Sniffer Pro 的原理是：在局域网中计算机之间进行数据交换时，发送的数据包会发往所有连在一起的主机，也就是广播，在报头中包含目标机的正确地址。因此，只有与数据包中目标地址一致的那台主机才会接收数据包，其他的机器都会将包丢弃。但是，当主机工作在监听模式下时，无论接收到的数据包中目标地址是什么，主机都将其接收下来。然后对数据包进行分析，就得到了局域网中通信的数据。一台计算机可以监听同一网段所有的数据包，不能监听不同网段的计算机传输的信息。

2．什么是社会工程学攻击？

解析：社会工程学是一门科学，它有技巧地利用人们在生活中的某些弱点采取某种攻击行动。社会工程学研究系统中最薄弱的一环(人)，以及如何运用人性攻击的技巧攻破看似安全的系统。

举例说明：一名黑客想要入侵一家当地公司的计算机网络，他拟定了一个表格，调查看上去显得无害的个人信息，例如所有行政人员以及他们的配偶、孩子、宠物等的名字，利用这份表格黑客能够快速进入系统，因为网络上的大多数人习惯使用他们配偶、孩子或宠物的名字作为密码。

要防范社会工程学攻击的主要方法是对私人信息要有高度的保密性，对于涉及私人信息的内容要有高度的警觉性。

9.7　本章习题

1．网络不安全的因素有哪些？

2．如何关闭不必要的端口和服务？

3．计算机病毒的传播途径主要有哪些？

4．什么是拒绝服务攻击？它和分布式拒绝服务攻击有什么区别？

第 10 章　IT 新技术

在本书前面的章节里，读者已经学习了 IT 技术的基础内容，如计算机的组成、硬件结构、软件结构、计算机的维护、网络基础、信息安全基础等。本章内容将介绍 IT 技术最新的发展方向，如人工智能、虚拟现实、区块链、软件定义网络等。这些新技术有的可能已经诞生很久了，之前可能限于技术成熟度并没有得到特别关注，但随着技术环境发展将在未来迎来爆发式发展。了解这些 IT 新技术的原理和应用是 IT 专业人员的必备素养。本章内容将从技术简介和技术应用两个方面让读者能够对计算机的未来发展热点方向有基础性认识。

突 破 自 我

2012 年，在伦敦奥运会男子 100 米短跑比赛中，苏炳添以小组第三晋级半决赛，成为中国短跑史上第一位晋级奥运会男子百米半决赛的选手。2015 年 5 月，苏炳添在国际田联钻石联赛美国尤金站以 9 秒 99 的成绩获得男子 100 米第三名，成为首位进入 10 秒关口的亚洲本土选手。2017 年 5 月，苏炳添在国际田联钻石联赛上海站男子百米赛中以 10 秒 09 夺冠。2018 年 3 月，苏炳添在世界室内田径锦标赛中以 6 秒 42 再次打破男子 60 米亚洲纪录摘得银牌，成为首位在世界大赛中赢得男子短跑奖牌的中国运动员，也创造了亚洲选手在这个项目上的最好成绩；2021 年 3 月，苏炳添在 2021 年室内田径邀请赛西南赛区男子 60 米决赛中以 6 秒 49 的成绩位列 2021 年亚洲第一，世界第三。2021 年 8 月 1 日，苏炳添在东京奥运会男子 100 米半决赛中以 9.83 秒刷新亚洲纪录。1989 年出生的苏炳添今年已经 30 多岁了，他的运动生涯就是不断追求突破自己，争取创造新的辉煌的历程。

以我国移动通信技术的发展历程为例：

我国移动通信技术起步于 20 世纪 90 年代；

1G 时代(语音通信)和 2G 时代(短信通信)为我国移动通信的起步发展阶段，此阶段需要的硬件设备及通信标准均通过从欧美等国家进口来实现；

3G 时代是我国通信技术的自主创新阶段，成为国际上三大 3G 国际标准制定国之一；

4G 时代扩展到视频功能，为我国移动通信的拓展发展阶段；

5G 时代为我国移动通信快速赶超并引领全球 5G 技术快速发展阶段。

国内 5G 行业的发展历程可追溯到 2013 年，华为投入资金对 5G 有关技术进行早期研发。2013 年 4 月，工信部、发改委与科技部联合成立了 IMT-2020 5G 推进组，组织国内各方力量、积极开展国际合作，共同推动 5G 国际标准发展。2015 年，国内华为、中兴等企业启动对 5G 产业的投资和技术研发，还建立了专业研究院为迎接 5G 时代的到来做好准备。5G 标准最终版 R16 于 2019 年完成制定，技术研发的试验有效推动了产业技术的发展，对形成全球统一的 5G 标准具有重要意义，也为中国实现 5G 商用化奠定了基础。2019 年 6 月，工信部向中国移动、中国联通、中国电信和中国广播电视台颁发 5G 商用牌照，标志着 5G 时代的到来。值得注意的是，早在 2017 年，也就是 5G 商用的两年前，华为就开启了 6G 技术的研究。

党的二十大报告指出：我们加快推进科技自立自强，全社会研发经费支出从一万亿元增加到二万八千亿元，居世界第二位，研发人员总量居世界首位。基础研究和原始创新不断加强，一些关键核心技术实现突破，战略性新兴产业发展壮大，载人航天、探月探火、深海深地探测、超级计算机、卫星导航、量子信息、核电技术、新能源技术、大飞机制造、生物医药等取得重大成果，进入创新型国家行列。

任何一项技术，都是只有不断自我完善，不断更新，才能满足社会需求，不被轻易淘汰。大家在生活学习中也是如此，遇到挫折在所难免，不要轻易自我否定、消极悲观，要有充足的信心，相信这些困难就是为了成就更好的自己，同时不断学习、总结经验、戒骄戒躁、扎实笃行，具有危机意识。只有如此，大家才能快速地成为各自领域"心技成熟"的领头羊。

10.1　3D 打印

10.1.1　3D 打印技术简介

3D 打印技术是快速成形技术的一种，它是一种以数字模型文件为基础，运用粉末状金属或塑料等可黏合材料，通过逐层打印的方式来构造物体的技术。严格来说 3D 打印并不是一种新技术，它被称做"上上个世纪的思想，上个世纪的技术，这个世纪的市场"，3D 打印的技术早已诞生，但一直没有得到大规模应用，近年来随着材料科学、计算机技术的发展才使得它更加完善和实用起来。早期该技术常在模具制造、工业设计等领域被用于制造模型，现正逐渐用于一些特殊产品的直接制造，特别是一些高价值应用(比如医疗人体组织、文物修复、珠宝设计等)已经使用这种技术打印零部件。3D 打印是一种"自下而上"分层添加材料实现快速产品制造的技术，具有制造成本低、生产周期短等明显优势，被誉为"第三次工业革命最具标志性的生产工具"。

3D 打印技术采用了分层加工、叠加成型来完成 3D 实体打印。每一层的打印过程分为两步，首先在需要成型的区域喷洒一层特殊胶水，胶水液滴本身很小，且不易扩散。然后喷洒一层均匀的粉末，粉末遇到胶水会迅速固化黏结，而没有胶水的区域仍保持松散状态。这样在一层胶水一层粉末的交替下，实体模型将会被"打印"成型，打印完毕后只要扫除松散的粉末即可"刨"出模型，而剩余粉末还可循环利用。

传统的切割加工是利用刀具进行材料的切削去除，是一种"自上而下"的加工方式。这种加工方式是从已有的零件毛坯开始，逐渐去除材料实现成型，因此受到刀具能够达到的空间限制，一般很难制造出复杂的三维空间结构。3D 打印技术的成型原理与上述传统方法截然不同，采用材料逐层累加的方法制造实体零件，相对于传统切割加工技术，该方法是一种"自下而上"的制造方法，3D 打印的实质是增量制造："通过增材制造，从零件的电子、数字化描述直接到最终产品的过程"。因此 3D 打印技术具备两个本质特征：一是数字化模型直接驱动，将产品的数字化模型输入 3D 打印机，就能直接"输出"最终产品，实现快速制造，不需要制模或铸造；二是基于离散—堆积成型原理的逐层材料添加方式，可成型任意复杂空间结构，具有很高的柔性。

3D 打印技术根据成型原理分为不同的类型，最常见的有熔融沉积成型技术(FDM)和立体光固化成型技术(SLA)。

1. FDM 打印技术

FDM 技术在桌面级 3D 打印机中运用最为广泛，因为制造简单，设计容易，制造成本和维护成本相对较低。FDM 打印的原理是将丝状热熔性材料高温熔化后，通过一个微细喷嘴挤出来，形成非常细的丝逐层堆积，反复这一过程就可堆积成完整的物品。这一过程就像做蛋糕一样，将食材放在一个锥状的塑料薄膜容器里面，按照自己想要的样子，将奶油挤出来，一层一层，最终形成想要的奶油蛋糕。FDM 技术 3D 打印机如图 10.1.1.1 所示。

图 10.1.1.1　FDM 技术 3D 打印机

FDM 的材料包括一切热塑性的材料，只要具备"加热时融化，降温后固化"这个特征，基本上就可以使用该技术进行 3D 打印。现在非常流行的 3D 打印煎饼、蛋糕等食物使用的就是 FDM 技术。但常用的材料还是 PLA，这是一种从玉米中提炼出来的环保型材料，无毒、环保。

FDM 技术的优势在于它不受打印物品尺寸限制，可以打印非常大的物品，例如新闻上经常看到的 3D 打印房屋，使用的就是 FDM 成型技术。相对于 SLA 技术，FDM 打印出来的物品精度要略微逊色一些，如果要打印精密零部件或光滑陶瓷制品，或许它不是最好的选择。

2. SLA 打印技术

SLA 技术主要使用光敏树脂为原料，通过计算机控制紫外激光在光敏树脂表面进行逐点扫描，被扫描区域的树脂薄层产生光聚合反应而固化，形成零件的一个薄层。一层固化完成后，工作台下移一个层厚的距离，逐层固化，最终得到完整的物品。SLA 成型技术的 3D 打印机多为工业级别。SLA 技术 3D 打印机如图 10.1.1.2 所示。

图 10.1.1.2　SLA 技术 3D 打印机

SLA 技术使用的材料主要为光敏树脂，这种材料具有一定的毒性。在打印过程中一定需要做好防护措施。SLA 适合打印对精度要求较高的物体，如牙齿矫正模型，或者高精度小部件(比如一些制作精美的戒指)；还适用于打印表面比较光滑的物体(比如陶瓷)。光固化成型法的美中不足在于它不能打印较大尺寸的物体，这是受其技术原理本身限制的。

综合来看，3D 打印具有以下优点：① 不需要机械加工或任何模具，就能直接从计算机图形数据中生成任何形状的零件，从而极大地缩短产品的研制周期，提高生产率；② 通过摒弃传统的生产线，有效降低生产成本，大幅减少材料浪费；③ 可以制造出传统生产技术无法制造出的外形，让产品设计更加随心所欲；④ 可以简化生产制造过程，快速有效又廉价地生产出单个物品，与机器制造出的零件相比，打印出来的产品的重量要轻 60%，并且同样坚固。但是，同时也存在以下缺点尚待解决：可打印的原材料集中在工程塑料、光敏树脂、橡胶、金属、陶瓷等少数材料、打印精度低、速度较慢、打印成本较高。

10.1.2　3D 打印技术应用

1．3D 打印制作工艺品

以往靠模具机器生产出来的花瓶，现在通过技术人员在计算机中建立模型，把设计文件发送到 3D 打印机，然后选择 ABC 塑料剂，经过喷涂、挤压等方式一层一层添加打印，约半小时后，一个漂亮的花瓶便呈现在面前。图 10.1.2.1 所示为 3D 打印的花瓶。

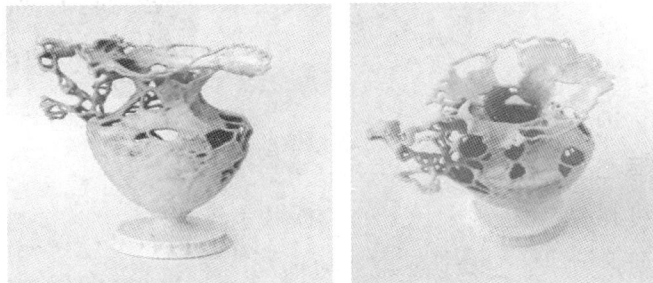

图 10.1.2.1　3D 打印的花瓶

2．3D 打印制作服装

设计师首先设计一个模板，将该模板放在机器内起到引导作用。这块板可以是任意材料，液态的原材料会被机器内的电场引向模板，从而覆盖一层外膜，最终纳米纤维会相互交织，形成衣服材质。也就是说 3D 打印可以帮制衣业省掉剪裁的过程，使衣服可以一次成型。3D 打印的时装如图 10.1.2.2 所示。

图 10.1.2.2　3D 打印的时装

3．3D 打印制作人造骨骼

世界上首例由 3D 打印技术制作的人工下颌骨移植手术在荷兰进行，接受移植的病人是名患有骨髓炎的 83 岁女性。术后她的恢复状况良好，新的下颌骨并未影响她的语言表达和进食能力。这项人造骨骼 3D 打印技术由比利时公司 LayerWise 和比利时哈瑟尔特大学的科研人员共同开发研制，而器官制作过程被称为"叠加制作法(AM)"。通过该方法，技术人员可根据移植患者的具体需求来设计骨骼部件的效果图，然后利用高精度的激光枪来熔解钛粉，并将它们分层地喷涂叠加起来，最终形成一个 3D 人造骨骼部件成品，如图 10.1.2.3 所示，整个过程不需要任何的胶水或黏结剂。

4．3D 打印制作人造血管

来自弗劳恩霍夫研究所的科学家团队利用 3D 打印机和"多光子聚合"技术，成功研制出了人造血管，如图 10.1.2.4 所示。制成的血管具有柔韧而结实的结构，能够与人体自生组织融合。同时，由于它的外膜上覆盖着改性生物分子，因而并不会遭到人体的排斥。

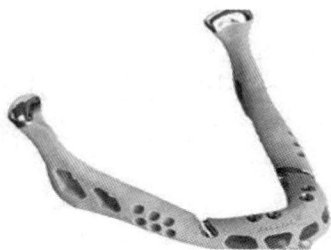

图 10.1.2.3　3D 打印的人造下颌骨

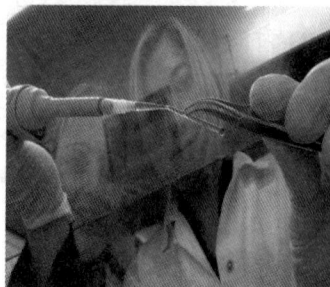

图 10.1.2.4　3D 打印的人造血管

5．3D 打印在军工上的应用

在传统的战斗机制造流程当中，飞机的 3D 模型设计好后，需要进行长期的投入来制造水压成型设备，而使用 3D 打印制造技术后，零件的成型速度、应用速度得以大幅度提高，3D 打印的飞机如图 10.1.2.5 所示。以我国为例，目前我国已具备了使用激光成型超过 12 m² 的复杂钛合金构件的技术和能力，成为当今世界上唯一掌握激光成型钛合金大型主承力构件制造、应用的国家。在解决了材料变形和缺陷控制的难题后，我国生产的钛合金结构部件迅速成为我国航空力量的一项独特优势，我国先进战机上的钛合金构件所占比例已超过 20%。

图 10.1.2.5　3D 打印的飞机

3D 打印技术带来的变化或将改变制造业的经济面貌。许多人认为，这项技术将让商业完全中心化，逆转伴随着工业化到来的城市化进程，人们将不再需要工厂，届时，每个村庄都将拥有一个由打印机组成的制造厂，制造所需的物品。但是，也有人认为城市的经济和社会利益远远超出吸引工人到装配线上工作的能力。

10.2　人　工　智　能

10.2.1　人工智能技术简介

人工智能(Artificial Intelligence，AI)是研究、开发用于模拟、延伸和扩展人的智能的理论、方法、技术及应用系统的一门新的技术科学。简单地说，它想要通过研究智能的实质，并生产出一种新的能以与人类智能相似的方式做出反应的智能机器，该领域的研究包括机器人、语言识别、图像识别、自然语言处理和专家系统等。人工智能从诞生以来，理论和技术日益成熟，应用领域也不断扩大，可以设想，未来人工智能带来的科技产品，将会是人类智慧的"容器"。人工智能可以对人的意识、思维的信息过程进行模拟。人工智能不是人的智能，但能像人那样思考，也可能超过人的智能。人工智能是一门极富挑战性的科学，从事这项工作的人必须懂得计算机知识、心理学和哲学。人工智能由不同的领域组成，如机器学习、计算机视觉等。总的说来，人工智能研究的一个主要目标是使机器能够胜任一些通常需要人类智能才能完成的复杂工作。

1．人工智能的发展

人工智能作为一个概念，最早是在 1956 年夏季，以麦卡塞、明斯基、罗切斯特和香农为首的一批年轻的科学家在美国达特茅斯学院一起聚会，共同研究和讨论用机器模拟智能一系列有关问题时提出的。人工智能概念提出后的五六十年里，它的发展并非一帆风顺，而是经历了数次高峰和低谷。人们发现人工智能找不到用武之处，虽然在算法上有所改进，但是始终没有办法去影响产业界。最近一次人工智能的低谷发生在 20 世纪 90 年代，随着日本第五代计算机计划的无果而终，人工神经网络也随之降温，人工智能领域再次进入"AI 之冬"。这个人工智能的冬天持续了将近 10 年的时间，直到 2006 年加拿大多伦多的教授 Geoffrey Hinton 提出"深度学习"算法，人工智能才逐渐从这个寒冬走出来。这个算法是对人工神经网络理论的一次升级，它最大的革新在于与互联网的大数据相关联，可以有效处理庞大的数据。终于在 2012 年，它的威力爆发出来，引发了人工智能领域新的高潮。"深度学习"算法在提高图像、声音识别能力上都具有极强的能力，而且这一轮的浪潮是与互联网产业相结合的，它的产生离不开互联网技术发展所奠定的基础。

2．机器学习

机器学习是人工智能的一种实现方法。在 20 世纪人工智能的技术研发停滞不前数年后，科学家便发现如果以模拟人脑来定义人工智能那将走入一条死胡同。现在通过机器的学习、大规模数据库、复杂的传感器和巧妙的算法来完成分散的任务是人工智能的最新定义。人类目前能实现的，一般被称为"弱人工智能"(Narrow AI)。弱人工智能是能够与人一样，甚至比人更好地执行特定任务的技术。例如语音识别、图像分类、人脸识别。机器学习最基本的做法，是使用算法来解析数据、从中学习，然后对真实世界中的事件做出决策和预测。与传统的为解决特定任务、硬编码的软件程序不同，机器学习是用大量的数据来"训练"，通过各种算法从数据中学习如何完成任务。算法包括决策树学习、推导逻辑规划、聚类、强化学习和贝叶斯网络等。

机器学习最成功的应用领域是计算机视觉，虽然也还是需要大量的手工编码来完成工作。例如，人们想要通过机器学习来实现自动识别交通指示牌。那么，人们需要手工编写分类器、边缘检测滤波器，以便让程序能识别物体从哪里开始，到哪里结束；写形状检测程序来判断检测对象是不是有 8 条边；写分类器来识别指示文字；等等。使用以上这些手工编写的分类器，人们总算可以开发算法来感知图像，判断图像是不是一个停止标志牌。

但是如果遇到云雾天，标志牌变得不是那么清晰可见，又或者被树遮挡一部分，算法就难以成功了。这就是为什么之前很长时间里，计算机视觉一直无法接近人的能力。因为它太僵化，太容易受环境条件的干扰。

3. 神经网络

神经网络也称人工神经网络，是一种实现机器学习的方法，原理是模仿我们大脑的生理结构：互相交叉相连的神经元。与大脑中一个神经元可以连接一定距离内的任意神经元不同，人工神经网络具有离散的层。

神经网络可看成是以人工神经元为节点，用有向加权弧连接起来的有向图。在此有向图中，人工神经元就是对生物神经元的模拟，而有向弧则是轴突—突触—树突对的模拟。有向弧的权值表示相互连接的两个人工神经元间相互作用的强弱。每个小圆圈表示一个神经元。各个神经元之间的连接并不只是一个单纯的传送信号的通道，而是在每对神经元之间的连接上有一个加权系数，这个加权系数起着生物神经系统中神经元的突触强度的作用，它可以加强或减弱上一个神经元的输出对下一个神经元的刺激。这个加权系数通常称为权值。在神经网络中，连接权值并非固定不变，而是按照一定的规则和学习算法进行自动修改。这也体现出神经网络的"进化"行为。神经网络模型图如图 10.2.1.1 所示。

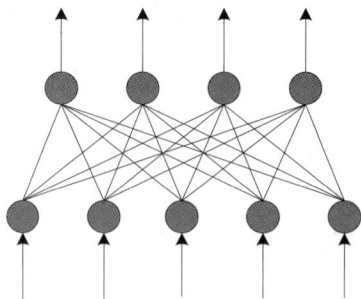

图 10.2.1.1 神经网络模型图

其实在人工智能出现的早期，神经网络就已经存在了，但神经网络对于"智能"的贡献微乎其微。其主要问题是，即使是最基本的神经网络，也需要大量的运算。神经网络算法的运算需求难以得到满足。直到最近随着 GPU 的高速发展，神经网络算法才见到成效。

4. 深度学习

深度学习是最近几年流行的实现神经网络的算法。2012 年吴恩达(Andrew Ng)教授在 Google 实现了通过神经网络学习到猫的样子。吴教授的突破在于，把这些神经网络从基础上显著地增大了，层数非常多，神经元也非常多，然后给系统输入海量的数据来训练网络。在吴教授这里，数据是一千万 YouTube 视频中的图像。吴教授为机器学习加入了"深度"(Deep)，这里的"深度"就是说神经网络中众多的层。现在经过深度学习训练的图像识别，在一些场景中甚至可以比人做得更好：从识别猫，到辨别血液中癌症的早期成分，再到识别核磁共振成像中的肿瘤。Google 在 2015 年年底开源了其内部使用的深度学习框架 TensorFlow。深度学习流程图如图 10.2.1.2 所示。

深度学习的流程

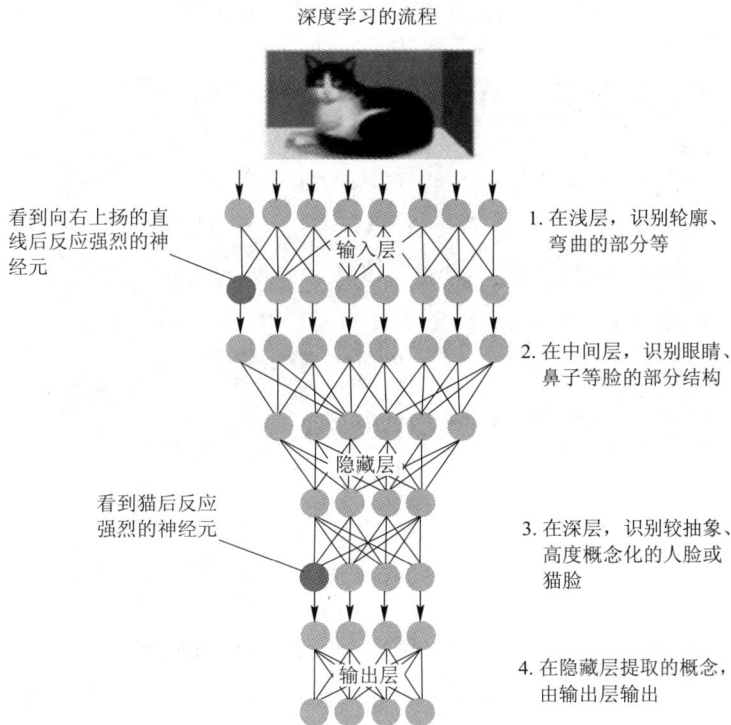

看到向右上扬的直线后反应强烈的神经元

输入层

1. 在浅层，识别轮廓、弯曲的部分等

2. 在中间层，识别眼睛、鼻子等脸的部分结构

隐藏层

看到猫后反应强烈的神经元

3. 在深层，识别较抽象、高度概念化的人脸或猫脸

输出层

4. 在隐藏层提取的概念，由输出层输出

图 10.2.1.2　深度学习流程

10.2.2　人工智能技术应用

回顾过去，从 1956 年的达特茅斯会议到今天，人工智能已经走过了 60 多年的历史。在这 60 多年中，人工智能经历过高峰，也曾跌落到低谷，但从来没有哪一次像今天这样，成为街头巷尾无人不谈的话题。虽然这在一定程度上得益于移动互联网时代信息传播效率的飞速提升使得热点话题的影响力得以成千上万倍地扩大，但另一个更重要的原因是，这一次的人工智能复兴与以往的最大区别在于，它让人们真正看到了 AI 技术改变人类未来生活方式的可能性。很多国家从战略高度层面来规划人工智能产业发展，以我国为例，截至 2020 年年底，我国人工智能相关专利占全球的 74.7%，在智能政务、智能制造、智能交通等领域得到了广泛应用，人工智能技术应用成为改善民生的新途径，有力支撑进入创新型国家行列和实现全面建成小康社会的奋斗目标。下面列举一些常见的应用案例。

1. AlphaGo

阿尔法狗(AlphaGo)是第一个击败人类职业围棋选手和第一个战胜围棋世界冠军的人工智能程序，由谷歌(Google)旗下 DeepMind 公司戴密斯·哈萨比斯领衔的团队开发。其主要工作原理就是"深度学习"。2016 年 3 月，阿尔法围棋与围棋世界冠军、职业九段棋手李世石进行围棋人机大战，以 4∶1 的总比分获胜；2016 年年末到 2017 年年初，该程序在中国棋类网站上以"大师"(Master)为注册账号与中日韩数十位围棋高手进行快棋对决，连续 60 局无一败绩；2017 年 5 月，在中国乌镇围棋峰会上，它与排名世界第一的世界围棋冠军柯洁对战，以 3∶0 的总比分获胜，如图 10.2.2.1 所示。围棋界公认阿尔法围棋的棋力已经超过人类职业围棋顶尖水平，在 GoRatings 网站公布的世界职业围棋排名中，其等级分超过排名人类第一的棋手柯洁。

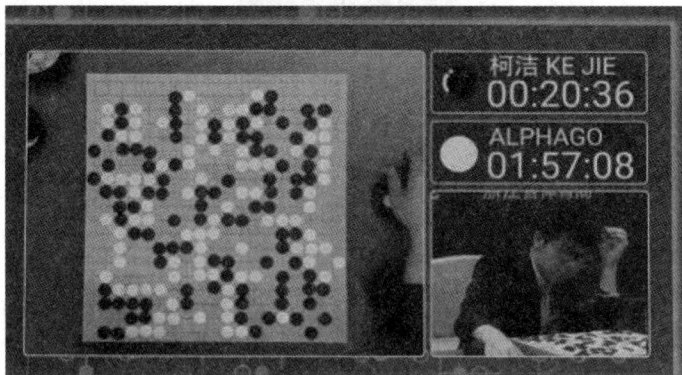

图 10.2.2.1　AlphaGo 与人类排名第一的棋手柯洁对弈

　　AlphaGo 团队将"阿尔法狗"的发展分为四个版本：第一个版本即战胜樊麾的版本；第二个版本是 2016 年战胜李世石的"狗"；第三个是在围棋对弈平台名为"Master"(大师)的版本，其在与人类顶尖棋手的较量中取得 60 胜 0 负的骄人战绩；而最新版的 AlphaGo Zero 经过短短 3 天的自我训练，就强势打败了此前战胜李世石的旧版 AlphaGo，战绩是 100：0。经过 40 天的自我训练，AlphaGo Zero 又打败了 AlphaGo Master 版本。"Master"曾击败过世界顶尖的围棋选手，甚至包括世界排名第一的柯洁。

　　AlphaGo Zero 此前的版本结合了数百万人类围棋专家的棋谱以及强化学习的监督学习进行了自我训练。AlphaGo Zero 的能力则在这个基础上有了质的提升。最大的区别是，它不再需要人类数据。也就是说，它一开始就没有接触过人类棋谱。研发团队只是让它自由随意地在棋盘上下棋，然后进行自我博弈。"这些技术细节强于此前版本的原因是，它们不再受到人类知识的限制，它可以向围棋领域里最高的选手——AlphaGo 自身学习。"AlphaGo 团队负责人大卫·席尔瓦(Dave Sliver)说。据大卫·席尔瓦介绍，AlphaGo Zero 使用新的强化学习方法，让自己变成了老师。系统一开始甚至并不知道什么是围棋，只是从单一神经网络开始，通过神经网络强大的搜索算法，进行了自我对弈。随着自我博弈的增加，神经网络逐渐调整，提升预测下一步的能力，最终赢得比赛。更为厉害的是，随着训练的深入，DeepMind 团队发现，AlphaGo Zero 还独立发现了游戏规则，并走出了新策略，为围棋这项古老游戏带来了新的见解。

　　2. 智能音响

　　2014 年 11 月，亚马逊在官网低调上线了一款搭载智能助手 Alexa 的智能音箱：Amazon Echo(如图 10.2.2.2 所示)，没有宣传，甚至没有发布会。然而 2015 年，这款产品一举占据了整个音箱市场销量的 25%，比 2014 年增加了 1200%。据国外研究机构统计，Amazon Echo 仅在 2021 年第三季度就卖出了超过 1000 万台。Echo 的外形和一般的蓝牙音箱没什

图 10.2.2.2　Amazon Echo

么区别，也没有任何屏幕，唯一的交互方式就是语音。Alexa 相当于 Echo 的大脑，所有输入输出的信息都经由它处理。通过简单的语音指令，用户可以完成很多日常琐事。如果

用户是一位起床困难户，在闹钟响起时，也可以叫 Alexa 等 10 分钟再叫一次；如果喜欢烹饪，Alexa 会提供很多菜谱；如果喜欢玩音乐，可以用 Echo 做节拍器或者吉他伴奏。比如说只要对它说一句"Alexa，我的厕纸没了，帮我买一打"，它就会在亚马逊上下单，选地址、支付、查快递等环节也都通过语音完成。在一些比较纠结的场景下，Alexa 能帮用户做出决定，比如说抛硬币决定午饭吃什么，或者叫谁拿外卖，等等。

目前，我国企业小米推出的智能音箱"小爱同学"、百度推出的"小度音响"均得到了市场的追捧。

3. 自动驾驶

谷歌自动驾驶汽车于 2012 年 5 月获得了美国首个自动驾驶车辆许可证，谷歌的自动驾驶技术包括通过视频摄像头、雷达传感器以及激光测距器来了解周围的交通状况，并通过电子地图对前方的道路进行导航。这一切都通过谷歌的数据中心来实现，谷歌的数据中心能处理汽车收集的有关周围地形的大量信息。谷歌表示，其自动驾驶汽车在公司测试装置中的累计行程接近 100 万英里(约合 160 万公里)，每周大约增加 1 万英里(约合 1.6 万公里)。这意味着，谷歌自动驾驶汽车拥有大量可以利用的经验，相当于"人类大约 75 年的驾龄"。随后几年中，特斯拉、宝马、百度、优步、奥迪等纷纷宣布研发自动驾驶技术，并推出了商用自动驾驶汽车。2017 年 12 月，北京市制定发布了针对自动驾驶车辆道路测试的《指导意见》与《实施细则》，规范推动自动驾驶汽车的实际道路测试。2017 年 12 月，我国自主研发的自动驾驶客运巴士——阿尔法巴(Alpha Bus)正式在深圳福田保税区的开放道路进行线路的信息采集和试运行。自动驾驶效果图如图 10.2.2.3 所示。2022 年 9 月，长沙宣布"开放道路

图 10.2.2.3　自动驾驶效果图

智能驾驶长沙示范区"正式启用，当日，百度在长沙正式宣布，自动驾驶出租车 Robotaxi 试运营正式开启，目前，首批 45 辆百度 Apollo 与一汽红旗联合研发的"红旗 EV" Robotaxi 车队在长沙部分已开放测试路段已经投入试运营。

人工智能的应用领域极为广泛，在交通、个人助理、医疗健康、金融、安防、教育以及电商零售等领域都能看到人工智能的身影。从语音助理、智能投顾、智能客服等具体应用，涉及生活的方方面面。从细分技术角度来看，机器人、神经网络、图像识别、语音识别、计算机视觉是国内外专利申请数量最多的五个方向。从人工智能专利申请的地域分布来看，美国、中国、日本位列前三，且数量接近，三国占总体专利数量的 73.85%。数据表明，我国处于人工智能技术研发的第一梯队国家。

10.3　虚　拟　现　实

10.3.1　虚拟现实技术简介

虚拟现实技术(Virtual Reality，VR)（又称灵境技术）是指通过数字头盔、数据手套、

数字外衣以及三维立体显示器、三维鼠标、立体声耳机等使人能完全沉浸在计算机生成创造的一种特殊三维图形环境，并且实现与三维图形环境的互动。虚拟现实技术是计算机硬件、软件、传感、人工智能、心理学及地理科学发展的结晶。它是通过计算机生成一个逼真的环境世界，人可以与此虚拟的现实环境进行交互的技术。

从本质上讲，虚拟现实技术是一种崭新的人机交互界面，是物理现实的仿真。它的出现彻底改变了用户和系统的交互方式，创造了一种完全的、令人信服的幻想式环境，人们不但可以进入计算机所产生的虚拟世界，而且可以通过视觉、听觉、触觉甚至嗅觉和味觉多维地与该世界沟通。这是一种具有巨大意义和潜力的技术，正在迅速发展之中。

VR 是利用计算设备模拟产生一个三维的虚拟世界，提供用户关于视觉、听觉等感官的模拟，有十足的"沉浸感"与"临场感"。俗话说就是，你看到的所有东西都是计算机生成的，都是虚拟的。VR 游戏如图 10.3.1.1 所示。

图 10.3.1.1 VR 游戏

目前，除了 VR 之外，还有 AR、MR 等借助计算机模拟虚拟环境并与现实环境相结合的技术。AR(Augmented Reality，增强现实)，字面解释就是，现实就在这里，但是它被虚拟信息增强了。两个典型的 AR 系统是车载系统和智能手机系统，被讨论最多的 AR 设备是 Google Glass。

很多汽车在其车载系统当中加入了 AR 应用，比如有的汽车厂商在其生产的汽车挡风玻璃上投射虚拟图像，如图 10.3.1.2 所示，用意是让驾驶者不需要低头查看仪表的显示与资料，始终保持抬头的姿态，降低低头与抬头期间忽略外界环境的快速变化，以及眼睛焦距需要不断调整产生的延迟与不适；或者帮助驾驶者更好地感知路况信息，提高驾驶安全性。

图 10.3.1.2 汽车虚拟挡风玻璃

MR(Mixed Reality，混合现实)指的是合并现实和虚拟世界而产生的新的可视化环境。在新的可视化环境里物理和数字对象共存，并实时互动。MR 的实现需要在一个能与现实世界各事物相互交互的环境中。如果一切事物都是虚拟的，那就是 VR 的领域了。如果展现出来的虚拟信息只能简单叠加在现实事物上，那就是 AR。MR 的关键点就是与现实世界进行交互和信息的及时获取。MR 概念图如图 10.3.1.3 所示。

图 10.3.1.3 MR 概念图

VR、AR、MR 三者的关系如图 10.3.1.4 所示。

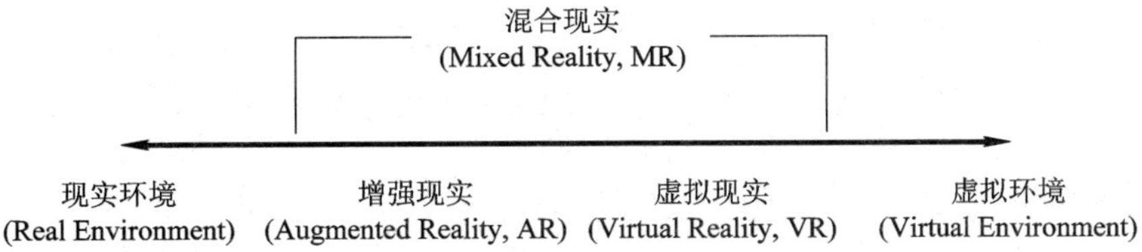

图 10.3.1.4　VR、AR、MR 关系图

虚拟现实是多种技术的综合，其关键技术和研究内容包括以下几个方面：

(1) 环境建模技术：即虚拟环境的建立，目的是获取实际三维环境的三维数据，并根据应用的需要，利用获取的三维数据建立相应的虚拟环境模型。

(2) 立体声合成和立体显示技术：在虚拟现实系统中消除声音的方向与用户头部运动的相关性，同时在复杂的场景中实时生成立体图形。

(3) 触觉反馈技术：在虚拟现实系统中让用户能够直接操作虚拟物体并感觉到虚拟物体的反作用力，从而产生身临其境的感觉。

(4) 交互技术：虚拟现实中的人机交互远远超出了键盘和鼠标的传统模式，利用数字眼镜、数字头盔、数字手套等复杂的传感器设备，三维交互技术与语音识别、语音输入技术成为重要的人机交互手段。

(5) 系统集成技术：由于虚拟现实系统中包括大量的感知信息和模型，因此系统的集成技术为重中之重：包括信息同步技术、模型标定技术、数据转换技术、识别和合成技术等等。

现阶段虚拟现实中常用到的硬件设备大致可以分为四类。它们分别是：① 建模设备(如 3D 扫描仪)；② 三维视觉显示设备(如 3D 展示系统、大型投影系统(如 CAVE)、头显(头戴式立体显示器等))；③ 声音设备(如三维的声音系统以及非传统意义的立体声)；④ 交互设备(包括位置追踪仪、数据手套、3D 输入设备(三维鼠标)、动作捕捉设备、眼动仪、力反馈设备以及其他交互设备)。常见 VR 设备如图 10.3.1.5 所示。

图 10.3.1.5　常见 VR 设备

10.3.2　虚拟现实技术应用

目前，VR 在现实生活中已经得到了越来越多的应用，戴上 VR 眼镜，轻轻触动开关，即便你窝在沙发里，也能马上进入一个完全不同的世界，不仅可以到纽约第五大道名品店购物，还能坐游览车欣赏世界各地风景名胜，或者在一场游戏大战中身临其境地扮演超级英雄。下面从教育、医疗、军工、娱乐列举几个典型 VR 应用。

1．VR 在教育行业中的应用

体验式教育在课堂中是让学生更为形象地学习知识的一种教育模式，尤其是涉及对现实生活中实际存在事物的认识方面。由于时间和空间的限制，很多中小学尤其是中西部偏远地区的学校难以达到这样的教学条件。VR 设计的出现则可以很大程度上解决这个问题。虚拟博物馆、虚拟科技馆、虚拟动物园、虚拟植物园等，可以使得学生们无论在什么时间、地点、什么样的天气条件下都可以观赏或者游览这个虚拟的场馆。

在日常课堂教育中一些关于宇宙天文、生物细胞基因结构等现实生活难以观察发现的知识点，也日益成为 VR 虚拟课堂开发的主题，VR 天文教育如图 10.3.2.1 所示。一方面 VR 展示能够激发学生的学习兴趣，另一方面也能加深学生对相关知识的理解。比如由 IMAX 和华纳兄弟影业公司共同制作，并且得到了美国航天总署(NASA)的协助的纪录片《哈勃望远镜》就介绍了美国航天员哈伯太空望远镜维修任务的过程。片中也详细介绍了众多的宇宙星系知识。

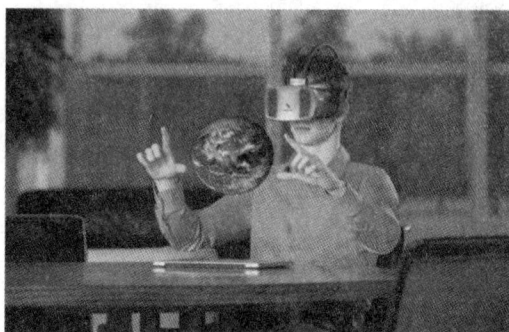

图 10.3.2.1　VR 天文教育

2．VR 在医疗行业中的应用

虚拟手术模拟训练系统是 VR 设计在医疗行业中协助医生培训技能的应用。目前已经有了一些 VR 设计在培训中发挥重大作用的实例。尼克劳斯儿童医院最近已经和一家增强现实和虚拟现实公司 Next Galaxy Corp 联手，制作为医院手术专用设计的软件。该技术以虚拟现实医学教学软件为中心，它的功能是通过 Foley 导管置入、心脏复苏及伤口护理等操作步骤来指导用户。随着此项技术的不断进步，新员工培训会变得更容易且更具成本效益。除此之外，培训本身也会更有效率。通过使受训人员沉浸在一个虚拟现实环境中，工作人员可以为新员工合成一些更逼真和难忘的体验。在虚拟现实众多被证实的优点之中，协助医护人员学习和获取信息方面的效果最显著。VR 医学应用如图 10.3.2.2 所示。

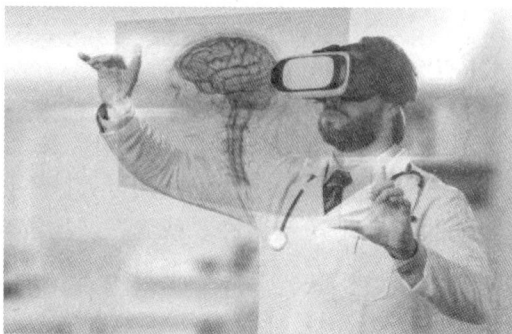

图 10.3.2.2　VR 医学应用

3．VR 在军工领域中的应用

从某种程度上可以说，现代战争就是一场按钮游戏。战争和游戏本质上并无不同，游戏就是虚拟的战争，战争也可以视为残酷的游戏。VR 技术以及设计画面质量的进步使人们拥有功能更丰富和更智能娱乐设备的同时，也使军事装备日益智能化。可以大胆地预测：或许军事领域才是 VR 技术应用前景最广阔的舞台。目前，VR 设计在军事领域的应用主要集中在以下几个方面：一是虚拟真实战场环境。通过 VR 设计制成的作战背景、战地场景、各种武器装备和作战人员等战场环境图形、图像库，为使用者创造一种险象环生、逼近真实的战场环境。美国、阿联酋、英国也都利用 3D 虚拟训练为新招募的士兵提供军事虚拟现实体验。二是让战争走入虚拟现实世界。通过 VR 设计构建和选择三维实战环境，逼真地模拟实车、实兵、实人，渲染出生动的视觉、听觉和触觉效果，使士兵和指挥员像在野外参加实战一样，在室内感受"真实"的战场对抗场面。VR 士兵训练如图 10.3.2.3 所示。

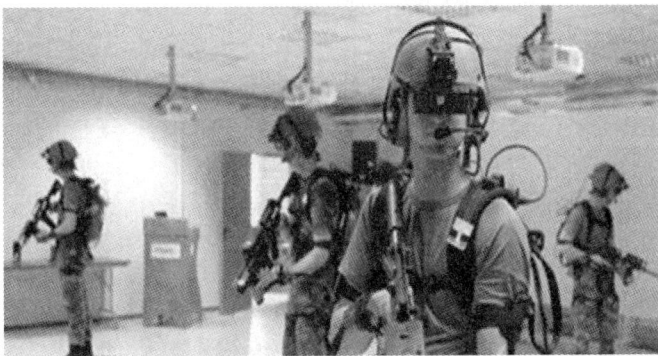

图 10.3.2.3　VR 士兵训练

4．VR 在娱乐行业中的应用

由于以 VR 眼镜为代表的新 VR 设备的出现，VR 设计在娱乐行业的应用越来越广泛，尤其是集中于 VR 电影以及 VR 游戏领域。VR 电影方面，国外视频网站 YouTube 早就设立了可以 360°观看视频的 VR 频道。迪斯尼也开始在 VR 电影领域加强了战略投资。华纳影业为电影 "Into the Storm"（《不惧风暴》）制作了可以在 VR 眼镜上观看的预告片。狮门影业也为其电影 "Insurgent – Shatter Reality"（《分歧者》）制作了一部四分钟的制作场景体验片。影视界各大企业纷纷投资 VR 电影的开发制作，为下一步抢占 VR 电影票房打下基础。

VR 游戏当前发展与 VR 技术的不断研发和 VR 游戏设计资源的不断充实紧密相连，随着 VR 技术在当今社会的影响越来越大，VR 游戏也必将成为游戏产业中的新贵。尽管现在 VR 领域内 VR 游戏不是特别突出，但是随着需求的提升，VR 游戏的资源会越来越丰富，技术也将越来越成熟。VR 驾驶游戏如图 10.3.2.4 所示。

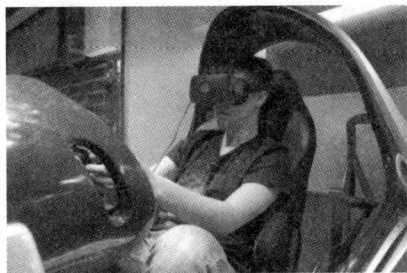

图 10.3.2.4　VR 驾驶游戏

10.4 大 数 据

10.4.1 大数据技术简介

信息技术为人类步入智能社会开启了大门，带动了互联网、物联网、电子商务、现代物流、网络金融等现代服务业发展，催生了车联网、智能电网、新能源、智能交通、智能城市、高端装备制造等新兴产业发展。现代信息技术正成为各行各业运营和发展的引擎。但这个引擎正面临着大数据这个巨大的考验。各种业务数据正以几何级数的形式爆发，其格式、收集、储存、检索、分析、应用等诸多问题，不再能以传统的信息处理技术加以解决，对人类实现数字社会、网络社会和智能社会带来了极大的障碍。纽约证券交易所每天产生 1 TB 的交易数据；Twitter 每天会生成超过 7 TB 的数据；Facebook 每天会产生超过 10 TB 的数据；欧洲粒子物理实验室的大型强子对撞机每年产生约 15 PB 的数据。根据咨询公司 IDC 的调查与统计，预计 2025 年全球信息量将达到 163 ZB，而人类历史 5000 年的文字记载只有 5 EB 数据。上述统计与调查预示着 TB、PB、EB 的时代已经成为过去，全球将正式进入数据存储的"泽它(Zetta)时代"。

如何从这些各种各样的海量数据中，快速获得有价值的信息？这就是大数据技术所要解决的问题。

1．大数据的特征

大数据(Big Data)是指"无法用现有的软件工具提取、存储、搜索、共享、分析和处理的海量的、复杂的数据集合。"业界通常用 4 个 V(Volume、Variety、Value、Velocity)来概括大数据的特征。

(1) 数据体量巨大(Volume)：截至目前，人类生产的所有印刷材料的数据量是 200 PB (1 PB = 2^{10} TB)，而历史上全人类说过的所有的话的数据量大约是 5 EB(1 EB = 2^{10} PB)。当前，典型个人计算机硬盘的容量为 TB 量级，而一些大企业的数据量已经接近 EB 量级。

(2) 数据类型繁多(Variety)：这种类型的多样性也让数据被分为结构化数据和非结构化数据。相对于以往便于存储的以文本为主的结构化数据，非结构化数据越来越多，包括网络日志、音频、视频、图片、地理位置信息等，这些多类型的数据对数据的处理能力提出了更高要求。

(3) 价值密度低(Value)：价值密度的高低与数据总量的大小成反比。以视频为例，一部 1 小时的视频，在连续不间断的监控中，有用数据可能仅有一两秒。如何通过强大的机器算法更迅速地完成数据的价值"提纯"成为目前大数据背景下亟待解决的难题。

(4) 处理速度快(Velocity)：这是大数据区分于传统数据挖掘的最显著特征。根据 IDC 的"数字宇宙"的报告，预计到 2025 年，全球数据使用量将达到 163 ZB。在如此海量的数据面前，处理数据的效率就是企业的生命。

2．大数据的归类

大数据价值链可分为 4 个阶段：数据生成、数据采集、数据储存以及数据分析。数据分析是大数据价值链的最后也是最重要的阶段，是大数据价值的实现，是大数据应用的基础，其目的在于提取有用的值，提供论断建议或支持决策，通过对不同领域数据集的分析可能会产生不同级别的潜在价值。传统的数据处理手段已经无法满足大数据的海量实时需求，需要采用新一代的信息技术来应对大数据的爆发。业界把大数据技术归纳为五大类，如表 10.4.1.1 所示。

表 10.4.1.1　大数据技术分类

大数据技术分类	大数据技术与工具
基础架构支持	云计算平台
	云存储
	虚拟化技术
	网络技术
	资源监控技术
数据采集	数据总线
	ETL 工具
数据存储	分布式文件系统
	关系型数据库
	NoSQL 技术
	关系型数据库与非关系型数据库融合
	内存数据库
数据计算	数据查询、统计与分析
	数据预测与挖掘
	图谱处理
	BI 商业智能
展现与交互	图形与报表
	可视化工具
	增强现实技术

(1) 基础架构支持。基础架构支持主要包括为支撑大数据处理的基础架构级数据中心管理、云计算平台、云存储设备及技术、网络技术、资源监控等技术。大数据处理需要拥有大规模物理资源的云数据中心和具备高效的调度管理功能的云计算平台的支撑。

(2) 数据采集技术。数据采集技术是数据处理的必备条件，首先需要有数据采集的手段，把信息收集上来，才能应用上层的数据处理技术。数据采集除了各类传感设备等硬件软件设施之外，主要涉及的是数据的 ETL(采集、转换、加载)过程，能对数据进行清洗、过滤、校验、转换等各种预处理，将有效的数据转换成合适的格式和类型。同时，为了支持多源异构的数据采集和存储访问，还需设计企业的数据总线，方便企业各个应用和服务之间数据的交换和共享。

(3) 数据存储技术。数据经过采集和转换之后，需要存储归档。针对海量的大数据，一般可以采用分布式文件系统和分布式数据库的存储方式，把数据分布到多个存储节点上，同时还需提供备份、安全、访问接口及协议等机制。目前，典型的数据存储技术有 Google File System，即 GFS。

(4) 数据计算技术。把与数据查询、统计、分析、预测、挖掘、图谱处理、BI 商业智能等各项相关的技术统称为数据计算技术。数据计算技术涵盖数据处理的方方面面，也是大数据技术的核心。目前，开源的 Hadoop 分布式存储系统和 MapReduce 数据处理模式的分析系统在此领域得到了广泛的应用。

(5) 数据展现与交互。数据展现与交互在大数据技术中也至关重要，因为数据最终需要为人们所使用，为生产、运营、规划提供决策支持。选择恰当的、生动直观的展示方式能够帮助人们更好地理解数据及其内涵和关联关系，也能够更有效地解释和运用数据，发挥其价值。在展现方式上，除了传统的报表、图形之外，还可以结合现代化的可视化工具及人机交互手段，甚至是基于最新的如 Google 眼镜等增强现实手段，来实现数据与现实的无缝接口。

10.4.2　大数据技术应用

1. 企业内部大数据应用

目前，大数据的主要来源和应用都是来自企业内部，企业内部大数据的应用，可以在多个方面提升企业的生产效率和竞争力。具体而言在市场方面，利用大数据关联分析，更准确地了解消费者的使用行为，挖掘新的商业模式；销售规划方面，通过大数据比较，优化商品价格；运营方面，提高运营效率和运营满意度，优化劳动力投入，准确预测人员配置要求，避免产能过剩，降低人员成本；供应链方面，利用大数据进行库存优化、物流优化、供应商协同等工作，可以缓和供需之间的矛盾、控制预算开支，提升服务。在金融领域，企业内部大数据的应用得到了快速发展。

例如，招商银行通过大数据分析识别出招行信用卡高价值客户经常出现在星巴克、DQ、麦当劳等场所后，通过"多倍积分累计""积分店面兑换"等活动吸引优质客户；通过构建客户流失预警模型，对流失产品予以挽留；通过对客户交易记录进行分析，有效识别出潜在的小微企业客户，并利用远程银行和云转介平台实施交叉销售，取得了良好成效。

淘宝网通过分析交易时间、商品价格、购买数量发现，这些信息与买方和卖方的年龄、性别、地址甚至兴趣爱好等个人特征信息相匹配。淘宝数据魔方是淘宝平台上的大数据应用方案，通过这一服务，商家可以了解淘宝平台上的行业宏观情况、自己品牌的市场状况、消费者行为情况等，并可以据此进行生产、库存决策，而与此同时，更多的消费者也能以更优惠的价格买到更心仪的宝贝。

2. 物联网大数据应用

物联网不仅是大数据的重要来源，还是大数据应用的主要市场。在物联网中，现实世界中的每个物体都可以是数据的生产者和消费者，由于物体种类繁多，物联网的应用也层出不穷。例如，武汉交管局将大数据分析运用到了端午节的交通导流。与以往凭经验预测不同，此次预报中，武汉交管局科研部门利用了高德电子地图提供的大数据，经过交管部门最新开发的软件进行运算后得出结论。武汉交管局与导航服务平台合作，通过采集智能手机以及车载导航定位等信息，分析道路通行规律，合理分流，细化交通管制措施，在节假日和重要节点对交通拥堵状况进行预警。

3．面向在线社交网络大数据的应用

在线社交网络，是一种在信息网络上由社会个体集合及个体之间的连接关系构成的社会性结构。在线社交网络大数据主要来自即时消息、在线社交、微博和共享空间 4 类应用。由于在线社交网络大数据代表了人的各类活动，因此对于此类数据的分析得到了更多关注。在线社交网络大数据分析是从网络结构、群体互动和信息传播 3 个维度，通过基于数学、信息学、社会学、管理学等多个学科的融合理论和方法，为理解人类社会中存在的各种关系提供的一种可计算的分析方法。目前，在线社交网络大数据的应用包括网络舆情分析、网络情报搜集与分析、社会化营销、政府决策支持、在线教育等。

4．医疗健康大数据应用

医疗健康数据是持续、高增长的复杂数据，蕴涵的信息价值也是丰富多样。对其进行有效的存储、处理、查询和分析，可以开发出其潜在价值。对于医疗大数据的应用，将会深远地影响人类的健康。国内多家医药企业正在全力布局大数据医疗，目标是希望管理个人及家庭的医疗设备中的个人健康信息，现在已经可以通过移动智能设备录入上传健康信息，而且还可以导入第三方机构的个人病历记录，此外通过提供 SDK 以及开放的接口，支持与第三方应用的集成。

5．群智感知

随着 IT 技术的发展，智能手机和平板电脑等移动设备集成了越来越多的传感器，计算和感知能力也愈发强大。在移动设备被广泛使用的背景下，群智感知开始成为移动计算领域的应用热点。大量用户使用移动智能设备作为基本节点，通过蓝牙、无线网络和移动互联网等方式进行协作，分发感知任务，收集、利用感知数据，最终完成大规模的、复杂的社会感知任务。

众包以用户为基础，以自由参与的方式分发任务。目前众包已经被运用于人力密集的应用，如语言翻译、语音识别、图像地理信息标记、定位与导航、城市道路交通感知、市场预测、意见挖掘等。众包的核心思想是将任务分而治之，通过参与者的协作来完成个体不可能或者说根本想不到要完成的任务。无需部署感知模块和雇佣专业人员，众包就可以将感知范围扩展至城市规模甚至更大。目前国内典型的案例有京东众包、亚马逊众包等。

10.5　区块链技术

10.5.1　区块链技术简介

区块链技术(Block Chain)源自大名鼎鼎的比特币。2008 年，一位自称中本聪(Satoshi Nakamoto)的人发表了《比特币：一种点对点的电子现金系统》一文，阐述了基于 P2P 网

络技术、加密技术、时间戳技术、区块链技术等的电子现金系统的构架理念，这标志着比特币的诞生。

近年来，虽然社会对比特币的态度起起落落，但作为比特币底层技术之一的区块链技术日益受到重视。在比特币形成过程中，区块(Block)是一个一个的存储单元，记录了一定时间内各个区块节点全部的交流信息。各个区块之间通过随机散列(也称哈希算法)实现链接(Chain)，后一个区块包含前一个区块的哈希值，随着信息交流的扩大，一个区块与一个区块相继接续，形成的结果就叫区块链。从本质上看，区块链技术是一种不依赖第三方、通过自身分布式节点进行网络数据的存储、验证、传递和交流的技术方案。因此，有人从金融会计的角度，把区块链技术看成是一种分布式开放性去中心化的大型网络记账簿，任何人任何时间都可以采用相同的技术标准加入自己的信息，延伸区块链，持续满足各种需求带来的数据录入需要。

区块链工作原理如图 10.5.1.1 所示。

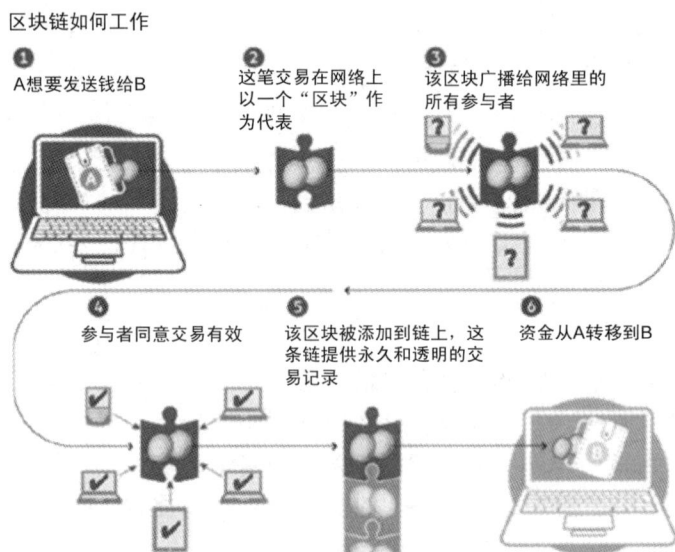

图 10.5.1.1　区块链工作原理图

简单地说，区块链类似于一个账本，记录了所有比特币的交易信息。这个账本存放在互联网的各个比特币节点上，每个节点都有一份完整的备份。账本是分区块存储的，每一块包含一部分交易记录。每一个区块都会记录着前一区块的 id，形成一个链状结构，因而称为区块链。当要发起一笔比特币交易的时候只需把交易信息广播到 P2P 网络中，矿工把交易信息记录成一个新的区块连到区块链上，交易就完成了。

区块链作为一种革命性的全新网络技术，其技术优势相当明显。直观上可以说区块链具有公开透明、集体维护和数据库可靠三大优势。

首先，区块链中数据是具有高度共享性的，任何人都可以查看区块链中涉及自己交易或者办事所需的信息，具有完全的公开透明性。

其次，系统中的数据块由整个系统中所有具有维护功能的节点来共同维护，而这些具有维护功能的节点是任何人都可以参与的，区块链就是一个所有用户共同维护的"数据大家庭"。

最后，也是比较重要的一点就是区块链具有超强的数据可靠性，这是由于其每隔一段时间系统都会刷新一遍数据，选择该时间段内发生时间最早、最准确的数据进行记录，并将数据发送给系统内的其他人进行备份。倘若有人要修改数据，必须同时修改一半以上的节点才能被系统认可。由于区块链的节点分布在世界上的各个角落，要篡改一半以上的节点可以说是天方夜谭。因此，参与系统中的节点越多和计算能力越强，该系统中的数据安全性越高。

由于具备了公开透明、集体维护和数据库可靠三大优势，所以就自发地形成了区块链系统去信任的特点。整个系统的运作规则是公开透明的，所有的数据内容也是集体维护无法随意更改的。所以在系统指定的规则范围和时间范围内，节点之间不能也无法欺骗其他节点，参与整个系统中的每个节点之间进行数据交换是无须互相信任的。

回想我们身边的支付平台公司，支付系统的银联、支付宝，网购领域的淘宝、京东，旅游服务的携程、去哪儿，为什么人们能够在这些平台上放心交易，一个重要的原因就是平台在陌生人交易中间充当了一个第三方信用提供者，使得陌生人之间敢于直接交易。而区块链的交易前提就不需要是相互信任的，其系统逻辑关系保证了交易的真实安全，所以就不需要第三方再额外提供所谓的"信用背书"。这其实就是区块链革命性的最大优势——去中心化。整个网络不再需要中心化的硬件或者第三方平台，任意节点之间的权利和义务都是均等的，且任一节点的损坏或者失去都不会影响整个系统的运作。可以说在有区块链的世界中可以降低对所谓的"大平台""巨无霸"的依赖。

10.5.2　区块链技术应用

1．金融行业的应用

欧美金融业直到 2015 年初夏才认识到区块链技术是一个潜在的分布式总账制度。随着区块链技术的使用从比特币市场逐步升级，它越来越多地被应用到金融领域。当前，包括纳斯达克、纽交所、花旗银行在内的数十个金融机构都在开展区块链金融创新。

2015 年，纽约证券交易所宣布投资比特币交易平台 Coinbase，高盛集团投资了比特币消费者服务公司 Circle，大型贸易公司 DRW 控股有限责任公司旗下的子公司则在尝试加密货币的交易。同年 6 月 24 日，纳斯达克宣布和比特币技术公司 Chain 进行合作，Chain 在为金融机构和企业提供区块链基础设施方面享有盛名，成为在纳斯达克首家参与测试区块链技术的公司。

2015 年年底，纳斯达克通过区块链平台完成了首个证券交易。纳斯达克表示，通过去中心化账本证明了股份交易的可行性，而不再需要任何第三方中介或者清算所。通常，纳斯达克在处理此类股份交易时，需要经过大量的非正式系统，如今纳斯达克以区块链技术取代其纸质凭证系统。将每一家公司每笔股权交易的信息都放到区块链上后，公司融资多少、估值多少一目了然，交易变得公开透明，解决了原来信息不对称的问题，使得投资决策更为简单、高效。

2016 年，区块链财团 R3 CEV 发布了首个分布式账本实验，使用了以太坊和微软 Azure 的区块链即服务(BaaS)，并连接了巴克莱银行、BMO 银行金融集团、瑞士信贷银行、澳大利亚联邦银行、汇丰银行、法国外贸银行、苏格兰皇家银行、道明银行、瑞士联合银行、意大利联合信贷银行以及富国银行等 11 家成员银行。根据 R3 的声明，这些银行会通过分布式账本上的代币资产来模拟交易，而无须中心化的第三方参与。

我国高度重视区块链行业发展，截至 2021 年底各部委发布的区块链相关政策已超 60 项，区块链不仅被写入"十四五"规划纲要中，各部门更是积极探索区块链发展方向，全方位推动区块链技术赋能各领域发展，积极出台相关政策，强调各领域与区块链技术的结合，加快推动区块链技术和产业创新发展，区块链产业政策环境持续利好发展。截至 2021 年底，北京全市开立数字人民币个人钱包超 1200 万个，对公钱包超 130 万个，覆盖冬奥全场景 40 余万个，交易额达 96 亿元。

2．其他行业应用

除了金融行业，区块链技术还可以应用于互联网业务、政府公开信息、电子证据、数据安全等领域。区块链提供了一整套交易、支付解决方案，使用这种技术进行的交易活动将让整个交易和支付速度变得更快、成本更低、更安全且更容易操作。

(1) 通信领域。除了数字货币领域应用之外，最早人们是在通信领域看到区块链的全新应用：一种被称为 Bitmessage 的应用。在通信方面，由于出现庞大的算力和数量众多的节点，并且能够以去中心化的方式来交流，使得程序设计思想出现很大的变化。过去，不管是 E-mail、Skype 还是微信，这些传统的通信工具里面，人们的设计思路都是考虑如何把信息以最快的速度传送给对方，在所有节点中找最短或者最快的路径把信息复制过去。但是 Bitmessage 通过去中心化的方式，完全颠覆了这种设计思想。每当它需要发一封信时，不是发给单个人，而是发给全网的每一个人，每一个人都可以收到这封信，但是只有拥有钥匙的人才可以打开。这种方式不仅实现了信息的传输，而且非常安全，因为无法被跟踪，虽然每个人都收到了信，但是却不知道谁有钥匙能够看到这封信。它用去中心化和密钥的方式，达到了通信目的。所以它不仅能够实现信息传输，而且能够实现从信息安全到路径安全的最高级别安全。这就是早期区块链在通信方面的应用。

(2) 域名管理领域。传统域名管理是非常中心化的结构，它通过统一的组织来协调，而其中影响力最大的毫无疑问就是美国。通过区块链技术，把域名管理系统变成分布式的结构，系统中每个节点都可以对域名进行解析，而不再需要通过中心化管理。在这种情况下，任何一个节点的损失都不会对整个域名系统造成问题。

(3) 公证领域。使用区块链提供认证服务，能对所有的文件、文书或者是数据资料进行公证。它最大的优势是，不依赖公证公司提供信用，公证公司只是提供一个解决方案，通过这个解决方案，能让更多的人把数据信息指纹保存在分布式的比特币区块链上。目前，洪都拉斯、希腊等国已将区块链技术应用于房屋产权证明领域。

(4) 医疗领域。目前比较知名的案例是飞利浦医疗和 TIERION 进行合作，让飞利浦医疗通过区块链技术来完成关于病历资料的认证，或者是病历方面的隐私保护。

(5) 投票领域。美国区块链技术公司(Blockchain Technology Corporation，BTC)做了基于区块链技术的投票机，希望在美国大选时派上用场。纳斯达克已经宣布使用区块链技术来进行股东投票，从而代替原来的传统投票方式。

3．应用前景

从理论上说，围绕区块链这套开源体系能够创造非常丰富的服务和产品。区块链技术将不仅仅应用在金融支付领域，而是会扩展到目前所有应用范围，诸如去中心化的微博、微信、搜索、租房甚至是打车软件都有可能会出现。因为区块链将可以让人类以无地域限制的、去信任的方式来进行大规模协作。

纽约社会研究新学院哲学和经济理论家 Melanie Swan 在新书《区块链——新经济的蓝图》中指出，如果说区块链 1.0 指货币，即应用中与现金有关的加密数字货币，如货币、转账、汇款和数字支付系统等，那么区块链 2.0 指合约，如股票、债券、期货、贷款、智能资产和智能合约等更广泛的非货币应用；未来还可能会进化到 3.0 阶段，即在政府、健康、科学、文化和艺术方面有所应用。区块链典型应用场景如图 10.5.2.1 所示。

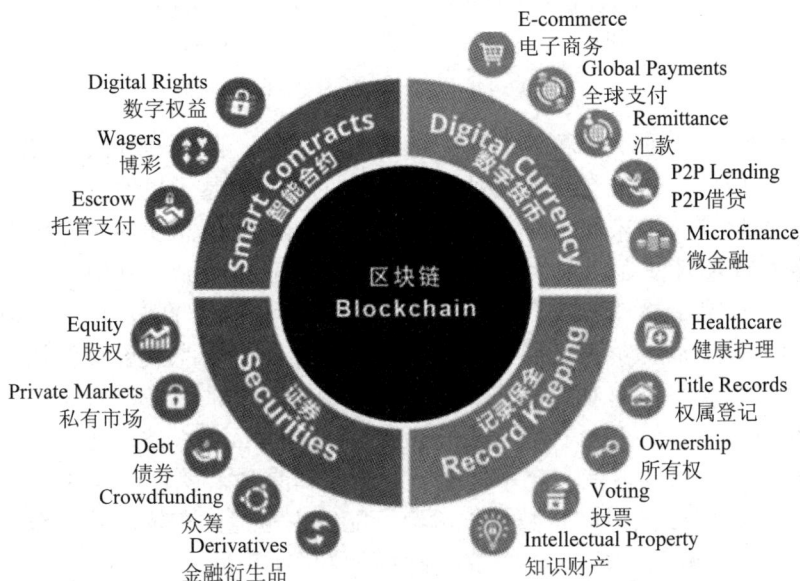

图 10.5.2.1　区块链典型应用场景

未来，区块链最可能得到应用的领域主要有：

点对点交易：如基于 P2P 的跨境支付和汇款、贸易结算以及证券、期货、金融衍生品合约的买卖等。

登记：区块链具有可信、可追溯的特点，因此可作为可靠的数据库来记录各种信息，如运用在存储反洗钱客户身份资料及交易记录上。

确权：如土地所有权、股权等合约或财产的真实性验证和转移等。

智能管理：利用"智能合同"自动检测是否具备生效的各种环境，一旦满足了预先设定的程序，合同就会得到自动处理，比如自动付息、分红等。

10.6　网络新技术

10.6.1　5G 移动通信

5G 是第五代移动通信技术的缩写。在 3G、4G、5G 等名词中，"G"是英文

"Generation"(第×代)的缩写。相对于已经普及的 4G 技术，5G 的网速将会更快，功耗将会更低。目前，华为、中兴、三星及日本、欧盟等都在投入相当的资源研发 5G 技术及应用。在我国，5G 网络已在 2020 年全面铺开，5G 的理论下行速度为 10 Gb/s(相当于下载速度 1.25 GB/s)。3G、4G、5G 对比图如图 10.6.1.1 所示。

图 10.6.1.1 3G、4G、5G 对比图

5G 的超快网速将使许多事情变得可能。举例来说，自动驾驶汽车可以在千钧一发之际快速做出响应；实时视频会议会让人们感觉在同一间屋子里对话；城市管理部门可以实时监控交通堵塞、污染和停车场空位情况，并把这些信息实时传输给路上的智能汽车。5G 网络的普及将使虚拟现实和增强现实等技术成为主流。其中，增强现实可以将包括出行方向、产品价格或者对方名字等信息投射在用户视野中，比如可以投射在汽车的前挡风玻璃上。虚拟现实则可以在用户视野内创造出一个完全虚拟的场景，而无论是虚拟现实还是增强现实，都对数据获取速度有着极高的要求。最后就是即时满足和瞬间响应。人们在用 4G 网络观看视频前等待数秒并不是什么太大的问题，但如果在自动驾驶汽车行驶时碰到数据延迟就完全不能接受了。具体来说，就目前 4G 网络而言，该网络通常需要 15～25 ms 的时间将数据传输给可能发生碰撞的车辆，然后车辆才会开始紧急制动。但在 5G 网络下，这一数据的传输时间将仅为 1 ms。

5G 是高速度、低时延、低功耗、万物互联创造的一个新体系，它绝不只是速度的提升。在技术的推动下，网络、管理、业务都会发生质的变化，网络产业也将会随之根本改变。2017 年年底，在国际电信标准组织全体会议上，5G 标准正式发布。2018 年 2 月，沃达丰和华为宣布完成首次 5G 通话测试。2022 年 6 月 21 日，在"2022 科技周暨移动信息产业链创新大会"上，中国移动发布了"6G 网络架构技术白皮书"，这是业界首次发布 6G 网络的系统化架构设计，体现了中国移动 6G 网络架构团队的最新成果。

10.6.2 雾计算

时至今日，云计算已经进入稳定发展时期，但是也面临着一些新的挑战。随着移动设备、嵌入式设备和传感设备等智能设备的不断创新和普及，人们已经进入了万物互联(IoT)时代，全球的移动数据呈现出疯狂式的增长。根据思科预测，2025 年全球数据流量将会从 2016 年的 16 ZB 上升至 163 ZB。面对大量的数据和新型的应用程序对服务质量的严苛需求，云计算的弊端也显现出来。首先，云计算中心位于远程的网络，对于那些对延迟敏感的应用程序(如视频流、在线游戏等)，将会带来较长的传播时延，这对于用户体验来说是无法忍受的。其次，对移动场景支持不足，特别是对于高速移动的车载网络环境，司机对于路况、交通流等的感知都必须是快速且实时的。再次，无法满足地理位置分布相关的感知环境的实时要求，如大规模的传感网络，要求传感节点定时向其他节点更新自身的信息。再有，大量的设备接入云端，网络带宽就显得捉襟见肘。最后，云计算的安全性和隐私性不容乐观，在用户和云计算中心之间需要经过多跳的网络传输，越深的网络传输，数据的完整性和机密性就越难保证。

Cisco 在 Cisco Live 2014 会议上首度提出雾计算的概念，雾计算结构示意图如图 10.6.2.1 所示。Cisco 强调雾计算是依托于现今无处不在的 IoT 应用产生的一种新型计算模式。相比于云计算，雾计算是一种更加先进和广泛的计算模式，更具扩展性和可持续性。但是雾计算也不能完全取代云计算，必须依托于云计算才能更好地发挥其作用，因此它们的关系是相辅相成，相互联系的。在会上，Cisco 同时发布了供开发者使用的开发套件 IOx。IOx 是 Cisco 对于雾计算模式的实现。它为开发者提供了一整套的开发框架(包括开发、分发、部署、监控和管理等多种组件)和计算平台，开发者能够将开发好的应用部署到网络的边界上(路由器、交换机等)进行处理。

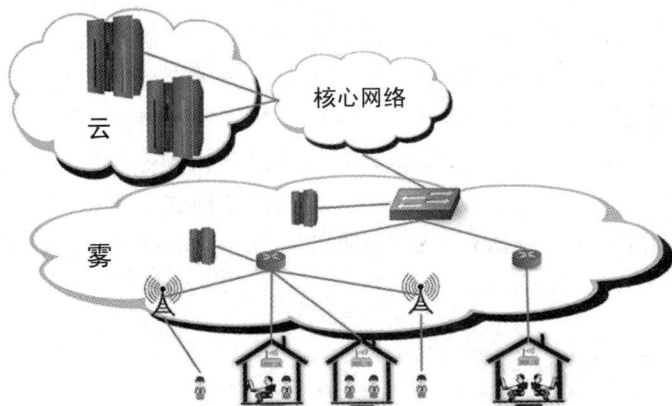

图 10.6.2.1　雾计算结构示意图

雾计算有以下技术优势：第一，能够提供和云计算一样的服务，但所提供的资源有限，不如云计算能够提供无限的资源；第二，邻近用户，意味着用户请求的响应时延大大减少；第三，雾计算基础设施以分布式的方式部署在网络的边缘，满足高速移动场景和地理位置分布的场景需求，同时，减缓了网络核心的带宽负载；第四，安全性和隐私性较云计算得到较大保障。雾计算的本质就是将计算去中心化：将云计算资源和服务从网络的核心转移到网络的边缘，以此来适应今天多种 IoT 应用的需求。

通常来说，雾计算环境由传统的网络组件(如路由器、开关、机顶盒、代理服务器、基站等)构成，可以安装在离物联网终端设备和传感器较近的地方。这些组件可以提供不同的计算、存储、网络功能，支持服务应用的执行。所以，雾计算依靠这些组件，可以创建分布于不同地方的云服务。此外，雾计算促进了位置感知、移动性支持、实时交互、可扩展性和可互操作性。所以，雾计算处理更加高效，能够考虑到服务延时、功耗、网络流量、资本和运营开支、内容发布等因素。在这个意义上，雾计算相对于单纯使用云计算而言，更好地满足了物联网的应用需求。

在云计算中，当大量数据通过网络移动时容易产生更多的安全漏洞，并产生网络延迟。雾计算极大地减少了发送到云端和从云端发送的数据量，减少了作为本地计算结果的延迟，同时可以最小化安全风险。以目前的城市道路监控系统为例，从监控探头到本地中心机房的通信跳数一般在 3～4 跳甚至更高，如果系统需要做出实时决策会面临网络延迟的挑战。而采用了雾计算的智能交通灯系统，把监控探头作为传感器，把交通信号灯作为执行器，在监控过程中，雾节点将人为操作的监控视频流直接转发给中心机房；而其他常规监控视频对实时性要求不高，可以在雾节点处缓存若干帧画面，压缩后再传向中心机房。这样从雾节点到机房的网络带宽将得到缓解。在雾节点处，可自动判断监控画面中是否有救护车头灯闪烁，做出实时决策发送给对应交通信号灯，协助救护车通过。

10.6.3　软件定义网络

当前，传统网络中存在着大量各种各样的互不相干的协议，它们被用于在不同间隔距离、不同链路速度、不同拓扑结构的网络主机之间建立网络连接。因为历史原因，这些协议的研发和应用通常是彼此分离的，每个协议通常只是为了解决某个专门的问题而缺少对共性的抽象，这就导致了传统网络的复杂性。正是因为上述的复杂性，传统网络通常都是维持在相对静态的状态，网络管理员通常都要尽可能地减少网络的变动以避免服务中断的风险。所以，传统的网络难以满足云计算、大数据以及相关业务提出的灵活的资源需求，这主要是因为它已经过于复杂从而只能处于静态的运作模式。正是在这一背景下，软件定义网络(Software-Defined Networking，SDN)的出现为人们提供了一种崭新的思路。

SDN 架构如图 10.6.3.1 所示。

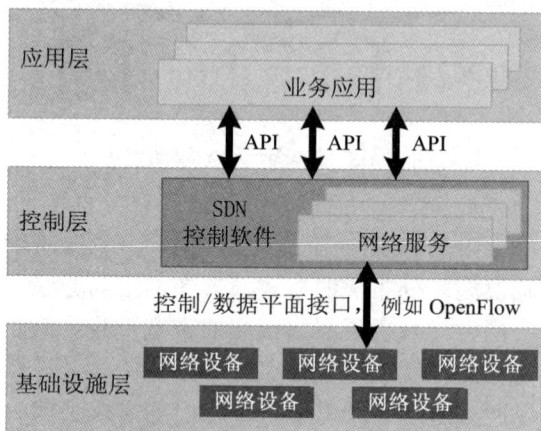

图 10.6.3.1　SDN 逻辑架构图

SDN 的逻辑架构分为以下 3 层：

(1) 基础设施层(Infrastructure Layer)：主要由网络设备(Network Device)即支持 OpenFlow 协议的 SDN 交换机组成，它们是保留了传统网络设备数据面能力的硬件，负责基于流表的数据处理、转发和网络状态收集。

(2) 控制层(Control Layer)：主要包含 OpenFlow 控制器及网络操作系统(Network Operation System，NOS)，负责处理数据平面资源的编排、维护网络拓扑、状态信息等；

控制器是一个平台，该平台向下可以直接与使用 OpenFlow 协议的交换机(以下简称 SDN 交换机)进行会话；向上，为应用层软件提供开放接口，用于应用程序检测网络状态、下发控制策略。

(3) 应用层(Application Layer)：由众多满足用户需求的应用软件构成，这些软件能够根据控制器提供的网络信息执行特定控制算法，并将结果通过控制器转化为流量控制命令，下发到基础设施层的实际设备中，从而完成动态接入控制、无缝切换、负载均衡和网络虚拟化等功能。

SDN 网络控制器与网络设备之间通过专门的控制面和数据面接口连接，该接口是支持 SDN 技术实现的关键接口。目前，SDN 的研究重点之一是对该接口的定义和规范，很多研究将该接口等同于现有网络中用于管理不同厂商设备的南向接口(Southbound Interface)，但重新定义了其需要承担的功能，如网络编程、资源虚拟化、网络隔离等；同时，在应用层与网络基础设施层之间定义了类似于传统网络设备上用于设备制造商或网络运营商进行设备接入和管理的北向接口(North-bound Interface)，并明确了该接口在路由、网络设备管理、网络策略管理等方面的能力要求。此外，为支持不同的网络控制系统之间的互通，有研究还定义了支持网络控制系统之间互联的东西向接口(East-west Interface)和其在支持网络域间控制、互操作、网络部署等方面的功能需求。

SDN 的出现打破了传统网络设备制造商独立而封闭的控制面结构体系，将改变网络设备形态和网络运营商的工作模式，对网络的应用和发展将产生直接影响。从技术层面分析，SDN 的特点主要体现在以下几个方面：

(1) 数据面与控制面的分离，简化了网络设备，通过控制面功能的集中和规范数据面和控制面之间的接口，实现对不同厂商的设备进行统一、灵活、高效的管理和维护。

(2) 开放网络编程能力，以 API 的形式将底层网络能力提供给上层，实现对网络的灵活配置和多类型业务的支持，提高对网络和资源控制的精细化程度。

(3) 支持业务的快速部署，简化业务配置流程，具有灵活的网络扩展能力，降低设备配置风险，提高网络运营效率。

(4) 更好地支持用户个性化定制业务的实现，为网络运营商提供便捷的业务创新平台。

实现网络的虚拟化，将传输、计算、存储等能力融合，在集中式控制的网络环境下，有效调配网络资源支持业务目标的实现和用户需求，提供更高的网络效率和良好的用户体验。

从 SDN 设备发展的角度来看，由于存在明确的标准且功能相对简单，大部分厂商都已推出了支持 OpenFlow 的交换机产品。可以预见下一阶段，多数厂商以及标准组织会将关注重点转移到更加复杂的控制器上，推动 SDN 向进一步商用化发展。从 SDN 的应用领域角度来看，数据中心无疑是 SDN 第一阶段商用的重点。数据中心由于具有流量大、流量模型简单、与其他网络相对隔离等特点，非常适合 SDN 技术特点的发挥。而且目前大部分数据中心正面临"云"化变革，这为 SDN 推广提供了难得的机遇。因此，业界普遍将数据中心视为 SDN 目前最主要的应用领域。

10.7 疑难解析

雾计算与云计算的区别是什么？

　　与云计算相比，雾计算所采用的架构更呈分布式，更接近网络边缘。雾计算将数据、数据处理和应用程序集中在网络边缘的设备中，而不像云计算那样将它们几乎全部保存在云中。雾计算数据的存储及处理更依赖本地设备，而非服务器。所以，云计算是新一代的集中式计算，而雾计算是新一代的分布式计算，符合互联网的"去中心化"特征。雾计算不像云计算那样，要求用户连上远端的大型数据中心才能存取服务。除了架构上的差异，云计算所能提供的应用，雾计算基本上都能提供，只是雾计算所采用的计算平台效能可能不如大型数据中心。

10.8　本 章 习 题

1. 人工智能发展到目前为止经历了几次低谷期，为什么会有这些低谷期？
2. 现在特别火热的元宇宙使用了哪些新技术？

参 考 文 献

[1] 杨继萍，夏丽华，等. 计算机组装与维护标准教程(2015—2018 版)[M]. 北京：清华大学出版社，2015.

[2] 文杰书院. 计算机组装维护与故障排除基础教程[M]. 北京：清华大学出版社，2016.

[3] [美]凯瑟琳·祖达-佩奇. 思科网络技术学院教程：IT 技术基础[M]. 北京：人民邮电出版社，2017.

[4] 谢希仁. 计算机网络[M]. 7 版. 北京：电子工业出版社，2017.

[5] 黄林国. 网络信息安全基础[M]. 北京：清华大学出版社，2016.

[6] 思科中国网站[EB/OL]. http://www.cisco.com/web/CN/index.html.

[7] Nvidia 官网[EB/OL]. http://www.nvidia.cn.

[8] Intel 中国官网[EB/OL]. http://www.intel.cn.

[9] 微软中国官网[EB/OL]. http://www.microsoft.com/zh-cn.

[10] 中关村在线[EB/OL]. http://www.zol.com.cn.